〈水俣病〉Y氏裁決放置事件資料集

メチル水銀中毒事件における救済の再考にむけて

有馬澄雄責任編集

慶田勝彦
香室結美
松永由佳
佐藤睦
中山智尋

弦書房

装丁＝毛利一枝

カバー絵＝「Kick off」　　　　東　弘治

作者のことば

「この作品は，2011年の東日本大震災をテーマとして制作したものです．

津波の圧倒的な被害は，想像をはるかに超えたものでしたが，最もショックだったのは制御不能に陥った原発の事故でした．

最初このニュースを聞いたとき，放射能汚染で日本は南北に分かれてしまうのではないかと思ってしまいました．電源が失われ，人間の手に負えなくなって暴走する巨人の姿でこの原発を表現しました．しかもその頭には考える部分が欠落しています．

いまだに廃炉の見通しがつかないまま，日々膨大な経費が費やされています．私たちの生活に必要な電気を得るために，その処理法が確立されていない放射性物質を利用する原発は，『今さえよければ後はどうにかなる』という人間の傲慢さが生み出した現実の象徴として，これからますます重く私たちにのしかかってくると思います．」

2011年　36×55cm　エッチング　　第5回　山本鼎版画大賞展　優秀賞受賞

刊行に寄せて

熊本大学大学院人文社会科学研究部(文：社会・人類学)
慶田勝彦

本書『〈水俣病〉Y氏裁決放置事件資料集―メチル水銀中毒事件における救済の再考にむけて―』(有馬澄雄責任編集，慶田勝彦・香室結美・松永由佳・佐藤睦・中山智尋共同編集，2020年，弦書房)は，筆者が助成を受けている科研費研究課題(JSPS科研費 16H01970)の一環として刊行された.

「Y氏事件」として知られている〈水俣病〉事件に関するほぼコンプリートな資料集である．本書刊行の経緯や現代的意義については，責任編集者の有馬澄雄(水俣病研究会)による「まえがき」と「編集後記」を読んでいただきたい.

以下では，本書刊行を助成している科研費研究課題において，本書をどのように位置づけ，また，どのような体制で作業を行ったのかを簡潔に記す.

本研究課題では，〈水俣病〉事件をどのように記憶し，未来へと継承してゆけばよいのかを主たる問いとして，その問いに答えるために，〈水俣病〉研究資料の蒐集，整理，公開，すなわち〈水俣病〉研究資料アーカイヴの構築とそのアーカイヴを活用した国内外での研究促進を実施してきた．しかし，個人の単発プロジェクトになっては意味がないので，熊本大学文書館との連携を確立，強化して研究課題終了後も〈水俣病〉研究資料のアーカイヴ構築とその研究利用を継続して行うための体制作りも課題に含めた.

例えば，岡本達明資料の体系的蒐集，カセット音声や手書き資料のデジタル化，目録作成，資料公開の準備等を文書館と連携して推進しながら，岡本資料をモデルケースとして，〈水俣病〉研究資料アーカイヴ構築の体制作りを着実に進展させてきた．また，富樫貞夫をはじめとする水俣病研究会メンバーの近年の研究動向を可視化するプロジェクトを組み込み，その成果として『〈水俣病〉事件の61年《未解明の現実をみすえて》』(富樫貞夫著，2017年，弦書房)，『8のテーマで読む水俣病』(高峰武編著，2018年，弦書房)を刊行しており，本書で3冊目となる．諸々の理由で刊行にいたっていなかった「Y氏事件」に関する資料集編纂と刊行の意義を有馬と再検討した結果，〈水俣病〉研究資料アーカイヴ構築にとっても重要な成果になると判断した.

未来に向けて〈水俣病〉事件を継承してゆくという課題を設定していたこともあり，すでに〈水俣病〉問題に何らかの形で関わってきた人類学慶田研出身(学部あるいは大学院)の次世代を担ってゆく若手研究者にも資料集編纂に加わってもらい，有馬との共同作業の成果として本書を刊行する体制とした．大変地味な，報われにくい作業ではあったが，それぞれが自らの役割を全うしてくれた．彼女たちの手作業自体が本資料集には編み込まれており，この労力を匿名化するような振る舞いは避けたかったので共同編集者として全員を併記するというかたちにした.

とはいえ，これは責任の所在の分散ではない．本書の構成や内容に関する責任は有馬にあり，また，本書刊行についての責任は慶田(熊本大学)と弦書房にある点は明記しておきたい．そして，ひとつひとつの資料の細部まで目を通しながら，資料集を体系化してゆく責任編集者有馬の労力は想像以上のものであり，執念すら感じさせる迫力があった．あらためて，責任編集者ならびに共同編集者に感謝したい．個人的には，阿南満昭(水俣病研究会)の包括的サポートもありがたかった．また，熊本大学文書館，図書館の館長ならびにスタッフの理解と協力がなければ，熊本大学における〈水俣病〉研究資料アーカイヴ構築作業がここまで円滑に遂行されることはなかった．両館に併せて感謝したい.

最後に〈水俣病〉を〈　〉でくくるのは，筆者の考えが富樫や有馬の考えと完全に一致しているからではない．種々議論を経て，現在でも問題含みの用語であり，概念であると認識したからである．〈水俣病〉はまだ行き先が決まってはいない通過中の呼称であり，概念であることを示すために，読み手にはうるさく感じられる〈　〉をあえて使用している.

目次

2 熊本県公害被害者・公害健康被害認定審査会

Ⅳ 政府

1 環境庁

《1－1 環境庁長官》

《1－2 環境保健部》

《１－３　環境庁特殊疾病対策室》

《１－４　環境庁特殊疾病審査室》

まえがき

〈水俣病〉事件は，化学工業会社チッソ(株)水俣工場を汚染源とする環境汚染事件である．1950年代，石油化学工業化を推進するという国策に沿って，チッソ水俣工場がアセトアルデヒドを急激に増産する過程で事件は顕在化した．触媒水銀を使う同工場アセトアルデヒド工程からの汚染は，メチル水銀に限っても1932年から1968年にわたって続き，廃棄物汚染が地域環境に与えた負荷は，今後数十年は継続すると思われる．そして汚染による影響が人体のみならず地域環境に，未来を担う次世代へと残されている．これは同時代人のみならず，子々孫々に対する犯罪であり，無処理排出した廃液中のメチル水銀によって引き起こされた一私企業の殺傷害事件と言うことができよう．

加害企業と国の施策が絡む〈水俣病〉事件の解明は，今までのように加害と被害の2分法的対立構図で解釈する時代は終わったと思う．多方面にわたるこの事件の意味は，課題の一つひとつを再検討する必要がある．今後は若い人たちの感性で，多岐にわたる問題を解明すべきである．環境汚染を予防するという観点から，メチル水銀中毒事件と明確に規定し研究を進めなければ，私は真の意味の教訓は得られないと考えている．

〈水俣病〉という病名とこの概念の功罪を，問い直さなければならない．

〈水俣病〉は，メチル水銀中毒(methyl mercury poisoning)という病因論的病名ではなく，日本独自の命名である．企業の生産活動に伴うメチル水銀汚染による中毒被害は，中毒物質の汚染源があり食物連鎖などを介して，濃淡はあれ地域住民すべてが汚染され傷害を受ける．この実態把握と予防対策は，医科学者の研究課題であり，行政における衛生担当の重要課題で，国レベルの政策課題であろう．しかし，このような将来の予防対策を見据えた事件の解決は目指されず，今日へと到っている．すべては被害の補償問題が中心であり，補償を受けるための患者「認定制度」で〈水俣病〉認定か否かが主題とされた．認定制度では中毒による被害者として扱われず，〈水俣病〉は感覚障害＋アルファーの神経症状の組み合わせ(77年判断条件)で診断するという，あたかも「病気」であるごとく扱われた(たとえば，水俣病医学研究会1995)．そして認定された患者数が，被害者の総数とされた．メチル水銀汚染による被害はもっと広範囲と考えられるにもかかわらず，認定患者以外は被害者ではないとされ別枠で考えられた．認定審査会の委員や神経内科医がこれを支持してきた．これは医科学的に追究すべき課題からかけ離れた政治的判断であり，EBM(医学的根拠)がない．1997年以来，日本精神神経学会は，判断条件は医学的に根拠がないと詳細にわたって批判してきているが,無視された状況である．

この〈水俣病〉という命名で枠を設定し，この事件を語ろうとしてきた結果は，メチル中毒汚染の実態を覆い隠すことになったのではなかろうか．しかも〈水俣病〉という概念は，使う人たちそれぞれのイメージで語られるため，立場が違うと共通項はなく議論は進まなかった．この複雑多岐にわたるメチル水銀中毒事件の解決を，迷走させた原因のひとつは〈水俣病〉という一語に込めてすべてを説明しようとしたことにあると，私は考えている．

この『〈水俣病〉Y氏裁決放置事件資料集－メチル水銀中毒事件における救済の再考に向けて』は，水俣病研究会(1969年発足，代表富樫貞夫)による資料蒐集と研究活動の一環として実現した．この資料集を編んで，改めて以下のことを考えさせられた．第一に，従来の医学研究は，工場からの環境汚染によるメチル水銀中毒を解明するという視点が十分ではなかった．第二に，広範囲にわたる地域住民に被害が出たが，汚染による中毒被害者として扱われなかった．第三に，初期の研究で権威者となった審査会委員は，補償のための〈水俣病〉認定制度の中で症状の組み合わせの有無で被害者を決定してきた．第四に，認定のための判断条件は医学診断であると主張する医学者の意見をもとに〈水俣病〉対策が組み立てられ，結果として加害者の免責・被害者の絞り込みが行われた．第五に，病因であるメチル水銀汚染の影響を科学的に追究した日本や世界各国の研究を，政府は取り入れず有効な予防対策を講じなかった．その象徴的な例が，2009年に成立した「水俣病被害者の救済及び水俣病問題の解決に関する特別措置法」である．加害者のための法律と批判される特措法に見るように，公式確認以来60年経った現在もその対応に変化はなく，いまだに根本的な解決はない．

このような対応の結果，Y氏の事件が起きたと考えられる．その詳細を明らかにする研究は今後の課題であり，関連する学問やさまざまな専門分野からこの事件を取り上げて，新しい局面を開くことが必要となろう．これらの事件を総合的に考察することから，将来に受け渡す新しい知見や提言が生まれるものと思われる．

もともとこの事件が公になったのは，朝日新聞の杉本裕明記者のスクープ記事がキッカケであった．事件化した時点で，今まで公開されることの無かった〈水俣病〉の認定行政に関し，環境庁と熊本県はY氏に関する内部資料を公開した．ひじょうに希な例である．そしてY氏事件の経過を追うと，問題解決に情報公開がいかに大切か感じざるを得ない．

この資料集は，熊本県－環境庁の内部のやりとりがそのまま公表されたが，それらの文書に加え被害者遺族および代理人から資料を補充して編集した．メチル水銀中毒被害者をいかに救済していくかという重い課題について，一つの政策意思の形成・決定過程の記録であるし，被害者の切実な権利回復の要求に対する行政の対応の実際である．医科学的にも，法学・政治学・行政学など多岐な分野に問題提起する貴重な資料といえる．

この資料集に採録した資料の大部分は図表部分を除き，阿南満昭によってデジタル化され2002年頃にはできあがっていた．この資料集は，早い機会に活字化したいと考えていたが諸般の事情があって現在まで果たせなかった．ようやく2019年になって，本格的に出版しようというプロジェクトが組まれ，デジタル化資料に図表を加え，原資料との照合作業に着手した．活字化するに当たり難渋する面もあったが，熊本大学人文社会科学研究部の慶田勝彦教授とその研究室の若手，松永由佳，佐藤睦，中山智尋，および文書館の香室結美との共同作業でようやくまとめることができた．この共同作業がなかったら，この資料集はとうてい完成しなかったであろう．

この資料集に収録した資料は，1974年から1999年までのＹ氏の事件関連資料である．今回この資料集に，Ｙ氏に関するほぼすべての資料193点を整理して編んだ．1999年，この事件が問題になったとき，代理人であった平郡真也，荒谷徹両氏および熊本日日新聞記者に協力を求め，収集した資料が大部分を占める．その当時，これらの資料の一部28点は，「水俣病研究」第2号(2000)に採録した．

この資料集は，以下のように編集した．

最初に，解説を収録した．かつて「研究」第2号に書いていただいた平郡真也の「闇に葬られた救済－水俣病認定申請棄却処分に関する行政不服審査請求」を載せた．代理人として書かれたこの文章は，Ｙ氏事件の具体的経過と収録資料との関係がよく理解できるので，利用する人の手がかりとして載せた．さらに，それ以後20年間の〈水俣病〉事件の経過を補充した．

続いて，文書193点を作成者毎に大きく六部に分類した．第一は，Ｙ氏および遺族・代理人による資料，第二は，Ｙ氏に関係する医療関係資料，第三，第四は公開されたＹ氏に関する熊本県資料と環境庁資料，第五はその他の関連資料に分類した．第六に参考資料として，問題になった当時の新聞報道や参考文献のリスト，年表をつけて資料解読の便に供した．そして，資料集に使った現物資料は，熊本大学文書館に整理して収録される．

わかっていることとは言え，人間は社会の中で生きる多様な立場があり，利害や主張がぶつかる．諸々の条件に規定された，その人の依って立つ固有の立場から主張が生まれる．これを調整するのが政治である，というのはわかる．また専門家は，科学的専門的知識に基づいて政府に提言していくのが期待されているだろう．しかしこの資料集を丹念に読めば，さまざまな疑問が出てくる．人の権利や生存が侵害された状況に，対策を立てるべき立場の政治家・行政官，そして医学者の多くが，そのことを顧みないのはどうしてかという疑問である．

一例を挙げると，環境庁審査室はＹ氏に関する熊本県の認定申請棄却処分に対し，取り消し裁決を用意して県公害部と打ち合わせたが，熊本県の抵抗はすさまじかった．環境庁審査室長は，「熊本県の態度は不誠実」，「狂信的感情論」，「何がなんでも取り消しを阻止したい」と復命するほどだった．もちろん政治的な背景があって，熊本県は動いていた．目を疑うのは，私たちばかりであろうか．なぜか？ この事件を解明していく糸口は，これらの疑問を解いていくことから始まるだろう．

このままメチル水銀中毒事件の対策をおざなりにして放置し続ければ，次世代へと大きな危険を受け渡すことになりかねない．是非，今後の若い研究者に資料集を利用していただき，私たち同時代人が思いもつかなかった問題を提起していただきたい．

この資料集で私が「救い」と感じたのは，限界ある制度の中でＹ氏の事件解決を根気よく担当し，医学的にも法律的にも正常な姿へと進めようとした環境庁の中堅係官たちがいたことである．このことを最後に記しておきたい．

この資料集を出版するに当たって，公開することを快く承諾されたＹ氏の遺族の方，改めて協力してくださった代理人の平郡真也・荒谷徹両氏に，心から感謝を申し上げたい．

そして，この複雑で手のかかる出版物を引き受けてくれた弦書房と小野静男社長に，記してお礼を申し上げたい．

(有馬澄雄)

解説

闇に葬られた救済

― 水俣病認定申請棄却処分に関する行政不服審査請求 ―

平郡真也

I　朝日のスクープと遺族の衝撃

1999年1月19日，朝日新聞東京版は「環境庁は水俣病をめぐる男性の行政不服審査請求において，水俣病と認める裁決を遺族に交付せず放置していた」と一面トップのスクープ記事で報じた[193].

この事件の概略は次のようなものである.

水俣市に住んでいた男性(1922年生まれ，当時52才，以下Y氏という)が，1974年熊本県に水俣病の認定申請をした．この申請は5年後の1979年に棄却された．Y氏は同年10月に棄却処分取消しを求めて環境庁に行政不服審査を請求した．翌1980年1月にY氏は死亡したため，遺族が審査の承継人となり手続きを進めた．環境庁では審査請求から12年後の1992年に，熊本県の処分を不適当としてこれを取消すという審査の裁決案を決めた．Y氏を水俣病と認めるべきだと判断したのである．しかし環境庁はこの裁決の最終的な執行をしなかった．

この間，遺族は何度か審査の進捗状況を環境庁に問い合わせたが，常に「審理中」の一言で片づけられ，何の説明もなかった．ラチのあかない事態に耐えられず，遺族は1995年のいわゆる水俣病最終解決策による一時金の受け取りを決意し，1997年不服審査請求を取り下げた．これによってY氏の一件は手続き上すべて終了した．

朝日新聞の報道はそれから2年後になる．環境庁が熊本県の棄却処分を取消して，Y氏を水俣病と認める判断をしていたこと，その判断が何度となく裁決書になっており執行を待つだけだったこと，熊本県が裁決の執行を妨害し続けていたことを報じており，これらの事実は遺族にとって信じがたい話だった．

「このたび朝日新聞の1面トップ記事で，環境庁で裁決書の決裁まで得られながら，熊本県の妨害で執行されずに来たという事実に，私達遺族は怒りを通り越して，ただ驚いています．すべての経過を明らかにしていただきますよう待っている次第です」(1999年4月2日付，熊本県への申入書[13])．「水俣病申請から25年，父の死後，約20年経ったあと水俣病として認定するという，この時間の長さに，私達遺族は到底納得のいくものではありません」(同年6月7日付，県への申入書[19])という遺族の言葉には怒りと悔しさがにじんでいる．すべての経過を公開し，真相の解明と責任の所在を明確にすることしか，Y氏の遺族に対して答えたことにはならない．

もう一つ遺族が強調しているのは「なぜ生前の検診では認定されなかったのか」という疑問である．「父は生存当時に，一度ならず何度も専門家による水俣病検診を受けておりました．父は言語障害，視野狭窄，歩行困難等の家族が見ても明らかな，いわゆる水俣病の症状がありました．生前の検診では水俣病ではなく死後解剖してみて，それで初めて水俣病であることが分かったということ」に承服しがたい思いがある．というのも，家族にすれば，水俣病特有の症状に苦しむY氏を介護しながら日常生活を共にし，非業の死を見届け，またY氏の生前順天堂大学附属病院で診察を受け「水俣病」と診断されており，Y氏がまぎれもなく水俣病だと確信していただけに，その怒りと無念さは深い．

遺族はまた「父のような例は，他にもいっぱいあるのではないか．この際なぜ今の検診のやり方では所見が取れないのか調査してほしい．父の例を無駄にせず，教訓として生かして欲しい」とも言っている．

II　認定申請から行政不服審査請求へ

1　認定申請から棄却処分へ

Y氏は1974年3月に熊本県に認定を申請した[1]．このとき提出した3月17日付，熊本大学附属病院の診断書[23]では，病名は「水俣病の疑い」とあり，診断所見には「昭和21年より水俣市に在住．自分で船をもち水俣湾産の魚貝類を多食した．現在，しびれ感，周囲が見えにくい，言葉が出ない，ふるえるなどの自覚症状があり，現在，構音障害，知覚障害，固有反射亢進，筋緊張亢進，視野狭窄(疑い)がみられるので精査の必要を認める」とある．

しかし認定審査会の検診では，感覚障害や視野狭窄，運動失調の所見がないとされ，水俣病ではないと答申した[69][70].
申請から5年後の1979年8月，熊本県は申請を棄却した[45].

2　行政不服審査請求の提起

Y氏は1946年からチッソ及び関連子会社に勤務し，熊本県の処分が出る前年1978年に退職し上京した．東京では継続的に順天堂大学附属病院の佐藤猛医師(脳神経内科助教授)の診察を受けていた．佐藤医師は新潟大学脳研究所神経内科(椿忠雄教授)の出身であり，水俣病の専門家として環境庁の「水俣病に係る総合的研究班」のメンバーでもあった．そして佐藤医師はＹ氏を水俣病と診断していた[26].

1979年10月，熊本県の棄却処分を受けたとき，Ｙ氏は処分を不服として環境庁に行政不服審査を請求した[2]．ここでＹ氏は審査「請求人」，熊本県は「処分庁」，環境庁は「審査庁」という関係が成立することになった．ところが約３ヵ月後の1980年１月，Ｙ氏は脳出血のため順天堂大学付属病院で57歳で亡くなった．

同大学病理学教室では遺族の同意を得てＹ氏の解剖を実施した．その結果，脳に有機水銀による病変が認められ，「慢性有機水銀中毒症」と診断された．また佐藤医師は，環境庁の委託事業である「水俣病に関する総合的研究」の報告書(1) [26][27]に，Ｙ氏の症例を報告する論文を掲載した．それ以後審査請求に添付される資料にＹ氏の解剖所見すなわち病理所見（解剖にともなって作られた標本80数点を含んでいる）と佐藤論文が付け加えられることになり，この病理所見の取り扱いが審査の最大の焦点になった．

熊本県からは，翌1980年11月，「『本件審査請求を棄却する』との裁決を求める」旨の弁明書が提出された[48]．この弁明書に対して遺族（請求人）は反論書を提出したが，提出するまでに足かけ６年を要した．この間1986年９月には環境庁が東京のＹ氏宅で現地審尋を実施した[99]．そして同年10月，請求人から反論書（入院していた病院の診断書，病理診断報告書，佐藤論文を添付）[5]を提出してすべての手続きを終わり，あとは環境庁の裁決を待つのみとなった．

Ⅲ　「審理中」の実態－環境庁・熊本県の「調査報告」による

以下の事実経過は，環境庁と県が公表したそれぞれの「調査報告書」にもとづく．この調査報告は今回の事件が問題化したあと，環境庁と熊本県が内部調査を行った結果として公表された．この中の事実は，報告書が出るまで，請求人らには一切何も知らされなかった．またここに報告されたこと以外に，どんな事実がどれほど隠されているのか，まったく闇の中である．

1　病理所見の鑑定

環境庁でＹ氏の件を直接担当していたのは企画調整局環境保健部の中にある特殊疾病審査室であり，後に特殊疾病対策室も加わっている．ほかに企画調整局や環境保健部内の各課が必要に応じて参加・協議・分担していたようである．

1987年５月，遺族から反論書の提出を受けた環境庁は，鹿児島大学と新潟大学に熊本県の弁明書と遺族の反論書を示し意見をたずねている[39][40]．この行為は何なのかよく分からないが，公式な諮問や鑑定の依頼などではなかったようである．鹿児島大学（報告書では関係者の所属，氏名はほとんど伏せられている．以下同じ）の回答は，「水俣病の蓋然性が高い」としていた．一方新潟大学の回答は「水俣病ではない」と見解が別れた．

それから４年間は何も行われた形跡がない．

４年後の1991年，遺族が提出した反論書の主要な根拠が順天堂大学の行った病理解剖所見だったことから，環境庁はこの病理所見が妥当なものかどうかを第三者に鑑定してもらうことにした．そして，1991年，新潟大学脳研究所と東北大学医学部に環境庁長官名による職権で鑑定を依頼し[74][75]，Ｙ氏の病理標本80片について判断を求めた．

新潟大学脳研究所は「有機水銀中毒の所見がある」と鑑定し[33]，東北大学は「有機水銀の関与を完全に否定することはできない」としながらも，「有機水銀中毒の所見がない」と鑑定した[29][30]．

鑑定結果が一致しなかったため，環境庁は翌1992年１月，第３の鑑定を京都脳神経研究所に依頼した[76]．同年２月の回答は「有機水銀中毒の所見あり」だった[36]．鑑定結果が２：１となったことから，環境庁はＹ氏を水俣病だと判断する方針をほぼ固めた．

2　原処分時主義の法解釈

Ｙ氏の鑑定を進めるかたわら，環境庁は鑑定結果を用いて裁決を出すのが法律的に妥当かどうかについて，総務庁に照会した．行政不服審査にはいわゆる原処分時主義という原則がある．原処分（この場合熊本県の棄却処分）の当不当を判断するとき，処分の時に入手できなかった資料は，その後の審査でも用いないとする原則である．根拠条文があるわけではなく，最高裁の判例で認められている．Ｙ氏の事件では病理所見と鑑定結果は原処分の後に得られた資料だから，この原処分時主義に反しないかという問題である．

1991年６月，総務庁から「処分庁（熊本県）の棄却処分後に，原処分以前に形成されていた新たな事実が明らかになり，審査庁（環境庁）の裁量でその事実を採用するとしたときには，審査庁はその事実を用いて裁決を行うことができる」という回答があった[183]．それだけでなく，総務庁は，鑑定結果を使わないとすれば，その理由を開示すべきだとつけ加えていた．このため環境庁は鑑定結果を隠して裁決することができなくなった．

鑑定結果が２：１で「有機水銀の影響あり」と出たこと，行政不服審査法の手続き上も原処分時主義と矛盾しないと判断されたことから，環境庁は1992年３月，取消裁決を出す方針を決定した[104]．

3 第1裁決案と熊本県の抵抗

裁決の主旨は，熊本県の棄却処分は違法・不当ではない，しかし解剖資料の鑑定によって水俣病である可能性が大きい，よって熊本県の棄却処分を取消す，というものである．この案は同年4月前半には，環境保健部長まで決裁が済んでいた(いわゆる第1の取消裁決[117])．

一方で環境庁は，同年3月から4月にかけて熊本県に対し取消裁決方針についての説明を行った．ところが，県は頑強に反対を表明した．このときの県の反対は，およそ思いつく限りの理由を並べ，とにかく認定すべきでないというものだった[53]．環境庁としては，鑑定で水俣病という結果が出たのになぜ反対するのか，県の真意を測りかねるという様子が見える．取消裁決の部内決定から約3カ月間，環境庁は何度か県の説得に努めたが，県は執拗に反対し，結局，取消裁決の執行は見送られた[112]～[115]．

4 第2裁決案

約1年後の1993年5月，環境庁は取消裁決について新たに決裁文書を起案し，これも環境保健部長まで決裁された(第2の取消裁決[139])．そして7月19日公表の方針を決め，熊本県への説得を再三試みた．県は，順天堂大学の病理所見は証拠能力があるのか，原処分以後に出てきた資料を使うのは原処分時主義に抵触する，臨床で水俣病ではないとしたのに，病理で水俣病であるとすると，臨床所見だけによる検診・認定への批判が大きくなる，そうなると検診体制，認定制度が崩壊しかねない，という主張を前面に出してきた．「処分庁(熊本県)としては，認定制度も終息に向かいつつあるこの時期に，制度的，内容的に問題を含んだ事案を裁決されることはやめてほしい」と頑として受け入れようとしなかった[57][58]．

県側は，裁決が実行されれば現在の水俣病対策のすべてが崩壊してしまうと主張している．いいかえれば，このＹ氏の一件は，たんにひとりの患者を救済するかしないかという次元とは違う，認定制度全体に関わる問題をはらんでいると見ていた．県側には環境庁の実務担当レベルはその辺が判っていないというイラ立ちがあった．

一方環境庁側は，正式に依頼した鑑定で水俣病という判断が出た以上，県の処分を取り消すという結論を変えるわけにはいかなかった．しかし裁決を出す時期については，社会的反響を考慮した方策を検討した．早めに裁決を出した方が環境庁の評価が上がるということは十分意識されていた．しかし企画調整局長や官房長などの上層部は，熊本県との軋轢をもっとも懸念しており，これを回避する形で裁決を出せという指示を出した．上層部の意向は無視できず，実務担当者間での検討が重ねられた[140]～[143]．

5 裁決発表をめぐる駆け引き

環境庁環境保健部が1993年7月9日にまとめた「今後の対応について」によると，熊本県の公害保健課長が環境庁に対して「裁決文で認定せよと指示し，解剖検討会にかける必要がないようにしていただきたい」と要請した[143]．この件は臨床所見ではなく病理所見が問題となっているから，県は差し戻されると，解剖検討会にかけねばならない．解剖検討会は順天堂大学の剖検を信用できないとしており，ふたたび棄却という結論を出すことは目に見えている．県は環境庁と検討会の板挟みになる．そこで環境庁がみずから認定してほしいというわけである．

そこで環境庁は，解剖検討会の意向を打診した．その結果，病理専門委員衛藤光明氏から次のような意見を得た．「解剖検討会に再びかけると『水俣病ではない』という判定になるのは間違いない，……解剖検討会にかけない方法で考えるべき．しかし環境庁が取り消すということであれば，異論をはさむものではない」という答えだった．差し戻されれば棄却する．環境庁みずから認定するのなら，それをとやかくは言わないということである．

その後の環境保健部内の検討では「裁決文案の変更は考えなくてもよい」とされ，県からの環境庁自身で認定してほしいという要請にもこたえなかった．県に差し戻した場合，解剖検討会で否定され再棄却の可能性が高かったが，それは問題はない，かまわないとされた．解剖検討会が自信を持って棄却できるのならそれで結構だということである．環境庁にとっては最終責任は県にあるというかたちが望ましかったと思われる．

この時期，環境庁の担当者たちの判断では，県が再棄却するならすればいいのだし，県と論議すべき点はほとんど残っておらず，問題は，いつ裁決を公表するかという点につきていた．しかし企画調整局長と官房長は，公表のタイミングを十分配慮すべきであり，県との調整を十分に行う必要があるとしていた[141]．部内の検討では，この企画調整局長に公表を了解させることが最後の課題だったが，そのためには県の了承を取り付ける必要があった．環境庁はそれからずっと，上層部を説得するために県との折衝を繰り返すという形になった．

1994年3月，裁決の構成をどういう組立てにするかという方針が検討された．病理所見を判断の材料として採用することの正当性，鑑定結果の有効性，臨床所見と解剖所見が乖離する際の後者の優位性，解剖資料の証拠採用に関するルール化など，熊本県とのやりとりの中で出てきた問題点を環境庁の主張に沿って体系化，整序化した．このころまではＹ氏の例をきっかけに，今後同じようなケースを救済できる道をつけようという意向があったと思われる．

6　環境庁の態度変更と第３裁決案

ところが環境庁の態度が一変する．同じ1994年５月に環境庁と県との打ち合わせが行われた際，環境庁は鑑定を依頼したこと自体誤りだった，解剖資料の採用はミスだと認め，何度も県に陳謝した上で，情報がマスコミに漏れていることもあり，今回だけに限り解剖資料を使って裁決を出させてほしいと，丁重にお願いする態度に終始している．非常に唐突な態度の変化である．前年からこの年にかけての人事異動に関係があるように思われるが，詳しい事情は判らない．

そして，同年６月か７月頃，取消裁決文書が作成された(第３の取消裁決書[149])．ここで裁決の内容は大きく変わった．この裁決文では，今後も従来の不服審査のやり方は変えないとし，今回だけ特例として救済するとしたのである．第１，第２の文案にあった，同じような事例があれば救済しようという方向は棄て，反対に裁決の効果をＹ氏の件だけに限定するとした．

ところがこの裁決案に対しても，県はあいかわらず反対した．しかし反対理由の重点の置き方は少し違ってきた．臨床的に感覚障害のない例を認定すると認定業務への影響や新たな紛争の可能性が生じる，審査会の病理の判断基準との齟齬，解剖検討会の運営に支障をきたす，検診体制が崩れる，というものだった．県はこれまで鑑定の内容と手続きに瑕疵があるとして，裁決内容そのものに異議をとなえてきた．しかしこれは環境庁が認めないことも判ってきた．そこで裁決が水俣病対策全般に及ぼす影響という点に絞って県の主張を出し，３年以内に政治解決する見通しだから，裁決を出すとしても３年待ってほしい，という要望を最終的な「お願い」とした．

そこで環境庁は，県鑑定内容や手続きについての県の異議は問題にならないと一蹴しながらも，「県の心配は我々の心配でもある」，裁決時期は福岡高裁判決後に再度検討したいと譲歩した．政治解決の前に，紛糾を引き起こすようなことは避けるべきだという県の主張を受け入れたのである．

7　遺族の口頭意見陳述と最終決裁の放棄

第３の裁決案をめぐり事前協議が行われていたこの時期，1994年７月，遺族は審査の進捗状況を尋ねるため口頭意見陳述を申し立てた[6]．環境庁が記録した家族の意見要旨は①「行政不服審査請求以来，15年も経っているのに審査が進んでいない」②「審査状況について教えてほしい」③「熊本日日新聞に藤崎室長の談話として『審査には，処分時の資料のみを採用する』という記事が報道されていたが，真実であるか」④「公害不服審査会ではイタイイタイ病の審査において死亡後の解剖所見を採用している．また，熊本県は，原処分の正当性を示す根拠として裁判に死亡後の解剖所見を提出している．当行政不服審査のみが解剖所見を採用しないのはおかしい」という４項目である．しかし環境庁が記した「対応」という項目にはただひとこと「意見陳述であるから，聞き取りのみ」とだけ記されている．審査の状況はいっさい明らかにせず，「審査中」と答えるだけだった[158]．

その後，1995年中はほとんど動きはなく，1996年６月に作られたと思われる「Ｙ例の裁決について」という方針案がおそらく最後の文案である[149]．文面はきわめて短く，今回は特例として原処分を取消すという第３の裁決案の結論部分だけを記している．この方針案は企画調整局長，官房長，事務次官まで了承を得た．このクラスまでの了承が取れたのはおそらくこれが初めてだった．

8　不服審査請求の取下げ

1995年12月，一時金の支払いを柱とする政府の未認定被害者に対する解決策が決定した．一時金の請求は期限が切られている．Ｙ氏遺族は，「何回環境庁に問い合わせても『審査中』と言うばかり．このままでは認定される可能性はない」と，やむなく政府解決策にもとづく一時金支給の申し立てを決意し，1996年11月，一時金の請求に踏み切った．結局，Ｙ氏は一時金の受給資格ありと判定され，遺族は受給するための前提条件として審査請求を取り下げた[9]．

Ｙ氏の遺族が審査請求を取り下げる動きを始めてからは，環境庁は取消裁決を出した場合，出さない場合の，県やマスコミ，それに請求人の反応を予想し検討を続けた．環境庁に最も有利な形で事を終わらせるためである．11月29日付け特殊疾病審査室の文書では，Ｙ氏が一時金の対象になった場合，ならなかった場合の２つに分け，さらに対象になった場合，裁決を出す，出さないの２つに分け，都合３つの対処の仕方を検討していた[175][176]．そして結局環境庁は裁決を出さないのが最善の策と決め，請求が取り下げられるのを待った．何も知らないＹ氏の遺族は請求を取り下げた．これで行政不服審査の手続きは終了した．環境庁は一切を闇に葬る形でＹ氏の事案を終わらせた．

9　マスコミ報道から裁決，認定へ

1999年１月19日，朝日新聞の報道を受け，真鍋賢二環境庁長官は担当部署に調査を指示し，一方請求人らも事実関係の説明と審査の継続を求める申し入れを行った[10][11]．

２月５日，環境庁は，請求取り下げにあたって「錯誤に至らしめる事情があった」と，手続き上の不備を認め，請求の取り下げ無効ならびに審査再開を決定するとともに，「Ｙ氏の行政不服審査請求についての調査報告」を公表した[82]．

そして３月30日，「水俣病として認定することが妥当である」

として，熊本県の処分を取り消す裁決を通知した[80]．この裁決に従い，県は認定審査会・解剖検討会に諮問せず，4月5日，Y氏を水俣病と認定，遺族に通知した．

県がY氏を認定すると公表したおり，あわせて「部長コメント」が発表された．それによると，認定まで長い年月がかかったことはお詫びするとしながらも，最初の棄却処分は妥当であり，審査過程で県のとった対応も妥当なものであると，自らの誤りや責任は認めない見解だった[64]．

そこで請求人らは，4月7日，6月7日の2度にわたって県に申し入れを行い，①最初の棄却処分を誤りだと認め，②間違いのもとになった検診態勢にいかなる欠陥があるのか解明すること，③審査過程において県が取消裁決を妨害した非を認めること，④その上で遺族に心から謝罪するよう求めた[16][18]．しかし県はいずれも実行しようとしていない．Y氏を認定したのも，環境庁から取消裁決を出されたのでそれに従っただけ，と開き直る態度をとり続けている．

Ⅳ　踏みにじられた行政不服審査制度の理念

1　救済までの時間

まず第一に指摘すべきは，Y氏が水俣病と認定されるまで，認定申請から25年，不服審査請求から20年，という救済までの時間的な長さである．

認定制度の根拠法規である「公害に係る健康被害の救済に関する特別措置法」(旧救済法)の根本趣旨は「被害者の迅速かつ幅広い救済」であり，また行政不服審査法は，その第1條(趣旨，目的)で「簡易迅速な手続きによる国民の権利救済」を定めている．

いずれも「迅速な救済」を第一義の要請として掲げているにも拘わらず，これだけの年月を要したということは，明らかに制度の趣旨に違背している．

数度逆転裁決が準備されながら，国と県の政治がらみの思惑によって放置され，引き延ばされ，請求人が何度見通しを尋ねても，「審査中」の一言で片づけられた．請求人は，逆転裁決案の作成，それをめぐる環境庁と県とのやりとりはもとより，鑑定の事実すら知らされていなかった．

本来的には，水俣病認定処分に関する不服審査は，請求人の所見の把握，それに対する評価，というプロセスを経て行われるべきである．それ以外の一切の夾雑物を排除した上で審査すべきである．現実には，行政施策への影響，政治状況との兼ね合いという，法の趣旨とまったく関係のない議論を中心に据え，いかに被害者を救済するかという法の趣旨を無視している．

このように，20数年にわたって，被害者救済の姿勢を持たない行政の政治的都合や事態収拾の思惑に翻弄されたという，その年月の質，内実こそY氏の事案を特徴づける最大の要素である．さらに，Y氏の場合は年月が長いというばかりでなく，救済のされ方も異常である．マスコミ報道がなければそのまま放置され，患者としては救済されなかったのであり，問題は深刻であることを強調しなければならない．

2　事前協議の問題

今回の事件の経過で最も重要なのが，環境庁が熊本県に対し，裁決を出す前にその中身や時期を相談し，了解をとりつけようとしたことである．

こうした“事前協議”は，一般に行政の意思決定過程における行政手法であるかもしれない．また，認定制度の運用は国の機関委任事務として県に任されている事情があり，意思の疎通を図り制度の円滑な運用を目指す意味で，一見理のある行為とも思える．

しかし，行政不服審査法上は，環境庁は「審査庁」であり，裁判制度における「裁判所」に相当する．熊本県は「処分庁」であり同じく「被告」に相当する．審査庁は処分庁の行った行政処分の適・不適を，審査請求人からの請求に基づいて審査するわけである．環境庁がとった行動は，裁判所が被告に不利な判決を下す前に，被告に相談して了解を得ようとしたようなものであり，これは法理的にも常識的にも異様である．さらに被告が納得しないことを理由に判決を出さず放置したのである．一方でいわば「原告」である審査請求人には一切の審査状況を教えなかった．当然ながら不公平感はいや増し，行政の恣意的運用に対する不信感は決定的にならざるを得ない．ちなみに，県が提出した調査報告文書によれば，裁決をめぐる事前協議はY氏の場合が特殊で例外的措置だったわけではなく，むしろ慣例化，常態化している事実が判明している[63]．環境庁は，違法な審査手続きにより続々と棄却決定を出していたと十分に推認でき，すべての棄却裁決の見直しが必要となろう．

3　環境庁と熊本県との争点

次に，事前協議の中身，いいかえれば県が反対し，環境庁が説得しようとした論点を整理する．

①　審査庁の裁量範囲(審査のあり方)，
②　本人死亡による審査請求人の地位の承継の可否，
③　解剖所見と原処分時主義との整合性，
④　指定病院以外で作成された解剖所見の有効性，

といった法律上・手続き上の論点がある．

さらに，認定業務や認定基準(いわゆる77年判断条件)，一連の水俣病訴訟，総合対策事業など，

⑤　現実の水俣病施策全般に与える影響がある．

というのが県の反論である．

例えば，⑤の問題について熊本県は，Ｙ氏は審査会の検診医によって四肢末端の感覚障害が認められていないため「感覚障害のないものを病理所見で認定すると，77 年判断条件が崩れる．総合対策事業を阻害する，患者団体が騒ぎだす」との主張を繰り返す．

4　原処分時主義の問題点

協議自体に加え，協議の中身もまた，被害者救済に背く歪んだ構造をなしていると言うべきである．

従来，水俣病の行政不服審査は，処分庁の処分時までに得られた資料，Ｙ氏の場合でいえば認定審査会に出された資料のみを用いて行われていた．これを原処分時主義と言っている．これはある意味で当然のことである．処分したあとに作成された資料，あとから見つかった資料，そんなものを有効だとするなら，処分はいつまで経っても完結しないからである．したがって，これを狭く解釈すると，原処分以降に得られた資料は，いっさい判断の材料にしてはならないことになる．Ｙ氏の場合は，熊本県の棄却処分後に死亡して解剖されて得られた病理所見と鑑定結果を判断材料とすることが原処分時主義に抵触するか否かが争点となった．

この問題に関し．1992 年 11 月，新法 (1974 年 9 月 1 日以降の申請者に適用) に関わる公害健康不服審査会は，イタイイタイ病認定申請棄却者から申し立てられていた不服審査につき,「申立人の病理所見は生前の状態を類推するものにたる」と，処分時以降の剖検資料を採用して，原処分を取消す裁決を出した．つまり，あとから作られた資料でも，原処分以前の状態を復元できるものとか，推定できるような資料は使って構わないというものである．

一方 1993 年頃，1 回目の認定申請で棄却され，再申請した後に死亡，その後病理所見をもとに認定されたという例が 4 件あった．この人達は再申請のほかに行政不服も申し立てており，遺族は環境庁に病理所見を採用して最初の処分を取消すよう強く要求した．これに対し，環境庁は「行政不服は原処分の時点での是非を審査するもので，その後の病理所見は原則として採用しない」と見直しを拒否した．病理所見は再申請の方に出せというわけである．

ところがＹ氏の場合は生前の再申請をしていなかったため遺族は再申請できなかったが，不服審査は請求していたのでその地位は継承できた．環境庁が不服審査で新しい資料は認めないとして病理所見を無視すれば，棄却の結論しか出せない．再申請はできないから病理所見の活用の場はなくなる．環境庁の現場担当者が病理所見を生かす道を探ったのは確かである．そこで病理所見を鑑定依頼した．総務庁が鑑定依頼を適法と認めることで，原処分時主義を広く解釈した結果になったのである．

ところが，熊本県は水俣病棄却処分の取消を求める訴訟において，棄却処分後の病理所見を証拠として提出している．そしてこれを「処分当時の事実を推認する資料を，処分の適否の判断の資料とすることは，処分後のものでも処分時説と矛盾しない」として正当化している．つまり熊本県は環境庁には不当だと主張したことを，すでにやっていたのである．ただしこの場合は，患者は水俣病でなかったという資料として使っている．熊本県の言い分は，患者認定の方向では解剖所見は採用するな，患者棄却の方向では解剖所見を採用せよというのである．

県の態度はご都合主義的だが，このことはしかし，原処分時主義は法の趣旨により柔軟に運用できる可能性を示している．解剖所見で救済の道が開かれるならば，原処分時主義を活用し被害者を間違った処分から迅速に救済するのが法の趣旨だと思われる．

5　熊本県抵抗の理由

なぜ県は頑強に取消裁決に反対し続けたのか，そしてなぜ環境庁は裁決提示をしなかったのか？　その背景を見るために未認定問題をめぐる政治状況を概括しておきたい．

1977 年，環境庁は水俣病の判断条件を示して認定患者の枠を絞った．事実，1978 年以降は申請者のほとんどが棄却された．その結果，納得できず再申請する患者や，棄却処分を不服として行政不服審査請求をする患者が激増した．未処分患者がたまる一方で，いっこうに処分がはかどらなかった．

1985 年，水俣病第 2 次訴訟福岡高裁判決で判断条件が厳しく批判されるや，環境庁は医学専門家会議を組織して判断条件を追認し，ボーダーライン層の患者しかいないとして，認定申請のほとんどを棄却する路線を定着させてきた．

1980 年代後半になって，原因企業チッソの経営危機が表面化し，新たな金融支援が論議の的となった．当然，チッソの経営危機は補償問題に直結する．そこで国は，審査会の検診で水俣病の主要症状の一つである四肢末端の感覚障害しか証明されないとされた患者群を，水俣病ではないがグレーゾーンの患者とした中央公害対策審議会の答申に基づいて，水俣病総合対策事業を開始した．これは認定申請を棄却されたほとんどの患者が当てはまるわけであるが，再び認定申請をしないことを条件に始められた．これは患者数を絞り込み，チッソの補償負担を軽減することを意図した施策のひとつであったと言える．

このようにして認定患者を最小限しか認めないという体制ができあがった．

棄却患者の大半をその傘下におさめ，水俣病運動をリードしていた全国連の原告団・弁護団は，各地の水俣病国家賠償訴訟で和解戦略をとった．その要請で1990年9月，東京地裁を皮切りに1高裁4地裁で和解勧告が出されたが，国は頑として和解を拒否した．国抜きのまま，原告弁護団と県とで和解協議は進められる．事態が動かないまま1994年に至り，自民・社会・さきがけ3党による村山連立政権が発足し，一転して政府主導による未認定患者の解決策作成が進められることになった．そして1995年12月，一時金などの支給を柱とする水俣病未認定被害者救済策が決定した．「紛争の最終的かつ全面的な解決を図る」ことを目的とした政治決着である．解決策は，裁判や認定申請あるいは行政不服審査を取り下げることが条件であり，ほとんどの未認定患者たちは受け入れ，紛争のほとんどは収束した．

このような状況の中で，1990年以降，和解に対し環境庁と熊本県は対応の仕方に違いはあっても，基本的には水俣病問題を終息させ，紛争を終結させる方向で一致していた．県としては，ここで取消裁決が出て審査会に動揺が生じれば，その目論見は頓挫してしまう可能性がある．また，裁判所の和解勧告では，疫学条件プラス四肢末端の感覚障害が和解対象者の要件になっており，感覚障害を認めなかったY氏を(後に述べるように，審査会の検診だけが認めなかったのであるが)認定することは，この和解案を進める障害と考えた．

要するに県は，Y氏の事例を患者救済のための審査検診体制見直しの契機とする思考回路を持たず，逆に水俣病事件終結を阻害する要因として排除したと言える．

6　環境庁の立場

環境庁のとった，熊本県の了承取り付けという方針は事態を混迷させた．県の執拗な反対にひとつひとつ反論し，ねばり強く説得したことは一応評価できる．しかし，説得の見通しがなくなっても，最後まで取消裁決を出すことをためらった．

原因として，第一に特殊疾病審査室(不服審査室)の室長やその上司である環境保健部長がほぼ単年度ごとに異動し，担当が変わるごとに内部で議論をやり直していること．第二に，特殊疾病審査室長ら実務担当者と，企画調整局長ら環境庁上層部との間にスタンスの違いがあり，結局後者の意向が通ったことなどが考えられる．

7　原検診，処分の問題

審査会で検討された検診結果を，Y氏に関する他の診断と比較すると，その特異さが浮き彫りになる．つまり，審査会資料で認めているのは，平衡機能障害と眼球運動異常のみで，感覚障害や視野狭窄は認めていない．他方，Y氏が申請した時の診断書，K市S病院のS医師による生前の臨床診断，また順天堂大学佐藤医師による死亡時の病理診断，環境庁依頼の鑑定結果，そしてY氏本人の病歴などでは，ほとんどが感覚障害や視野狭窄を確認し記載している．

この明らかな対比は，審査会による検診がY氏の症状を的確に把握しなかったことを示している．審査会の検診が予断を持った診察で問題が多いことは，前々から被害者諸団体が指摘していた．これは検診が技術的に難しいということとはまた違う問題である．検診態勢そのものに構造的な欠陥があると考えられる．またそのことは，宮井正彌によって審査実態を検証した論文の中で厳しく指摘された．宮井によれば，認定の枠を絞っていると批判されている77年判断条件すら，実際の審査検診では正しく適用されておらず，判断条件(すなわち問題があるにしても公的な認定基準)にあてはまる人も多く棄却されて，約30%前後の人たちしか認定されていない実態を明らかにした[(2)]．このような不適正な検診に基づいた棄却処分も，また妥当性を欠き違法なものと言わなければならない．とすれば，問題は認定申請を棄却されたすべての被害者に波及すると言えるし，それが危惧されたからこそ県は違法かつ理不尽な理由で抵抗を続けたと言えよう．請求人らが，棄却処分の再検討と検診・審査体制の根本的見直しを求める所以である．

V　水俣病事件史の中での意味

1　救済制度の正体

水俣病事件における認定制度なり不服審査制度は，被害者の迅速かつ幅広い救済を目的として設けられているにもかかわらず，現実には逆の役割，つまり認定制度は被害者の放置・切捨てを，不服審査制度はその補完を果たしてきたことは，事件史をひもとけば歴然とした事実である．

今回のY氏も，本来生前に認定されるべきなのに棄却され，行政不服に救済の道を求めたところ，逆転裁決が用意されながら放置され，けっきょく闇の中へ葬り去られた．もし新聞報道がなければ，この裁決放置事件は“処理”されていたのである．

2　政治解決とのからみ

政治解決の基本的枠組みは，一時金の支給により「紛争を終結」させ「最終的かつ全面的な解決」を図ることにある．

「紛争の解決」については，「一時金を受領する者は，今後損害賠償を求める訴訟及び自主交渉並びに公健法による認定を求める活動を行わないものとする」と明記されており，あきらめて解決策を受け入れたY氏遺族は，一時金を受給し行政不服審査請求を取り下げた．

1996年11月の環境庁の文書「Y氏判定結果発表後の対応について」によれば，Y氏が一時金受給対象者になる場合，〈対応案①〉として「請求人の取り下げを待つ．裁決を行うことによる処分時主義の例外を認める等の問題を回避できる」とある．事態はまさにその通りとなり，環境庁の最も望ましい形で手続きを終了させたと言える．同様の例は他にも少なくなかったと思われる．

3　関西訴訟控訴審とのからみ

現在，大阪高裁で係争中の関西訴訟控訴審において，岡山大学医学部衛生学教室の津田敏秀講師の意見書(3)や，熊本大学医学部の浴野成生教授の証言(4)などにより，水俣病の病像が根本的に覆される新たな知見が提起されている．

津田は，過去に調査されたデータを環境疫学の手法で解析し，メチル水銀の曝露歴と四肢末端の感覚障害が認められれば水俣病である蓋然性が極めて高いことを証明した．また，浴野らは世界の研究を総括した上で，厳密な対照を設定して検診を行い，水俣病の感覚障害の病因について従来の末梢神経障害説を否定し，大脳皮質障害説(中枢説)を打ち出した．一方，国側の認定基準である77年判断条件が誤っていること，実際の検診において正しく運用されていなかったことを指摘した．

ところで認定制度および不服審査制度は，水俣病の医学研究の停滞および病像論の誤りを基礎にして運用され，その結果Y氏のような事例を多数生じさせたと思われる．また同時に，1万数千人の被害者を解決策を受け入れざるを得なくさせた．

唯一，解決策の受け入れを拒否し訴訟を継続している関西訴訟の中で，水俣病医学に対する新しい問題が提起されたことは，認定制度および不服審査制度の構造的欠陥を浮き彫りにしたY氏の事例と併せて，いわゆる政治決着に至るまでの40年の水俣病事件史が，被害者救済と裏腹に加害者チッソの擁護と被害者切捨てに終始したことを明らかにしたと言うべきであろう．

(1) 佐藤猛ら：関東地方在住水俣病患者の臨床症状.「水俣病に関する総合的研究」昭和54年度　環境庁公害防止等調査研究委託費による報告書 65-67, 1980
佐藤猛ら：関東地方在住水俣病の1剖検例.「水俣病に関する総合的研究」昭和55年度　環境庁公害防止等調査研究委託費による報告書 33-34, 1981

(2) 宮井正彌：熊本水俣病における認定審査会の判断についての評価. 日衛誌 51(4):711-721, 1997

(3) 津田敏秀：水俣病問題に関する意見書, 1997年9月18日関西水俣病訴訟控訴審に提出.「水俣病研究」, 第1号：53-86, 1999所収

(4) 浴野成生：メチル水銀中毒症に関する意見書, 1998年3月8日関西水俣病訴訟控訴審に提出.「水俣病研究」, 第2号：59-74, 2000所収

初出　水俣病研究会編「水俣病研究」第2号,2000（葦書房）

その後の経過(編集部)

2000年に発表された平郡による解説では，2004年10月に最高裁判決が出たチッソ水俣病関西訴訟の意義についての先見的な見解が示されている．2020年現在の救済策と補償を支えているのは，2004年関西訴訟最高裁判決を受け2009年に制定された「特措法」である．現在の事件分析に取り組むためには特措法制定の経緯と機能の実態を理解する必要があるが，本資料集では詳しく紹介することが叶わなかった．よってここに2000年以降の事件年表をまとめるにとどめ，関西訴訟の評価や特措法に関するより詳しい内容については例えば以下の文献を参照してほしい．また2019年に熊日で「水俣病特措法10年」特殊記事が組まれているほか，インターネット上でも原告支援者や弁護団による解説記事を閲覧することができる．

岡本達明　2015 「[補論2] 水俣病事件のその後の経緯(2004～2014年)」『水俣病の民衆史　第六巻　村の終わり』pp. 291-326, 日本評論社.

富樫貞夫　2017 『〈水俣病〉事件の61年《未解明の現実を見すえて》』, 弦書房.

2000年以降の事件年表

(上記文献・新聞記事・西村幹夫「水俣病事件の年表」等参照)

2001年　水俣病関西訴訟 大阪高裁控訴審判決：1960年1月以降の国と県の法的責任を認めた．国は水質二法の，県は熊本県漁業調整規則の規制権限を行使しなかったことが違法とされた．国，県，チッソに対し，原告58人のうち51人に450～850万円の賠償を命じた．国，県と原告の一部が上告．

2004年　水俣病関西訴訟 最高裁判決：1960年1月以降の国と県の法的責任を認めた．77年判断条件とは別個に，一定の条件があれば感覚障害などの症状でもメチル水銀中毒と認めて差し支えないとした大阪高裁の判断を是認した．

2009年　自民・公明両党が未認定患者救済とチッソ分社化を一組とした特措法案を参院に提出：「水俣病被害者の救済及び水俣病問題の解決に関する特別措置法」(法律第81号)可決成立(第2次政治解決)．関西訴訟最高裁判所判決において認められた国及び熊本県の責任を政府としても認めなければならないとし，「公害健康被害の補償等に関する法律に基づく判断条件を満たさないものの救済を必要とする方々を水俣病被害者として受け止め，その救済を図る」(前文より)とした．チッソはすべての事業部分を事業会社(JNC)として独立させJNC株を100%所有し，株の売却資金で補償を積立て一時金の拠出などの責任を果たすとした．

2010年　政府が特措法に基づく未認定患者の救済措置方針を閣議決定．救済申請受付を開始．熊本地裁が和解所見を示す．互助会水俣病第二世代訴訟と新潟第三次訴訟が和解拒否．

2011年　チッソ(株)，JNC(株)(ジャパン・ニュー・チッソ)設立．出水の会，葦北の会，獅子島の会がチッソと紛争終結の協定締結．不知火患者会訴訟が各地裁で正式和解．

2012年　熊本・鹿児島・新潟三県が救済申請受付を7月31日に締切：手帳切り替えを含め65151人が申請し，2018年新潟県の判定終了により「被害者」判定（一時金210万円＋被害者手帳）32262人となった．

2013年　溝口訴訟・F氏訴訟 最高裁判決：感覚障害のみの水俣病は存在しないとの科学的実証はないとした．現行認定基準＝77年判断条件の事実上の否定．県が溝口氏とF氏を水俣病と認定．(平郡は溝口訴訟が未検診死亡者に対する放置・切り棄て事件である点を強調している ※機関紙『ごんずい』129，2013，相思社)

2014年　2013年判決を受け，環境省が認定運用指針「公害健康被害の補償等に関する法律に基づく水俣病の認定における総合的検討について」を通知（認定審査の新通知）：この通知は現行の認定基準に依拠したものであり制度変革には至らなかった．それどころか，申請者本人が有機水銀に対するばく露等を示す「客観的資料」を用意せねばならなくなり，認定を受けることがさらに難しくなった．

日本精神神経学会法委員会委員長富田が「水俣病問題は食中毒事件であるという原点から見直」すことが重要だとする通知反対の見解を出した（11月15日）．

互助会水俣病第二世代訴訟 熊本地裁判決：3人に1億～200万円の支払いを命じ，5人は請求を却下．

2015年　熊本県が2年4カ月ぶりに認定審査会を再開（新通知後2019年11月までに5人を認定）．

2016年　水俣病食中毒調査義務付け訴訟（佐藤訴訟）控訴審判決，原告敗訴：水俣病被害者互助会の佐藤英樹会長が，食品衛生法に基づく水俣病患者＝食中毒患者発生の調査と報告を行うよう国と熊本県に求めた．控訴審で東京高裁は「食中毒の調査で国民に権利義務は生じず，行政訴訟の対象外」と請求を却下した1月の東京地裁判決を支持した．

2017年　水銀に関する水俣条約発効（2013年10月に水俣で採択・署名）．

川上訴訟 最高裁で逆転敗訴：川上氏は1973年の認定申請から「保留」扱いされていた認定の義務づけを求める行政訴訟を2010年に起こし，2011年に水俣病認定された．その後，同氏は熊本県知事に対し公健法に基づく障害補償費支給を請求したが，関西訴訟で認められた損害賠償により損害は補填されているとして支給されなかったため，不支給決定の取り消しを求める行政訴訟を起こした．第二審の福岡高裁で不支給決定は違法と判断されたが（公健法の障害補償は損害補填だけではなく社会保障的要素も含むと指摘），最高裁第2小法廷は川上氏がすでに関西訴訟で賠償金を受けているため県は障害補償費の支給義務を免れると判断した．

新潟水俣病 認定義務づけ行政訴訟 原告勝訴：新潟市内の9人が市に認定を求めた訴訟の控訴審判決．東京高裁は一審の新潟地裁判決で患者と認められなかった2人を含む原告全員を公健法上の患者と認めるよう市に命じた．感覚障害のみの水俣病もあり得るとした2013年最高裁の見解が踏襲された形であり，公健法前の「水俣病被害者救済法」の主旨の重要性が指摘され，可能性が50％以上であれば水俣病と認定するとされた．

2019年　チッソが電子部品部門事業から撤退．JNC傘下のサン・エレクトロニクス工場閉鎖（水俣市），114人を解雇する方針を発表．業績低迷のため，特措法に基づくJNC株の上場・売却が現状では困難であるとした．特措法による患者救済の前提条件が崩れつつあるのではと危惧される．

認定患者数：熊本県1790人，鹿児島県493人，新潟県715人．認定申請未処分者：熊本県491人，鹿児島県1106人．新潟県142人．[※参考:各県ウェブサイト 最終閲覧:2019.12.26]

係争中の水俣病訴訟：9件，原告数1882人（被害の賠償を求める国家賠償訴訟／民事訴訟6件，棄却処分取消～認定の義務づけを求める行政訴訟3件）（裁判所：熊本，福岡，大阪，東京，新潟）．[※参考:『季刊水俣支援』91秋号，2019.10.25，東京・水俣病を告発する会．一般財団法人水俣病センター 相思社ウェブサイト 最終閲覧：2019.12.17]

（香室結美）

凡例

この資料集は、遺族の希望もあって被害者名はYと表記する．また住所などの情報は略した．

本資料集は、手書きの文書や音声データなどさまざまな形体のものを含んでおり、活字化に当たっては可能な限り現物の形や表現を尊重した。日付がはっきりしない文書は、環境庁や熊本県の文書公表時の順序を参考にして配列した。文書の配列は、少し前後する可能性がありご容赦願いたい。また図表は、組版上の制約があって表記上の不統一が少し残った。

1. ＊について

タイトル最後につけた＊は、資料にかかわる情報や説明である．

2. ( )と〔 〕について

( )は原資料で使われている場合で、〔 〕は編者によるものである．タイトルがない資料は、適当な語で要約し〔 〕で示した．また文中の〔 〕は編者による説明などである．なお(__) は原資料公開時の伏せ字である．

3. 下線などについて

原資料に表記されていた箇所は、原資料のまま下線や強調のための傍点を明記した．

4. 注と原注について

資料中で、必要に応じて注を付した．(1)、(2)、(3)は、編者による注であり、資料の最後に一括して示した．文中の、1)、2)、3)は資料にもともとあった原注であり、表記を区別した．

5. 重複部分の取り扱い

添付資料・表・図・引用文など何度も出てくる資料は、原則として初出で示し、その後はタイトルのみを示し < 略 > とし、(1)・(2)を付し初出資料ナンバーを注で示した．

ただし、重要な資料の場合は、ナンバーを付して独立して扱い、前出の資料(例：送付、発出、供覧など)で略す編集にした．

6. 図表の取り扱い

図表は、できるだけ原資料のまま復元するよう心掛けた．

7. 病理写真について

資料の写真の状態が、コピーのため状態が悪く、やむなく割愛し写真説明のみを残した．

8. 数字の取り扱い

本資料集は横組みのため、読みやすくするため一部漢数字はアラビア数字で表記した．

9. (ママ)

原文の明らかな間違いは訂正した．その他、当て字などはそのままとし不明箇所は(ママ)を付した．

Ⅰ　審査請求人・代理人

1　認定申請書*　1974.3.22

認定申請書

ふりがな 氏　名	(Y)	男・女	生年月日	明治 大正 昭和　11年9月21日
住　所	(住所)		(1) 疾病の名称	水俣病
通勤・通学先等の名称及び所在地	(株) チッソ　　水俣市野口町			
(2) あなた又はあなたを扶養している者の加入している社会保険の種類	社会保健(ママ)		(3) 被保険者本人(組合員本人)被扶養者の別	本人 ・ 被扶養者
指定地域の大気汚染・水質汚濁の影響により発病することになったいきさつ	昭和20年から水俣に住み，25年頃から小舟で，(地名) 等で一本釣りを続け，タチ，イトヨリ等の魚貝類を多食していた．会社が三交代であった為そのあい間に漁を続けていた．			
健康状態の概要	昭和40年頃から言葉がもつれ，2年前頃から足がひきつった．言葉が出にくく，よだれが出たり，左足にしびれ感があり，現在に至っている．			
当該疾病について受けている医療の概要	昭和38年より，水俣市立病院に通院．			

公害に係る健康被害の救済に関する特別措置法第３条第１項の規定により認定を受けたく，必要書類を添えて申請します．

昭和 49 年 3 月 22 日

申請者　氏名　(Y)　㊞

熊本県知事　沢 田 一 精　殿

*〔受付印〕熊本県公害対策課　49.3.23　第 1368(6) 号

2　審査請求書*　1979.10.23

審査請求書

昭和 54 年 10 月 23 日

環境庁長官　上村千一郎　殿

住所　(住所)

氏名　(Y)　㊞

年令 57 才

下記の通り審査請求をいたします．

記

一　審査請求に係る処分

(処分の内容)

熊本県知事の昭和 54 年 8 月 30 日付け熊本県指令公保第 9 号による公害に係る健康被害につき昭和 49 年 3 月 23 日付け水俣病認定申請について認定しない旨決定した処分

一　審査請求の趣旨及び理由

上記通知を受けましたが私はこの生活歴・病歴を含めて水俣病の症状を呈し，有機水銀の影響がないとは考えられず上記決定には不服ですので，水俣病患者との認定をされたく請求します．

一　処分庁の教示の有無

熊本県知事より次の通り教示があった．

この処分に不服がある場合は，処分のあったことを知った日の翌日から起算して 60 日以内に環境庁長官に対し審査請求をすることが出来る．

一　審査請求に係る処分があったことを知った日

昭和 54 年 9 月 2 日

一　付記

本件について后日補充書を提出する．

*〔受付印〕環境庁企画調整局環境保健部　昭和 54.10.23　環保業第 837 号

手続き上の正式名称は「旧公害に係る健康被害の救済に関する特別措置法(昭和 44 年法律第 90 号)第３条第１項の規定に基づく水俣病認定申請棄却処分に係る審査請求」であるが，一般的には「行政不服審査請求」と呼んでいる．

3　委任状*　1979.10.23

委　任　状

私は　(住所)　(氏名)[1]
(住所)　(氏名)
(住所)　(氏名)
(住所)　(氏名)㊞

を代理人と定めて，下記の権限を委任します．

記

昭和 54 年 8 月 30 日付けをもって，熊本県知事が私に対して行った公害に係る健康被害の救済に関する特別措置法第３条の規定により，水俣病とは認められないとした処分について，環境庁長官に対してする審査請求に関する一切の権限

昭和54年10月23日

審査請求人　住所　(住所)

氏名　(Y)

(1) 代理人は石川直美，荒谷徹，平郡真也、高橋龍二．

＊〔受付印〕環境庁企画調整局環境保健部，昭和54.10.23　環保業第837号

4 審査請求人地位承継届書＊　1980.4.1

審査請求人地位承継届書

昭和55年年4月1日

環境庁長官　土屋　義彦　殿

住所　(住所)

承継人　(Y)妻)㊞

(生年月日　(年月日))

下記のとおり，審査請求人の地位を承継したので，行政不服審査法第37条第3項の規定により届け出ます．

記

1　審査請求の件名

公害に係る健康被害の救済に関する特別措置法第3条の規定に基づく水俣病認定申請についての棄却処分に係る審査請求．

2　審査請求年月日

昭和54年10月23日

3　被承継人の住所および氏名

住所　(住所)

氏名　(Y)

4　承継の理由

本人死亡の為((Y)昭和55年1月28日死亡)

5　添付書類

戸籍謄本1通 [(1)]

(1) 戸籍謄本は非公開

＊〔受付印〕環境庁企画調整局環境保健部，昭和55.4.15　環保業第254号

5 (Y)反論書＊　1986.10.31

(Y)反論書

審査請求人　(Y妻)

(住所)

同代理人

(氏名) ㊞

(氏名)

(氏名)

(氏名)

昭和61年10月31日

はじめに

(Y)氏は'74年(昭和49年)3月水俣病認定申請を成すも'79年(昭和54年)棄却処分を受け同年10月行政不服申請を行うが，翌年1月死亡された．その後'80年(昭和55年)弁明書が提出されその検討を続けてきたところであるが，この度，剖検に関わる資料が整備されたのを機に反論書を提出することにした．

以下構成について述べると，(I)は(Y)氏の長男である(名前)氏が亡父の経歴の概略を記したものでありこの点については(Ⅱ)の生活歴・病歴等の記録で詳述してある．又病状については，(Y)氏が'79年(昭和54年)(病院名)病院に入院した折の記録を元に作成してもらった診断書を添付した．(Ⅲ)更に死亡後の'80年(昭和55年)1月28日死亡病院の順天堂大学病院に依頼して剖検を行なってもらいその結果が(Ⅳ)の診断書である．(尚，同診断書の剖検年月日―昭和55年1月8日―は1月28日の誤り)．(Ⅴ)はその剖検を元に(名前)助教授等が「水俣病に関する綜(ママ)合研究班」に出した報告である．

反論書には県提出の弁明書に対する反論部分は含んでいない．これは，決して弁明書の記述に疑義がないことを意味しない．ただ弁明書の誤り，疑問点の一つ一つを指摘する煩を犯すよりも1枚の剖検報告書が当該処分の誤りを語って余りあると信ずる故である．

(Ⅰ)〔Y氏病歴〕

(本籍)　熊本県水俣市(住所)

(生年月日)　大正拾壱年9月21日

(氏名)　(Y)

(死亡)　昭和55年1月28日

父(Y)は，昭和21年に，新日本窒素肥料株式会社(現チッソ株式会社)に，入社し，昭和52年に，55歳で停(ママ)年退職するまで31年勤続した．

この間，住居は，水俣市(地名)に定め，(名称)港までの距離が徒歩数分であるために，漁業を営んでいた祖父の手伝いの為に，会社の休日や，勤務終了後の余暇には，しょっちゅう漁業に出た．

それだけではなく，昭和26年には，自から櫓かき舟2艘を購入し，よく水俣湾近辺，等に釣りに出た．自から魚類を口にすることは，日常であり，特に，たこ，いかの魚類が，父は，大好物であり，自から漁に出，昭和21年頃より，昭和52年頃まで，毎食のように口にしている．

昭和40年頃から，言語障害，手足のふるえ等の症状が，ぼつへ出始めた．

昭和55年に死亡する数年前では，言語障害，手足のふるえ，歩行困難が極度に達していた．

昭和55年1月28日に死亡した．

(本籍)熊本県水俣市(地名)
(住所)　　　　(住所)
(住所)
(Y)長男
昭和(年)(月)(日)生

(Ⅱ)　申立人(Y)の生活歴

1　はじめに

申立人(Y)は，'80(昭和55)年1月28日，東京御茶の水にある順天堂病院で，57歳の生涯を閉じた．生前30年以上にもわたって水俣の地で魚を食べ続けた生活が，まぎれもなく彼の生命を奪っていった．彼は水俣病によって身体を破壊され死亡したのである．

ここでは，(Y)の食歴・職歴・病歴を中心にして，その生活歴を跡づけることとする．

2　食歴を中心として

(Y)は，'22(大正11)年，水俣市(地名)で(Y父氏名)，(Y母氏名)の第4子(3男)として生まれた．(地名)は，水俣市内から内陸に入った山村である．

彼は戦時動員によって，(名称)工廠で旋盤工の仕事につき，その腕を認められて'46(昭和21)年，チッソに入社した．以降しばらく旋盤工の仕事を続ける．

'47(昭和22)年，(Y妻)(旧姓(姓名))と結婚し，(地名)にある(Y妻)の実家の隣りに居住することになった．(地名)は(地名)港のすぐ西に位置し，少し歩けばもう海岸である．(Y妻)の実家は漁業を営み，特に1本釣り・ボラかごによる漁を主としていた．

彼は三交代である仕事のひまを見つけては(Y妻)の実家の漁の手伝いとして，あるいは自分で魚をとりに出かけた．(Y妻)は，その頃のことを「山ん中((地名))から出てきて魚を食べるのが珍しかったんでしょうなあ」と述懐する．

'51(昭和26)年には初めて自分の船をもち(地名)・(地名)辺りにさかんに漁に出かけ，時には(地名)まで行くこともあった．船は通算して3バイ持った．

とった魚は，タチ・アジ・ガラカブ・タコ・ボラ・イカ・あさり貝などである．多いときには市場に出すほどとれた．ボラについてはボラかごを自分で作り，エサも自分で調合していた．

このように彼は，旋盤の仕事の合間を見つけては漁に出かけ，あるいは隣りの(Y妻)の実家からもらって魚を食べた．三度の食事のおかずが魚であるというより，魚そのものが主食であった．特にタコ・ボラを多食し，タコは家人がほとんど食べないので彼が一手に引き受けて食べていた．またカキやビナも(地名)などに出かけてとり，よく食べていた．こうした食生活は，彼が'78(昭和53)年，水俣を離れて上京するまで，ずっと続くことになる．

ここで周囲の様子について触れておく．

まず魚を好んで食う猫の異常は，'45(昭和20)年頃からすでに現れていた．'45(昭和20)年から'50(昭和25)年にかけて，近所の3匹の猫がピューッと走り，バタッとひっくり返り死んだという．さらに(Y)宅で飼っていた「キン」(猫の名前)が，'56(昭和31)年頃急に走り出したり，くるくる回って倒れたりするようになり間もなく死んだ．同じ頃，隣りの(氏名)宅でも同じようなことがあった．(氏名)宅では猫好きで5～6匹も飼っていたが，「家んとも，そげん(くるくる回って倒れる)すっとばい」と言っていたという．

次に近所の人々の認定状況を見ると，隣りの(氏名)氏の息子，隣の(氏名)宅のじいさん・ばあさん，近所に住み遠縁にあたる(氏名)・(氏名)，さらに近所に住むおじの(氏名)などが認定されている．

これらから，地域ぐるみで健康の偏りがあるのは明らかである．

3　職歴を中心として

'46(昭和21)年にチッソ入社後，しばらく旋盤工の仕事を続けたことは前述した．'60(昭和35)年頃から体の具合がおかしくなり．その後，酢酸工場・硫酸工場など，チッソ内において職場を転々とするようになる．

'68(昭和43)年には，チッソの下請け会社である合板会社設立のため，3カ月(地名)へ研修に行った．水俣に戻り，約1年後に操業を開始した合板会社((名称)合板)で働き出す．しかし手足の衰えとともに作業が体にこたえ転職を希望するようになる．ちょうど水俣工場正門の保安係があき，'71(昭和46)年に保安係についてから退職する'77(昭和52)年9月まで続けた．

そして退職後'78(昭和53)年8月，すでに上京していた子供達の元に身を寄せた．しかし手足のしびれ，歩行障害がひどく，しばらく職にはつけなかった．

やがて(氏名)の手助けで付近の団地を回り，刃物の研ぎの仕事をした．元々器用だったので，各団地の人々からは丁寧な仕事で喜ばれた．しかし手足の感覚障害のために，手を刃物で切っても自覚がなく，いつも手を血で汚して仕事を続けた．あまりにケガが多くこの仕事もやめることになる．

その後，マンションの管理人の仕事につき家族の助けを借りて約4カ月続けたが，歩行障害・言語障害を理由にやめさせられ，死亡するまで仕事につかなかった．

4　病歴を中心にして

まず身体の異常に気づいたのは'57(昭和32)年頃――(地名)に移り住み，魚貝類を多食するようになって5～6年たった頃――である．主として手足のしびれ・ふるえが起こった．

そして'62(昭和37)～'63(昭和38)年頃，長くて切れないよだれを流し始める．さらに一時目が見えなくなり，自動2輪の運転をやめた．すぐに眼科(水俣市(地名)にある(名称)眼科)に通い出し，この通院は'77(昭和52)年まで続くことになる．(名称)眼科で水俣病認定申請をすすめられたことがあったが，この時はチッソに勤務していたせいもあって断った．

なお，この眼の異常――眼科への通院は審査会資料及び弁明書では一切ふれていない．この一点をとっても，認定審査の杜撰さは明らかである．

'62(昭和37)年に工場で勤務中に倒れ，それ以降症状が悪化していく．倒れることもしばしばであった．((Y妻)の記憶によれば，家で3回，外で1回)．

'69(昭和44)年に(名称)合板に勤め出してから，体がきついとさかんにもらしていた．'71(昭和46)年に水俣工場正門の保安係に配職された頃には，言葉がもつれ，はっきりしなくなり，また手足のしびれがひどくなり，よくつまずくようになる．'73(昭和48)年には就業中倒れて入院することもあった．

なお彼は，熊本県が'71(昭和46)年に水俣湾周辺地区住民に対しておこなった健康調査で第3次検診まで受けている．この検診をいっしょに受けに行った人が，(Y)の歩き方がおかしかったため腹をかかえて笑っていたという．

彼が保安係に配職された'71(昭和46)年は折しも水俣病患者が正門前座り込みを始めた年だった．患者と接触したことがきっかけとなって，'74(昭和49)年3月に水俣病認定申請に踏み切るにいたる．

'78(昭和53)年の上京後は，歩行障害・言語障害・手足のしびれなどが，より一層顕著になっていった．

'79(昭和54)年5月の検診等を踏まえ，同年8月に「有機水銀の影響は認められない」として棄却処分を受ける．そして同年10月に行政不服審査請求の申立てをおこなう．しかし，水俣病認定の結果を見ずに，言語障害・手足のしびれを訴え続けて'80(昭和55)年1月28日，脳血管障害に脳出血を併発し死亡したのである．

(Ⅲ) 診断書　＜略＞[1]

(Ⅳ) 病理診断報告書　＜略＞[2]

(Ⅴ) 佐藤猛・矢ケ崎喜三郎・福田芳郎：関東地方在住水俣病の一剖検例　＜略＞[3]
佐藤猛　関東地方在住水俣病患者の臨床症状(予報)＜略＞[4]

(1) 24

(2) 25

(3) 27

(4) 26

＊〔受付印〕環境庁企画調整局環境保健部，昭和61.11.4，環保業第611号

6　口頭意見陳述の申し立て＊　1994.6.30

口頭意見陳述の申し立て

環境庁長官
浜四津　敏子　殿

下記審査請求人から提起された旧公害に係る健康被害の救済に関する特別措置法(昭和44年法律第90号)第3条第1項の規定に基づく水俣病認定申請棄却処分に係る審査請求について，口頭での意見陳述の機会を与えられるよう申し立てます．なお，陳述の要旨は別添の通りです．

記

審査請求人　(Y妻)(亡(Y))
審査請求年月日　昭和54年10月23日
陳述希望日時　7月19日(火)　10.30～
又は7月26日(火)　10.30～

陳述者住所及び氏名
東京都　(住所)
(氏名)
千葉県　(住所)
(氏名)
東京都　(住所)
(氏名)

平成6年6月30日
審査請求人
代理人
(氏名)㊞

〔別添〕

口頭意見陳述要旨

意見陳述の要旨は以下の通りである．

① 審査を迅速化し，一日でも早く「本件審査請求に係る熊本県知事の処分を取り消す」との裁決を出されるよう要望します．

② 故(Y)の解剖所見を審査の材料として積極的に活用されるよう要望します．

③ 審査請求人からの話し合い申入れに対し，貴庁が誠実に対応されるよう要望します．

④ ①～③の要望事項について，貴庁の責任ある回答を示されるよう求めます．

以上

＊〔受付印〕環境庁企画調整局環境保健部，平成6.7.1，接受

7　口頭意見陳述＊　1994.7.19

口頭意見陳述

〔場所　環境庁〕

代理人：石川直美，荒谷徹，平郡真也

環境庁：小野寺，藤崎審査室長，阿部審査専門官，古屋(女性)

環境庁　第1点は先日もご説明申し上げましたけども，口頭意見陳

述というのは非公開で，このことにつきましては，昭和37年の国会答弁の説明にもありますように非公開になっていると．それともう1点，ご承知のように新法制定以前では書類審査・審理というのが原則になっております．そういうことからしまして，あくまでもご意見をお聞きするということでございますから，質問等につきましてはお受けできませんので，ご理解いただいて，以上でございますので，どうぞ．

石川：私ども長く水俣のことに関わってきまして，とくにYさんの場合には棄却以前から，私どもおつきあいがありまして，はっきり言うと，Yさん自身も水俣にある理由からいたくないという心境もありまして，川崎の方へ移られた，その当時からのおつきあいなんです．だから家族の方もそういうおつきあいをしておりまして，これはご存じだと思いますけども，棄却されて行政不服の審査請求をしたのが1979年でございます．もうすでにその時点から，15年という歳月がたっております．その間に県の弁明書が出て，現地審尋も86年に行われている．私どもの反論書も非常に遅れましたけれども，87年の春にはもうお出ししてあるわけです．

行政不服審査というのが法律的な意味から言って，裁判とかそういうもので非常に長い時間がかかる，そういうものを非常に迅速にやろうというのがそもそもの始まりで，できたということが法律の第1番目に書いてあることなんで，それで患者さん自身も「一体どういうふうになっているんだろう」という，「いくら何でも待たせすぎるんじゃないか」と．しかもそれについては，自分たちも……息子さんたちは未申請ですけども……〔水俣病ではないかという〕不安感があるわけですね．奥さん自身もそういう不安感もあり，生活のためにも慣れない東京に出てきていますから，奥さん自身も息子さんたちと一緒に現に仕事をしながら，そういうものが頭の中に滞っている．奥さん自身もお疲れがひどくて，午後の3時頃になると立っても座ってもいられないという状況になってきている．

一体どういうことが行われているのか，しかもそういうことで，これはもっと行政の方からしていただかなきゃならないと思いますけれども，水俣から来たというだけで周りの人達から非常にイヤな思いをするんで，今までにも転々と転居されているわけですね．そういう実状なんかはほんとにわきまえていらっしゃるのか，どうなのか．

それともうひとつは〔Y氏が〕亡くなったときも順天堂の佐藤〔猛〕先生も「これは完全に水俣病の疑いがある」と．まあその前から診ていただいているんですが，そういうことで患者さんのご家族は，解剖ということに非常に抵抗を示されたことでもあるんです．ですが，いわゆる解剖のほうの法医学の先生がたもそういうことでは，一度めずらしいケースであると．だけど，非常に当たり前の水俣病なんじゃないかということで死後解剖やって，それで家族の人達もはっきり「水俣病である」ということを，佐藤先生じゃなくて，解剖された先生の病理のほうからも，はっきりそれを言われてるわけですね．しかも，それだけのものがありながら，いつまで不安な状態で置かれているのかということが，第1番の問題です．そういう不安感を1日も早く払拭してほしいということ．

それとご家族の方は何とかいま自活できるんです．この問題については，カネの問題ではない．実際オヤジが，Yさんがチッソにもいたことがあるし，そういうことで病理かなんかは今まで出した書類の中にほとんど，生活歴もほとんどみなさんお読みになっていらっしゃると思いますけど，そういうことでやはり水俣病であるなら，それをきちんと早く認定というか，水俣病であるということをはっきり確定させてほしい．すべてそういうことにかかっている．そういうことでこの前小野寺さんにお話しした，そこらへんのことをもう一度全体で，患者さんの家族と全部話をしなきゃならないし，私が代理人になってる以上はそういうこともしなきゃいけないということで，今日，再要求を開いた，まあこういうことでございまして．

でこの前，陳述の要旨は1，2，3，4と出しましたけど，この中で2，3追加，追加っていうかその中での追加的な要素もあると思いますが，承知していただいてお聞き願いたいと，こういうふうに思います．

荒谷：最初に聞いておきたいんだけど，もちろん非公開であって，個々の個別質問については答えられない事情も，まあ分からない訳じゃないんだけども，お座り願っていてもこちらもなんとも達磨さんに話してるみたいなもんだから，基礎的な事項で答えてもかまわないような内容，もちろんYさんのことで聞くわけなんだけども，たとえば審査がどの辺であるとかね，その辺はまあ案配して，別に僕らがこのあと出てすぐマスコミ行ったり，どっか行ってしゃべったりする訳じゃないんで，これは基本的にYさんのご家族にある程度の信頼を得て代理人の行為をしているんで，行ってきました，ただしゃべってきましただけでは子供の使いになっちまうんで，その辺配慮して答えれることはなるだけ答えていただきたい，ということをお願いしておきます．

石川：もう一つ．その点で補足すると，Yさんご一家の場合もこういう解剖云々についても，東京で生活していることがあるし，そういうことで自分が水俣から来たとか，名前を出さないようにしてほしいと，そういう要望も……．だから非常につらいところでご一家が生活していると，そういうところで代理人になっていますから，今の荒谷が言ったように，このことはマスコミに話するとか，はっきり言うと解剖所見なんかでも順天堂のほうであれした場合でも，本人に出す場合はいざ知らず，表にもしそういうものを出す場合には，絶対匿名にして欲しいということで，ずっとおつきあいしてますので，よけいそういう点での不安感，そういうものが強いと思います．

平郡：ひとつ今話が出ました，解剖所見の取り扱いのことで要望をお話したいんですが，こちら側，審査請求人側の反論書の中でたとえば幸（さいわい）病院の杉山先生とか順天堂大学の病理診断報告書の中でYさんは慢性有機水銀中毒症であるというふうにはっきり診断されておるわけです．当方はこれを中心項目にして，Yさんは水俣病であって県の棄却処分は取消されるべきだ，というふうな主張を行っているわけです．ところが，藤崎室長の談話というかたちで，これは熊本日日新聞の〔1994年〕2月10日号ですとか4月1日号の新聞記事なんですけど，「行政不服審査は原処分の時点での是非を審査するもので，その後の解剖所見などは原則として採用しない」というふうな話が，掲載されているわけです．これではもともとの行政不服審査というのが，公害健康被害者の救済ということでもあるわけですから，健康被害者救済には背を向けた姿勢と言いましょうか，それに反する姿勢だと私達は考えますし，被害者の迅速かつ公正な救済のためには，必要な資料は最大限活用するという姿勢こそ必要であろうと思います．

実際，この考え方は私達単独というよりも，たとえばこのYさんの件はいわゆる救済法，旧法ですが，補償法，新法のイタイイタイ病の裁決の関係では，平成2年の10月30日に審査請求4件のうち，2件については処分時以降の解剖所見を採用して棄却処分を取り消すというふうにはっきり，もちろん旧法・新法の違いはありこそすれ，国の公害健康被害不服審査会が，処分時以降の解剖所見を採用して棄却処分を取り消しているという事実もありますね．

さらにこれはまた裁判，ご承知かと思いますが，熊本県水俣病認定申請で棄却処分された4人の人達が，棄却処分の取消を求めてる裁判において，これはいま福岡高裁で控訴審の最中ですが，その中で当の処分庁である熊本県のほうは，棄却処分を正当化するものとして解剖所見を提出してるわけです．このときの主張というのが「処分当時の事実を推認する資料となるものを証拠に基づいて認定し，これを処分の適否の判断の資料とすることは，これが処分後のものであったとしても処分時主義となんら矛盾するものではない」というふうに主張しているわけです．

新法第5条裁決の例を見ましても，棄却取消裁判の県側の主張を見ましても，処分時以降の資料であっても，公害健康被害者の救済に必要であるときには最大限それを活用することが，環境庁といいましょうか，国に求められてる姿勢だというふうに考えます．ですからこの当該のYさんも解剖所見についても，はっきりと慢性有機水銀中毒症と病理診断されているわけですから，それを判断の材料に最大限活用していただきたいということです．

荒谷：どうですかね？

環境庁：現在審査中ですのでね．今おっしゃったようなことを，十分今日うかがっておりますので，そういうことも含めて，どのような扱いをするのかも含めて，私どもの審理を進めていくということですので．そうゆうことでお願いしたいなと思います．

荒谷：意見陳述の要旨として書いた順序とは，いま，2番を先に言ったんですけども，1番のその審査の迅速化というのは，石川さんがさっき最初に口頭で述べたように，だいぶたってるわけですよね．そのへんは十分自分らの仕事を理解なさってると思うんで，ある程度忖度して，とくに非難がましいことをいうつもりはないんですが，当該のYさんの場合にはどの辺の状況であるかということはお教えいただけませんかね．つまりケース〔審査処理〕の進み具合ですか，だいたい新聞でこっちも知るだけですよね．何年頃の人が裁決が出たちって．普通どおり，先で先出しの原則があるんだろうからね，この人だったらこのぐらいの順番になるんじゃないかな，っていうふうに考えるわけですよね．ということなんですけど．

平郡：個別の審査ですか，私ども中でどういう審査をされているのか分からないので，あくまで新聞とか外に報道された形でしか判断できないんですが，たとえば今年見ますと4月の2日までに6人の審査棄却したと．この6人については73年から74年申請で78，9年に棄却された人達であると．一番近い例では6月25日までに6人棄却で，この人たちはやはり73年4年に認定申請78，79年にかけて棄却であるというふうになってまして，まさにこのYさんの場合も申請74年3月，審査が79年10月ですから，ちょうど今審査の最中といいましょうか，もう裁決間近かなというふうには感触を得てるんですか，その辺はいかがでしょう．

荒谷：今のその裁決の状況っていうのは間違いないの？　そんなもんなの？　いま6人なの？ 12人なの？

平郡：2カ月半で6人ですか．そんなペースですね．

環境庁：そのことは熊日に書いてある？

平郡：そうですね．

環境庁：それは間違いない．いまおっしゃっている審査中の件数，相当数まだ抱えておりまして，……

荒谷：まだ，200人くらい残ってるんだっけ？

環境庁：相当難しい問題とか，県とのやりとりとかそういったことも半分，あるいは責任者とのやりとりですね，そういったこともやりながら審理を進めている．一件だけを順々にやっていくということではないんですね．全体を見てそれでもってこう審議してますので，その中で必要書類といいますか，そうゆうのがそろって，審理が進んでいる人については裁決が出せるというふうな状況でございますので，ですからいつとかそういう時期的なことは答えられませんですね．

平郡：一応3カ月に6人ぐらい．ま，そのペース……

環境庁：ですから，どうなるかですねえ，審理の進捗状況とかありますのでねえ．

荒谷：あのさ．県とのやりとりももちろんあるんでしょうし，それこそ様々な問題があるにしろ，遅れてて申し訳ないってこと自体はあるわけですよね？

環境庁：それはもちろんです．

環境庁：ですから一日も早く，努力はしてますんで．

荒谷：それじゃ迅速化とか，具体的なことは，じゃあ何をやってんですか？

石川：迅速化っていうことを謳われているけど，じゃ迅速化っていうことはどういうことですか，ということが患者さんたちが問題にな〔さ〕ってるわけです.

荒谷：というのはさ，一般的な話しても答えられないだろうからアレなんだけどさ，Ｙさんの場合，迅速化ったってもう出る資料はねえと思うんだよね．うちがほんとは出したいところもあるんですよ，再弁明みたいなものをね．あとで言うかもわかんないけど，おかしいかなと思うこともあるから．だけど再弁明出せば，今の県の状況からいったら〔前に出した〕再弁明ぜんぜんネグったまますからねえ．再弁明出てこないんでそれを口実に遅らされるとさ，また案配が悪いので，そういう意味ではＹさんの場合だと，あんまりもう県とやりとりして書類の整備は必要なくて，あとは審査の，お宅らのレベルの問題ね．じゃないかなあと思うんだけど．先ずそれをひとつ伺わしてください．

環境庁：個別審査について，Ｙさんのケースで来られてるわけですが，私どもとしては□□ありますし，Ｙさんのケースについて，今どうであるこうであるということはやはり申し上げられませんので．鋭意努力をしているということでご理解を願いたいと思います．

荒谷：まあ審査をしているということだろうと思うわけなんですけど，いま県と云々という小野寺さんがおっしゃったように，Ｙさんの場合に，これ以上資料を集める必要があると思っとられるんですかね．

環境庁：それも個別の，現在われわれ審査している中身ですから，今みなさんにどうするああするということを申し上げる性格のものじゃございませんので，その点ご理解願いたいと思います．私ども県あるいは処分庁，請求人のみなさんから，それぞれ資料いただきながら進めておりますし，それは請求人のみなさんおられますし，また処分庁がありますし，その中でわれわれ書面審査を公正な形で進めてまいりますので，時間的な点につきましては，かなりな時間が経過しているという認識はわれわれ持っておりますから，それについては努力を（ママ）進めているわけですけれども，具体的中身について開示しろという点につきましては，審査の性格上ご容赦願いたい．

石川：はっきり言えば，１年以内とか２年とかそういうことも，おおまかなそういうこともわからない？

環境庁：申し上げることはできない性格のものですね．

荒谷：鼻毛みたいでつまんない言い方になるけど，とくに一人だけ急いでやることはできないと，さっき小野寺さんがおっしゃったけど，逆な意味で格別面倒だから，一人だけ慎重にやってるとかいうこともないですね，じゃあ．普通のルートに乗ってるというふうに考えていいですか．

環境庁：特別にこのケースが難しいとかどうのということで，特段私どもがお答えすべき性格ではございませんし，100何10例ございますから，それぞれ，私ども鋭意検討を進めているということでございますね．現在残りが185例ですか，だいぶ減ってはきてるんですけれど．そういう意味では私ども実績で示していくより仕方がありませんし，それこそ努力をしていくと…….

荒谷：じゃあさっき言ったペースで，３カ月で６人とかそういったペースでやっていると，将来保証しろとは言わないけど，迅速化の具体的なのはそういうふうにはなってきているということだね．

環境庁：御要望は□□□含めて□□□わけですけれども，私ども行政不服審査を扱っている審査庁としての，総合的な立場というお話を役人的に物事をいっていますが，私ども努力はしてまいりますし，今日また口頭意見陳述ということですから，十分にご主張をこの場でしていただいて，現在審理中でございますから，そのお話も私ども咀嚼しながら，早い時期に裁決できるように努力してまいりたいと考えておりますので，それ以外に今おっしゃっていただくことがあれば，是非お聞きしたいと思います．

荒谷：差し支えなければだけど，その185例の中で残っている人の，旧法の中で一番新しい……あり得ることはあり得るんだよね，旧法で申請した人が棄却されればね，いや，今も行政不服というのは受理件数があるんですか？　(環境庁の答え不明)．赤字か黒字かという話で，処理件数のほうが受理件数より多くなきゃ黒字になんないわけでしょう．

環境庁：減らんだろうということですね．全体としては上がってくるのが少ないですから

〈中断〉

平郡：……行政不服審査をして，そのあと死亡されて解剖所見の取り扱いが問題になっているという事例は，他にもあるんですか？

環境庁：それは審査全体のことですので，ここでは控えさしていただきたいと思います．

平郡：それじゃあるかどうか別にして，解剖所見の人達を別個の扱い，通常の作業とは別個の扱いをされているという…….

環境庁：意見陳述の場で，いまご主張のことですので，私どもの全体の扱いについて，云々申し上げる立場にございませんので．

荒谷：答としては分かるんですけどね，僕らがこういう場を設けてほしいって言ったことの要因というかは，さっき石川さんなり平郡君から話をしたように，ここ２年ばかり解剖所見をめぐって，あんまり座して待っていてはいけないんじゃないか，と思われるような変化があったというのが原因なんですよ．たしかに，行政不服申請をして，ずっと待ってるということ自体苦痛であり，「どうなってるのかな」っていう宙ぶらりんの状態であるわけですよね．これが決定しないことには，奥さんや子供さんたちがどうするつもりなのか，僕らもそこまではまだ聞いてないんだけど，例えば行政訴訟みたいなことを考えるにしろ，別な損害賠償を考えるにしろ，そういうことするかどうか僕は知りませんけど，そういうことについて，何しろ決着がつかないことには話にならないということはある．そのへんはお役人だから分かると思うんですけど，そういう一般的な放っておかれることに対する問題，不安ていうのは，陳述の趣旨として述べたいことのひとつなんですけど，それにプラスしてさっき言ったように，74年の11月の，い

わゆる新法審査会の解剖所見の課長に関する意見陳述だねえ，それと，これは全く逆のネジレなんだけども，イタイイタイ病の，イ病の場合には逆転裁決の資料として病理解剖例が出たわけですね．Ｙさんの場合も，僕らにしてみれば同じ事例だと思うわけです．生前症状の確認，それは審査会が悪かったのか何なのか知らないけども，確認ができてなかったと．で，亡くなられたら，順天堂の病理の教室で，福田先生という方が病理の所見をとったと．まあ時期的なラグは別にして，同じことだと僕らは考えているわけです．ところが平郡君がさっき言ったように，その人たちは行政不服も棄却になった，行政訴訟を起こした人達で，行政不服が出たあとですわね，亡くなられたあとの解剖で．その時はまだ，申請中はもちろんご存命で，２度目の申請後亡くなられて解剖したところが所見がなかったと．だから今の点では，もとのアレには何の関係もないわけですわね，第１回目の審査に対しては．それで，それを意識してかどうか，１回目の裁判のとき，地裁レベルではぜんぜん解剖資料は出さなかったわけですよ．担当が違うからね，お宅らにそのことを文句言ってもしょうがないんだけど．ところが２審になって，解剖所見は今の例と逆の場合の意味に，病理解剖したら有機水銀所見がなかったじゃないかと．その所見自体の取り方を，僕らが肯んじているわけではない．脳血管障害があったもんでね，わかんなくなっちゃったんじゃないかな，という考えはあるんですけども，とにかく衞藤先生がやったんだから，かなり信憑性があるっていうふうに向こう側〔県〕が思っとられるんでしょうけれども，そういう所見を出してきた．つまり卑俗な言葉で言えば，自分らの都合のいいときには解剖所見は終わったあとでも使うと，ところが都合が悪いと，棄却したものに解剖してみたら病理所見があったと，こりゃうちらの言うこととは違うわと，こりゃあ使わんどこうと，そういうふうに考えなさるわけですわね．そこを強調したい．

そういう病理所見をめぐる相反する動きが，一昨年のイ病裁決をめぐって，Ｍさん〔棄却取消訴訟の死亡原告〕の解剖所見，もうちょっと前に出てるわけなんですけども，そういうふうな話があった．そういう状況があったところに，今年の４月だか３月だっけ，「病理所見を使わない」という，藤崎さんがそういう御発言をしたという記事があったんで，まったくＹさんの例っていうのが，今問題になっている例のいい例と言うとまことに申し訳ないんだけども，例というよりその人の内容，Ｙさんの審査がどうなるかということがひとえに，もちろんこれ以外にもいろいろ問題はあるにしても，病理所見の，この場合でいえば行政不服における活用ですわね，それをどうするかという問題だろうと思うんですよね．

行政不服審査の意義からすれば，極めてかたくなな態度をとれば，行政不服だって裁判だって，提訴というか申請時の問題を斟酌するわけなんで，そのあとの解剖所見を云々ということを言えないという意見も，意義がないわけではなくて，現に矛盾する話だけども，県はさっきいった棄却取消訴訟では，そういうことも言ってるんですよね．あとからの事情というのは，斟酌しないというね，その一方で病理所見を出してるから，僕らにしてみれば，おめえらのいうことは矛盾してるじゃないかっていう反論はしているんだけども，そういう意見もあることは認めると，認めるけども，イ病の裁決書にいみじくも出ているように，それはきわめて，元の状態を類推するに足るような後から出た事情であるならば，それを採用するに逡巡すべきじゃないというか，そういう意見を僕ら持ってるわけですよ．それで今年になって，そういう新聞が出たり，イ病のことで，こりゃあ何か話にいった方がいいかなあって代理人レベルで話してたのは，事実なんですけどね．この新聞記事をきっかけに，ちょっと病理のことではここでネジ巻いとかないと，なんにも知らないまんま審査されたんでは，代理人はこういうことを思ってるんだぞと，Ｙさんにももちろん言ってありますけど．家族にしてみれば順天堂病院で病理所見が出て「水俣病ですよ」って言われたのは，〔心の〕中ではそうだと思ってるわけですよね．息子さんの中ではそういうふうに疑ってきて，水俣病じゃないかなと思ってきたわけで，それにダメを押す形で，ちゃんと病理所見がありましたよと言われたわけなんでね．そうすると，環境庁でいまやっとることは何だろう，水俣病だってわかっとるのに，言ってみれば公の認知みたいなものになるわけだけど，そういうことになってるんで，これは環境庁は何をどうしようとしているのか，ひとつはっきり申し上げとかなくちゃいけないなという，そういう事情なんですよね．ここ２年間の特殊事情っていうか…….

平郡：審査請求人側の気持ちって言いましょうか，主張というのは，水俣病申請全体について言えると思うんですが，それぞれの方は自分が水俣病だと思って認定申請した．それが棄却されて行政不服なりしてそれで，なかなか裁決が出ないということで「いったい，どうなってるんだろう」という焦りなり焦燥感が，誰にでもあるわけなんですね．Ｙさんの場合は，それに加えて病理診断ではっきり有機水銀中毒と診断されたりして，通常の人より確信が深いわけですね，水俣病であるっていう，はっきり医者からも診断されてるもんですから．確信が深ければ深いほど，その裏返しにある焦りなり焦燥感というのが深いわけですよ．そこを理解していただきたいんで，区別するわけではないですが，通常の審査請求をされてる方よりも，病理診断されているＹさんの場合は，待たされているところの不安なり焦りなり焦燥感がより深いだってことを理解していただいて，裁決を出していただきたい．

荒谷：これも一般的なことで，答えるアレじゃないっちゃあアレなんだけど，さっき言った病理だけ特別なことしてるかどうかって平郡君が聞いた，病理解剖所見のあった人がもしいた場合に，Ｙさんの例みたいなのがあった場合に，特別な取り扱いしてるかどうかって聞いて，まあ個別審査のアレなんで答えられないって言ったんだけど，そういうことに関して，もっと上のレベルというと失礼なんだけども，行政不服だけじゃなくて，水俣病の認定条件の病理解剖の判断条件が出てるのはご存じですわね？　認定申請後亡くなられた人を解剖した例がありますよね，何人か．その人たちの認定審査するに当たっての判断条件が出ましたよね？

環境庁：どこでですか？

荒谷：どこでって…….

環境庁：公的な条件で……？

荒谷：そうそう，77年に判断条件が出ましたでしょ？　そのしばらくあとですわね．病理所見の判断条件…….

環境庁：公的にはそういうものはないと思っておりますけど．

環境庁：武内基準でしょう．

荒谷：ああ，武内基準．

環境庁：……小児，胎児性水俣病であればありますけども．

平郡：病理は検討されたけども出なかった…….

荒谷：ふーん．そういうものが出るつう可能性もないですかね．病理所見に対して．

環境庁　診断基準ですか？　それはわたしどもちょっと所管ではございませんし，…….

荒谷：ただ，普通に考えてそういうのがもし，たとえば専門家会議みたいなもので検討されてれば，行政不服だって，大まかにいえばある程度の水俣病の一種の認定ですわね，それを決めることだから，その専門家所見に縛られることになるから，僕らとしてはいろいろ想像するわけですよ．偉い病理の先生が決めて，そういうのを待って審査をするのかなとかさ，そう思うわけじゃないですか．そんなことはないですかね．とくに病理なんてイ病の問題で，かなりナーバスなレベルというか，取り扱いが慎重を要するところにあるんじゃないかなあと思うわけね．Yさんにとって，それがいいことなのか悪いことなのか，僕らよく分からないんだけど，

石川：だから大学やなんかの公的な病理解剖所見だと，これをさらにその先生がきちんとしたものでないと表には出せないわけですよね．だからそういう病理解剖学の中でも，福田さんというのは代表で出したわけですね．立ち会った人達，何人かの合意になるわけですね．そういうことで見れば，これはあくまでも，ご存じだと思いますけども，一般の診断医と別な病理の人達もアレですか，そういう前の人達との問題も全部関係なしになる，現実にその問題を冷静にくらべる．だからそういうことからいっても，今さっきも荒谷も言いましたけども，Y一家にとっては，それが出てから何年も経つのにぜんぜんどういうことか…….

荒谷：話が戻ってアレなんだけど，この藤崎特殊疾病審査室長の，解剖所見は原則として採用しないという記事はほんとなの？

環境庁：それにつきましては，取材があって私がお答えした分ですから．

荒谷：ということは，行政不服でもそういうことにならないんですか？　このYさんの場合には，解剖所見を採用しないということにならないんですか？

環境庁：今ここでそれを云々お答えする場ではございませんので．

平郡：一般的な考え方として採用しないという考えにたって審査されてる？

環境庁：記事読んでいただいて，その記事でどのように書かれているかということで，少なくとも私が言った言葉の範囲内ですね．その，取消を含めて，それとしてご判断いただきたいと．いまここで，それ以外のことについては申し上げる場ではございませんし，またYさんのケースについてこうである，ああであるとか，いうことを今私が申し上げるような場ではございません．

平郡：一般的にもこの記事では，……行政不服審査は原処分の時点での適不適を審査するもので，□□□などは原則として採用しないという，藤崎審査室長の談話が出されていますが，これは事実…….

環境庁：うん事実，この記事そのものは，私に取材をしたことにもとづいて書かれているということで結構です．

平郡：で，この考えにたって審査されてる．

環境庁：そうです，はい．全体の文を，もう一度よく読んでいただけるといいと思いますけれども．

荒谷：それで，その後の変更もないということですね？

環境庁：ございません．

荒谷：ふん，なるほど．まあじゃあ，新法審査室の間の齟齬というのがあるとしても，自分らには関与しないという考えですかね．それはまあ，別なところが審査する話だから．イ病裁決自身についての意見を，聞いてもしょうがないでしょう？

石川：そうなると，新法と旧法とで全然判断も違う．同じ行政不服で，どういうことになるのか，…….

荒谷：まあこれは陳述の趣旨じゃないかもわかんないけど，一般的に世間は許さないんじゃないですかね，そういうのはねえ．新法旧法というのは，専門的にいえば僕らも少しかじって知ってることだけど，普通の被害者にしてみれば，ただの時期的な，あれ70年4月だったっけ？　ただの日にち上の区切りですからねえ．もちろんイ病審査会が，水俣病についてどのように判断するのか，それはまた別の考えでいくらでも逃げ口上はあるでしょうが，ある行政不服に携わる重要な二つの役所の，ある解剖所見というひとつのトピックをめぐる扱いについて，これほど180度意見が違うっちゅうことは，ちょっと，あんまりじゃないかねえ．

環境庁：まあ今ここで□□□ってはございませんが，私としては，今日この口頭意見陳述の場でご主張をお聞きしておるわけですし，Yさんの現在の状況を含めて話を伺っているわけですから．そういうものを伺いながら，遅くない時期に鋭意裁決をしてまいりたいと．それは私どもとして，行政不服審査を預かっておるところですから，法の趣旨等踏まえながら適切な，批判に耐えうるような裁決をしていくんだという認識ですので，それはまた私ども現在鋭意，不服審査の他のケースと並行しながら審議してるわけですから，早い時期に裁決をしてその結果をまたご覧いただきたいと，いうふうに考えております．私どもとして，行政不服審査の責めに耐え得るような，裁決をしてまいりたいというふうに考えております．

荒谷：何だったっけ？　73, 4年申請，78, 9年棄却の人達の行政不服〔の裁決〕が出たんだっけ？　じゃあまあ，だいたいその線だ

わねえ．話はよく分かりました．要するに，病理解剖所見の利用云々に関しては別にしてね，迅速に審査をして，批判に耐えるような裁決を出したいと，鋭意努力しとるということですわね．そりゃまあ，肝に銘じてよく分かりました．忘れないようにがんばってもらうとして，…….

平郡：年内っていう…….

環境庁：ちょっと教えられませんので．

平郡：規則ですか．

環境庁：いや，だから…….

荒谷：たださ，家族に言うときに，別に年は限らなくていいよ．だけど，環境庁の偉いこの不服審査をやってる責任者の人が，もうなるたけ早くやると，お前んとこだけ早くやることはしないけど，全体の流れの中で特別遅くすることもなくやるんだということは，言っていいわけですね．

環境庁：努力しているということで．

荒谷：努力…….

石川：それしか言えねんだなあ．

荒谷：うーん，まあ病理の所見は，藤崎室長の発言はちょっとあれだね，かなり衝撃的なもんだねえ…….

それからあとは細かいことになるんだね，弁明書のことでね．その前にこの陳述の性格というのは，まあ話聞いてくれるってのは結構なんだけど，最初から念を押されたように答はしないよと，じゃあそれでいいんだけど，文章になるわけですか，それとも聞いたって記録が残るだけなんですか？

環境庁：内容は全部整理されて記録として残ります．

荒谷：こっち側になんか確認のアレが来るの？

環境庁：それはまいりません．

荒谷：おたくらの内部資料として，代理人からのこういう意見があったってことは記録として残る．

環境庁：それは完全に文章化されて，記録として全部残ります．

荒谷：それは見ることはできるんですか？

環境庁：それはありません．見ても，こうやってお話ししたとおりのことですので．

荒谷：こういう意見があったってことを，まとまって話してるわけね？

環境庁：どういう主張をなさってるかということは，全部まとまります．

荒谷：それで，今の病理解剖所見のことについて，今のとこ，そのことが中心課題みたいなところがあったんだけど，迅速さと病理解剖所見のがあったんだけども，そのことについて，まあ僕らもとくに資料があるわけじゃないからアレなんだけど，また再度陳述を要求しても，また座はもうけていただけるわけですかね．ある審査請求人にだけ特別何回も陳述をするっちゅうことはしないとか，そういうことはないわけ？

環境庁：いえ，だいたいまあ，ほとんどの方一度ですから．二度の方もいらっしゃいますね．

平郡：一言．今日はこういう形で，われわれが意見陳述してるわけですけれども，ここに至るまでに若干の混乱，われわれにすれば混乱なんですが，最初石川さんの方から，「Yさんのことで話し合いをしたい」というふうに申入れをしましたら，「よろしいです」というふうに受けられて，そしたら突然，前日になって急に「仕事出張が入ってできない」と，「後日連絡して欲しい」と．後日連絡したら，「交渉とか話し合いの申入れには応じられない」と，「法的な手続きをとって欲しい」という話があって，それで意見陳述申立書を出しまして，それで今日になったわけですけども．そういう事実上の申立には応じないといいましょうか，法的な申立，意見陳述の申立をすれば本日のような形で意見は聞くけども，そういう話し合いの申入れに対しては応じないっていうふうに考えていらっしゃるんだったら，最初の時点で法的な手続をして欲しいっていう教示かな，をされてくれてたら…….

石川：こんなことにならなかった．

平郡：ええ，それでね，具体的にこちらは混乱をしたわけですよね．そのことひとつと，審査請求人が意見を言うというのは，口頭意見陳述という申立をしない限り，それ以外の場では意見を言うことはできない，保証されてないんですか？

環境庁：そうですね．

環境庁：あとは意見書ですか，反論書という……

平郡：口頭での話をするのは，こういう口頭意見陳述という枠でしか…….

環境庁：手続きを踏んでですね．

環境庁：第1点目の確認をしたいと思います．これについては，その前に一度部屋に来られまして，一番はじめの一番目に載っております，移送管理と言うことで，法律があったということで，それについては先ほども申し上げておりますけども，ジケン(ママ)事務室でやっておりますので，そういう話で一応すんだわけです．そのあとに石川さんから電話がございまして，まあそういう話だったら，前にしてありますからそれはそのままでいいんじゃないですか，ということだったんですね．もしそれ以外に当然あるんだったら，この前言ったような形で，手続きをとって下さいという形でお話申し上げた…….

石川：まあその時には私の方は…….

環境庁：だからそれのところで，ちょっと食い違いがあったような気がしますけど．

石川：っていうのは，Yさんのご家族にそのお話をしたときに，うちはいったいどうなるのか，すごい強い要望もあったんです．で，はっきりして，Yさんの家族自身が，自分たちの家族，あそこの一番下の娘さんも，その〔水俣病ではないかという〕疑いはあるし，奥さん自身にも疑いはある．

〈中断〉

平郡：……今日でも裁決出すことだといわれた．それはそうなんでしょうけど，家族の率直な感情としては，実際いまどうなってるのかね，それを教えてほしいということなんですよ．

石川：それについても，すでに反論書を出してからでも，これだけ時間がたっている．それはまあ，200件300件その当時あったにしても，専門職でやってるはずじゃないですか．熊本県が何やってるんですかと言うんだったら，もっと積極的に関わるべきことで，まあ，霞ヶ関用語で「鋭意努力します」というのは，何もしないというふうに，かねて作られているわけですね．私自身の仕事の関係でも，そういうお宅に関係するようなこともいっぱいあるわけです．それはもう，全然用をなさないという状態で，いつも，そことの戦いみたいになってるわけで，Yさんの場合はっきり，この前も奥さんがちょっと水俣行ってきたけど，自分としては自分の生まれた家(うち)にも帰りたくないということを，はっきり漏らしてるんですよ．だからなお不安になるわけです．

荒谷：まあ一般的に，どうなってんかいなと聞きに来たい，それは霞ヶ関だから敷居が高いかもしんないけど，こういうような事情なんだから，環境庁はそういう被害者のことにもう少し理解示してくれるんじゃないかなあ，と思う気持ちはあるんじゃないんですかね．僕ら代理人だから，こういう扱いになれてるっていうとアレだけど，そういう役所の答弁でもしょうがないかなと思うけど，おそらく奥さんなり息子さんなりにしてみたら，ちょっと行っても聞けないのっていう感じがあると思うんだよねえ．その点は，も少し考えていただいた方がいいんじゃないか，と思うんですけどねえ．もちろんその全然知らんと，「お前らの言うことは理不尽で問題にならん」と対立するなら別だけども，そういう観点に立ってやっとられるわけじゃないと信じるからね，われわれは．一応，県の言い分，こっち側の言い分，こっちは半分素人というか，ろくに医学のこと知ってるわけじゃないから，もちろん専門的な話になれば，…….

あの最後に今2，3点お聞きしますけど，わかんないことといっぱいあるんだけども，そういうこと含めて，分かりやすく説明していただくのがありがたいとは思うんですよね．さっきの，とくに解剖所見の使い方の問題に関しては，あんまりよくわからないなぁっちゅうのが正直なところですねえ．

それと細かいことなんで，これ陳述で本当だったらさっき言ったように，再弁明要求とかなんかを出せばいいのかもしれないけども，一応記録に残るということならば，こういうことは一応指摘したということだけ，アレしておいてくだされればいいですけど，2点ですね，現地審尋のときにもちょっと言ったんでアレなんですけど．

ひとつは，こないだも1回見直して気がついたことなんですけど，弁明書に精神医学的には特記すべき所見がない旨書いてあるんですよ[48]，Yさんのね．Yさんは神経内科，精神科2回，第三次検診までかかるから2回なんだけど，精神神経科は1回だけ，昭和53年にやってるんですけどね，お手元に資料がないだろうから持って帰って調べてもらえば分かるんですけど，精神医学的所見，昭和53年2月15日欄にはかなりな所見が取れてるんですよね．心身故障の訴え，情意障害，知的機能障害，発作症状ていうのがあって全部プラスなんですね[68]．これが「精神医学的所見特記すべきものなし」になるのかっていうのは，ちょっと分からないところがある．あと精神医学，精神神経科における神経学的所見要約ってのには，構音障害なり四肢の知覚障害が半プラスのがあるんですけどね．従来，熊本の審査会ってのは，そんなにいっぱい知ってるわけじゃないんだけど，精神神経科の所見はあまり重視しないもんですからね．こういう記述があっても，弁明書には採用されないのかなと思いますけど，ただそれにしても精神科の独自の診断をするところですわね．情意障害とか，知的障害，算術〔3ずつ?〕足していきなさいとか，ああいうことに関してはプラス所見があるんでね，弁明書には何も書いてないってことは，問題だなということを指摘しておきます．

それからもうひとつ，Yさんの場合〔視野〕狭窄を，原田〔正純〕先生，それから順天堂で診てもらった佐藤先生，幸病院の杉山先生，全部視野狭窄の疑いを取ってるんです．まあ対座法なんで，もちろん疑いなんですけども，それがまったくきれいに弁明書，審査会資料では取れてないんですよね．視野が歳とってからよくなってきたり，どうも眼科の所見の取り方に疑問があるんでね．というのは，この人最初に眼科の病院で申請すすめられるんですよね．緒方眼科という水俣の眼科でね．その時のカルテは残念ながら残っとらんだったですけどね．眼科で怪しい，視野に問題があったんじゃないですかねえ．それで〔水俣病認定申請を〕勧められるのに，きわめてきれいに県の資料にはないんですよね．視野図がついてないからわかんないし，視野図があってもどうなのかなと思う．で，近視って書いてあるのに，視力は2.0になってたり，1回目の47年のときには1.2の視力が，53年になって2.0になってたり，なんとも，眼科の検診のことわかんないんですけど，そういうあたりは，原カルテなんか見ると分かるのかもしれないですけどね．そういうのは一応指摘します．答えていただける筋合いのものじゃないかもわかんない．

石川：私の知る限りでは，亡くなる前のあの状態では，2.0とか1.2なんて視力はなかったです，はっきり言って．

環境庁：〔不明〕

石川：そこらへんの所見の取り方が，県の弁明書はおかしいなという所もあって，私どもの弁明書にも書こうかと思ったんですけど，向こうの検診記録というのがあるから，そういうのと対比すれば分かるんじゃないか，ということだったんです．でもむしろ，案外大きなことかもしれないですね

荒谷：こういうことあると，新法審査会のほうが「答えない」って言わないんですからね，一応公開の場でやってて，民事裁判みたいな格好になって，わかんなかったら「じゃあ今度まで調べてきて下さい」っていう．僕も何回か例があるんですけど，参加させてもらった．一種のブラックボックスになってるんですよね，おたくらのがね．審査の過程は明言できない，個別のことについてどういう状況であるかお話できない，全体的な審査の，もちろん

基準自体は把握できない，出たもので判断していただくしかない，という御発言の要旨だったですけどねえ．まあ法律でそうなってるからちゅうことだったら，それまでなんだけどね．まあそういうことも踏まえて，新法は少し変わったんだろうけど．だからなおのこと，慎重な審査をやっていただきたいっちゅうのを，まとめでアレします．そんなとこでいいですかね．

石川：しょうがない．

環境庁：ちょっと確認させていただきたいんですがね．幸病院で杉山先生ですか，反論書につけてありますか．

荒谷　反論書につけてある24．杉山孝弘，対座法って書いてありますけどね．

だから僕らに言わせれば実感的な感じとして，なんかおかしかったっていうのがひとつと，故郷で緒方眼科で申請を勧められた，これはもう客観的な証拠はないですけどね，現地審尋のときにもその話が出てきますけど．それと原田先生の最初の診断書，それから杉山先生の途中入院したときの診断書，それから佐藤先生が診察に来てくれたときの診察，これは公衆衛生協会の資料26，27に載ってますからね．それなんかには「視野狭窄あり」というふうになっているのに，審査会の資料だけ「ない」という，若干解せない状態になってるんでね．

石川：診られた先生方が，２人とも「視野狭窄がある」，眼科的な，診られて〔所見が〕ある．診られた方が全部おっしゃる，県のあれだけだな．

荒谷：そういう点考えれば，病理解剖所見を使わなくても，裁決のときに，「もとの処分に少しおかしいところがあった」という裁決が出てもおかしくないと，僕らは思いますけどねえ．

石川：そういうことで，とにかくできるだけ，そういうことでは急いでほしい，ということ以外，何も言いようないよな．

荒谷：今日の感じだったら言ったって……．だから陳述ってのはそういうもんですと言われりゃ，それまででね……．

環境庁：先ほどから申し上げたように，鋭意努力していますので，その辺のところはよろしくご理解をお願いしたいと思います．

荒谷：Ｙさんのことに関してはそういうことですけど，ただ病理所見の関係，もちろんＹさんのことを含めてだけど，それに関しては室長の意見ていうのは，あとの新法審査会との齟齬ですか，それは僕らは齟齬だと思うし，行政的な統一性ということからも少し問題があると思うので，勉強さしてもらいたいというか，これから要求するというか，機会があればそういうことは考えていきたいと思いますが．まあ御承知の発言だろうけど，そういうことは．

＊　テープ起こしのため、不明部分は□□□□とした．

8　経過説明書＊　1996.7.11

経過説明書

故Ｙ氏に関わる．「水俣病問題の解決について」の内容了承と一時金の支払いについての申立てに関し．故人の水俣病認定申請．棄却処分．行政不服申立てより現在に至る．経緯を次に記します．

(1) 1974.03.23　水俣病認定申請
添付診断書．原田診断書[(1)]・・・・・・・・別添①
(2) 1979.08.30　棄却処分
(3) 1979.10.23　行政不服申立
(4) 1980.01.28　順天堂大学病院にて死亡
病理解剖施行　病理診断報告書[(2)]・・・・・別添④
(5) 1980.11.01　熊本県弁明書提出
(6) 1986.09.02　現地審尋　現地審尋実施結果[(3)]・・・・・・別添⑤
(7) 1986.10.31　反論書提出
添付医学資料，川崎幸病院杉山診断書[(4)]・・・・・別添②
水俣病に関する総合的研究(S55)（財）日本公衆衛生協会
13.関東地方在住水俣病の一剖検例　佐藤猛他[(5)]・・・・別添③

注 1.　①．のオリジナルは熊本県
②④．　〃　反論書添付
注 2.　③中．（D.Y.）のイニシャアルがＹ氏．

以上．

Ｙ妻（故Ｙ）行政不服審査請求代理人
（氏名）
（住所）（氏名）㊞

(1) 23
(2) 25
(3) 99
(4) 24
(5) 27

＊　チッソに対して提出．

9　審査請求取下書*　1997.2.17

審査請求取下書

平成9年2月17日

環境庁長官

石井　道子　殿

審査請求人

住所　東京都　(住所)

氏名　(Y妻)㊞

生年月日　(年月日)

行政不服審査法第39条第2項の規定により，下記の審査請求を取り下げます．

記

1　審査請求の件名

旧公害に係る健康被害の救済に関する特別措置法(昭和44年法律第90号)第3条第1項の規定に基づく水俣病認定申請棄却処分に係る審査請求

2　審査請求年月日

昭和54年10月23日

〔添付〕審査請求の取下げについて<略>[1]

(1) 178

*〔受付印〕環境庁　平成9.2.18　接受．

10　〔申入書・環境庁宛〕　1999.1.22

このたび，1月19日付の朝日新聞の記事で，専門家による，水俣病鑑定の結果を，環境庁は，遺族である，私達に隠していたという事実を初めて知りました．

私達遺族は，強い憤りを，もちました．

父は1974年に，水俣病の認定申請をして，棄却されました．
その後，環境庁に不服申し立てをしました．

父は，自分が，水俣病であることを，信じていました．

環境庁からは，長い間，何の事実も，知らされないまま，父は有機水銀中毒の症状に苦しみ続けました．

1981年に倒れ，1カ月間，意識不明状態で，病床に伏したまま，とうとう亡くなりました．

いくら呼んでも，帰らぬ人になりました．

父の無念を思うと，心が休まりません．

環境庁は，父の水俣病認定の作業を，もう一度やり直してもらいたい，と強く希望する次第です．

1999年1月22日

遺族代表　Y子息㊞

11　申入書　1999.1.22

申　入　書

環境庁長官殿

1999年1月22日

故Y

請求人代理人　石川直美　外2名

第1　本年1月19日朝日新聞朝刊の水俣病認定の裁決書隠しの報道につき，現在，どのような調査計画を立てているか，担当者，資料範囲など具体的に明らかにして下さい．

第2　同調査の今日までの報告の内容はどのようなものか，明らかにして下さい．

第3　故Yの1991年の三大学の解剖鑑定書を直ちに交付して下さい．

第4　故人の裁決書の作成は，いつ，だれが，だれに対して指示していたか，明らかにして下さい．

第5　前項の指示によって作成はどの段階まで進んでいましたか．

第6　1994年7月19日の口頭意見陳述で申請人が審査の結論を尋ねたのに対して，特殊疾病審査室長が「審査中」と回答したのは，どのようなことを確認してのことだったのですか．

第7　故人の裁決が18年間も出されなかったのは，何故か．

第8　前項の審査に関する怠慢は行政不服審査法第1条に明確に違反するが，これに関する庁内処分をどう考えているか．

上記の質問事項につき，一週間以内に書面で代理人に必ず御回答下さい．

以上

12　環境庁交渉*　1999.1.22

99.1.22 環境庁　南川保健企画課長，緒方特殊疾病対策室長，山岸補佐

環境庁：……1週間ていうのは，申し訳ないけどそれを言えば，ほとんど分からないで出すしかなくなりますから，そこはあんまり形式にこだわらないでいただきたいんですが．ですから私どもとしては2月…….

石川：だからおととい緒方室長とお電話で話しして，今日の話でもうそういうことにはならないでしょうということは私も承知しております．いうことですからね，今あとのこちらの調査のほうもいつごろにだいたいなるかということもわかれば，そこらへんのことがぜんぜんわからないんで，そういうことで一応1週間…….

環境庁：ハイハイ，それは分かります．2月の第1週には出したいと思ってますので．あとはこれをいちいち文書でお答えする形にするのか，正直役所ですから文書で答えるとなると，いちいち，それこそ決裁とかテニヲハもありますので，とりあえず私の方としてはまとまった調査資料を同じものをご説明さしていただくな

りしたほうが，はるかに早いと思ってます．実質的に意味があると思ってまして，そこはそんなことでお受け取りいただいたほうが，むしろ全体としては早く皆様方との話もできると思ってます．

荒谷：お話よく分かりました．要するに調査が終わらない限りはできないし，それは2月の頭でできるだろうと……

環境庁：はい．2月の第1週ということでやりますので．

荒谷：それは書面というよりは，我々がまた来て口頭でお話を伺ったほうがいいということですか．

環境庁：それは私どもがどっかお伺いしてもいいし，どこでも結構ですけれども

荒谷：いやいやそれは別にかまわないです．

環境庁：ですから出す資料をみなさんにご説明させていただくということで，我々としては具体的にどういう経緯が，かなり詳しくあったのかということとか，当時の関係者，とりあえず，時間のこともありますから，主な関係者ということでひ職を限っておりますけれども，その関係者はどういうふうにとり組んだか全部聞き取ると．それから鑑定のことも含めて，いま全部調べておりますので，それを含めてまとめたいと思ってます．

荒谷：幹部というのは課長，室長という感じですか．

環境庁：保健部長，課長，それから室長というところで考えてます．

荒谷：その間の期が何期か交代があって，20年くらいたってるわけですが．

環境庁：うん，それね，これはみなさんご存じのとおり，前半の61年までというのは，反論書の延期とかいろんなことがあったもんですから，ほとんど実質上動いてないもんですから，61年以降取下げまでという職に限ろうと思ってます．それはそれで私は合理的だと思ってますから．

環境庁：ちょっと一カ所．これ鑑定依頼が62年以降と書いてありますが，それちょっと分かりませんよね

環境庁　鑑定依頼のようなことを検討して，実質的には61年以降ですから

環境庁：鑑定依頼がそうなっているかどうか分かりませんが，

〔会話交錯〕

いずれにしても，61年までは反論書の延期ばっかりなっててですね，手続が…….

荒谷：すいません，それはこちらの責任で…….

環境庁：いいですよ．ごめんなさい．だからそういう意味で61年以降としたんです．61年から取下までのその職にあるものから全部事情を聞いてます．

代理人：いちおう責任者は課長さん？

環境庁：わたしがまとめてます．

荒谷：それで，病理の鑑定依頼をされたこと自身も僕らは知らなかったんですよね．

環境庁：えー，はあ，そうですか．ごめんなさい．私も昨日まで知らなかったんだけど，えー…….

荒谷：それでね，これの順番にやってくつもりは別にないんですが，94年の7月19日に，この3人が当時の藤崎室長だと思います，それから小野寺さん，阿部さんていうご三方それから女性の主査の方がいらしたんですが，その方と，反論書出してからずっとなしのつぶてなものですから，会いたいと．こちら側の陳述用紙も出ておりますし，そちらの通知も来てますんで．もちろんご存じのことだと思いますが，このときに病理の所見，所見というよりは診断書ですね，順天堂の所見自体を僕らが出したわけじゃないですからね，診断書を出したんです．そのことをどういうふうに使っておるのか聞かせてほしいと，あれだけとは思わないけれどもアレは非常に重要なひとつだったのでね，その時には，ここに書いてるように現在審査中であるから何も言えないということでね．つまり，こういうことがもう終わってたあとの話なんですよね，我々．

環境庁：えー，僕が調べたところでは平成6年ですな．

荒谷：ですから，その時にどうして教えてくれなかったのかというのもありますし，教えてくれたらどうなったかという問題とは別に，審査の経過を，病理鑑定を，新聞によればですよ，3つの所へ出して回答があった，すでに回答があったあとなんですよね．それはやっぱり行政不服やってる代理人として，審査の経過をすべて逐一全部明らかにしろとはいいませんけども，きわめて重要なことなので，どうしてそのようなことを，嘘をついたとか隠したというたぐいのことになるんですけれども，どうしてですかというふうに書いたのはね，どのようなことを確認してだったのか，そういうことなんですよ．

環境庁：実を言うと聞き取りもやることもやってますし，最終的には部長まであげて，最終的な責任者は部長ですから，そっちの部長とも相談しなけりゃいけませんが，我々としてはできるだけそれをきちっと明らかにできるなら，明らかにしたいというのが我々内部のそういう意志ですので，病理鑑定書がどういうふうになったということも，それについてはきちっと調べたいと，分かる範囲でですね．そういうふうに思っております．

平郡：その鑑定依頼するのは，どこがやられるんですか．どこがするんですか．

環境庁：鑑定依頼って，鑑定依頼はむかしやったわけですよね．

平郡：イヤ，どなたが依頼されたんですか．

石川：環境庁でやられ…….

環境庁：昔ですよ．平成．

環境庁：環境庁でやってます．

平郡：制度上はどうなんでしょう．

環境庁：えーとね，この手のものについては，必ずしも明文上の規定はありません．たとえば裁決を出すのは大臣名だとか決まってますが，調査依頼みたいなことについての決まりはとくにありません．が，ただいずれにしても非常に大事な問題ではありますから…….

平郡：僕らが94年に意見陳述したときに審査室長が答えられたときには，審査室長は鑑定依頼しているとか，鑑定結果について知

る立場にはないんですか.

環境庁：いや，あのね，知る立場にはあります．ただしね，ちょっと申し訳ないけど，私の今のつもりとしてはね，あのーＹさん，なんていう名前の方だっけ，ちょっといま…….

代理人：Ａさん，Ａさん.

環境庁：あ，Ａさん．ＡさんならＡさんのね，プライバシーの問題は気をつけんといかん，と言いつつもですね，鑑定書の写しは出さざるを得ないと思ってます.

荒谷：それはＹの名前しか出てないわけですね.

環境庁：うん．それとＹさんの名前出していいかどうかも相談したいんですが．鑑定人の固有名詞出していいかどうか．それからもう一つは，固有名詞は出せないかも分かりませんね．なんとか大学病院ということしか分かりませんが，あとはその方の，どういう鑑定をしたかということは出そうと思っています．そうするとＹさんの病状にある程度コメントがありますから，だからそこは申し訳ないんですが，それがある程度出てしまうのは実は隠しようがないんですよ．それから出さないと，鑑定書の写しを出さないと，何を出したかわからんという議論も出るもんですから，そこはその亡くなられてるとはいえ…….

荒谷：それはかまわないです.

環境庁：かまわないですか．そこはちょっと気にはしてるんですけどね.

荒谷：ご家族の意向ですけど，Ｙさんに関しては生前具合が悪かったことを含めて，我々にも語っておられるわけだし，我々も会ってますし，新聞にも出ているような，たとえば涎が流れてたとか包丁で手を切ったということ自体が出ても，そのことに関しては家族はあまり…….

環境庁：包丁で手を切ったということだけでなく，たとえば今言ったような，水俣病であるかどうかということは別にして，それ以外にこういう所見があった，たとえば脳に血管が，こういう病気があったということは，水俣病と関係なく出てくる可能性があるけれどもそれはかまわない.

荒谷：かまわないですよ，だって順天堂の病理診断を依頼したのが家族なわけですからね.

環境庁：プライバシーの問題として心配したもんですからね.

荒谷：あくまでプライバシーの問題については，息子さん，それから奥さん，まぁ息子さんの家族が割れることに対する配慮だと考えてください.

環境庁：名前はどうしますか．といいますか，こちらで出したほうがいいのか，出してもいいのか，あるいは出さないほうがいいのか.

荒谷：こちらのほうとしては，とりあえず，とにかく記者さん知ってると思いますけど，環境庁としては出さないでおいて…….

環境庁：名前は白く消して，ＡさんならＡさんで話するという…….

代理人：ハイハイ.

環境庁：場合によったら，鑑定したお医者さんの固有名詞も，ちょっと悪いけどいわないかもしれません．大学病院ぐらいは出します．なになに大学ですが.

荒谷：それもわれわれの…….

環境庁：そういうことはあります．ご了解いただきたい．私もいまいち自信がないのは，その当時鑑定に出したことについて，どういうふうに言うのがいいのかどうか，役人として迷ったということかもしれませんが，いずれにしてもそれは当時の管理職の，どういうことで判断して，言ったか言わなかったかということは，まとめるつもりでおりますけれども，少なくとも私の方では，鑑定人から来た文書については，今回出したいと思っています.

荒谷：鑑定書のことは非常によろしいというか，前向きに考えていただいて感謝しますが，いま平郡君が言ったのは，結局代理人として審査の過程がどうであったかというのを聞いたときに，かなりな偉い人が，今回調査されるであろうような偉い人が，病理解剖を依頼したり，もしくは結果を知る立場にあったときに，どういう理由でそのことを代理人に伝えなかったのか，ということを調査をしてほしいということなんですね．そこがどっちかというと非常に重要なことになるわけですね.

代理人としては，結局審査がどうなるか分からないから，結果としては取り下げるという格好になるわけなんで，その過程自体が逐一知らされておれば，まだ出てこないから何とも言えませんけれども，そのような病理のことがあった，診断書というか鑑定書そのもの自体ではなくとも，こういう結果があったということを知れば，いわゆる解決策のときにあのような態度をとったかどうかというのは，違う問題がデータとしてあるわけですからね．そういうことが，代理人としては，あくまでも当時我々として，一応教えてくださいといって努力して何にも出なかった．Ｙさん悪いけど，聞きに行ったけども全然パッとした答は出なかったよ，という答をしたんですけどね，あの時．そういう答えした我々，まあ我々の責任なんかどうでもいいんだけど，我々はやっぱり忸怩たるものがあるということですね．その辺は調査の眼目としていただきたいというのが第６の…….

平郡：ですから，行政の中でのいろんな議論はあるんでしょうけども，審査請求人にすれば，74年のときでもいま鑑定を出している，結果は病理所見を，病理所見というのを鑑定を出しているということで言えば，まだじゃあ望みはあるって取るわけですよ．ただ，審査中，審査中で具体的なことを全然言ってくれなかったですからね，そうすれば請求人も政府解決策のときの判断で，結局それ以降も進捗状況わからなかったですからね，これじゃあもう17年，18年，待ってもだめであれば，行政不服審査請求制度ですからね，まして裁判，それが17年，18年たっても何ら回答が出ないわけですから，もうあきらめざるを得なくて，それで取り下げっていうふうな経過もあるわけですよ．だから行政の中の問題がいろいろあるにしろ，その結果，まあ結果というか，はっきりした答を出さなかったことが請求人一人の救済を，権利といいましょうかね，救済を閉ざしたという，これは事実だと思うんですよね．それはどうしてそういう事態になったのか，行政行為ですから，国民というか，審査請求人の権利救済のための，が本来の趣旨ですから，それをどうして救済，それが実現できなかったのかという，そういう観点というか，しっかり持ってやってもらいたいですね．

環境庁：まあいずれにしても，今ここでいろいろ言えませんので，詳しく調べてみなさんにお示ししたいと思います．

環境庁：2月1週にはまとめますので，終わりか，次の週の始めにはお会いして，また……．

平郡：それに関連してですけど，熊本県が内容を事前に知っていたという，熊本県は立場上，処分庁ですよね，こちらは審査請求人でしょ．裁判で言えばこっち原告で向こう被告ですよね，なんで，いわば判決の内容が事前に被告には知られて，原告，こちらには口頭意見陳述したときにも知らされなかったのか．それはどう考えてもおかしいですよね．

荒谷：いまのとこ，調査対象には入ってないようだけど，県にも聞くということをしてもいいと思うんですよね．ってのは，向こう側は事前に，新聞記事によればですけどね，事前にこういうことが出そうだというのを知って，非常に抵抗を示して云々ということがある．それは僕らにしてみれば，僕らだって事前に知っていれば，やめるなって言うとか，という話になるわけですよ．同じ立場で向こうが弁明書，こちらが反論書ということで，まあ裁判以前の迅速なということで対等な立場ですから，それでは行政の平等性が担保されないというかね．

石川：片手落ちだったんじゃないかということが，我々としては……．

環境庁：ことの善し悪しは別にして，それも明らかにはするつもりでおります．

荒谷：そうですか，はい．

平郡：裁決案，裁決案についてもまだ調査中なんでしょうけど，鑑定結果が出たと，県のほうから何らかのクレームというか話が出て，それは92，3年ころですが，そのあと本人が取り下げするのは97年ですよね，その間5，6年あるわけですよ．かりに行政の中で，環境庁と県の中でいろんな話があるにしろ，5年間の間，なぜまたほったらかしにしたのかというね，それまでさんざん12，3年ほったらかして，さらに鑑定が出たのに5，6年もほったらかしにして，それで取り下げしたからそれで決着したという，じゃ一体何をしてたのか，ということになりますよねえ．

荒谷：家族とも話してると，話の中で，仮に棄却裁決が出たと，じゃあどうも釈然としないから，父親の症状を確信して，お父さん自身が水俣病だということを確信してたんだというわけですよ．あんまりそういうのは騒ぎたくないってのが奥さんでね，息子さんは父親の意志を継ぎたいということで，もし棄却されてれば，おそらく行政訴訟みたいなことになったと思うんです．行政訴訟になれば当然，証拠申請というか，今言われたもし病理をやったというのがアレならば，その所見も出していただけるというふうに考える．そこでその判決がどうなろうと，そこでひとつの証拠採用となって，うやむやにはならないで表に出ます．しかし認定されるのは，それで逆転裁決なら問題はないだろうと．

しかし今回みたいな形は，蛇の生殺しの状態がずっと続いて，それで与党3党合意の解決案という形で，意に反する取下げをして，気持ちの持って行き所がないというのが……．

環境庁：はいそれで，要は取下げのときまでの，そういう管理職からコメントを全部聞きますから……．

荒谷：彼が言った，5年間にわたることですよね．

石川：その5年間に，新聞記事なんかで我々が環境庁特殊疾病審査室へ，わたしなんかもしょっちゅう来てたわけです．ですから，最後のぎりぎりのときに取り下げをやってるわけですよね．それまで待って待って，だからチッソのほうからも私の方へずいぶん，水俣からも，どうして早くしてくれないかと，そういうのを代理人として私のとこへずいぶん来ましたよ．

環境庁：3月(ミツキ)間ということですね．3月間の一番最後のときに．

環境庁：そうですね，ぎりぎりのときに，それは私も最後にいましたから分かってます．

石川：待とうと．

環境庁：荒谷さん，いずれにしても9年2月までのそういうポストにいたことから，全部そういう経緯も含めて聞くつもりでおりますので．

荒谷：聞く主体は，課長さんたち，要するにスタッフが，プロジェクトチームという．

環境庁：そう思ってます．というよりかこの辺で〔この場にいる，この顔ぶれでというニュアンス〕聞いてます．

荒谷：具体的にはもう始められてるんですか．

環境庁：始めてます．でも，まだちょっと待ってくださいね．

代理人：それはいいです．

環境庁：そんな長い期間じゃないですから．出します．

荒谷：今までの対応から見れば，わりと迅速であるという感想持っておりますので．

環境庁：迅速にやります，時間がかけるとまたいろいろ出ますからね．変な思惑が出る前に出したほうがいいですから．

荒谷：迅速，なおかつ正確に．

環境庁：はい，正直にやります．

荒谷　厚生省のエイズのときみたいに，探したらもっと出てきたとか……．

環境庁：はい．

荒谷：いうことのないように．もちろん短い期間ですべておいていただくというほど，我々も要求はしませんけれども，今言ったこの申入書に，とりあえずまとめたようなことは，非常に重要な点だと思っておりますので，そこを中心に漏らすことのないように，結果をいただきたいと思っております．

環境庁：はい．全力をあげて調べておりますので．そういうことで，恐縮ですがちょっとお時間をください．

平郡：本人の申入書の最後に書いてあるんですけど，やはり認定作業の見直しをしてもらいたい．つまり…….

荒谷：調査のあとの方向ですね．

平郡：つまり取り下げしたとさっきも言いましたけど，虚偽の答弁，言い方は悪いですけど…….

荒谷：ずっと嘘をついて，ペテンにかけたという…….

平郡：それを信じていたら，そのために取り下げしたというわけで，法律上の効果はその取下がどうか，その議論は置いといて，継続してると，審査を，本人は，だから改めて裁決を出すとか，これでなにもなしというのはあんまりだという気持ちなんですよ．調査のあとの環境庁の対応ということで，是非ともその方向で．

石川：そういうことで，Ｙさんの奥さんからも電話がかかってきて，何としてもやりきれないと，いうことです．

環境庁：分かりました．ただあとの方向の話が，すぐに１週間で出せるかどうか分かりません．それまでやっちゃうと，またあとの思惑が入って，調査がしずらくなってもいけませんから，調査は調査でまったく正直にやります．その上で至急，あとどういうことができるかは考えます．ただしこれはかなり法律論の議論もあるもんですから，それこそ法律担当の役所とか別途相談もありますので，そこは大局的すみやかに，こういったご意志があったことは踏まえて相談させてください．

平郡：再度報告受けて，どうして欲しいこうして欲しいと出ると思うんで．

環境庁：ああいいですよ．うけたまわります．

荒谷：それは調査の結果次第で，僕らも要求書というか申入書を作りますから．

環境庁：はい．

荒谷：調査が出た段階で，できればもちろんマスコミには出さないという約束付きで，電話でもかまいませんけれども，息子さんなり奥さんなりに，実はこういうことになったんだと，調査結果を代理人に渡しておくからというようなことを言っていただけると，ある程度胸のつかえの一部分かでも，下りることになると思うから…….

環境庁：はい．これはマスコミに言うかどうかは別に，相談させてくださいね．

代理人：それはもう．

環境庁：□□ちゃうでしょう．それがいいかどうか私にもわかんないから，ご遺族にとってもね．

石川：はっきり申し上げると，奥さんはできるだけそういうとこから，もうお年もお年だし，こんなこというとアレだけど，申請はしないけど，水俣病の徴候は持っていらっしゃる方なんですよ．それからくる痛風がかなりひどいんです．だからもう，そういうことでガタガタしたくないということをおっしゃってます．

荒谷：だから電話するにも，もちろんマスコミなんかには言わないで，僕らも言いませんから，というだけですよ．

環境庁：はい．接触はみなさんとさしていただくということですね．

荒谷：それでいいと思います，当面．そのうち息子さんの気が変わって，来たい，来るという日が来ないとも限りませんけれども，とりあえずは代理人３名ということで…….

環境庁：皆さんと…….

荒谷：連絡は一応，石川さんにしてもらって，僕がマスコミ担当ということで…….

石川：私，都内ですから

環境庁　それでまた，部長とも相談してアレしたいとおもいます．ではそんなとこで．……急ぎますんで，どうも．どうもわざわざ遠いところ，恐縮でございます．

代理人：どうも今日バタバタしまして．

環境庁：とんでもございません．

＊　テープ起こしのため、不明部分は□□とした．

13 〔申入書・熊本県宛〕遺族代表Ｙ子息　1999.4.2

平成 11 年３月 31 日環境庁より，「熊本県の棄却処分を取り消し，水俣病として認定することが，妥当である」との裁決書が届きました．

父は，1974 年に水俣病の認定申請をして，熊本県より棄却されました．

父は，1981 年に，突然倒れ，１カ月間意識不明状態で病床に伏したまま，亡くなりました．亡くなるまで，長い間，有機水銀中毒症状に苦しみ続けました．

亡くなった父の無念さを，私達遺族は，死後，19 年経過した今でも，忘れることは，できません．

父は，生存当時，水俣病専門家による，水俣病検診を，何回も受けていました．父の死後，解剖してみて初めて，水俣病であることが，わかったということでは，私達遺族は到底納得いくものではありません．

このたび，朝日新聞の１面トップ記事で，環境庁で裁決書の決裁まで得られ乍ら，熊本県の妨害で，執行されずに来たという事実に，私達遺族は，憤りを通り越して，ただ驚いています．

又，熊本県は，今日迄患者側に対して，何の対処もありません．

全ての経過を明き(ママ)らかにしていただきます様，待っている次第です．

1999 年４月２日

遺族代表　（Ｙ子息）㊞

熊本県知事

福島譲二 殿

14 申入書〔熊本県宛〕* 1999.4.5

申　入　書

熊本県知事殿

1999年4月5日

審査請求人　Y妻

同代理人　　石川直美他2名

平成11年3月30日，環境庁は審査請求人(Y)妻の水俣病認定申請棄却処分に係る行政不服審査請求について「水俣病の可能性を否定し得ないことから．水俣病として認定することが妥当である」として，熊本県知事の行なった水俣病認定申請棄却処分を取り消す旨の裁決書を出しました．

この裁決を受け，請求人らは熊本県知事に対し，以下の内容の申入れをするとともに，県知事の誠意ある回答を得るべく，交渉に応ずるよう申入れを行なう次第です．

1　日時　　4月7日(水)　13：00～

2　申入れ内容

①　熊本県知事は，故Yを水俣病患者として即刻認定すること．

故Yが棄却処分を受け審査請求を提起してから20年，幻となった環境庁の1回目の逆転裁決が作成されてから7年がたとうとしています．実に長い年月でした．いや長いというだけにとどまらず，一度は“終わった”“終わらされた”事案です．それが1月19日の新聞報道をきっかけにしてよみがえり，ようやく逆転裁決にまでたどりつきました．審査請求人にしてみれば，当り前のことが当り前と認められるまで，様々な紆余曲折がありました．

この期に及んで，裁決が出たばかりで検討の時間が欲しいとの抗弁は成り立ちません．県知事は今回の裁決を厳粛に受け取め，故Yを即刻水俣病患者と認定すべきです．

②　熊本県は，環境庁の逆転裁決に反対の態度を取り続けた非を認め，請求人らに謝罪すること．

環境庁が2月5日付で提出した「Y氏の行政不服審査請求についての調査報告」によると，平成4年，5年，6年と3度の逆転裁決書が作成され，さらに平成8年にも逆転裁決方針が示されておきながら，それらに対し熊本県は“妨害工作”とも言うべき頑強な抵抗を行なっています．

その論拠にしているのは，認定業務や裁判に与える影響，総合対策事業の障害となる，審査会委員のメンツが心配，患者団体からの抗議が予想される……等々であり，驚くべきことに故Yをはじめ，いかに被害者を救済するかという観点がまったく欠落しています．まさに環境庁職員をして「何がなんでも取り消しを阻止したい“狂信的感情論”」と言わしめる態度には，激しい憤りを押えることができません．

熊本県がとった逆転裁決への対応に厳重に抗議するとともに，審査請求人らに心から謝罪するよう求めます．

③　熊本県は，検診・審査方法等，認定制度運用の見直しと改善を図ること．

故Yを生前から診断し，また死後直接解剖を担当した順天堂大のS医師によれば，故Yには臨床的に四肢の知覚障害や視野狭窄が認められ，さらにそれらは病理所見ともよく一致していました．ところが，県の検診ではいずれの症状もとられておらず，棄却処分を正当化する根拠とされています．

確かに請求人らは，今回の病理所見を採用した裁決を評価しますが，病理所見を重視するあまり，「解剖してはじめて水俣病と認定する」との事態は許すことができず，本来的には，生きている間の認定こそ被害者ののぞみであり，救済法の本義でもあるはずです．

かかる観点からすると，生前のYの臨床症状を的確に把握できなかった，現行の検診態勢そのものに重大な欠陥があると言わざるを得ません．そして検診の不備が露呈した以上，故Yだけに限らず，どれだけ多くの被害者が水俣病患者と認められずに棄却されてきたことか想像に難くありません．

よって熊本県は，いま一度，被害者救済の本義に立ち返った検診・審査等，認定制度運用の抜本的見直しを行なうべきです．

以上

*　5日にFAXで郵送．正式には7日に文書提出．下線は原文のママ．

15 「Y氏の行政不服審査請求についての調査報告」の問題点 1999.4頃

「Y氏の行政不服審査請求についての調査報告」の問題点
(平成11年4月15日．水俣病対策課)

(1)　この調査報告に収録されている資料には，加筆(書き込み)・修正・削除と，オリジナルの資料に対して改ざんを行なった形跡が歴然としている部分が何か所もあります。(もちろん氏名等のプライバシーに関わる部分は除いて)

例えば，文書5[(1)]・文書6[(2)]・文書7[(3)]・文書11[(4)]です．これは，資料自体の信用性にかかわる重大な問題であり，改ざんされた資料を基にして，真実解明のための議論が可能であるとは到底言えません．

よって，オリジナルの資料を呈示されるとともに，なぜこうした改ざんが行われたか，その経緯を明らかにされるよう求めます．

(2) 行政不服審査過程における環境庁と熊本県の協議について

①〈文書5〉において，4.概要 (1) 行政不服審査請求についての項で，① (Y)について　との見出しのもとに環境庁から熊本県に対し「審査請求は棄却する方向で検討している」旨説明し

ている記述があります。

これにつづき，（Kさんについて）の見出しのみが記されていますが，このあと Kさんの審査状況を説明するくだりが記されていると考えるのが妥当です．

② 〈文書6〉において，旧法審査室が「近日中に裁決が出せる見通しのついたものについて，お知らせしたい」と前置きした上で「第1点は(Y)の件である」と，(Y)に関する審査状況・裁決案を説明したあと，（Kさんについて）との見出しがあります。

これは，「第2点は(K)の件である」の趣旨であり，以下(K)に関する審査状況・裁決案を説明する記述がつづくと考えるのが妥当です．

③ 〈文書11〉において，冒頭に環境庁(氏名)補佐が「審査庁は，今回，(氏名)と(Y)の二件の裁決を行いたい。前者については棄却を考えているが，後者については認定相当と考えているので，事前に処分庁の意向を伺いに参った次第である」と発言しています．

この3例だけからでも，行政不服審査過程において，審査庁である環境庁が処分庁である熊本県に対して，個別の審査請求人に関する審査状況を説明したり，裁決を出すにあたり事前に意向を聞くなど協議していたのは，故Yの場合が特殊例外なのではなく，むしろ慣例・常態化していた事実がはっきりしてきました．

ちなみに，県は平成11年3月10日付，水俣病互助会等の申入れに対する回答の中で，「本件事案(注・故Yの事案)のような例はなく，裁決をめぐって協議が行われたことはありません」と述べていますが，これは明らかに虚偽の答弁です．

こうした，行政不服過程における慣例・常態化した協議は行政不服審査法上，いったいいかなる手続きと位置づけられるのでしょうか．法律に何ら根拠をもたない恣意的運用．つまり違法・不当な行為と言うべきです．

つまり，故Yのみならず違法な手続きが行われていたことが十分に確認できるのであり，違法な手続に基く裁決とりわけ棄却裁決の見直しが図られるべきなのは必至と言わざるを得ません．

(3) 〈文書12〉(5)における鑑定の不備をめぐる経緯について

具体的な経過は不明ですが，審査室側に鑑定方法についてミスがあり，「鑑定そのものに不備がありました」(p5)との発言がありますが，鑑定の不備とは具体的に何を指すのか明らかにして下さい．

また，この会議の席上，『審査庁の基本的考え(メモ)』(p2)が配布されていますが，この文書も開示して下さい．

鑑定に対する県の反論を出すことについて，「反論書が出てきたら相手方に渡るので，まずいのではないですか」(p5)との発言があります．本来ならば，県が鑑定に対して何らかの意見があれば，当然それは弁明書という形でのみ表明すべきところ，「それはまずい」と環境庁・県ともに話を合わせ密室での協議を続行すること自体，行服法の手続きを踏みにじるものです．

もし弁明書として提出されていたならば，当然審査請求人の手に渡り，それへの反論が可能であったわけですが，その機会は永遠に奪われてしまいました．この事実ひとつとっても，審査過程での県の対応が妥当であったとは到底言えません．

(1) 49
(2) 50
(3) 52
(4) 57
(5) 58

16 抗議文〔熊本県宛〕 1999.4.7

抗 議 文

熊本県知事殿

1999年4月7日

審査請求人 Y妻

同代理人 石川直美 他2名

4月5日，熊本県は故Yを水俣病と認定すると発表しました．審査庁である環境庁が「水俣病として認定することが妥当である」として，棄却処分を取り消した以上，その裁決を受けた熊本県が環境庁の判断に反して故Yを水俣病でないとして棄却することは，法律上も人道上も許されるはずがなく，当然の認定処分と言うべきです．

ところが，「取消裁決にかかる認定処分についての部長コメント」によれば，県は最初の棄却処分及び行政不服審査手続の対応のいずれについても，妥当であり正当であったと述べています．

かかる評価は，請求人らの申入れにまっこうから敵対し踏みにじるものであり，激しい憤りを禁じ得ません．

よって以下厳重に抗議するとともに．請求人らの申入れを即刻実行するよう求めます．

一 故Yを生前から診断し，さらに死後直接解剖を行った順天堂大のS医師は，臨床的にも病理的にも四肢の知覚障害や視野狭窄を認め，有機水銀中毒症と明確に判断しています．

また環境庁が病理所見の鑑定を依頼した3人の内，新潟大・京都大(ママ)の医師は「有機水銀の所見がある」と判定，残り東北大の医師も「有機水銀の所見がない」と判定しているものの「有機水銀の関与を完全に否定することはできない」旨論評しています．

そして，故Y本人の生活歴を丹念にたどるだけでも，刃物研ぎの仕事をしている時，手を切っても痛みを感じなかったことや，眼が見えなくなって通った眼科の医師から認定申請をすすめられるなど，感覚障害や視野狭窄の症状が出ていたことは明らかです．

ところが一方県の行なった検診では，平衡機能障害と眼球運動障害が認められるのみで，それ以外の症状は把握されていません．

このあまりにも鮮明な対照は何を意味するのでしょうか．まぎれもなく，故Yへの検診が，その症状を正確に把握するものではなかったという事実であり，適正でない検診を前提とした審査・処分もまた妥当性を欠くとの背(ママ)りはまぬがれません．

県は一体何を根拠に，原処分が妥当であったと強弁するのでしょうか．その開き直りとも言うべき態度からは，今回のYのケースを教訓として，現行の検診・審査のあり方を改めて見直そうとの姿勢はみじんも感じられません．県が今回の裁決を「厳粛に受けとめ」と言う以上，なぜYの症状を検診の段階で把握できなかったとの観点から，いま一度現行の検診・審査方法を抜本的に見直すべきです．

二　救済法(旧法)に係る行政不服審査の手続において，処分庁である県は弁明書によって原処分及び裁決に対する意見を述べるとされているのであり，逆に言えば弁明書以外で意見を表明するのは禁じられていると解釈されます．

今回の事案につき，過去何度も環境庁が裁決を出すにあたり，県に打診しているのがそもそも異常な事態ですが(現に南川環境保健課長は，「なぜ打診したのかわからない．通常の行政不服の手続ではあり得ない」と認めています)，県が環境庁の打診に対し，正規の手続外の場において逆転裁決に反対したり，時期をずらすよう求めること，それ自体違法な行為と言うべきです．

さらに反対の論拠についてみれば，解剖所見の採用は原処分主義に反する，認定業務や裁判に悪影響が出る，進行中の総合対策事業を阻害する，審査会委員のメンツが心配，患者団体からの抗議が予想されるなどであり，驚くべきことに，故Yをはじめ，いかに被害者を救済するかという視点がまったく欠落しています．

要するに，逆転裁決を3回も準備しておきながら，県の抵抗に会いそのまま放置した環境庁の責任は十分に論難に値しますが，それにも増して，一貫して逆転裁決を妨害し続けた県の責任は極めて重大だと言わざるを得ません．

熊本県は審査請求過程における非を認め，請求人らに心から謝罪するよう強く求めるものです．

以上

17　協定書　1999.5.17

協　定　書

水俣病患者亡(Y)の相続人代表(Y)妻(以下「甲」という)とチッソ株式会社(以下「乙」という)とは，水俣病患者，家族に対する補償などについて，次のとおり協定する．

(本人慰謝料)

1　乙は甲に対し，公害等調整委員会(以下「公調委」という)が，亡(Y)について定めるランクに応じ次の慰謝料を支払う．

Aランクの場合及び水俣病による(その余病もしくは併発症又は水俣病に関係した事故による場合を含む)

死亡の場合　1,800万円

Bランクの場合　1,700万円

Cランクの場合　1,600万円

(近親者慰謝料)

2　公調委が，亡(Y)について定めるランクがAランク又はBランクの場合及び水俣病による(その余病もしくは併発症又は水俣病に関係した事故による場合を含む)死亡の場合，乙はその近親者に対し，慰謝料を支払う．慰謝料を支払うべき近親者の範囲及び支払うべき金額は昭和48年3月20日の熊本地方裁判所判決にならい公調委が決定する．

3　本人慰謝料及び近親者慰謝料には，認定の効力発生日から支払日までの期間について年5分の利子を付する．

(慰謝料の仮払い)

4　本人の慰謝料については，内金1,640万円を

(1)　認定後1週間以内に　100万円

(2)　認定後3カ月以内に　500万円

(3)　認定後5カ月以内に　500万円

(4)　認定後7カ月以内に　540万円

に分割して仮払いを行ない，亡(Y)のランクが決定し，慰謝料額確定後2週間以内に精算する．

(治療費)

5　乙は甲に対し，亡(Y)が公害健康被害補償法(以下「補償法」という)に定める療養の給付及び療養費並びに療養手当の受給要件を満たす場合は，甲の請求に基づき，これに相当する額を支払う．

(介護費)

6　乙は甲に対し，亡(Y)が補償法に定める介護加算額の受給要件を満たす場合は，甲の請求に基づき同加算額に相当する金額を支払う．

(葬祭料)

7　乙は亡(Y)の葬祭喪主もしくは遺族代表である相続人に対し，金　　　円を一時金として支払う．

(患者医療生活補償基金)

8　乙が全患者を対象として，患者の医療生活保障のため設定している患者医療生活補償基金の果実は，次の費用に充てる．

(1)　おむつ手当

(2)　介添手当

(3)　患者死亡の場合の香典

(4)　胎児性患者就学援助費，患者の健康維持のための温泉治療費，鍼灸治療費，マッサージ治療費，通院のための交通費

(5)　その他必要な費用

(今後の協議等)

9　(1)　甲又は乙のいずれかから協議の申し入れがあった場合，相手方は直ちに応ずるものとする．

(2)　本協定の解釈に疑義が生じた場合は，甲，乙誠意をもって協議決定する．

(3)　本協定の実施に必要な事項で，規定のない事項については，甲，乙誠意をもって協議決定する．

本協定成立の証として本書正本2通を作成し，甲，乙各1通を保有する．

平成11年5月17日

（住所）
甲　（Y長男）㊞
乙　チッソ株式会社
代表取締役　社長　後藤舜吉　㊞

18　申入書〔熊本県宛〕　1999.5.27

申　入　書

熊本県環境生活部長　　田中　力男殿

1999年5月27日
審査請求人　　　　Y妻
同　代理人　　　石川　直美　他2名

貴殿から頂いた平成11年4月15日付けの「お詫びと説明」について，審査請求人及び代理人のあいだで検討を続けてきました．その結果，貴殿のお詫びは請求人らの申入れに誠実にこたえたものとは到底言えず，けっして納得がいかないとの結論に達しました．

よって，再度申入れを行い，県の誠実な回答を得たいと考え，以下交渉を申し入れる次第です．

1　日時　　6月7日(月)　午前10時

2　申入れ内容

(1)　謝罪について

審査請求人らの求めているのは，まず第一に，最初の棄却処分が誤っていたと認め(ママ)ことであり，その上で何故生前の認定検診では水俣病特有の症状を把握することができなかったのか，死んで解剖しなければ水俣病と認定されない現行の検診・審査態勢にいかなる欠陥があるのか解明することです．そして第二に，今回の認定に至るまで19年もかかり，しかも一旦は請求取り下げを余儀なくされた経緯について，県が逆転裁決に強硬に反対したことを含め被害者救済に違背した態度をとり続けた責任を認めること，この2点が請求人らの求める謝罪の核心です．

ところが，今回県が示した謝罪の中味について見ると「このように長くなった原因の一端が県の対応にあったのではないかとの印象をもたれたのは当然のことであり，誠に申し訳なく思っております」と，原処分の誤りには一切触れず，単に結果として認定が遅れたことをお詫びしているに過ぎません．

まして，みずからの主体的判断に基づき，認定が遅れた責任を認めるというのではなく，「印象をもたれた」と請求人らに責任の一端を転嫁する形で仕方なくお詫びするというのは，責任の所在をあいまいにするものです．

かかる謝罪は，請求人らの求める謝罪とは到底言い難く，受け入れることはできません．

(2)　認定検診・審査方法の見直しについて

故Yに対して行なわれた検診・審査が果たして妥当であったのかは，申請時の診断書，川崎幸病院杉山医師による生前の診断書，順天堂大佐藤医師の病理所見，環境庁が委嘱した鑑定結果，そしてY本人の自覚症状・病歴等を比較検討してはじめて明らかになると請求人等は主張してきました．

ところが県の説明を読むと，こうした具体的な作業を通して故Yの検診・審査の妥当性を検証した形跡は一切みられません．

かりに，一般論として検診・審査はかく行なわれており，当然故Yの場合も同様だったと強弁する趣旨なのであれば，いまだに故Yへの検診・審査が妥当であったと主張しているのに等しく，これでは反省のかけらもないと言わざるを得ません．

(1)で述べたとおり，まず故Yの検診・審査が間違っていたと認めること，その前提に立ち，こうした誤りを生み出してきた現行の検診・審査態勢に如何なる欠陥があるのかを究明すること，この請求人等の申入れに県は誠実に答えるべきです．

(3)　行政不服審査過程における熊本県の対応について

県は別添の調査報告に基づき，①県は環境庁からの問い合わせ等に応じて対応しただけ，②対応の中味は，環境庁が裁決すること自体に反対したのではない，と主張しています．

しかし，先に環境庁が示した調査報告並びに閲覧資料と併せて検討すると，県は逆転裁決に対して妨害工作とも言うべき頑強な反対を行なったのはまぎれもない事実です．いまだにこの事実を認めない県の態度に激しい怒りを禁じ得ず，(1)で述べたとおりこれではお詫びをするといっても空虚な言葉として受け取らざるを得ません．

県は，逆転裁決に反対した事実を認め，その責任を明らかにすべきです．

なお，今回の調査報告によって明らかとなった問題点の指摘，さらに解明すべき課題の提起，今後開示の必要な資料の指摘等については，稿を改めて行なう予定ですので，これらに対しても誠実に対応されるよう強く求めるものです．

以上

19　〔申入書・熊本県宛〕　1999.6.7

今からもう20年以上も前になります．

父は，生存当時に，一度ならず何度も専門家による水俣病検診を，受け続けておりました．

父は，言語障害，視野狭さく，歩行困難，等の家族が見ても明きらか(ママ)な，いわゆる水俣病の症状がありました．

生前の検診では，水俣病ではなく，父の死後，解剖してみて，それで初めて，水俣病であることが，分かったということ，それから，水俣病申請から，25年，父の死後，約20年経った後，水俣病として認定するという，この時間の長さに，私達遺族は，到底納得いく

ものではありません，

また，熊本県は，今迄何の説明も私達遺族に対してありません．

父の生存当時の水俣病専門家による，全ての検診記録を出していただきたい，と思います．

どうか，遺族に対して，納得のいく御返答を，お待ち申し上げる次第です．

平成11年6月7日

遺族代表　Y子息

20　6/7県交渉について*　1999.6.7

6/7　県交渉について

（A）獲得目標（目的）の設定

請求人らの申入れの趣旨は，

（1）内実のある謝罪

（2）原処分（検診・審査）の誤まりを認め，検診・審査態勢を見直すこと

（3）行政不服過程における対応の不当性の非を認めること．

（1）～（3）は並列関係というより，（2）（3）を実行してはじめて（1）の謝罪の中味が充足される．

（B）方法論．具体的なポイント

（2）①　原検診の不当性

・検診の実態を明らかにするために検診録（審査会資料はこれを要約・転記したもの）を提出せよ．検診医の氏名を明らかにせよ．

・各診断の比較検討を行なうこと．

申請時の原田診断書・第3次検診・原検診・川崎幸病院杉山Dr.の診断書・順天大佐藤Dr.の病理診断書・環境庁委嘱の鑑定結果・Y本人の病歴

→原検診の特異性（症状を拾っていない）を浮きぼりに．

・かりに病理で所見があっても臨床的に把握できない場合あり（臨床と病理のカイリ，臨床の限界論）を主張するのであれば，具体的な根拠とデータを示せ．

たとえば文書　（p　）によれば，両者が一致するのは60～70%．残り30～40%はカイリ，これでは臨床の限界とはいえない．また，このカイリを埋めるために，どんな改善・見直しをしたのか？

②　検診・審査態勢の見直しについて

・「環境庁に検討をお願い」したのは文書でか，口頭か文書ならば開示せよ．

・環境庁からの回答はどうなっているのか？

（3）①　オリジナルの資料に対する改ざんについて

・加筆，修正，削除の部分の指摘．いかなる経緯でこういう改ざんを行なったのか？

・オリジナルの資料を提出せよ．

②　県は裁決自体に反対し，妨害を行なった事実

・県はいまだにこの事実を認めない．資料を示しながら認めさせる．

・反対の論拠としてあげているのは，裁判や認定業務への影響，審査委員のメンツ，行政施策の都合・・・であり被害者救済の観点は欠落．Yの例をフィードバックさせて，認定業務や施策の見直しを図ろうとの思考回路がない．

③　行服過程における環境庁と熊本県の協議

・文書5，6，11から，両者の協議は慣例・常態化．

→行服法上．違法な手続き

・協議の中味が，さらに問題．行服法，救済法の趣旨は一切考慮されず，政治状況や行政施策の影響にばかり関心

・溝口さんについて，いかなる協議をしているのか？

④　鑑定の不備をめぐる経緯について〈文書12〉(1)〈文書13〉(2)

・鑑定の不備とは具体的に何をさすのか？

・『審査庁の基本的考え（メモ）』を開示せよ．

・鑑定への反論を提出することを検討しているが，その検討の中味は？（結果として提出しなかった）

⑤　その他

・〈文書5〉(3)は第8回の会合記録だが，その他の会合記録

・〈文書8〉(4)は，弁明書以外に唯一環境庁に提出した文書とのことだが，これは弁明書ではないのか．文書の性格・目的・起草部署を示せ．

(1)　58

(2)　59

(3)　49

(4)　54

＊　代理人による今後の方針の検討レジュメ．(B) (1) は，省略されている．(A) (1) を指すと思われる．

21　申入書〔熊本県宛〕　1999.6.30

申　入　書

熊本県知事　福島　譲二殿

1999年6月30日

審査請求人　Y妻

代理人　石川　直美　他2名

本年6月7日の水俣病対策課と審査請求人との間で行なわれた交渉において，請求人側は本件の真相を明らかにする為に不可欠の文書の開示・請求を求めました．

そこでここに請求人側の請求を整理するとともに，再度公開・提出求めます．

(1) 県提出の「Ｙ氏の行政不服審査請求についての調査報告」〈文書10〉によれば，県は環境庁からの物件提出要求に基き故Ｙの「水俣湾周辺地区健康調査の第三次検診における視野図，眼球運動図，OKP，TTS」を提出したとのことですが，これらの資料．

(2) 故Ｙへの認定検診が適正に行われたのか，さらにその検診結果が正確に審査会資料に要約転記されたか等，原処分の妥当性を検証するためには，認定検診の結果を直接記録したいわゆる検診録の調査が欠かせません．よって故Ｙの検診録の提出を求めます．

なお，６月７日の交渉時に，水本課長は遺族の閲覧を検討すると約束しましたが，そのコピー受領及び審査請求人の代理人の立会いを含めて検討されるよう求めます．

(3) 検診録については公開しない旨，県と認定審査と(ママ)の間で取り決めがあるとのことですが，その取り決めを記した文書．

(4) ６月７日の交渉の席上，水本課長[1]は「病理所見があっても臨床所見が確認できない場合がある」との，いわゆる臨床と病理の乖離論ないし臨床の限界論を盛んに主張しましたが，その根拠となるデータあるいは論文．

それに関連して，〈文書7〉によれば，環境庁職員の発言として「病理と臨床が一致するのは，60～70％ぐらい」があります．この数字の根拠となるデータなり論文もあわせて開示を．ちなみに環境庁提出の調査報告には，こうした発言を記した文書は含まれていません．

(5) 〈文書12〉[2]によれば，この会議の席上，環境庁側は『審査庁の基本的考え(メモ)』と題する文書を配布し，この中の文言をめぐって県との間にやりとりが行われています．議論のテーマは，環境庁が依頼した鑑定の取扱いのようですが，具体的な経過なり議論の詳細は不明です．よってこの『審査庁の基本的考え(メモ)』を提出してください．

(6) 〈文書16〉[3]によれば，この回答は，県の主張に対し環境庁が質問し，それに答える内容となっています．そこでこの回答の元となった県の主張とは，いつどこで，誰の如何なる内容の主張であるのか明らかにされたい．併せてそれに対する環境庁からの質問の日時及び内容についても明らかにされたい

以上，審査請求人の文書の開示・提出要求に対し，２週間以内に代理人荒谷宛回答されるよう求めます．

以上

(1) 水本 二 水保病対策課長．
(2) 58
(3) 62

22 平郡真也書簡(有馬澄雄宛) 1999.12.14

平郡真也書簡(有馬澄雄宛)

有馬様

from 平郡

お問い合わせの件について

① '99年９月10日，熊本県東京事務所(麹町)で，県環境生活部水俣病対策科の水本二課長が，Ｙ氏の長男Ｙ子息氏に対し，代理人荒谷徹立ち会いのもと，「水俣湾周辺地区健康調査の第三次検診における視野図，眼球運動図」並びに「昭和53年２月４日実施の神経内科の検診録」及び「昭和53年２月15日実施の精神科の検診録」及び「視野図」を閲覧させた．

② '99年４月13日，チッソ取締役等３人がＹ子息氏のもとを訪れ，協定書調印に関する書類を持参した．その際，チッソ側は，今回の件について詫びることはなく，検診等の問題についても，「それは県の問題でこっちに言ってもらっても困る，うちはお金を払うだけ」と誠意を見せず，当事者意識はまったくなかった．この日Ｙ子息氏は協定書調印を見送った．

'99年９月16日，ランク付委員会が訪れ，事情聴取を行った．

(以降の経過は代理人の石川氏が詳しく，連絡がとれ次第，追って報告します．)

Ⅱ　医療機関

23　診断書*　1974.3.17

診　断　書

一　患者氏名　（Ｙ）大正11年9月21日生
一　住　　所　　県水俣市(地名)町(地名)番地
一　病　　名　水俣病の疑い
一　診断所見　昭和21年より水俣に在住．自分で舟をもち水俣湾産の魚貝類を多食した．現在，しびれ感，周囲が見えにくい，言葉がでない，ふるえるなどの自覚症状があり，現在，構音障害，知覚障害，固有反射亢進，筋緊張亢進，視野狭窄(疑い)がみられるので精査の必要を認める．

昭和49年3月17日

熊本大学医学部附属病院(所属)
医師　(氏名)㊞

*原田正純医師による，認定審査請求時の診断書．

24　診断書*　1981.10.12

診　断　書

(Ｙ)殿　大正11年9月21日生
(住所)

<主　訴>　下肢・手のしびれ
口囲のしびれ
言語障害

<診　断>　高血圧症
脳卒中後遺症(左片麻痺)
慢性有機水銀中毒症

<既往歴>23才　戦争中栄養失調になったことがある．
水俣に56年間在住．

<家族歴>父：(状況)　他　特記すべきものなし

<現病歴>

水俣市（地名）に生れ，昭和22年(地名)に移るまで誕生地に在住していた．水俣には，昭和53年8月まで住んでいた．
同月，子息の住む現住所に移居．
チッソで硫酸係として，10～15年間勤務していたという．
昭和44年より(名称)合板に入社．昭和53年8月退職．
自分で釣りに出て，魚を毎日食べていたという．自宅に飼っていた猫は10匹以上狂って死んだ．
昭和32～38年ごろ，手や足のふるえが出現し，以後も持続した．
昭和40年ごろ，高血圧症を指摘される．
昭和48年，口が思うようにきけなくなり，(名称)病院に救急受診した．このとき四肢の動きに変化はなかったという．
昭和54年7月23日朝，左片麻痺出現，歩行困難となり，松葉杖にて歩行する．
昭和54年7月26日，当院受診．血圧190/110mmHg.
昭和54年11月28日より，12月5日まで入院.

<入院時現症>

1　身長　164cm　体重　69kg　血圧　180/100mmHg

2　意識：清明
意味もなく笑ったり，泣いたりする(情動失禁)
言語障害のため言葉が聞きとり難く，行動も鈍重で緩慢であるが，会話は可能.

3　言語：舌のもつれがあり聞きとりにくい.

4　瞳孔　左右同大．対光反射．左右とも速
眼球運動　正常．眼球振盪(－)
聴力　右やや低下(ストップウオッチ　右30cm　左50cm)
構音障害
視野：やや狭窄．(視野計による計測実施せず)

5　筋力．握力　右30kg　左15kg
粗大力　右上肢　ほぼ正常
右下肢　同上
左上肢　低下
左下肢　低下
筋萎縮　なし
軽度　左顔面神経麻痺あり

6　振戦(－)
歩行時動揺(±)
ロンベルグ現象(－)
片足立　右 良　左 拙劣

7　腱反射

	右	左
上腕三頭筋	+	++
二頭筋	+	++
撓骨	+	+
膝蓋骨腱	++	++
アキレス腱	+	+

病的反射　ホフマン / バビンスキー / ロッソリモ　陰性

クローヌス　(－)　(－)

8　知覚
温痛覚・触　覚　左大腿～膝より下で低下
右下腿～足でやや低下

深部知覚も同じ

左に強，下肢，手にしびれ　(＋)

口囲(左右とも)　しびれ

以上

昭和56年10月12日

(住所)

(電話番号)

(病院名)

内科医師

(氏名)　㊞

＊Y氏が順天堂大学付属病院入院前に入院した近医の診断書．

1　順天堂大学

25　病理診断報告書　1980.1.8

病理診断報告書

剖検番号

氏　　名　(Y)　男，大正11年9月21日生　57才

剖検年月日　昭和55年1月8日

臨床診断　1　慢性有機水銀中毒症

2　脳出血(左視床出血)

医療機関　順天堂大学付属病院(所属)主治医(氏名)

(氏名)(氏名)

入　　院　昭和55年1月7日

死　　亡　昭和55年1月28日午後1時23分

病理診断　1．慢性有機水銀中毒症

2．左視床新鮮出血

3．多発性脳梗塞(新旧)

所見

1　左視床の新鮮視床型出血

2　新旧の散在性脳梗塞と循環障害による所見：動脈硬化があり，陳旧性梗塞巣が基底核内・大脳白質内・後頭葉，アンモン核，中脳，脳橋部，小脳などに見られる．さらに末期循環不全のためと考えられる後頭葉の新鮮小梗塞巣，アンモン角の壊死，小脳のプルキンエ細胞の急性壊死像などが認められる．

3　後頭葉鳥距野，頭頂葉の上前頭回，前後中心回に選択的に神経細胞の脱落と星状膠細胞の増加が認められた．鳥距野では前記の小梗塞が散在しているが，新鮮，限局性変化で，鳥距野皮質の神経細胞の変化の原因とは考え難い．

4　小脳では顆粒細胞の間引き脱落があり，星状膠細胞が増加している．

5　脊髄では大脳，脳幹病変による二次性索変性がみられる．後根では，前根に比して有髄神経線維の減少がみられた．

6　腓腹神経では，高度の有髄線維の変性，脱落とシュワン細胞および結合織の増加を認めた．

順天堂大学医学部　(所属)

(氏名)　㊞

26　関東地方在住水俣病患者の臨床症状(予報)　1980.3

水俣病に関する総合的研究

(昭和54年度　環境庁公害防止等調査研究委託費による報告書)

昭和55年3月

水俣病に関する総合的研究班

財団法人　日本公衆衛生協会

関東地方在住水俣病患者の臨床症状(予報)

佐藤　猛

昭和53年度本研究班において，水俣市から東京都に移住した患者1家族6名の臨床症状について報告した．その後，東京都および近隣に移住している水俣地方出身者11名を診察した．その中，4名は軽度の自覚症状だけで，知覚的神経症状をほとんど認めなかったので除外した．前回に報告した患者と合わせ，13名についての診察所見について報告する．

対象症例

症例1～6は昨年度報告した．出生地は大半が水俣市で，症例12だけが熊(ママ)本県獅子島であった．

症例7は左半身不全麻痺，症例10は右半身の軽度不全麻痺を合併しており，何れも脳血管障害によるものとみなされた．なお症例10は脳出血を併発し，昭和55年1月28日死亡した(1)．

自覚症状の概略を表1に示した．全例易疲労性を訴え，仕事を休むことが多い．

表1　自覚症状

症例No.	1	2	3	4	5	6	7	8	9	10	11	12	13	出現頻度
年令	79	51	48	44	57	39	47	62	43	56	54	48	35	
性	男	男	女	男	女	女	女	女	女	男	女	女	女	
水俣より転出した年(昭和)	50	45	45	45	35	45	34	38	48	53	45	39	37	
四肢しびれ感	＋	＋	＋	＋	＋	－	＋	＋	＋	＋	＋	＋	＋	12
視力障害	＋	＋	－	＋	＋	＋	＋	＋	±	＋	＋	＋	＋	12
めまい感	＋	＋	＋	＋	＋	＋	＋	＋	＋	－	＋	＋	＋	12
歩行不安定	＋	＋	－	＋	＋	－	＋	＋	－	＋	－	＋	＋	9
易疲労性	＋	＋	＋	＋	＋	＋	＋	＋	＋	＋	＋	＋	＋	13
頭痛	＋	＋	＋	＋	＋	＋	＋	＋	＋	－	＋	＋	＋	12
神経痛・関節痛	＋	＋	＋	＋	＋	＋	＋	－	＋	－	－	＋	＋	10
記憶力低下	＋	＋	－	－	－	＋	－	＋	＋	＋	＋	＋	＋	9
手指からす曲がり	－	＋	－	－	－	－	＋	＋	－	－	－	＋	－	4

四肢末梢部のしびれ感も12例にみられたが，この中症例7は脳血管障害による左半身の運動および知覚不全麻痺を合併していた．症例12は顔面を含む右半身にのみしびれ感，表在知覚の低下がみられ，口周囲のみ左右にしびれ感を訴えていた．本例では深部腱反射を含め，錐体路徴候では特に左右差を認めなかった．起立，あるいは歩行時にめまい感を訴えるものが12例，歩行時不安定感，動揺などを感じるものは9例であった．

頭痛は12例が訴えており，頑固な偏頭痛，頭全体のしめつけ感，大後頭部(ママ)神経部圧痛などであった．

水俣病に典型的な手指のからす曲がりを訴えたものは4例あった．

以上の自覚症状のうち，水俣市より転出前から見られたものは四肢しびれ感，めまい感，頭痛(半数)，からす曲がりなどであった．近年訴えが増強した症状は易疲労感，神経痛，関節痛，頭痛，記憶力低下などである．

他覚症状発現頻度は表2に示した．四肢知覚障害は種々の程度にみられた．全身にしびれ感を訴えるもの1例，口囲に訴えるもの2例であった．2例は知覚神経伝導速度を測定しており，1例に軽度遅延を認めた．

小脳症状としては，指々・指鼻試験で hypermetria，軽度振戦な

表2　臨床症状

症状＼症例No.	1	2	3	4	5	6	7	8	9	10	11	12	13	出現頻度
四肢知覚障害	+	+	+	+	+	+	+	+	+	+	+	+	±	13
求心性視野狭窄	+	+	−	+	+	+	−	−	−	+	−	−	+	7
聴力障害	+	+	+	+	+	+	−	±	−	−	+	+	−	9
指・鼻試験拙劣	+	+	+	+	+	+	+	+	−	±	+	+	+	12
ロンベルグ徴候	+	−	±	−	−	−	+	±	−	−	−	−	−	4
構音障害	+	−	−	−	−	−	−	−	−	+	−	−	−	2
記憶力低下	+	±	−	−	−	+	+	+	+	+	±	+	−	9
アキレス腱反射低下～亢進	−	−	+	+	++	−	−	−	+	+	+	±	±	6

どがみられた．ロンベルグ徴候陽性，マン試験陽性，つぎ足歩行で動揺のみられるものもあったが全体に軽微であった．

症例10では，剖検時に得た左腓腹神経を電子顕微鏡で検索した．エポン・アラルダイト包埋組織の光学顕微鏡用切片では，有髄線維，特に大径線維の数が減少しており，endoneurium結合織も増加していた．少数の線維では，髄鞘の膨加，蛇行が認められた(Fig.1)．同年代の対照腓腹神経と比較して，ヒストグラムを作成してみた．有髄線維の総数が対照では7673／㎟，症例10では5155／㎟と明らかに減少しており，特に直径10 μ以上の大径線維において減少傾向が著明であった(Fig.2)．

ときほぐし法で観察すると，有髄線維の中にはmyelin ovoidが念珠状に配列しているもの，一部の髄鞘だけが異常に膨化しているものなどがみられた．

電子顕微鏡では髄鞘の蛇行，崩壊や，Schwann細胞内に多数のmyelin ovoidを含むもの，軸索まで変性しているものなどがみられた(Fig.3)．無髄線維でも軸索の膨大，ミエリン様小体の形成，Schwann細胞の壊死，いわゆるcollagen pocketの形成などが，

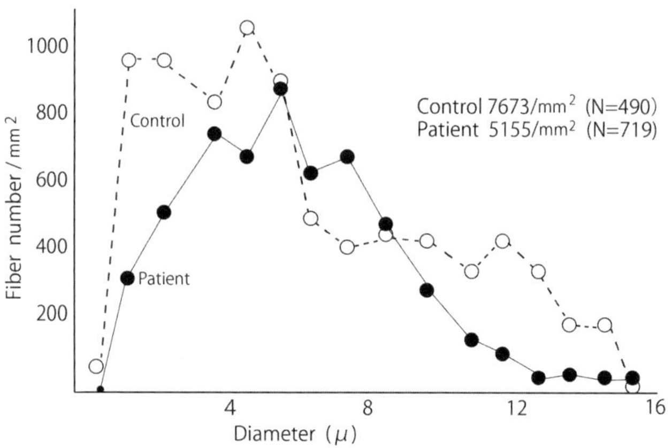

Fig. 2　Size frequency distribution for myelinated fibers in the sural nerve

しばしば認められた(Fig.4)．

考　察

水俣地方より関東地方に移住したものは，実態はほとんど判明しておらず，調査し得たものは少数であったが，自覚症状，他覚症状などの発現頻度は従来の水俣病に関する報告に類似していた．関東地方に移住した後も，易疲労性などは進行しており，今後も経過観察を重ねていく予定である．

症例10の末梢神経病変は電子顕微鏡で観察された有髄線維の強い変化は，死因となった脳出血が極めて重篤であったため，そのための影響が除外できず，水俣病と直接因果関係を求めることは困難である．しかし，計量的検索にて判明した有髄線維，特に大径線維の減少は，昭和37年頃から発病の水俣病のためと考えられ，臨床的に認められた下肢知覚低下とよく一致する．

Fig 1　症例10の左腓腹神経　× 300　図＜略＞(2)
Fig 3，4　症例10の左腓腹神経電子顕微鏡写真　図＜略＞
Fig 3　有髄線維中の多数のmyelin ovoid　図＜略＞
Fig 4　無髄線維内のミエリン様小体　× 9500　図＜略＞

〔椿忠雄によるまとめ・抜粋〕

佐藤猛班員は，昨年につづき，ラットに塩化メチル水銀を経口的に連日投与し，中枢神経系における蓄積曲線と超微形態変化の経時的関係を研究した．今年度は未発症および軽微な臨床症状を有するラットの小脳の超微形態変化の初期像を観察した．変化は顆粒細胞に選択的であるが，これを指標とした場合，軽微な変化は総投与量15～20㎎/㎏で認められ，また，投与中止後50日目のラットでは直後のラットより明らかに変性が強く，投与中止後も小脳病変は進行するものと推定した．

同班員は，また水俣市から東京都に移住した人で神経症候を有する13例についての診療所見を報告したが，症候の発現頻度は従来の水俣病例の報告と類似していた．うち1例は脳卒中で死亡したが，剖検所見で末梢神経障害を伴なっていた(中枢神経の検索は未了)．

同班員の研究の第１の部分は，ＷＨＯはじめ各国で問題にしている最少発症量の関係で重要であるが，身体(または臓器)蓄積量や変化の特異性から更に追求が望まれる．また，第２の部分は，メチル水銀汚染を過去に受けたが，その後は殆んど汚染された可能性のない人という意味で，その成績は注目される．

(1) 症例10がＹを示している．
(2) Fig1，3，4の写真は略．

27 関東地方在住水俣病の一剖検例 1981.3

水俣病に関する総合的研究
(昭和55年度 環境庁公害防止等調査研究委託費による報告書)

昭和56年3月
水俣病に関する総合的研究班
財団法人 日本公衆衛生協会

関東地方在住水俣病の一剖検例

順天堂大学脳神経内科[1]，病理[2]
佐藤猛[1]・矢ケ崎喜三郎[2]・福田芳郎[2]

前年度の本研究班において，水俣地方から関東地方に移住した水俣病患者13名の臨床症状と脳出血を併発して死亡した１例の末梢神経の電子顕微鏡所見について報告した．この剖検例の神経病理学的検索結果について報告する．

症 例

症例：D.Y. 57歳男子(大正11年9月21日生)．(昭和54年度報告書の＃症例10)

既往歴：

家族歴：妹(55歳)に水俣病症状あり．(＃症例11，末梢神経障害，難聴，小脳症状など)

生活歴：出生より昭和22年まで水俣市(地名)，次いで同市(地名)(地名)に移転，昭和53年8月に(地名)に移住．水俣湾での魚貝類摂取が禁止になるまで，毎日海釣りをし，大量の魚を摂取していた．

現病歴：昭和37年頃から両下肢遠位部のしびれ感，ろれつの廻らないような言語障害，口周囲のしびれ感，視力障害(周囲が見え難い)，ふらつき歩行，階段昇降困難などの自覚症状に気付いた．下肢末梢のしびれ感だけは昭和54年頃まで徐々に進行しており，物忘れが強くなってきた．

昭和48年に突然，言語障害の発作あり，数日後軽快，また昭和54年7月左片麻痺発作があり，高血圧性脳出血の診断をうけ，3ヵ月後軽快している．

昭和54年6月，自宅検診，当時の神経学的所見は両下肢に靴下状全知覚低下，対坐法にて求心性視野狭窄，失調性歩行障害，構音障害，指々試験，指鼻試験拙劣，眼球の滑動性追従運動異常，計算力，記銘力低下などを認めた．また軽度の右顔面，舌の不全麻痺を伴っていた．

昭和55年1月4日，突然，脳出血発作，右片麻痺，昏睡状態．当時血圧228mmHg，近医に入院していたが，1月7日本院に転院．左視床出血，脳室穿破あり．大量の消化管出血，敗血症，肝機能障害，呼吸不全のため，1月28日死亡．

剖検時所見：直腸に穿孔，空腸・結腸に出血性ビラン，穿孔性腹膜炎，腹水1500ml，両側肺炎，脾臓に多発性壊死巣，右下腿静脈に血栓，大動脈硬化などを認めた．

神経系の肉眼所見：新鮮時脳重1320g，大脳は浮腫状に膨大，小脳半球は軽度萎縮，ヘルニアは認めず，脳底動脈には硬化がみられた．大脳の前額断では左視床を中心に大きな血腫があり，側脳室に穿破していた．右後頭葉白質の外腹側において軟化巣を認めた．脳橋，延髄の割面では両側錐体路が萎縮性であった．

神経系の組織学的所見：上記血腫部では周辺の組織はそしょう化しており，星状膠細胞が増生していた．上記の右後頭葉白質の軟化巣は周辺の星状膠細胞がやゝ増殖している新しい梗塞であった．全脳の大脳皮質と小脳白質には新しい微小軟化巣が散在していた．脳橋底部の旁正中部には小軟化巣が数個みられた．周辺のグリオーシスを伴っていた．軟化巣中の細小動脈には硝子様変性がみられた．脳幹部から脊髄にかけ錐体路は二次変性に陥っていた．

大脳皮質は全般に皮質の神経細胞が萎縮性で，星状膠細胞がやゝ増加していたが，鳥距野ではこの傾向が強く，神経細胞の脱落が認められた．鳥距野谷部では皮質下白質に上記の新しい微小軟化巣があったが，グリアの反応はほとんどなかった．鳥距野全体にわたり皮質下に沿ったHolzer染色にてグリオーシスが著明であった．内矢状層では髄鞘の染色性が低下し，Holzer 染色にてグリオーシスが著明であった．内矢状層では髄鞘の染色性が低下し，Holzer染色にてグリオーシスがみられた[(1)]．横上側頭回でも神経細胞の脱落と星状膠細胞の増加を認めた．

小脳では中心・虫部，半球を含めてPurkinje細胞の高度のびまん性脱落があり，Bergmann星状膠細胞の増加を伴っていた．中心・虫部では顆粒細胞が中等度に脱落していた．歯状核では神経細胞が脱落，星状膠細胞が著明に増加していた．

延髄では内側，下，外側前庭神経核の神経細胞脱落と星状膠細胞増加が著明で，Holzer染色陽性であった．

脊髄では両側錐体路の二次変性がみられたが，その他にはほとんど著変なかった．

腰部後根神経節では神細節細胞の脱落とSatellite cellの増加がみられた．

後根神経節内，および坐骨神経では有髄線維の崩壊，脱落が著明であった．腓腹神経は電子顕微鏡用にアラルダイト・エポン包埋し，トルイジン・ブルー染色にて検索した．同年令の対照をとり，ヒストグラムを作成した．有髄線維総数が対照では7673／㎟，本例では5155／㎟と減少しており，特に直径10 μ以上の大径線維の減少が著明であった．

考察と結論

水俣地方から関東地方に移住した水俣病患者の実態はほとんどしられておらず，調査も困難であるが，昨年までの本研究班において13例の検診を行った結果，水俣，および新潟地方において報告されていると同様に，関東地方移住後もいくつかの神経症状は進行していることを報告した．

その中の１例を剖検する機会を得たが，本例は脳出血と末期の消化管出血による貧血，低血圧などの重篤な一般状態を反映する中枢神経病変のため，水俣病に対する神経病理学的診断は容易ではなかった．左視床部の血腫，さらに基底核，脳橋，小脳白質に散在する新旧の小軟化巣に加え，大脳白質のびまん性染色性低下，アンモン角の壊死，小脳のPurkinje細胞のびまん性脱落などは脳浮腫や低酸素脳症に起因すると考えられる．しかし，大脳の烏距野や，前・後・中心回に強調されるグリオーシス，小脳の顆粒細胞の間引き脱落，延髄の前庭神経核の変化などは水俣病による変化と考えられる．特に著明な末梢神経病変は，生前臨床的に観察された四肢遠位部の知覚障害とよく一致していた．

〔座長武内忠男のまとめ・抜粋〕

第３に，佐藤・矢ヶ崎・福田により，関東地方在住水俣病申請者の剖検例が１例報告された．その主要病変は脳に多発性梗塞巣の形成の跡があり，脳神経症状に影響していた．またこの血管障害により，小脳のPurkinje細胞の強い脱落があったが，それにも拘らず次のような病変があって，水俣病の存在が示唆された．すなわち，烏距野に強調されるグリオーシス，延髄の前庭神経核の変化，著明な末梢神経病変および小脳Purkinje細胞層のグリア増加と小脳中心部･虫部での顆粒細胞脱落中等度の所見などは，水俣病病理パターンと区別できない．ただ本例は脳血管障害の跡が広範囲で，病変を修飾しており水俣病に対する神経病理学的診断は容易でなかったと云う．会場で臨床側から小脳病変につき否定的傾向の発言があったが，小脳病変のみから否定することは出来ないので，病変パターンを重要視すると共に本例の臓器水銀の定量と水銀の組織化学を実施して定めることが今後に望まれる．

(1) 「内矢状層…」の文章が反復して出てくるが，原文のママ．

2　東北大学医学部

28　鑑定依頼について（回答）　1991.1.24

平成　年　月　日

環境庁長官　愛知　和男　殿

東北大学（所属）講座

（氏名）

鑑定依頼について（回答）

平成３年１月21日付け環保業第26号をもって御依頼のありました標記の件につきましては承諾します．

（氏名）㊞

29　鑑定報告書　1991.2.22

鑑定報告書

（Ｙ）　57才，剖検：昭和55年１月28日

診断依頼：平成３年２月13日，回答：平成３年２月22日

臨床診断（順天堂大学（所属）病歴＃（番号）による）

1　高血圧性脳出血
2　水俣病の疑い

病理診断

1　左大脳半球内血腫（視床外腹側核，内包後脚を包含し左側脳室に穿破）
2　急性脳虚血（大脳皮質，大脳白質，小脳皮質，小脳白質，視床，大脳基底核，中脳に散在する急性梗塞巣と大脳の神経細胞，小脳のプルキニエ（ママ）細胞，歯状核神経細胞の広範な急性虚血性変化）
3　陳旧性脳梗塞（両側被殻，右側視床前核，右視床外腹側核，右視床枕，右内包および淡蒼球，橋底部にみられる組織の空洞化を伴う古い梗塞巣）
4　両側脊髄錐体路の二次変性
5　慢性の大脳皮質神経細胞の軽度な変性，脱落（大脳皮質に広範囲に認められる星状膠細胞の増生を伴う巣状あるいは層状の神経細胞の萎縮，脱落）
6　脳動脈硬化症

中枢神経の肉眼所見（順天堂大学剖検記録＃（番号）による）

1　脳浮腫
2　小脳の軽度萎縮と顆粒細胞層の壊死
3　高度な脳底動脈硬化
4　左大脳半球内出血（前後長：６cm．最半径：4.5×4.5cm－外側膝状体を通る割面）
5　両側後頭葉外側の出血性梗塞
6　鳥距回，前中心回，後中心回の萎縮を認めず

病理組織所見

1　右前頭葉冠状断 (KB，HE)：

皮質では神経細胞の構築は全体としてはよく保たれているおり，脳溝の開大はみられない．帯状回，中前頭回，眼窩回の皮質に星状膠細胞の増殖を伴う神経細胞の変性，脱落が巣状に見られる．深部白質には比較的新しい梗塞巣が散存している．この割面でみられる前大脳動脈の分枝の1つに，アテローム形成により内腔がほぼ半分に狭窄しているものがある．

2　右大脳半球冠状断 (乳頭体を通る割面) (Nissl)

視床下部，視床下核は比較的よく保たれている．視床前核に古い梗塞巣があり，この核の中央部は嚢胞となっている．視床外腹側核のほぼ中央に融解しつつある比較的新しい大きな梗塞巣がある．この核の外側部から内包にかけて，大きな嚢胞を形成している古い梗塞巣がある．被殻にも新旧の虚血性病変がみられる．一部は嚢胞となっているが，比較的新しく毛細血管と星状膠細胞の増生がみられる病巣もある．前障と島回皮質には瀰慢性に星状膠細胞の増生がみられる．島回皮質の一部に比較的新しい梗塞巣もある．

帯状回には，神経細胞の萎縮や脱落に星状膠細胞の増生を伴い，時にミクログリアの増生をも伴う，慢性病変が巣状に，また，3層，5層を中心に層状に，あるいは皮質全層にみられるところがある．

帯状回にみられたと同様の神経細胞の慢性病変が，上，中，下前頭回，上，中，下側頭回，傍海馬回にも，ほぼ同じ頻度でみられる．海馬では CA1 領域の錐体細胞層に選択的に比較的新しい虚血性変化がみられる．扁桃核には比較的新しい梗塞巣が(ママ)2箇所が，その周辺組織にも瀰慢性に星状膠細胞の増生がみられる．

半卵円中心は全体が軽度浮腫状で肥大した星状膠細胞が散在している．比較的新しい軟化巣が2箇所ある．

3　右大脳半球冠状断 (外側膝状体前端を通る割面) (KB，HE)

視床外腹側核に比較的新しい軟化巣と組織の空洞化を伴う古い梗塞巣がある．外背側核，内側核には梗塞はみられない．内包後脚から淡蒼球にかけて一部空洞化したやや古い梗塞巣がある．被殻には空洞化した古い梗塞が2箇所，比較的新しい軟化巣が4箇所ある．帯状回には2でみられたと同様な星状膠細胞の増生を伴う慢性の神経細胞の変性病巣がみられる．前中心回の皮質には同様な慢性病巣にくわえ，ミクログリアの巣状の増殖をともなう病巣もみられる．後中心回，下頭頂小葉にも同様な神経細胞の慢性病変がみられるが，その程度は前中心回にくらべ，やや軽い．Heschel 回には同様な慢性病変にくわえ，比較的新しい虚血性病巣もみられる．中側頭回にも慢性病巣と比較的新しい虚血性病巣が混在している．下側頭回，外側後側頭回，傍海馬回にも前述したと同様な慢性の皮質病変がみられる．海馬では錐体細胞層の CA1 に選択的な比較的新しい梗塞がみられる．半卵円中心には星状膠細胞の増生を伴う有髄線維の変性が瀰慢性にみられ，そこに比較的新しい梗塞巣が散在している．前障，島回の所見は2と同様である．

4　右大脳半球冠状断 (視床枕を通る割面) (Nissl，HE)

視床枕中央部に肉眼でも明かな大きな空洞を形成している古い梗塞巣がある．海馬では錐体細胞層 CA1 に比較的新しい虚血性病変がみられる．傍海馬回，外側後頭側頭回，上，中，下側頭回の皮質の細胞構築は，概ねよく保たれているが，神経細胞の萎縮，脱落に星状膠細胞の増生を伴う慢性病巣が散在性に見られる．島回では比較的新しい梗塞が，皮質深部に層状にみられる．下頭頂小葉の皮質では，3層，5層に星状膠細胞の増生を伴う神経細胞の萎縮，脱落がかなり目だつ．またここにも，皮質全層におよぶ比較的新しい小梗塞巣がある．後中心回には皮質深部を中心とする広汎な比較的新しい梗塞巣のほかに，同様な小梗塞巣が散見される．半卵円中心では星状膠細胞の増生を伴う有髄線維の変性が瀰慢性にあり，ここに，比較的新しい小梗塞巣が散在している．

5　右大脳半球冠状断 (側脳室後角後端を通る割面) (Nissl，KB，HE)

比較的新しい梗塞が下側頭脳溝の底部を取り囲む下側頭回，外側後頭側頭回の皮質から側脳室後角(ママ)かけて広範にみられる．鳥距回には後角に隣接する部分に比較的新しい小梗塞巣があり，神経細胞の脱落と星状膠細胞の増生を伴う古い虚血性病巣が散見されるが，皮質の細胞構築は全体としては，よく保たれており，脳溝の開大はみられない．鳥距回にみられたような古い虚血性病巣はこれに隣接する内側後頭側頭回，外側後頭側頭回にも散見される．更に，後者には比較的新しい皮質の梗塞巣もみられる．古い虚血性病変は楔回，楔前回にも巣状あるいは瀰慢性にみられる．上，下頭頂小葉，側頭葉の皮質にも鳥距回でみられたと同様な瀰慢性あるいは巣状の虚血性変北がみられる．深部白質には前述の大きな梗塞巣の他に，比較的新しい小梗塞巣が散見される．

6　右後頭葉冠状断 (Nissl，KB，HE)

これより前方の割面にみられた側頭葉後部の比較的新しい梗塞巣は，この割面では更に拡大し，後頭回と外側後頭側頭回の一部を包含し，この割面の外下方約 1/4 を占めている．この梗塞巣に隣接する鳥距回，内側および外側後頭側頭回，後頭回には皮質深部を中心に層状に形成された比較的新しい梗塞巣が多数みられる．楔回には新旧の虚血病巣が散見される．上，下頭頂回皮質の細胞構築はよく保たれているが，頭頂内溝に接する皮質には比較的新しい梗塞が，層状に皮質深部を中心に広汎にひろがっている．

7　左大脳半球冠状断 (KB，HE)

視床の内髄板から被殻にかけて血腫が形成されている．被殻には古い梗塞が広汎にみられ，その一部は嚢胞となっている．帯状回の皮質には比較的新しい梗塞巣が広汎にみられる．前中心回，下頭頂小葉，上側頭回にも比較的新しい虚血病巣が散在するが，これを除くと皮質の細胞構築は比較的よく保たれている．海馬の CA1 領域の錐体細胞層に比較的新しい高度な虚血性変化がみられる．

8　視神経交叉部水平断 (KB，HE)

著変を認めない．

9　中脳 (KB，HE)

一側の赤核に比較的新しい梗塞巣．両側黒質の pars reticulata から大脳脚皮質脊髄路にかけて星状膠細胞の反応を伴う陳旧性の虚血性病巣がある．両側黒質の pars conpacta のメラニン含有神経細胞の中等度の変性，脱落がある．動眼神経核，三叉神経中脳核，上丘には著変を認めない．

10　橋上都 (青斑核を通る割面) (KB × 2，HE × 2)

橋底の中央部に両側の fibriae pontocerebellares，tractus fontopontinus．tractus pyramidalis の一部を取り込み，星状膠細胞の反応を伴う広範な陳旧性の虚血性病変がみられ，数個の小嚢胞が形成されている．この他に橋底部に新しい小梗塞巣もある．

11　延髄上部 (KB，HE)

第 4 脳室底には瀰慢性に星状膠細胞の増加がみられるが，舌下神経核，下および内側前庭神経核には著変を認めない．下オリーブ核にも著変を認めない．両側錐体路に瀰慢性に有髄線維の変性がみられる．

12　延髄 (舌下神経核を通る割面) (KB，HE)

舌下神経核，迷走神経背側核，前庭神経核には著変を認めない．孤束核に星状膠細胞の増生を伴う軽度な神経細胞の変性が疑われる．下オリーブ核には軽度な星状膠細胞の増生が瀰慢性にみられるが神経細胞の脱落は明白でない．

13　左小脳半球正中断 (KB，HE)

新しい小梗塞巣が下半月小葉皮質に 1 箇所，方形小葉皮質に 2 箇所，比較的新しい小梗塞巣が中小脳脚に 3 箇所ある．軽度なベルクマングリアの増殖を伴なうプルキニェ(ママ)細胞の高度な急性虚血性変化が広汎に見られる．分子層，顆粒細胞層には著変を認めず，小脳皮質の萎縮は明かでない．

歯状核全体に，膠細胞の増殖を伴う，神経細胞の高度な虚血性変化と基質の浮腫がみられる．小脳深部白質には比較的新しい小梗塞巣が 2 箇所あるほか，瀰慢性に組織の粗びょう化と星状膠細胞の増加がみられる．

14　脊髄 (KB × 5，HE × 5)

頸髄 (C7) では両側の前索，側索の皮質脊髄路に内包，大脳脚，橋の虚血病変の二次変性と推測される変性がある．側索では変性の程度に左右差がある．後索，脊髄小脳路，脊髄視床路には明かな変性を認めない．前角，後角には著変がみられない．前根，後根には明白な変性を認めない．

胸髄では両側錐体路の変性以外に著変を認めない．クラーク細胞柱，前根，後根にも異常を認めない．

腰髄でも両側錐体路の変性以外に著変を認めない．前根，後根にも明白な変性を認めない．

仙髄のレベルで，一側の後根線維に神経内膜の線維化を伴う有髄線維の脱落が見られるものがある．

15　脊髄後根神経節 (KB × 4，HE × 4，Bodian × 1)

著変を認めない．

16　末梢神経 (坐骨神経) (KB × 2，HE × 2)

著変を認めない．

17　筋組織 (内直筋) (HE × 2，KB × 2)

組織の自己融解が強く，好中球の浸潤がみられるが，生前の神経原性の筋萎縮を示唆する所見はみられない．

総　括

本例は，左視床外側核，内包後脚，被殻をまきこみ，尾状核の尾部から側脳室に流入した急性脳内血腫 (4.5 × 4.5 × 6 cm) に消化管出血，呼吸不全を併発，脳内出血発症後 24 日で死亡した 57 才，男性の症例である．水俣在住の既往があり水俣病が生前疑われていた．

剖検時の脳の肉眼的観察では，鳥距回，前中心回，後中心回などの選択的萎縮を認めていない．組織染色標本でも上記部位や Heschel 回などに皮質の菲薄化や脳溝の開大など，大脳の特定部位の選択的変性を示唆する所見はみられなかった．剖検時には脳浮腫の程度は比較的軽く，これにより脳出血前にあった皮質の萎縮が修飾されているとは考えにくい．

中枢神経には新旧の虚血性病変が広汎にみられた．一つは上記の脳内出血とほぼ同時期か，その後の経過中におきたと推定される全身の循環障害によると(ママ)比較的新しい虚血性病変で，右後頭葉に肉眼で認められた大きな梗塞巣のほかに，小梗塞巣が大脳皮質，大脳白質，視床，被殻，扁桃核，橋，小脳皮質及び白質に散見された．また，大脳の神経細胞，小脳のプルキニェ(ママ)細胞，歯状核の神経細胞には広汎に急性の虚血性変化がみられ，海馬では両側の CA1 領域に選択的な高度な虚血性病変がおきていた．

第二の病変は一部組織の空洞化を伴う古い虚血性病変で，主に検索した右大脳半球では視床前核，視床外腹側核，視床枕，淡蒼球，被殻，内包後脚などに一部が空洞化した梗塞巣がみられた．左半球の標本は 1 枚のみで，病変分布は充分に検索できなかった．中脳では両側の黒質の一部から大脳脚の一部にかけて，やや古い虚血性病変がみられた．橋上部では橋底部に広範に一部が空洞化した古い虚血性病変がみられ，両側の錐体路に一部もこの病巣にまきこまれていた．

第三の病変は，武内らが水俣病の軽症者にみられる病変として記載している，神経細胞の間引き脱落に類似の所見である．この変化は Heschel 回，前中心回，後中心回，鳥距回に散在性にみられた．しかし，同様な変化は上記以外の部位，特に水俣病では障害されにくい帯状回でも，上記部位とほぼ同じ程度にみられたので，水俣病に特徴的な特定の大脳皮質の選択的障害とは考えにくい．

この病変の成因としては，病巣に神経細胞の萎縮像が目だつことから，加齢に伴う変化が第一に考えられる．ついで，水俣病ではこのような変化は大脳皮質のⅡ－Ⅲ層に目だつと言われているが，本症例では，皮質全層あるいは皮質深部にも層状にみられることが多く，大脳白質にも瀰慢性に星状膠細胞の増生がみられるので，慢性の脳の循環障害の関与も推測される．しかし，水俣病の病変に，老化や循環障害による病変が重複している可能性は否定できない．

小脳では顆粒細胞の脱落，apical scar の形成は明らかでない．しかし，検索対象が，水俣病では変化がおきにくい小脳半球であったので，更に，虫部の検索が必要である．脊髄には水俣病の病変として指摘されている，後索，脊髄小脳路の変性はみられなかった．末梢神経をみると，仙髄の横断面でみられた後根の一部に神経内膜の線維化を伴う有髄線維の脱落があったが，坐骨神経には著変を認めなかった．

以上の所見を総合的に判断すると本症例の神経系の病変は，循環障害によると考えるのが妥当である．水俣病に特徴的な病変は認められなかったが，水俣病による，大脳皮質の軽微な神経細胞の変性，脱落がおきていた可能性を完全には否定しえない．

平成3年2月22日
東北大学医学部(所属)
(氏名)　㊞

30　病理所見概要　1991.2.22

病理所見概要　様式

氏名(Y)(大正11年9月21日生まれ　男性)

1. 診　　断　急性脳出血
急性瀰漫性脳虚血
急性多巣性脳梗塞
陳旧性多巣性脳梗塞と両側脊髄錐体路の二次変性
大脳皮質に広汎にみられる軽度で慢性の神経細胞の変性
脳動脈硬化症

2.

部　位	有機水銀中毒の病理所見[(1)]	その他の原因による病理所見
マクロの所見		脳浮腫，小脳の軽度萎縮と顆粒細胞の壊死，高度な脳底動脈硬化，左大脳半球内出血，両側後頭葉外側の出血性梗塞．(順天堂大学剖検記録 ♯6162-80 による)
大　脳		左視床外側核，左内包後脚から左被殻の相当する部位に形成された血腫．瀰漫性にみられる神経細胞の急性虚血性変化． 皮質，白質に散在する急性梗塞巣．視床，脳幹部に散在する，一部空洞化した古い梗塞巣．大脳皮質に広汎にみられる軽度な慢性の神経細胞の萎縮変性と脱落．
小　脳		瀰漫性にみられる神経細胞の急性虚血性変化．皮質，白質に散在する急性梗塞巣．
脳　幹		急性多巣性梗塞．陳旧性多巣性梗塞．
脊　髄		両側錐体路の二次変性．
末梢神経		軽微な脊髄後根神経の慢性変性．
その他の臓器		高度な動脈硬化と新鮮な多巣性梗塞と出血．

(1) 有機水銀中毒の病理所見の欄はすべて記載なし．

3. 総合判定
1)有機水銀中毒の所見がある　②有機水銀中毒の所見がない※
判定の根拠
※有機水銀中毒に特有な慢性病変の分布が認められず，本症例の病変は，新旧の脳循環障害の結果と推測される．しかし，大脳皮質に広汎にみられる軽度な神経細胞の慢性変性の成因への有機水銀の関与を完全に否定することはできない(鑑定報告書を参照)．
鑑定人氏名(氏名)　㊞　　所属　東北大学(所属)
平成3年2月22日

31　鑑定についての照会に対する回答　1991.4.25

環境庁環境保健部
特殊疾病審査室長
(氏名)　殿

鑑定についての照会に対する回答

平成3年4月19日付け環保業第181号による，下記の病理診断に関する照会に対し回答いたします．

患者：(Y)　57才
剖検：昭和55年1月28日
病理診断依頼：平成3年2月13日

臨床診断(順天堂大学(所属)病歴♯(番号)による)
1．高血圧性脳出血
2．水俣病の疑い

病理診断
1　左大脳半球内血腫(視床外腹側核，内包後脚を包含し左側脳室に穿破)
2　急性脳虚血(大脳皮質，大脳白質，小脳皮質，小脳白質，視床，大脳基底核，中脳に散在する急性梗塞巣と大脳の神経細胞，小脳のプルキニェ(ママ)細胞，歯状核神経細胞の広範な急性虚血性変化)
3　陳旧性脳梗塞(両側被殻，右側視床前核，右視床外腹側核，右視床枕，右内包および淡蒼球，橋底部にみられる組織の空洞化を伴う古い梗塞巣)
4　両側脊髄錐体路の二次変性
5　優性の大脳皮質神経細胞の軽度な変性，脱落(大脳皮質に広範囲に認められる，星状膠細胞の増生を伴う巣状あるいは層状の神経細胞の萎縮，脱落)
6　脳動脈硬化症

記

上記，１－６）の病変の形成時期を組織所見に基づいて厳密に確定することは不可能であるが，おおまかな時期を推定することは可能である．

1)の脳内血腫と，2)に記載した急性脳虚血による病変の古さは一様ではない．しかし，いずれも死亡前１ヶ月以内におきた脳循環障害によると考えるのが妥当である．

3)に記載した陳旧性病巣では，損傷された組織の融解が高度で，その多くは障害発生後，数年以上経過していると推測される．

4)の脊髄錐体路の二次変性は3)の病変に続発したもので，陳旧性の病変である．

5)の軽微で瀰漫性の大脳皮質神経細胞の変性は，神経組織の老化に伴う変化と区別できず，その開始時期を特定できないが，数年以上の経過で緩徐に進行していた病変と考えるのが妥当であろう．

平成３年４月25日

東北大学医学部(所属)

(氏名)㊞

3　新潟大学脳研究所

32　鑑定依頼について(回答)　1991.1.24

平成３年１月24日

環境庁長官　　愛知　和男　殿

新潟大学脳研究所(所属)教室

(氏名)㊞

鑑定依頼について(回答)

平成３年１月21日付け環保業第26号をもって御依頼のありました標記の件につきましては承諾します．

33　病理所見概要　1991.2.12

病理所見概要　　様式

氏名(Y)(大正11年９月21日生まれ　男性)

1. 診　　断　　1. 有機水銀中毒症
2. 急性視床出血
3. 多発性の新旧の梗塞，主として大脳と脳幹
4. ３に基づく脊髄の２次変性

2.

部　位	有機水銀中毒の病理所見	その他の原因による病理所見
マクロの所見	実物を見ていないので特に云々できない．	光顕標本からみると特に脳の腫大や萎縮はみられないように思われる．
大　脳	中心前回と中心後回さらに鳥距野においては，他の部に比較して明らかに強い神経細胞脱落があり，そこでは反応性アストロサイトの増多が明瞭に認められる．	新旧の循環障害による病巣，即ち脳梗塞が基底核，視床並びに新鮮なものは右後頭葉外側，さらに顕微鏡レベルの微小なものが白質内を含めて散在性に認められる．しかし特にくも膜下腔の血管壁の肥厚は著しくない．左視床の新鮮脳内出血．大脳皮質に老化に伴う形態的変化は特に認められない．
小　脳	明らかに顆粒細胞の間引き状脱落がびまん性に認められ　そこではグリア細胞の反応がみられる．それは小葉の頂部でも強い．プルキンエ細胞の脱落も顆粒細胞脱落と同じ機序によると思われる．	微細な散在性脳梗塞があり，それは循環障害によると思われる．
脳　幹	有機水銀中毒症の病理所見は特にこの部に指摘できない．但し，延髄前庭神経核に変性がみられる．	中脳，脳橋底部等に比較的古い梗塞が散在している．
脊　髄	特に認められないが，後索の上行性変性は末梢知覚性神経の病変に基づく変性である可能性がある．	大脳と脳幹部における多発性脳梗塞に基づくワーラー変性が両側の皮質脊髄路に認められ，また後索の変性が軽度に認められる．
末梢神経	脊髄の後根に軽度ながら変性が明らかに認められる．知覚性の腓腹神経には明らかな慢性期の変性像が明瞭に認められる．	特にない．
その他の臓器	特に病的所見が知られていない．	大動脈の動脈硬化性変化などがみられている．

3. 総合判定

①有機水銀中毒の所見がある　　2)有機水銀中毒の所見がない

判定の根拠

これ迄の経験から，剖検例における有機水銀中毒症としての確かな特異性は，中心前回，中心後回，鳥距野等に他の部に比較して多少とも強調される神経細胞脱落やアストロサイトーシスなどを認めることであり，それが最も確実な診断根拠と考え今日に至った．本例には疑う余地のないそのような局在性が認められた．本例には循環障害も認められるが，老化に伴う変化は指摘できず，この特異な局在性を示す病変は有機水銀中毒症以外考えようがないからである．

鑑定人氏名(氏名)　㊞　　所属　新潟大学　脳研究所　(所属)

平成３年２月12日

34　審査請求事件に係わる鑑定についての照会に対する報告書　1991.5.2

平成３年５月２日

環境庁環境保健部特殊疾病審査室長

(氏名)　殿

新潟大学　脳研究所

(所属)

(氏名)㊞

審査請求事件に係わる鑑定についての照会に対する報告書

平成３年４月19日付環保業第181号をもって照会されました(Ｙ)殿について下記の如く報告申し上げます.

記

平成３年２月12日付をもって私が提出しました(Ｙ)殿に対する鑑定報告書並びに病理所見概要のうち，有機水銀中毒に基づく病的所見とみなされる所見，即ち大脳の中心前回，中心後回並びに鳥距野等における局在性の強い神経細胞脱落と反応性アストロサイトの増多の所見，並びに小脳顆粒細胞等の間引き状脱落，更に延髄前庭神経核の変性，並びに脊髄後根の変性，更に知覚性腓腹神経に認められる慢性期の強い変性像などは，到底５カ月という短期間において形成されうる病変とは到底考えられず，それよりはるか以前に惹起されていたいずれも慢性期病巣であると考えます.

なお有機水銀以外の原因による病的所見として認められた新旧の大脳の視床並びに後頭葉，外側，白質等に認められた脳梗塞のうちの幾つかと，視床の新鮮脳内出血は５カ月以内のものが混在していると考えます．しかしそれ以外の散在性脳梗塞や中脳脳底部等に認められる比較的古い多数の脳梗塞は既に皮質脊髄路等に明瞭なワーラー変性も示しており，それらの多くは５カ月内には到底形成不可能で，それらも陳旧性のものと考える他ありません.

以上

新潟大学　脳研究所(所属)
(所属)
(住所)　(電話)(ＦＡＸ)

鑑定報告書(光顕標本の主要所見)

被処分者(Ｙ)殿の剖検時に作製された顕微鏡標本に関して主要と考えられる所見のみを以下に列記する．なお提供された光顕標本はほぼすべてパラフィン包埋で HE，KB，Nissl 染色が加えられた標本であるが，末梢腓腹神経はエポン包埋の光顕標本である.

大脳：光顕の標本を見るかぎり，特に大脳，小脳等に著しい腫大も萎縮も肉眼的に認められなかったものと考えられる.

前頭葉などでも大脳皮質にごく軽度ながら神経細胞の萎縮や脱落があると考えられ，そこにごく軽いグリア細胞の増多も認められる．しかしながら後記する中心前回や鳥距野などに強調される病変に比較すれば明らかに軽い.

白質にびまん性に軽いグリオーシスをみる.

なおこれらの標本中に認められるくも膜下腔の大きい血管群では軽度な動脈硬化があるが，決して高度なものではない.実質内には所により動脈の硬化像を示しているものもある.

また，左視床内にはなお殆んど反応のみられない新鮮で巨大な脳内出血をみる.

その他，右前頭葉白質や右視床，被殻，内包などにはすべて循環障害による病巣，即ち新旧大小の梗塞が認められる.

なおアンモン角も含め，加齢に関連するアルツハイマー型神経原線維変化や老人斑等の構造は少なくともこれら HE 標本上では認め難い.

本例で極めて特異かつ特徴的な所見は，前中心回並びに後中心回，鳥距野の皮質で，明らかに他の部に比較して強い神経細胞の脱落，減少があり，それらの部には明瞭にアストロサイトの増多が認められる所見である．横回では余り明瞭ではない.

他方，帯状回はほぼ正常とみなされ，視神経やその交叉部に病変は認められない.

中脳，脳橋，延髄：中脳と脳橋の主として底部に散在性に小さな循環障害に基づく小梗塞巣が認められる.

一方，延髄の前庭神経核には変性が認められる.

小脳：左小脳半球標本は矢状断切片ではなく，半球全体に極めて顕微鏡的に小さな小梗塞も点在する.

しかしそれとは別に，ほぼ同質の変化がびまん性にみられる.即ちそれは，顆粒細胞のびまん性の間引き状脱落であり，そこにはグリア細胞反応も認められる．またこの変化は小葉の突端部でも強い．プルキンエ細胞もかなり高度に脱落している.

また歯状核では神経細胞脱落が極めて高度である.

頸髄，胸髄，腰髄：そのいずれにおいても左右の外側および前皮質脊髄路に大脳や脳橋の脳梗塞に基づく２次性ワーラー変性を明らかに認める．また後索の１側も上行変性を示している.

末梢神経：前根は正常と思われるが，後根に変性がわずかながら存在すると考えられる．後根神経節における衛星細胞増多は加齢による可能性も考えられるが，やや高度にすぎると思われる.

腓腹神経では有髄神経軸索と髄鞘の明瞭な変性と慢性期の結合織増多が認められる.

以上

平成３年２月12日
新潟大学脳研究所(所属)
(氏名)㊞
(氏名)

4　京都脳神経研究所

35　鑑定依頼について(回答)　1992.1.20

平成4年1月20日

環境庁長官　中村　正三郎　殿

京都脳神経研究所長

(氏名)

鑑定依頼について(回答)

平成4年1月13日付け環保業第22号をもって依頼のありました標記の件については承諾します.

(氏名)　印

36　鑑定報告書　1992.2.3

平成4年2月3日

環境庁長官

中村　正三郎　殿

京都脳神経研究所所長

(氏名)　印

鑑定報告書

平成4年1月13日付け環保業第22号をもって依頼のありました(Y)屍体の病理解剖に関し，剖検時採取した病理組織標本について以下の如く鑑定の結果を報告致します.

1　病理組織学的所見及び診断

送付された種々臓器のプレパラートでの顕微鏡所見として以下の変化が認められた.

A　一般臓器

① 食道：粘膜異常なし．粘膜下に限局性に単核球の集積がある．粘膜下静脈の拡張は認められない．診断：略々正常

② 腸：提供された顕微鏡プレパラートでは死後融解が見られるものの特に異常はない．診断：正常

③ 肝：一般に萎縮，殊に小葉中心にウッ血，それに伴う肝細胞壊死を見る．この壊死はウッ血と出血を伴っている点も考慮に入れると慢性のウッ血によるものと思われる．炎症所見はなし．

診断：肝ウッ血とそれに伴う肝細胞壊死

④ 膵に於ては，外分泌腺，ラ氏島に異常はない．

膵近傍の動脈に解離性動脈瘤があり中膜と外膜間に出血を伴っている．この血管は明らかに壁に内弾力板を有する血管で中膜と外膜間に出血を伴う解離型の動脈瘤である．また近傍の静脈には血栓形成を見る．

診断：解離性動脈瘤，門脈血栓

⑤ 肺に於ては，肺胞はやや拡張して肺気腫状の部位と，反対に肺胞壁が互に接し無気肺状の部位とが混在する．前者では肺胞壁の肥厚は無く，肺胞内に浸潤細胞や浮腫などの所見もない．後者では肺胞上皮細胞と思われる細胞が胞内に認められるが著明な炎症像はない．

診断：肺気腫及び無気肺

⑥ 腎：異常なし．

⑦ 脾：広範囲の壊死がみられ，梗塞によるものと思われる．

脾材増加，リンパ臚胞はやや萎縮している．

脾髄では上述の梗塞壊死の他異常なし．

診断：梗塞

B　神経系諸臓器

大脳では中大脳動脈その他大脳へ流入する動脈に硬化と内腔の狭窄が著しい．その他，軟膜の血管に硬化が著しい．実質では左側脳室は著しく拡張し，内壁には凝血が付着し，上衣及びその下層の神経組織は壊死に陥っている．脳実質内出血が脳室壁を破壊し脳室内に出血が波及したもので，新鮮な脳内出血に起因するものと思われる．その他，右側頭葉より後頭葉にかけ軟化巣が見られる．

加えて内包その他皮質下に小軟化巣が多発している．

これらの軟化巣のうち内包のものは下降性にワレル変性を伴い後述の如く脊髄錐体路の変性を示す．これら病巣内では血管に著しい硬化と血栓形成を示し，上述脳病変は血管内腔の狭窄による梗塞と見做しうる．これら梗塞巣以外の脳実質では，前頭葉，頭頂葉等の皮質の神経細胞は殆ど異常がない．しかし，後頭葉鳥距野では神経細胞の減少が目立ち，髄鞘染色によってもこの部ではゲンナリ線は明らかではない．

診断：後頭葉萎縮，陳旧性並びに新鮮梗塞，脳室内出血

小脳では，軟膜に異常はない．分子層では小血管の一部に壁の肥厚するものが見られる．分子層はその幅がやや狭小化し，表面は凹凸不平の状態を示す．軽度乍らグリア細胞の増加が全体に見られる．

プルキンエ細胞層(P層)では，同細胞の消失が著しく，残存するものは萎縮し，且細胞質はエオジン好性を示し，ニッスル小体の消失が見られ，核の変性濃縮等の変化を示している．この脱落したP細胞のあとは，バスケット細胞突起が残存する所謂 empty basket の状態を示す．この変化は同P層でのバーグマングリア(Bergman glia)の増加と共にP細胞への強い侵襲を示唆するものである．このP細胞の変性消失像とバーグマングリアの反応性増殖は，特にP層の頭頂部で著しく所謂 apical scar(頭頂部瘢痕)の所見を呈している．その上，このような瘢痕部では水銀の組織化学的検索により水銀顆粒の蓄積が認められる．これらの変化は，小脳全域に見られるが半球部より虫部で一層著しく，後述の如く特徴的な変化と考えられる．

顆粒細胞層に於ては顆粒細胞の軽度の減少消失が見られるが，虫部でより高度である．

髄質では全体にグリア細胞の増加があり，所々に小軟化巣が散在しており，脂肪を貪食した食細胞の集積が見られる．

歯状核では，著しい神経細胞消失が見られグリアの増生を見る，小軟化巣も見られる．

診断：プルキンエ細胞の変性萎縮，頭頂部瘢痕，歯状核細胞変性消失．

橋部では，基底部傍正中に，多数の陳旧性の軟化巣があり，嚢胞状となっている．全体にグリアの増生がある．また，血管の硬化と血栓形成が著しい．(この嚢胞状態の所見よりすれば，何れも陳旧性のものでグリア膜を有し，嚢胞の各々は連続したものと思われる)

診断：陳旧性軟化巣及び二次性変性

延髄では，両側性に錐体路に左右差を有する変性が見られる．

迷走神経脊側核や舌下神経核等の諸核神経細胞に異常はない．

オリーヴ核にも異常はない．

診断：ワレル変性による索変性

脊髄に於ては，頸髄から胸髄・腰髄に亘り左右錐体路の索変性が認められる．頸髄では前索にも軽度の変性がある．

これら変性の程度に左右差があり．又，後索にも軽度乍ら一側性に変性像がある．前索では一側に前角細胞の減少，消失が見られ頸髄，胸髄に著明である．

脊髄根では著変は見られない．

後根神経節：頚部，胸部，腰部の後根神経節では軽度であるが，神経細胞の変性像がある．特に腰部神経節で著しい．

末梢神経では，軸索染色標本が作成されていない為，変性像は明らかではない．

横紋筋：特に異常はない．

2　考按

以上の病理所見を総合すると，次の如き変化にまとめられる．

① 大小動脈に見られる動脈硬化症と血栓形成，これに起因する内腔狭窄による梗塞．(大脳，橋，延髄及び脊髄，脾)

② 大脳後頭葉鳥距野での神経細胞の消失減少とゲンナリ線の消失．

③ 小脳皮質でのプルキンエ細胞を始め，顆粒細胞に見られる神経細胞の変性壊死，バーグマングリア増生と瘢痕形成(apical scar)

④ 末梢知覚神経核に見られる神経細胞の変性像

⑤ その他各臓器での特異な病変．

①に関しては，大動脈を始め種々の部位に見られる粥状硬化症と動脈内腔の狭窄による梗塞で大脳では，

イ　左半球内包を中心とする比較的新鮮な梗塞巣と，これに伴う脳室壁を通じての左側脳室への出血．

ロ　右側頭頂葉，側頭葉白質より後頭葉外側に亘る広範囲の陳旧性梗塞巣，及び二次的に脊髄に達するワレル型変性像．

ハ　大脳及び小脳白質内に散在する小梗塞巣．

ニ　その他脾臓に於て見られる梗塞が見られる．

②に関しては，有機水銀中毒の特徴とされる変化で視覚領域の変化である．この所見は動脈硬化症による①の病変とは異なった原因によるものである．

③に関しても，有機水銀中毒に特異とされ本症例では特にプルキンエ細胞の消失減少とバーグマングリアの増加が著しく，顆粒細胞の減少と共に小脳虫部に著しい．

⑤その他臓器ではウッ血肝，肺の萎縮，脾の梗塞が認められる．

このように本症例は動脈硬化症とそれによる梗塞と，これとは別の機序による変化とが合併している．従ってこの２つの作用を，提供された標本から読み取り区別する事は必ずしも容易ではない．

特に提供された標本には，鍍銀法による神経線維染色標本が揃っていない事は上述の困難さを一層強くするものである．しかし，このような問題はあるにせよ大脳の視覚領野での神経細胞の減少，ゲンナリ線の消失，小脳虫部での著しいＰ細胞減少，消失，バーグマングリアの反応性増加，頭頂部瘢痕(apical scar)，更に後根神経節に見られる神経細胞の変化は有機水銀中毒の関与を示唆するものである．

死亡原因は必ずしも有機水銀中毒とは云えず，むしろ脳内出血と脳室内への破綻にその因を求むべき事は明白であるが，背景に有機水銀中毒の状態があった事は上述の種々の所見より明らかであろう．

37　病理所見の陳旧性に対する意見　1992.2.3

病理所見の陳旧性に対する意見

以上病理組織学的検索の結果，全身的に見られる大動脈硬化症と血管狭窄による梗塞病変は短期間で生ずるものではなく，少なくとも年余を必要とする．特に大脳内包での病巣が脊髄迄及ぶ二次変性を伴っている点は，脳軟化症の発症の時期から腰髄の二次変性を生ずる迄の期間は少なくとも１年半を要したと見做しうる．

この脳梗塞は病理組織像の点で有機水銀中毒によるものと異るが，後者の特徴的な変化(特に本症では小脳虫部の変化)も短期間で形成されるものではなく多発性陳旧性梗塞病巣と同様に年余に亘って徐々に進行したものと考えられる．

(住所)
(電話番号)
(FAX番号)
京都脳神経研究所
(氏名) 印

38 病理所見概要　1992.2.3

病理所見概要　様式

氏名(Y)(大正11年9月21日生まれ　男性)

1. 診　断　大脳：①新鮮及び陳旧性，脳実質破綻による多発性脳梗塞及び，脳室内への出血．②後頭葉神経細胞の減少，消失．小脳：多発性脳梗塞，プルキンエ細胞減少消失．バーグマングリア増生と顆粒細胞層頭頂部の瘢痕形成．脳幹：脳梗塞による嚢胞形成と，錐体路のワレル型索変性．脊髄：両側錐体路の二次性索変性．末梢神経：後根神経節細胞の変性．その他：肝萎縮，ウッ血肝．脾梗塞，動脈硬化症．門脈血栓症．

2.

部　位	有機水銀中毒の病理所見	その他の原因による病理所見
マクロの所見		
大　脳	後頭葉神経細胞の減少，消失．ゲンナリ線消失．	新鮮及び陳旧性多発性脳梗塞及び，脳実質破綻による脳室内への出血．
小　脳	バーグマングリア増生と顆粒細胞層頭頂部の瘢痕形成並びに水銀顆粒の沈着．	多発性脳梗塞．プルキンエ細胞減少消失．
脳　幹		脳梗塞による嚢胞形成と，錐体路のワレル型索変性．
脊　髄		両側錐体路の二次性索変性．
末梢神経	後根神経節細胞の変性．	
その他の臓器		肝萎縮，ウッ血肝．脾梗塞，動脈硬化症．門脈血栓症．

3. 総合判定

①有機水銀中毒の所見がある　　2)有機水銀中毒の所見がない

判定の根拠

本症例では広範な動脈硬化症とそれによる梗塞病巣が大脳，小脳，延髄，脾などに見られ更に二次的に末梢側にワレル変性を伴っている．これらの所見とは別に大脳後頭葉視覚領野，小脳皮質の神経細胞の変性とその部の瘢痕形成があり，ここに水銀の沈着が組織化学的に証明される事は前述の動脈硬化症とは別に独立した病変と考えられ，有機水銀中毒の所見と見做しうる．

鑑定人氏名(氏名)　㊞　　所属　京都脳神経研究所

平成4年2月3日

5　専門家検討結果

39 検討結果表〔鹿児島大学〕　1987.5.18

検討結果表

検討対象者氏名　(Y)

性別　㊚　女　　生年月日　明　㊅　昭　11年9月21日

検討結果作成日　昭和62年5月18日

検討結果記入欄

1　症候(sign)について（＋有，±疑，－無）　留意事項

感覚障害　（＋，±，㊀）但し振動覚↓

（水俣病の可能性のある感覚障害）

運動失調　（＋，±，㊀）つぎ足歩行(±)

平衡機能障害　（＋，±，㊀）OKP 抑制

求心性視野狭窄　（＋，±，㊀）

聴力障害　（＋，±，㊀）

その他の症候

52年の意識消失は水銀のためで無い→急性中毒以外

意識障害は出現しない

構音障害あり．その原因？

知能障害 □□ その原因？

2　自覚症状についての問題点

それらしい

3　暴露歴について

（㊒ 無）　根拠（　　）

4　該当する症候の組合せ

(1)　ア　（感＋運）

(2)　イ　（感＋運の疑＋平又は視）

(3)　ウ　（感＋視＋中枢性の眼又は耳）

(4)　エ　（感＋運の疑＋その他）

⑸　該当せず

該当せずの場合その理由　［但し剖検で多少の所見あり］

5　水俣病以外の疾患の存在について

(1) 無　(2) ㊒　疾患名：変形性脊椎症　脳血管障害

6　判定

(1) 水俣病（水俣病である又は水俣病の可能性がある）

② 水俣病の蓋然性が高い（水俣病の可能性は否定できない）

むしろ(2)とすべき

③ 水俣病の蓋然性が低い

(4) 水俣病でない

7　弁明書，反論書の専門的問題点についての意見

絶対にそうでないとは云えない．

ボーダーライン層と云うべきか

構音障害あり 之が失調による可能性もありうる．正確にはCTをとった方がよい．

一部検例の報告は本例であればこれが審査会に出されれば 認定されていたかも知れない．

(但し知覚障害がないと棄却される事が多い → 末梢神経には希望あり)

審査会の資料として出されてなお棄却されたのか，後で出されたのか知りたい．

8　照会事項に対する回答

備考

※この結果表は，部内検討会の資料で，このままの形では裁判所を含め一切外部に出しません．

40 検討結果表〔新潟大学〕 1987.6.5

検討結果表

検討対象者氏名 (Y 妻)
(亡)(Y)

性別 ㊚ 女 生年月日 明 ㊅ 昭 11年9月21日

検討結果作成日 昭和62年6月5日

検討結果記入欄

1 症候(sign)について（＋有，±疑，－無） 留意事項
感覚障害 （＋，±，㊀）
（水俣病の可能性のある感覚障害）
運動失調 （＋，±，㊀）
平衡機能障害 （㊉，±，－）
求心性視野狭窄 （＋，±，㊀）
聴力障害 （＋，±，㊀）
その他の症候
[ ]

2 自覚症状についての問題点

3 暴露歴について
（㊒ 無） 根拠（ ）

4 該当する症候の組合せ
(1) ア （感＋運）
(2) イ （感＋運の疑＋平又は視）
(3) ウ （感＋視＋中枢性の眼又は耳）
(4) エ （感＋運の疑＋その他）
⑤ 該当せず
該当せずの場合その理由 [ ]

5 水俣病以外の疾患の存在について
(1) 無 ⑵ 有 疾患名：脳血管障害

6 判定
(1) 水俣病（水俣病である又は水俣病の可能性がある）
(2) 水俣病の蓋然性が高い（水俣病の可能性は否定できない）
(3) 水俣病の蓋然性が低い
④ 水俣病でない

7 弁明書，反論書の専門的問題点についての意見

8 照会事項に対する回答

備考

※この結果表は，部内検討会の資料で，このままの形では裁判所を含め一切外部に出しません．

41 意見書〔国立予防衛生研究所〕* 1991.6.19

意 見 書

((Y)) 様 式

1. 診断 1. 脳出血（左視床新鮮大出血）
2. 脳梗塞 1) 比較的新鮮；右後頭葉
2) 多発性陳旧性；右内包，視床，大脳皮質，髄質，小脳歯状核，脳幹等

附図 26枚添付（別紙カラー写真）

2.

部位	有機水銀中毒の病理所見	その他の原因による病理所見
マクロの所見（ルーペ像）		1. 右視床新鮮大出血 2. 右後頭葉(外側後頭側頭回)の小梗塞巣 （経過約3週間？） 3. 陳旧性多発性脳梗塞；大脳，脳橋
大脳	視床後部を通る大脳半球前頭断，大切片の水銀組織化学反応で陰性．（写真23, 24, 25, 26）．	鳥距野を含む大脳皮質広範囲に亘って限局性血行障害性病変が多発性にみられる他，髄質内にも存在する．グリア細胞増加が著名であるが，反復性血行不全によるものを考慮する必要がある．
小脳	小脳半球(歯状核を含む) 大切片の水銀組織化学反応で陰性．（写真21, 22）	プルキンエ細胞の著しい脱落とベルグマングリアの増加および歯状核神経細胞の脱落とグリオーシスは，動脈硬化に伴う血行不全が考えられる．水銀中毒に特徴的な尖頭瘢痕形成とは異る．
脳幹		両側錐体路に二次変性々変化がみられる．中脳の黒質外側部および脳橋の基底部に陳旧性脳梗塞がみられる．
脊髄	仙髄の水銀組織化学反応で陰性．	系統的に錐体路の二次変性々変化がみられる．
末梢神経	トリクローム染色を追加．	トリクローム染色を仙髄横断切片に行ってみると，神経内膜結合織増加は前根神経の方が強くみられる．
その他の臓器	肝，腎の水銀組織化学反応は行っていない（パラフィンブロック入手不能）．	1．良性腎硬化症，心筋梗塞，肝梗塞，脾梗塞等の動脈硬化性病変． 2．間質性肺炎による敗血症性病変があり，脳内血管周囲のリンパ球浸潤も付記したい．

3. 総合判定

1) 有機水銀中毒の所見がある ⑵有機水銀中毒の所見がない

判定の根拠

① 慢性水俣病に類似するグリオーシスがみられるが，大脳皮質内および髄質内に広範性に虚血性病変があり，必ずしも水俣病に特徴的な選択的障害といえない．② 小脳に尖頭瘢痕形成類似所見があるが，分子層のグリア細胞に乏しく，プルキンエ細胞配列不整は認めない．武内のいうTypical scar formationとは異る．③ 末梢神経病変は知覚神経よりも運動神経により強い．④ 水銀組織化学反応で大脳，小脳に無機水銀が証明されなかった．

氏名 (氏名) ㊞ 所属 国立予防衛生研究所

平成3年6月19日

* 衛藤光明医師が書いたと思われる．
本意見書は5月13日付で一度提出され，その後水銀組織化学反応を試みた上で6月19日付で再提出された文書．82の文書9の修正．

6　その他

42　水俣病病理解剖例の判断について　1982 頃

水俣病病理解剖例の判断について

第1　病理解剖所見による水俣病の判断について

水俣病の審査は，健康被害の有無という観点から行われるものであるから，病理解剖が行われた者についても，臨床医学的所見を踏まえて総合的に判断する必要がある．

一般に，水俣病にみられることのある主要な臨床徴候を有する者であって，第2に掲げる病理学的所見を有する者については，その者の有する症候は水俣病の範囲に含まれるものである．

なお，認定申請者の病理解剖の実施は人道的見地から，臨床医学的に判断が困難である者等必要最小限にとどめるべきものである．

第2　水俣病の病理所見について

1　全般的所見について

(1)　水俣病は，主として神経系に両側対称性に病変が存在し，一般臓器は特徴的病変に乏しい．

(2)　神経系では，中枢神経と末梢神経の両者に病変を認める．

(3)　中枢では，主として大脳，小脳皮質が侵され，病変部位に多少とも選択性を有する．

大脳では後頭葉優位の病変があり，主として鳥距野が侵される．次いで後中心回，前中心回，上側頭回に比較的な選択性をもつ．

小脳ではその深部の皮質に病変が比較的強いという特徴を示す．

(4)　大脳中心灰白質，脳幹諸核の病変は比較的弱いか，またはみられない．

(5)　脊髄では，二次性病変をみることがある．その他の病変は少ない．

(6)　末梢神経では，脳神経の病変は顕著でなく，脊髄神経に軽度であっても常に知覚神経優位の病変をみる．

また脊髄後根神経節にまで病変の認められる例がみられる．

2　各論的所見について

急性例から慢性例まで病変の程度は様々であるが，これらの例に共通する本質的な病変と考えられるのは以下の通りである．

(1)　大脳皮質では，病変の程度に著しい差をみるが，その本質は，神経細胞の変性脱落とそれに伴う神経膠細胞等の反応である．

後頭葉では，鳥距野の神経細胞脱落のほかに，ゲンナリ線の病変を認めることもある．

(2)　大脳白質では，内矢状層，壁板，内包，その他の白質に二次性病変等をみることがある．

(3)　小脳皮質では，プルキンエ細胞と顆粒細胞の全脱落に海綿状態を伴うものから，顆粒細胞の脱落がごく軽度のものまで様々な程度の病変がみられる．

顆粒細胞の脱落は，小脳回頂部のプルキンエ細胞層直下から始まる型をとり，深部の小脳回により強い傾向を示す．最も軽い場合は，深部の小脳回頂部の顆粒細胞脱落，プルキンエ細胞層直下の顆粒細胞消失に伴う層のみだれがある．ベルグマングリアや分子層の神経膠細胞の増加がみられる．

(4)　大脳中心灰白質，歯状核等の神経細胞脱落がみられることがある．

(5)　脳幹諸核では，迷走神経背側核等の神経細胞脱落がみられることがある．

(6)　脊髄では，神経細胞の変化は軽い．

白質では知覚路(主として薄束)及び，錐体路に二次変性がみられることがある．

(7)　脊髄神経根では，前根に比し後根の変性が優位で，髄鞘及び軸索の変性脱落とシュワン細胞やコラゲンの増加をみる．また，再生を示唆する軸索の変化等がある．

(8)　後根神経節では神経細胞の減少と衛星細胞の増加等をみることがある．

(9)　腓腹神経では後根と同様の所見が認められる．また，髄鞘の変化が軸索の変化より強い．これらの変化は，後根の変化より比較的強い．

3　病理解剖所見の判断について

上記の個々の病理解剖学的所見は，いずれも水俣病のみに特異な所見ではなく，これら個々の所見は，他の原因，例えば加齢，循環障害，糖尿病，アルコールその他の中毒症，栄養障害等によってもみられるので，それらとの鑑別は慎重に行う必要がある．

病理解剖学的所見の判断に当たっては，次の資料も参考になる．

(1)　諸臓器の水銀値

(2)　水銀組織化学的所見

Ⅲ　熊本県

1　熊本県

43　水俣病患者の審査について(諮問)*　1979.8.21

公保第539号
昭和54年8月21日

熊本県公害被害者認定審査会
会長(氏名)殿

熊本県知事　沢田一精　公印

水俣病患者の審査について(諮問)

このことについて，別紙の者から水俣病認定について申請書の提出がありましたので，公害に係る健康被害者の救済に関する特別措置法第3条第1項の規定により貴審査会の意見を伺います.

諮問者名簿　(5人)[1]

申請番号	氏名	住所
2858	(Y)	(住所)

(1) 他4人は非公表.

＊〔受付印〕受付54.8.21，認定審査会第19号

44　公害被害者の認定等について(伺)　1979.8.30

公害被害者の認定等について(伺)

このことについて，熊本県公害被害者認定審査会へ諮問していましたところ，昭和54年8月29日付け熊審第22号により，別添のとおり答申がありましたので，公害に係る健康被害の救済に関する特別措置法第3条第1項の規定に基づき処分決定してよろしいか伺います.

なお，御決裁のうえは，答申保留分を含め別案(1～9)[1]により，それぞれ該当者に対して，指令又は，通知するとともに，関係諸機関に対して，通知してよろしいか、併せて伺います.

案～2[2]

⑺　棄却者名簿

審査番号	認定番号	氏名	住所	生年月日	(申請番号)申請書受理日	備考
37		(Y)	(住所)	T.11.9.21	(2858) 49.3.23	

(1) 案1，3～9(8名分)は非公表.

(2) 45〔棄却通知〕と同文.

＊取扱区分　㊙，決裁区分　甲，知事決裁54.8.30　発送済54.8.30公害保健課，文書分類　認定審査会チ－2－1－1

文書番号580　昭和54年8月29日起案　起案者(氏名)㊞　電話庁内2580番　保存年限　永年　文書文教課長審査√　√　公印管守者承認印㊞，知事　サイン，公害部長　㊞，公害保健課(室)㊞，主幹・被害救済係長　㊞，主幹・調査保健係長　㊞，公害部次長　不在後閲，公害保健課(室)長補佐　㊞，首席医療審議員　㊞，総務課長補佐　㊞，主幹・庶務係長　㊞，㊞，㊞，㊞，

45　〔棄却通知〕　1979.8.30

熊本県指令公保第　9号
住所　(住所)
氏名　(Y)

あなたの申請にかかる疾病は，魚介類に蓄積した有機水銀を経口摂取したことによって生じたものとは認められないので，昭和54年8月30日付け水俣病認定申請はこれを棄却する.

昭和54年8月30日
熊本県知事　沢田　一精

教示

この処分に不服がある場合は，処分のあったことを知った日の翌日から起算して60日以内に環境庁長官に対し審査請求をすることができる.

46　水俣病認定申請棄却処分に係る審査請求に対する弁明書等の提出について(伺)*　1980.9.9

水俣病認定申請棄却処分に係る審査請求に対する
弁明書等の提出について(伺)

このことについて，昭和54年10月23日付けで(Y妻)から，行政不服審査法第5条に基づく審査請求の提起がありましたが，これに伴い環境庁長官から同法第22条及び同法第28条の規定に基づき，当該審査請求に対する弁明書及び物件の提出要求がありましたので，提出してよろしいか伺います.

なお．決裁のうえは案の１及び案の２により施行してよろしいか，あわせて伺います．

審査会委員による被処分者のチェック

~~内科　55.7.29 ㊞　(氏名)(病院名)病院　院長~~[1]
眼科　55.7.31　(氏名)熊大教授
耳鼻咽喉科　55.8.26　(氏名)(病院名)耳鼻咽喉科医院長
内科及び総括　55.8.31
　55.9.1　(氏名)大分医科大教授
~~病理　55.8.13 ㊞　(氏名)熊大講師~~[2]

(1)　抹消線は原資料のママ．
(2)　抹消線は原資料のママ．
＊1990年9月9日に起案．10月6日決済．11月5日公害保健課の発送済印．

47　水俣病認定申請棄却処分に係る弁明書等の提出について(送付)*

1980.11.1

公保第858号
昭和55年11月1日

環境庁長官　鯨岡　兵輔　殿

熊本県知事　沢田　一精　公印

水俣病認定申請棄却処分に係る弁明書等の提出について(送付)

昭和54年11月20日付け環保業第899号によるこのことについて，別添のとおり弁明書正副２通及び参考物件各２通を送付します．

〔添付〕
弁明書＜略＞[1]
提出物件目録＜略＞[2]

(1)　48
(2)　48の物件提出目録と同じ．
＊〔受付印〕　環境庁企画調整局環境保健部，昭和55年11.12，環保第790号，461

48　弁明書

1980.11.1

弁　明　書

公保第858号
昭和55年11月1日

審査庁　環境庁長官　鯨岡　兵輔　殿

処分庁　熊本県知事　沢田　一精　㊞

審査請求人　神奈川県　(住所)
(Ｙ妻)

上記の者から提起された，水俣病患者として認定しない旨決定した処分に関する審査請求に対して，次のとおり弁明する．

１　弁明の主旨

「本件審査請求を棄却する」との裁決を求める．

２　弁明の理由

(1)　本件原処分の経緯

昭和49年3月23日に本県が受理した被処分者(Ｙ)(以下被処分者」という)に係る「公害に係る健康被害の救済に関する特別措置法」(昭和44年法律第90号．以下「法」という)第３条第１項の規定に基づく認定申請については，昭和52年6月8日に疫学的調査を行い医学的検診については，被処分者が，水俣湾周辺地区住民健康調査の第三次検診(以下「第三次検診」という)で内科を昭和47年12月16日に，眼科を昭和49年1月23日及び同年3月22日に受診していたのでそれを活用することにし，改めて内科を昭和53年2月4日に，精神科を同月15日に，眼科を昭和54年5月16日及び17日に，耳鼻咽喉科を同年同月14日及び15日に，Ｘ線検査(頸椎，腰椎)及び臨床検査(尿，血清)を昭和51年9月2日に，それぞれ実施した．

以上の調査及び検診等を経たうえ，昭和54年8月21日付け公保第539号により熊本県公害被害者認定審査会(以下審査会」という)へ諮問，同年8月23日及び24日に開催された第71回審査会で審査の結果同年8月29日付け熊審第22号による答申を得て，同年8月30日付けで本件原処分をなしたものである．

以上のとおり，本件原処分は，綿密な疫学調査，慎重な検診・検査，専門的な審査等法第３条第１項の規定に基づく正当な手続等を経て行ったものである．

さらに，審査会の議事については，ことに本件原処分のように申請者にとって不利益な処分となる場合には，その判断に慎重を期す意味から，本県条例で定められた決議要件にかかわらず，原則として全委員出席のうえ全員一致で決する取扱いを行ってきたところである．

また，本件原処分にあたっては，当職はもとより審査会においても法施行に関する一連の通達の趣旨を十分に理解，尊重してきたところであり，その解釈・運用に誤りはなかったものと確信している．

(2)　被処分者の症状について

被処分者の訴えによると，昭和38年ころ，意識消失発作を起こしたことがあった．このころから，舌がもつれる，つまづきやすい，ボタンかけに時間がかかる，頭がボォーッとする，物忘れをしやすい，などの諸症状を覚えるようになった．昭和46，7年ころ，急に口がかなわなくなった(しばらくして回復)．昭和52年5月ころ，再び意識消失発作を起した．昭和52年6月の疫学調査時においては，口がもつれ，思うように言葉が出ないのが苦痛であるとのことであった．

一方，認定申請時の診断書によると，病名は「水俣病の疑い」とあり，「現在しびれ感，周囲が見えにくい，言葉がでない，ふるえるなどの自覚症状があり，構音障害，知覚障害，固有反射亢進，筋緊張亢進，視野狭さく(疑い)がみられるので精査の必要を認める」旨記載されている．

そこで，第三次検診及び本県が実施した被処分者に係る検診所見について述べると，次のとおりであった．

すなわち，精神医学的には特記すべき所見なく，神経学的には，昭和47年12月の第三次検診において軽度のジスジアドコキネーシス，脛叩き試験障害及びつぎ足歩行障害が認められたが運動失調は明確でなく，感覚障害もないと判断された．昭和53年2月4日の所見では，軽度構音障害，上下肢の筋硬直，軽度のつぎ足歩行障害，腱反射の亢進などが認められたが感覚障害はなく，つづく同月15日の所見では構音障害，極めて軽度の共同運動障害が認められたが有意の四肢感覚障害は認められなかった．神経眼科学的には，2回の検診を通して視野に異常所見は認められなかったが，眼球運動においては右ゆきのみに滑動性追従運動障害がみられ有意とはいえなかった．神経耳科学的には，視運動性眼振検査(OKP)において抑制がみられたが聴覚疲労(TTS)，語音聴力とも異常所見はみられなかった．

そして，この検診所見及び疫学等を考慮して総合的に判断した結果，被処分者の症状が有機水銀の影響によるものとは認め難いという結論を得たものであり，原処分は医学的根拠に基づいたもので正当である．

(3)　結論

請求人は，「被処分者の症状に有機水銀の影響がなかったとは考えられず，棄却処分に不服である」旨主張するけれども，(1)，(2)で示したとおり，本件原処分には何ら違法性又は不当な点はなく，請求人の主張には理由がない．

したがって，当該審査請求は請求の理由を欠き，行政不服審査法(昭和37年法律第160号)第40条第2項の規定により棄却されるべきものと思われる．

提出物件目録

1　請求人に係る認定申請書の写し<略>[(1)]
2　認定申請書に添付されている診断書の写し<略>[(2)]
3　審査会に対する諮問書のうち，請求人に係る部分の写し<略>[(3)]
4　審査会の議事録のうち出席委員の氏名を記した部分の写し<略>[(4)]
5　審査会の答申書のうち請求人に係る部分の写し<略>[(5)]
6　請求人に対する処分決定通知書の写し<略>[(6)]
7　審査会に供した資料の写し<略>[(7)]
8　熊本県公害被害者認定審査会条例<略>[(8)]
9　疫学調査記録<略>[(9)]

(1)　[1]
(2)　[23]
(3)　[44]
(4)　[69]出席委員，県公害部担当者の名前は非公開．
(5)　[69][70]
(6)　[45]
(7)　[43][68]
(8)　[66]
(9)　[67]

[49]　環境庁特殊疾病審査室との打合せ(第8回)　1989.2.21

環境庁特殊疾病審査室との打合せ(第8回)

1　日時　　平成元年2月21日　　10：00～13：00
2　場所　　むつみ荘
3　出席者　環境庁(氏名)主査，(氏名)主査，(氏名)専門官
　　　　　　熊本県(氏名)課長，(氏名)補佐．(氏名)主幹，
　　　　　　　　(氏名)，(氏名)
4　概要

(1) 行政不服審査請求について

①(Y)について

順天堂大学に剖検資料がある．その資料からみると水俣病らしい．剖検についてはS53年の研究班の報告書に報告している．県の処分の段階では症候がないので処分を取り消すというのは県に気の毒であり，審査請求は棄却する方向で検討している．

(Kさんについて)[(1)]

(1)　以下非公開．

[50]　行服(旧法)に係る今後の裁決について(報告)　1991.6.29

行服(旧法)に係る今後の裁決について(報告)

このことについて，下記のとおり環境庁特殊疾病審査室(旧法審査室)と打ち合せを行いましたが，その要旨については別添のとおりでしたので報告します．

記

日時　　平成3年6月28日　午後3時から午後4時まで
場所　　熊本県庁　議会棟第2会議室

＊取扱区分　㊙，決裁区分　乙，文書分類－分類記号H 241，主題名－行服，保存年限　永年，平成3年6月29日起案，起案者(氏名)㊞，電話庁内5073番，主幹　㊞

〔別添〕

行服関係(旧法)打合要旨(今後の裁決について)

日時　平成3年6月28日　午後3時～午後4時

場所　県庁会議室

出席者　旧法審査室　(氏名)審査専門官，(氏名)係長，
(氏名)主査

熊本県　(氏名)公害審査課長[1]，(氏名)公害保健課長[2]，
(氏名)公害審議員，
(氏名)公害審議員，(氏名)補佐，
(氏名)主幹，(氏名)主幹，
(氏名)参事，(氏名)主事

(旧法審査室)

現在までで，いろいろやりとりを行ってきたもので，近日中に裁決が出せる見通しのついたものについて，お知らせしたい．

第1点は，(Y)の件である．

これは，棄却処分がなされた後，被処分者が死亡したため，その遺族が独自に順天堂大学に依頼して，剖検して，その資料を用いて，審査するように審査請求人から申し入れがあった事例である．

審査庁としては，この資料の取り扱いについて，総務庁とも協議した結果，棄却処分前の所見であれば使用しても差し支えないということで，解剖時の病理標本を取り寄せて，新潟大学，東北大学，病理学の(氏名)教授に鑑定を依頼したところである．

その結果，(Y)は，古い脳梗塞，出血しかなく，水俣病の徴候はみられないという鑑定であった．

従って，棄却相当との裁決を出したいと思っている．

(Kさんについて)[1]

(1)　以下非公開

51　(Y)に関する審査請求について*　1992.3.13

(Y)に関する審査請求について

1　概要

本件は，審査請求後裁決前に死亡し，その後順天堂大学で解剖が行われ，慢性有機水銀中毒症との病理所見が審査庁あて提出された．

審査庁は，この証拠をもとに取消裁決を行なおうとしている．

2　事実

昭和47年12月16日	神経内科「第三次検診」資料
昭和49年1月23日 ～同年3月22日	眼科「第三次検診」資料
昭和49年3月23日	認定申請(申請番号102858)
昭和51年9月2日	X線検査，臨床検査
昭和52年6月8日	疫学調査
昭和53年2月4日	神経内科
昭和53年2月15日	精神科
昭和54年5月14日 ～同年5月15日	耳鼻咽喉科
昭和54年5月16日 ～同年5月17日	眼科
昭和54年8月21日	審査会へ諮問
昭和54年8月23日 ～同年8月24日	第71回審査会
昭和54年8月30日	棄却処分
昭和54年10月23日	審査請求
昭和54年11月22日	審査請求書受理(受付番号　旧349)
昭和55年1月28日	本人死亡

順天堂大学での解剖日時については不明

3　問題点

(1)　審査庁の審査のあり方

本件のような行政不服審査において審査庁が処分の適法・違法，当・不当を判断するにあたっての審査態度について，判例は「裁判所が右の処分の適否を審査するにあたっては，懲戒権者と同一の立場にたって懲戒処分をすべきであったかどうか又はいかなる処分を選択すべきであったかについて判断し，その結果と懲戒処分とを比較してその軽重を論ずるべきものではなく，懲戒権者の裁量権の行使に基づく処分が社会観念上著しく妥当を欠き，裁量権を濫用したと認められる場合にかぎり違法であると判断すべきである」(最高第三小法廷52.12.20，判例時報874号)としている．

したがって，裁量権の行使としてされた処分に対する審査庁の審査の態度としては，処分庁の第一次的な裁量判断が既に存在することを前提として，その判断要素の選択や判断過程に著しく合理性がないかどうかを検討すべきであり，審査庁みずから処分庁と同一の立場にたって，いかなる処分が相当であったかを判断し，その結果と実際の処分とを対比して結論を出すべきではない．

この観点からみた場合，原処分に違法はない．

(2)　解剖所見による評価

①　判断資料の範囲

裁決をおこなう判断資料については，(1)の当然の帰結として，判例の大勢は「猟銃の所持が違法かどうかは，右許可のための審査ないし審査をした時点において入手することが可能であった資料に基づき判断すべきである」(大阪地裁判決S 55.3.24)「公正取引委員会の審決の適否を判断するにあたっては，審決後の事情は考慮されない」(東京高裁判決S50.9.28)としており，処分のなされた時点までに入手可能であった資料を基に判断することになる．

従って，処分後，死亡解剖されたことによる資料は，判断資料として採用すべきではない．

仮に，本請求人のように処分後知り得た事実(解剖所見)によっ

て判断されることになると，被処分者が死亡するまで認定相当の可能性があり，申請の効力を本人死亡まで認めないと，裁決前・後によって不利益を被ることになり不公平である．しかし，法は死亡者の決定申請の制限をしており，それらの救済は他法に委ねている．

また，申請者層の高齢化にともない，今後死亡者の激増が予想されるが，剖検所見の取り扱いに苦慮することになると思われる．

②　現行法の資料の取り扱い

通達では，水俣病像の特殊性から，処分時までに処分庁が依頼した高度の設備と技術を有する指定医療機関の資料によることとされている．いわいる(ママ)主治医の診断書は用いられていない．剖検においても同様であり，県が一定の者に依頼している．申請者提出の資料を判断材料とすれば，この原則に反し，通達の整理が必要となる．

4　訴訟及び認定審査制度等に対する影響について

本件における臨床所見によれば，眼球運動が右のみ異常，OKPが抑制のパターンで，他の主要症候である感覚障害，運動失調，視野狭窄もみられていない．このまま認定相当との判断をくだせば，訴訟における水俣病像がくずれるだけでなく，現在進められている国の総合対策にも影響をおよぼすことになる．

すなわち，訴訟では主要症候のそろわないものは水俣病ではないと主張・立証してきているし，総合対策においても感覚障害のある者を対象としている．ここで，主要症候がなにもない者を認定相当としてしまうと，訴訟における臨床上の主張は崩れ，総合対策も中止せざるをえない事態に発展する可能性がでてくる．

＊環境庁公表文書の中にあるが，「4.3.13 県ペーパー」と書き込みがあるので，熊本県作成とした．

52　旧法に係る打合せについて(供覧)　1992.3.23

旧法に係る打合せについて(供覧)

このことについて，下記日時で環境庁特殊疾病審査室と打合せを行ないましたが，その概要については別添[(1)]のとおりでした．

記

日時　　平成4年3月23日　午前10:30～午後1:10

場所　　県庁　環境公害部長室

議題　　(Ｙ)に関する審査請求について

(1) 別添は次文書53

＊　取扱区分　㊙，決裁区分　乙，文書分類－分類記号H 241，主題名　行服，保存年限　永年，平成4年3月(ママ)日起案，起案者(氏名)㊞，電話庁内5073番．環境公害部部長　㊞，次長　㊞　㊞，公害審査課課長　㊞，主幹　㊞　㊞，公害審議員課長補佐　㊞，課長補佐　㊞，課員　㊞㊞㊞㊞㊞㊞

53　(Ｙ)の裁決に関する旧法審査室による事前打合せ　1992.3.23

(Ｙ)の裁決に関する旧法審査室による事前打合せ[(1)]

1　日時　平成4年3月23日(月)午前10時30分～午後0時10分

2　場所　環境公害部長室

3　出席者

環境庁～(氏名)室長，(氏名)主査，(氏名)主査，

熊本県～(氏名)部長，(氏名)次長，(氏名)次長，(氏名)課長，(氏名)課長，(氏名)審議員，(氏名)審議員，(氏名)主幹，(氏名)主幹，(氏名)主幹，(氏名)参事，(氏名)主事

4　内容等

(氏名)　結論から言えば，病理の所見に基づいて原処分を取消しの方向で，現在検討中である．多大な影響が考えられるので，事前に内々で説明にきた．

(氏名)　別紙の資料を読み上げて，説明をする．

(氏名)　以上が，説明の概要であるが，何か意見なり，異議があるか．

(氏名)　水銀組織反応をおこなったのは(氏名)先生だけか．

(氏名)　そうだ．

(氏名)　今度の処分について，解剖所見の取り扱いについて総務庁にはどういった内容を協議したのか．

(氏名)　行政不服審査を行なうにあたって，原処分の時点で得られなかった資料で，その後に明らかになった資料を証拠として採用してよいかという内容について協議した．

(氏名)　処分時点での(予見)可能性の問題は議論されたのか．

(氏名)　口頭では，剖検の結果知り得た事実であり，処分時は，まだ処分された人が生きていたので取ることができなかった．捜し方が悪いのではなくて，捜すことができなかったというようなことは説明した．

(氏名)　本件を審査するには手続きと内容の問題があると思う．まず，手続きについては資料収集が間違いなくなされたのかどうか．そして，内容については，もし資料収集方法が十分であるとした場合，審理が十分に行なわれたか，また，内容，判断に誤りがなかったのかどうか．そして，取消しうべき要件があったのかどうかを判断することが大事ではないか．そして，はたして，剖検資料が取消しうべき要件を充足するにたるものかどうか，そこがひっかかる．

(氏名)　資料の収集は原処分時は収集できなかったが，その後出た資料で，原処分を取消すことが十分可能と推定された．

(氏名)　総務庁の回答はどうなっているのか．

(氏名)　別紙を読む．

(氏名)　総務庁は過去の行政実例なり判例を調べた上で協議したのか．

(氏名)　その点については分からない．

(氏名)　鑑定結果を読むと3人とも過去に対する所見が違っているようだ．(氏名)，(氏名)は有機水銀の影響があったとして

いるが，１人１人見解が違うようだ．

(氏名)　病理の所見はいつの時点で発生したと聞いているのか．所見が古いか古くないかということで十分だろう．処分以前，以後ということが判ればいいことであって，正確な年数までは判らない．

(氏名)　所見が処分以前からあったかどうかということだが，３人の見解は別々のようだ．全体的にみると２人の先生は処分前に遡れ，水俣病所見があるといっている訳ではない．

(氏名)　それは，判らない．

(氏名)　要するに，処分前に水銀の影響があったといっているのか．

(氏名)　(氏名)先生はそういっているが，他の２人はそういっていないということを言いたいのか．

(氏名)　３人とも処分以前に所見が一致していることがおかしいと，言っているのか．所見の中に新しい物と古い物があり，水銀が脳梗塞に影響していう(ママ)のではなく，２人は水銀の影響があり，１人は判らないと言っている．

(氏名)　(氏名)先生は，大脳，中脳，小脳の病理所見い(ママ)つ形成されたと言っているのか．

(氏名)　古い物だと言っているのではないのか．

(氏名)　他の部分はどうか．局在性を疑ったものは同じように古いのではないのか．

(氏名)　全体的に古いが，それらは特に古いといっているのではないのか．

(氏名)　そこ(ママ)点については，虫部が特に古いとはっきり書いている．

(氏名)　場所が明記されてないから疑問があるのか．

(氏名)　書いていないから古いということになるのか．

(氏名)　病理所見がいつ頃から発生したか正確には言えないが，３人とも古い物だとしている．鑑定書の記載についてはそのように理解している．我々は多数決で裁決している訳ではない．

(氏名)　京都訴訟の書証で本件を解剖した(氏名)医師の論文が相手方から提出され，その出典が環境庁の「水俣病に関する総合的研究」だと判った．だがこの論文については(氏名)医師も懐疑的な見解を述べる論文を提出して(2)おり，すぐに水俣病とかという話ではなく，もう少し研究する必要があると言(ママ)っている．今ここで，敢えて取消しに結び付ける必要があるのか．また，代々の主査がこの問題は棄却の方向で検討すると言っており，今回改めて取消されようとすることには，何か変な方向，意思があるのではないのか．

(氏名)　確かに61年から63年まで動きがなかったが，これは，この資料を使うかどうかで議論していたからだ．

(氏名)　一昨年の12月に(氏名)さんからは，棄却の方向と言われた．

(氏名)　(氏名)論文について環境庁で議論され，否定されたとか，学問的に決着がついたということはない．

先程言われた，環境庁の思惑もない．寧ろ，この問題を検討した中で順天堂大学から病理所見を証拠として採用するか，しないかということだった．内々の意見として，一旦は処分後の知見を採用しないと決めたこともあった．その後，処分後の新知見といえども無視できないということで，総務庁と相談して今日に至っている．県に新知見ということで採用しないということは内々に言ったものだ．

総務庁に具体的に事例を持って行き，相談した結果採用できるとの見解だった．そこで，証拠として採用する方向で，(氏名)論文を我々だけでは判断できないので，専門の先生に判断してもらった．

(氏名)　病理所見は臨床としての裏付けがあって，初めて使える判断ではないのか．本件の場合，病理所見で出ているかもしれないがは(ママ)臨床所見に出ていない．頭を割ったら初めて判ったから，臨床所見についても推測できるというのか．そうなると，法律的にも見えないものについて採用できるのかということになる．

我々の和解の大きな立場の問題と同様にして，旧法の枠を越えたものではないのか．総務庁の照会の仕方が気になる．臨床で出ていないと回答ができないはず．

(氏名)　今の質問に答えると病理と臨床が一致するのは，60～70%ぐらい．この議論を発展させると，審査会で臨床的にでていないと，病理で所見があった場合，審査会の審議がおかしいと言われてしまう可能性があり，そこは言わない方がよい．

(氏名)　病像に関し当方の中途半端な言い方を利用するのは訴訟においての相手方の常識である．いままで，そのようなことには医学的に判らないと対抗してきたが，今回のように所見が備わっていない場合，相手方に付け込まれてしまい限りなく深みにはまっていく．

総務庁の回答を詳しく説明して欲しい．今回の裁決のように「やむえないが取消す」というのは法律的にはおかしい．もしやるにしても書き方があるはずだ．臨床的に現われたはずだし，審査会の先生がぐうの音もでない程のものでなければ，取消すことはできないのではないか．

(氏名)　もし，剖検所見がなかったとした場合，この件は取消す要件が備わっていると思われるか．もし，臨床所見だけでは判断がつかないとするのならば，病理所見を見なければ最終的に水俣病かの判断がつかないということになる．それでは私達は認定処分はできない．臨床で棄却しても病理はいつも残ってしまう．

(氏名)　何故，再申請の制度があるのか．処分時に問題があっても次の申請で救済のチャンスがあるのではないのか．亡くなって，臨床的には分からずそれに対する反論もできない．

(氏名)　法律論的には，新法は死亡すれば決定審査になるが，旧法はそれがないので，他方に救済を委ねられている．また，最高裁の裁判例では，審査の方法については，採用する判断材料は処分時の当否だけでよいとしている．これは確定している．とすれば，処分庁の処分は咎められることはない．処分時に有機水銀の影響があったといえるかどうかも分からない．

訴訟では処分時説が守られている．どっちに判断してよいか分からないのであれば補強証拠で使うことはあるが，処分時ではっきりしていることについて，後日別の資料を証拠として，結論を逆転す(ママ)ことはできない．これは行服でも同じ．直接，病理所見を証拠として採用することはどうかと思う．

行訴法の変更権は処分時に誤りがあって変更することはできるが，もし取消す場合は処分後の資料ではできないのではないのか．変更できなければ取消すことはできない．

職権調査も必要な範囲内で与えられている．合理性を欠いている過程において許されるものなのか．調査外の範囲まで許される訳ではない．

(氏名)　それは病理所見があったら採用してよいかということか．

(氏名)　処分時にあった証拠で疑わしいに(ママ)わしい時に補強的に使うのは構わないが，処分後に判明した資料を持ってきて判断することはできない．

(氏名)　「やむえ(ママ)ない」とう(ママ)表現は，取消しという枠内で，審査会のメンツとか思惑とかを考えたもの．我々の論理をトゲトゲしく書くわけにはいかない．

(氏名)　こちらは取消しをされるのならトゲトゲしく書ける内容を教えていただきたい．臨床的にでていないと病理所見は使えないのでは．

(氏名)　臨床所見があれば，そもそも病理所見を使わなくてもよいのではないのか．

(氏名)　この人は脳血管障害や病気のものも認められるが．

(氏名)　現実に病理認定があるではないの(ママ)か．臨床が一致しなくても認めているのでは．

(氏名)　最高裁の判決の立場からしても問題がある．決定申請がある新法はいいが，旧法は死亡後認定すると，生きている人は処分が確定しないことになる．解剖するまで，生きている人は所見があるか分からない．判断基準が遡れるかということになる．

新たな申請者に対して，死亡者は打ち切っている．公健法の効力は切り捨て，他法の救済に委ねている．

(氏名)　処分ができた時は処分時の判断しかない．あとで，死んでから出て，他の病院で所見が出て，前を取消せといわれるのも同じではないのか．

(氏名)　現状では，病理では対応していないということ．

(氏名)　行服で裁定されていない人で，病理所見がある人については採用せざるを得ない．20年前にあったとか，いつ頃あるかとかいえばお答えできないが，これについては，ほとんど影響がないと思われるが．

(氏名)　収拾がつかなくなる．

(氏名)　患者から言わせると，検診自体が疑わしいと言っている．それで，「やむをえない」という表現になった．これはいろいろなファクターを含んでいる．他の団体から，色々言われると県の対応は正しいといってもらった方がよい．県としても，新しい証拠で取消した方が審査会も納得しやすいのではないのか．

(氏名)　今後，解剖してみないと判断がわからない，それでひっくり返るというこ(ママ)になれば，こういう状態がある限り取消し得べき条件を認めたことになる．

(氏名)　審査庁は枠外で取り扱っているのではないのか．死亡者に関してはそう思える．もうひとつの根拠は通達．県は検診を特定の者について委ねることができるとしているが，これは県が熊大以外でも，指定した国立病院や大学病院でも検診を委託できるということ．それ以外に所見を認めるなら通達の趣旨からすればおかしいのでは．そうすれば，通達を変えて欲しい．

また，指定医療機関以外でもよいということになると，(名称)病院も構わないことになり，収拾がつかない．最高裁の判断，通達の理由も社会通念上，妥当である．

(氏名)　今回については病理だから，症状の所見とは違う．臨床の場合は通達でもそういっている，問題が違う．

(氏名)　今回は標本自体は残っているのか．標本の取り方や所見に問題があるなら(氏名)先生に観てもらうことができるが，スライドしかないのではそれもできない．一般に合併症のない人なら文句も言えるが，死亡者については対象外にして割り切って欲しい．

本件を認定するとすると訴訟の場合に，感覚障害もない水俣病を認めることになる．とすれば，(氏名)のいう視野狭窄の水俣病でも構わないことになり，判断条件の組合せ自体が崩れてしまう．

臨床，病理の全てが崩れてしまい，総合対策も崩れる，検診医の先生も崩れる．順大の先生はいいが，熊大の先生はダメということになる．

(氏名)　順大の標本を使って，鑑定人にお願いしたのだから，そこまで言ってしまうと議論が進まない．

(氏名)　最高裁の判断からしても，公健法や通達の枠内でやるべきではないのか．

(氏名)　処分時の処分は妥当かどうか，その後の新たな証拠によって取消すというなら，原処分は重大かつ明白なものといえるのか．

(氏名)　重大な瑕疵がないといえばそうなる．

(氏名)　今，重大な瑕疵があるというこ(ママ)になるのか．

(氏名)　今，鑑定結果を受け入れてくれれば，いろいろ書き方もある．県の処分が妥当であり，あくまでも，病理に基づくものと判断したということ．

(氏名)　病理所見を用いて判断できるなら，死亡者については割り切って欲しい．公健法の問題もある．

(氏名)　40条の解釈の問題，そこを整理した方がよいのでは．過去の解剖認定者でも感覚障害はあった．今までないものを認めるとキツイものになる．以前，胎児性の水俣病の母親を感覚障害だけで認めたが，それが今でも追求(ママ)されて，不利な状況に追い込まれている．環境庁の解釈権の問題でもある．病理認定した人達でも臨床的には感覚障害はあった．

(氏名) 総務庁の照会，回答を気にかけている．

(氏名) 水銀反応のない人であれば，これからそれが問題になる．

(氏名) 今日，県から出た問題については，後日回答する．

(氏名) もうひとつ気になるのは，今まで熊大の解剖所見のみを利用してきたが，順大は初めてなので，その扱い方，その指導は環境庁でやってもらわないと．

(氏名) 水俣病の問題は所見が一般化していないと，熊大だけしかできないとなると世の中に通用しない．ある程度標準様式がないとおかしい．

(氏名) この順大の(氏名)先生は，やり方が解っているのか．

(氏名) この先生は，(氏名)先生の指導を受けている．

(氏名) 我々も，熊大だけでやるつもりはない．指導の徹底をお願いする．

〔添付〕資料１　行政不服審査請求事件に係る裁決について＜略＞[3]
資料２　行政不服審査事例の取扱について(回答)＜略＞[4]

(1) 「取扱注意」の印あり．
(2) 「論文を提出」を抹消して書き込みがあるが判読できない．
(3) 103の６項まで，７項以下はなし．
(4) 183

54 〔熊本県の法的主張〕 1992.6.19

H 4.6.19

1　審査庁の審査対象について

不服申し立て制度においては，処方手続の是非のみならず，その内容の是非についても，また，法上処分庁の自由裁量に委ねられている事項についてもその当･不当の審査が及び得ることとされている．

ところで，裁判所は「処分の適否を審査するに当たっては，懲戒権者と同一の立場に立って懲戒処分をなすべきであったかどうか又はいかなる処分を選択すべきであったかについて判断し，その結果と懲戒処分を選択すべきであったかについて判断し，その結果と懲戒処分とを比較してその軽重を論ずべきものではない」(最高裁三小法廷 52.12.10)とされており，同解説では(判例時報 874 号)処分庁の第一次的な裁量判断が既に存在することを前提として，その判断要素の選択や判断過程に著しく合理性がないかどうかを検討すべきであって，このことは当然とされている．

このことは，行政庁自らが，簡易迅速な略式の手続きによって争いを解決しようとする不服申し立て制度には，より妥当するものと考える．

これを本件について言えば，旧救済法に定められた手続に則って，(処分庁の裁量にわたる部分も含めて)資料収集がなされ，水俣病か否かの判断過程等において不当なところがあったかなかったかを審査すべきであり，それで足るものと考える．

審査庁自らが，原処分から離れて，処分権者と同様な立場で資料を収集し，自ら水俣病か否かの判断をすべきではないと考える．

2　旧法の手続きと本件との関係

(1)　現行判断資料の取扱い

判断資料については，昭和 45 年庶務課長通知によって，「医学的検査の実施は，公害被害者認定審査会の意見を聞いて……適当と認められる病院等の施設を定め，これに委託することにより行なう」こととされており，本件においてもこの手続きに従って資料を収拾したものであって何ら原処分に不当なところはない．

ところで，承継人は，請求人の剖検資料を物件として提出し，これによって反論していると聞いているが，知事は剖検資料の収集についても，生存者の場合と同様に，上記通達の趣旨(水俣病の判断には高度の専門性と豊富な経験を持つ専門医と必要な設備を備えた医療機関での公平，公正な資料が必要である)に鑑み，一定水準以上の神経病理の専門医に依頼して，資料を収集しているところである．

本件の剖検所見は，このような手続きを経たものではなく，たまたま専門医が担当したとしても(本件では，病理の判断において必要とされる，腎，肝を含めた水銀組織化学反応などなされていない)現行通達のもとでは，知事としては，審査会に供しえないものである．

審査庁といえども，旧救済法の手続きの枠内において判断されるべきと考える．

(2)　審査請求人の地位の承継

旧救済法では，新法と異なりいわゆる決定申請の手続規定を設けていない．

これは死亡者については，認定者に与えられる給付(権利)が認定者のみに対する認定後の医療給付等に限られていたため，死亡によりその後認定されても何ら権利が発生しなかったことによると思われる．

従って，新法制度時，旧救済法においても，決定申請の規定を準用すべきであったと考えられるが，法上(新法附則 12 条)，従前の例によるとされている以上，旧法では処分に係る権利を承継することはなく，行服法上も審査請求人の地位を承継することはないのではないかと考える．

3　行服法の原則と本件との関係

(1)　処分時主義と剖検資料

原処分は，事の性質上，原処分時までに生じた事実を認定し，これによって処分を行うことは当然のことであって，その後の事実を認定し，それを判断資料とすることは不可能であり，審査請求においても処分時を基準として，審理がされている(大阪地判

S 55.3.24，東京高判 S 50.9.28 参照）.

そのような意味で，処分時までに通達の資料収集の方法にそって収集しえた資料によって判断した原処分には全く不当な点はないと考えている.

ところで，本件で問題となっている処分後の死亡に伴って得られた病理標本（請求人の提出に係る物件とは異なると思われる）で得られた所見（処分前に形成されていたと思われる病変）を基に裁決を行うことができるというのが，総務庁行政管理局等の意見のようであるが，問題は①これのみを基に審査庁が独自に判断しえるか，また，②それによって原処分の不当を指摘し処分を取消すことができるかということである（①については，項を改めて述べる）.

原処分時には，入手することが不可能だった資料によって審査することは，もともと，処分庁に不可能を強いるものであってできないと考えているが，原処分時の事実認定およびその判断の妥当性を当該資料をもちいて審査できるという意味だとしても，病理所見から処分前に形成されていたと思われる病変があったとしても，臨床症状として出現していないことがあることは，医学では常識であり，原処分時の事実認定（検査の妥当性）を否定することはできず，また，解剖前，2年以上前にその病変があったことを確認できず，検査者の所見の採り方の誤りを指摘することもできないと思われる.

本来，このような事例は，新法におけると同様に，死亡者についても再申請の方途を構ずべきであったと思われるが，前記のとおり，旧法の救済内容からして，他法による救済に委ねている.

なお，大学教授のコメントは意味不明である.

(2)　病理標本のみによる裁決について

病理標本については，請求人が提出したものではなく，審査庁が職権で調査若しくは提出要求をし，それを鑑定に依頼し，その鑑定結果を言っているものと思われる.

しかしながら，前述のとおり処分庁に代わって，審査庁が独自の方法で新たな処分を行うと同様のことを行服法は想定していないと考える.

また，職権探知主義を行服法は採用しているから，独自の証拠調べができるという考えについてであるが，この点についても前述したとおり，旧法の定める手続の範囲内でのものと考える.

55　水俣病認定申請処分に係る行政不服審査請求に対する物件の提出について（伺）*

1993.5.24

水俣病認定申請(ママ)処分に係る行政不服審査請求に
対する物件の提出について（伺）

平成５年３月30日付け環保業第123号で環境庁長官から通知のありました下記の者に係る物件の提出について，別添のとおり提出してよろしいか伺います.

なお，決裁のうえは次案のとおり施行してよろしいか併せて伺います.

案

公審第　　号
平成５年５月　日

環境庁長官　林　大幹　様

熊本県知事　福島　譲二

水俣病認定申請(ママ)処分に係る行政不服審査請求に
対する物件の提出について

平成５年３月30日付け環保業第123号で環境庁長官から通知のありました下記の者に係る物件の提出について，別添のとおり提出いたします.

記

審査請求人氏名	提出物件
(Y妻) (亡　(Y))	水俣湾周辺地区健康調査の第三次検診における視野図，眼球運動図，認定検診における視野図，眼球運動図，ＯＫＰ，ＴＴＳ

＊決裁区分　乙，決裁 5.5.24，文書分類　H 241，主題名　行服，保存年限　永年，文書番号 69，平成５年５月19日起案，起案者（氏名）㊞，電話庁内 5073番，私学文書課長審査　㊞，公印管守者承認印　㊞，環境公害部部長　㊞，総括審議員・次長　㊞　次長　㊞，公害保健課長　㊞，公害審査課課長　㊞，公害審議員･課長補佐　㊞，課長補佐　㊞，公害審議員　㊞，主幹･係長　㊞，主幹（被害救済係長）㊞，主幹（医療）㊞

56　（Y）に係る裁決（旧法）について（供覧）*　　1993.6.5

（Y）に係る裁決（旧法）について（供覧）

このことについて，環境庁と打ち合せを行ないましたが，概況については別添[1]のとおりでしたので供覧します.

(1)　57

＊取扱区分：㊙，決裁区分：乙，
文書分類：分類記号H 240，主題名　行服，保存年限　永年，平成５年６月５日起案，起案者：（氏名）㊞，電話庁内：5073番，環境公害部総括審議員・次長　㊞，公害保健課長　㊞，公害審査課課長　㊞，公害審議員課長補佐　㊞，課長補佐　㊞，公害審議員　㊞，主幹･係長　㊞，主幹（被害救済係長）㊞，参事　㊞㊞

57　(Ｙ)の裁決について　1993.6.30

(Ｙ)の裁決について[1]

日時　平成５年６月30日　午後２時30分から午後５時まで
場所　朝日ビル　２Ｆ　第三会議室
出席者　環境庁(氏名)補佐，(氏名)補佐，(氏名)主査
熊本県(氏名)課長,(氏名)課長,(氏名)審議員,(氏名)補佐,
(氏名)主幹,(氏名)主幹,(氏名)主幹,(氏名)参事,
(氏名)参事，(氏名)参事，(氏名)主任主事

(氏名)補佐　審査庁は，今回,(氏名)と(Ｙ)の二件の裁決を行いたい．
前者については棄却を考えているが，後者については認定相当と考えているので，事前に処分庁の意向を伺いに参った次第である．
(Ｙ)については，曝露歴が認められ，請求人側から提出された剖検資料により得られた病理所見によって，認定相当との結論に至ったものである．
この点について，(前回(氏名)室長が来熊の折りには)臨床所見により判断するように伝えていたが，検討の結果，病理所見に基づいて判断することにしたので前回の発言を撤回する．

(氏名)主査　今回病理所見を採用した理由について，本来行服においては「処分時主義」が採られており，原則として処分後の資料を用いて判断することは行なわれていないが，本件剖検資料によれば，原処分時以前の資料と同視しうる可能性が考えられたことから，これについて専門家による病理所見の形成時期についての鑑定を行ない，その結果をふまえて判断するに至ったものである．
そして，(臨床所見には一切触れずに)剖検によって得られた病理所見によって再度処分庁で判断を行なう旨の裁決を出す予定である．

(氏名)補佐　今回の審査庁の結論については，まだ最終的なものではない．環境の幹部もこのような裁決を出すことによって各方面に及ぼす影響を危惧しており，非公式に処分庁の忌憚のない意見を聞いてくるようにとの命令で本日参った次第である．

(氏名)審議員　裁決書の内容については，示されたペーパーのとおりか．

(氏名)主査　示したペーパー２枚目のとおりである．

(氏名)審議員　臨床に触れずに，病理の所見のみで判断せよと言われるが，病理所見として確実なものが出ているのか．

(氏名)主査　先程言った意味は，臨床をみなくて判断せよといっている訳ではなく，剖検資料も判断の要素に加えて，再度処分庁で判断してほしいという意味である．

(氏名)補佐　審査庁は判断しないから，病理所見をふまえたところで，その判断は処分庁にお任せするという趣旨である．

(氏名)補佐　審査庁は明確な判断をしないから，処分庁が判断しろというのなら，これは審査庁の責任の回避ではないか．

(氏名)審議員　熊本県は，通達により，再申請後に死亡した者のみ限って病理所見を採用して判断している．そうすると，本件のような病理所見を採用することになると，既に処分の終わった者について，その後に得られた病理所見を採用して判断をくだすことになり実情に合わなくなる．

(氏名)主査　その点について，行服審査中は原処分は終了していないという認識をもっている．
また，審査庁としては，このようなケースは今回限りにしたいと思っている．

(氏名)審議員　そもそも，旧法において補償(ママ)されている権利について医療費のみであって，これは一身専属権である．そうすると，本人が死亡した場合，その遺族には承継されないことになると考える．
したがって，本件のような場合承継させたことが間違いであったと以前より申し上げてきた．この点については，検討されたことはあるのか．

(氏名)主査　この件については，審査室が業務を開始して以来，遺族等に承継できる取り扱いを採ってきているので今更そのような疑義を述べられてもこまる．

(氏名)補佐　審査庁の教示ミスで承継され,処分時主義の原則を(恣意的に)破って判断を下し，それらの負担は処分庁が負えと言われるのか．

(氏名)審議員　本件では，剖検資料の取り扱い方が問題になると考える．すなわち，処分の終了後に，指定機関でない医療機関で作成された資料(剖検資料)を採用するとなると，今後,相手方は，民間の医療機関で剖検した資料をもとに判断を迫ってくる場合が考えられる．
また，従来，剖検資料を含めて判断するとしても，これはあくまで臨床所見を補充する意味で使用されてきた．すなわち，臨床上水俣病が疑われる場合に，病理所見を補充して判断していた．
しかし，本件では，臨床では何ら異常はみられておらず,病理所見のみで判断するということになり，従来の取り扱いと全く逆になり，このような取り扱い方法は意味がない．通達等を見る限りにおいても，当方には病理所見だけで水俣病と判断してよいという権限は与えられていない．
ところで，処分庁が再度判断するときに使う資料は，請求人から提出された剖検資料をつかうことになるのか．そうすると，カットの問題が残るが．

(氏名)主査　剖検は一流の医師が行なっているし問題はないと思うが．

(氏名)審議員　水俣病の場合，どこをカットするかという問題は

重要であり，水俣病をよく知らない民間の医師がカットしても正確な所見の把握は難しい．

(氏名) 補佐　その辺の問題はあるかもしれないが，当方としてはあくまで今回限りの取り扱いとしたいし，このような例は今後まず出てこないと考えている．

(氏名)(氏名) 医師の本研究発表時に，会場から異論が出るとともに，(氏名) 教授は今後内臓内水銀の検討との問題点があるとまとめられている．しかし，その後何らの研究の成果はない．

(氏名) 審議員　実際に剖検資料を基に審査会で判断することになると，一応解剖検討会の審議をへて，その結論をもって審査会に臨むことになるが，従来，指定医療機関で行なった剖検資料を公的資料として用いてきたが，今回のような民間の作成した資料を用いて判断できるかという問題もあると考えるが．

(氏名) 補佐　その点は，提出された民間資料でも審査庁で公的資料として採用したという形で処理できると思うが．

(氏名) 審議員　実際問題として解剖検討会の審議に耐え得る資料なのか．結論が出るかどうか問題．

(氏名) 課長　審査庁としては，病理と臨床とを総合して判断せよといわれるが，臨床所見に異常はないのだから，仮に病理所見で判断するとなると，今回初めて，病理と臨床の乖離の問題が明らかにされてしまう．

(氏名) 補佐　その点についてはそうかもしれないが，真実を曲げる訳にはいかない．

(氏名) 補佐　長谷川長官の国会での答弁により，行服においては処分時主義を採るとの立場が明らかになっている．処分時主義に抵触する旨の検討や相手方への対策等はできているのか．

(氏名) 国会答弁は今後あの内容では対応できないと考えている．

(氏名) 主査　その件については，先程説明したとおり，処分時に病変が発生していたと認め得る所見があるから，処分時主義の問題には直接抵触しないと理解している．

(氏名) 審議員　水俣病認定制度のなかで (何故，処分時主義を採っているのかという理由ついて，) 臨床所見の出方は微妙であり，一概に判断がつきにくい，したがって，一度棄却しても，再申請の道が開かれているのである．したがって，今回のような場合 (再申請前に死亡した例) は，制度的な限界の問題であり，制度の主旨を変えてまで救済することには疑問がある．割り切った判断をしてほしい．

(氏名) 病理で２：１とのことだが，(氏名) 先生を入れると２：２である．(氏名) 先生は審査会関係ということではずされたということだが，これは医師が立場により見解を左右するという考え方ともいえ，全く失礼なことであり，審査室の対応ミスにより有力医師の考えに従う結果となっただけではないか．

(氏名) 課長　ところで，以前にイタイイタイ病関係で病理所見を採用したことに関して，水俣病でもこれに続くというような記事か出たが，本件における記者の動きについてなにか変わったことはあるのか．

(氏名) 補佐　審査庁としては，本件についての情報は一切公表していない．水俣病に詳しい記者がＮＨＫにはいるが……

(氏名) 課長　もし，本件を公表した場合，どういった世間の批判があると考えるか．

(氏名) 補佐　臨床所見に異常がなく病理所見で認定相当となったということなら，52年の判断条件が狭すぎるのではないかといった批判は出てくると思う．

　しかし，臨床に限界があるのは当たり前であって，それを以て，判断条件が狭すぎるという批判はなりたたないと考えている．

(氏名) 課長　本件の場合，臨床所見に異常が見られていないということに関しては，どう考えるのか．

(氏名) 主査　52年の判断条件にあたらないからといって，世間に公表しないという訳にはいかない．

(氏名) 課長　現実的には処分庁にどうしろというのか．

(氏名) 主査　病理所見をふまえて新たな処分をお願いしたい．

(氏名) 補佐　審査庁の責任でやってもらいたい．処分庁が審査庁の瑕疵の責任を負わされるのは承服できない．

(氏名) 課長　たしかに，剖検資料が処分庁に示されて，これを基に再度審査会に諮問することになると，その前に解剖検討会にかけることになる．そうすると，審査庁が鑑定を依頼した医師の内２名はそのメンバーであると聞いているから，認定相当との結論は免れないと思う．もし，そうであれば，審査庁の責任において結論をだしてもらったほうが，処分庁としては良いのかもしれない．

(氏名) 課長　処分時主義との絡みにおいて取消訴訟との関係についてはどう考えるのか．

(氏名) 補佐　処分時主義については，この原則を変更したとは考えていないので，直接の問題はないと思う．

(氏名) 補佐　しかし，世間一般は処分時主義の変更ととらえる恐れがある．実際に，(氏名) 一派[(2)] はこの点を攻撃材料にして当方に[(3)] 対応してくると考える．

(氏名) 課長　現在，新法，旧法で300件ほど未処分で残っているが，今後剖検資料が提出された場合は，本件のように対処せざるを得ないと考えるが，この点についてはどう考えるのか．

(氏名) 補佐　あくまで，本件限りにしたいと思っている．

(氏名) 課長　処分庁としては，認定制度も終息に向かいつつあるこの時期に，制度的，内容的に問題を含んだ事案を裁決されることについては止めてもらいたい．

　仮に，裁決をだされるにしても，もう少し，時期をずらしてやってもらいたい．

(氏名) 主査　昨年もそのような話だったので，１年間保留した．いつまでも待てない．

　処分庁の意向のとおりにすれば，認定制度終決時にしか行なえないことになる．

(氏名) 審議員　本件のような裁決を出されると，審査会は申請者が死亡して剖検資料が得られるまでは答申を出さないとする可能性も考えられる．

(氏名) 補佐　今後は裁決の内容について，どういう表現で裁決するかについて，もう少し詰める必要はあるように思う．時期の問題については，この場で先にのばすと回答することはできないが，このままますぐに裁決を出すことには問題があるということは受けとめておく．

以上

(1) 「取扱注意」の印あり．

(2) 「一派」の「一」を抹消．

(3) 「当方」を抹消して「訴訟等」と書込み．

＊下線部はのちの書き加え．

58　H 6.5.17〔県と国の〕打合せ　1994.5.17

H 6.5.17〔県と国の〕打合せ

(氏名) 問題はこの前からずっとお話している (Y) のケースであり，ＮＨＫのニュースの例です．

　私どもの都合としては，やり直しが熊本県では都合がいいのか，さっさとこちらで認定相当としたほうが都合がいいのかの問題と，あとは時期の問題ですが，これは，ここだけの話ですが，福岡高裁の判決をみて落ち着いた時期にお願いできないかと考えています．

　決裁は外部に回っており，これはとっていたのですが，事情がありまして，この裁決の裁決文はやり直しとなっています．

　今は，あがっています．前のは違っており，官房長のところで止まり，今，官房長が企調局長となり，企調局長はこれについて了解済であります．

　あとは，時期の問題と内容の問題ですが，これは政治判断の部分がありますので，熊本県と充分協議するようにとの指示を受けています．

(氏名) 局長は印鑑を押して，押さなかったことにしてくれということでしたが，……．局長室までいっており，新しい局長に判断してもらう……．

(氏名) あれはなかったというそんな話は，役所では通らないですよ．

(氏名) 今の審査室は，尻拭い的な立場であり，非常に一生懸命してきて，気の毒であり，有る面では，いろいろとおこたえしたいと思っておりますが，この一件に関しましては，審査室でのいろんな積み重ねによってできた，ミスのうえでできた事実でありますが，その前の段階の問題をクリアされないと素直に，ＯＫできません．

　それともう一つ，仮にこれがＯＫとしましても，大前提として環境庁としての，これが特例として１件にとどまらないと思っており，環境庁が全てに影響がないという証をたてて もらいたい．

(氏名) 審査室のミスでできたというお話は申し訳ないとおりで，それについては，こないだからお詫びをしている訳であります．

　絶対に１件にとどまらないための証というお話のことについては，６月の裁決でおみせしたい．(氏名) の裁決で，鑑定も実施しないで，又，必要ないとのことでやっていきたい．現在，あるものについては，(Y) 以外は採用しないとのことでやっていきたい．

(氏名) その影響というのは，旧法のこの限定的にだされた塀の中でのクリアな話ではなく，訴訟をもふくむすべての認定業務の影響であります．

(氏名) 訴訟について，対策室とつめたところ，影響はないとのことですが，……．東京訴訟の準備書面をみても，解剖所見は絶対だと主張してきているし，……．

(氏名) 解剖所見は，細かい病変をひろっており，臨床所見に出ない部分もひろっている．臨床所見上，当然に出ないであろうというのが判るが，そういう臨床所見に出ないものが，損害賠償に値するような病気といえるのか．

　病理と臨床が一緒にあるような所見を出したくない．病理だけの所見ならば，かまわないのだが．

　和解との関係でもこまる．和解は，認定制度の枠外でやっており，問題のあるのを話し合いで決着するものであり，認定制度自体までも影響を及ぼすことは考えていない．また，連合もそういう方向に傾いている．

　この前，(氏名) たちが，認定制度の別枠のような新協定をつくるようなことを毎日新聞に言っていましたが，皆，いまの認定基準の枠内はやむをえないとの認識をもっていることでは，一致している．そこ(ママ)のことには，影響させたくない．

(氏名) 実際，病像のことについては触れるつもりはないのです．

(氏名) わかりましたが，中身についてはちょっと待ってください．

　審査庁の基本的考え (メモ) のことですが，特に２ですが，例外的に鑑定を実施するところですが，鑑定と救済とはまったく別個のものであります．法の救済は法の枠できまっているものであり，これをまったく考慮する必要はないのでは．

(氏名) ここをよく読んでもらいたいのですが，実施すると書いているのではなく，「実施したものがあった」と書いている気持ちをよく酌んでもらいたい．

　「実施してしまったものがあった」といった方が正確かもしれないが，……．

(氏名)「実施してしまったものがあったから，それは仕方がないからやる」ということ……．

(氏名) 我々も苦しいのです．これについては，たたかれるでしょう．

(氏名) 過去，これについては実施したものがある．これについては，如何ともしがたいので，鑑定結果を尊重して，やるのは止むを得ない．

方針は，１と３だということですべきである．

(氏名)　(氏名)さん，よくわかっておられるですね．これだけわかっていただけると，安心して環境庁に帰れます………．

(氏名)「かつて実施したものがあったが，これは勇み足であったため，これはなかったこととする」と……．

(氏名)なかったこととすることができないから，いろいろとやっているので……．

(氏名)「他にまったく救済手段がない」というのはなく，病理所見で，新法の決定申請をしておけばなんら問題がなかったことなんですが，

(氏名)そういうことです．イ病で，他に救済手段がないからみてやるという例があるので，これに準じてやるということです．

(氏名)解剖所見を旧法に持ち込んだということを，審査庁で過去あったということを審査請求でた(ママ)場合にどうなるか．

旧法の審査請求者の中に，再申請をしてない例が相当いる．旧法未処分者102件残っている．

旧法未処分者が死亡すると，解剖所見を審査請求に持ち込むことになる．

(氏名)旧法未処分者が死亡して解剖所見を審査請求に持ち込む前に，和解するでしょう．

(氏名)救済手段がないから，こういうことをせざるを得ないならば，環境庁として救済システムをつくるよう３年間申し上げてきた．

処分は処分として，棄却したうえで，その者を救済する制度をつくるように申し上げてきた．

(氏名)これを，審査室で固めた場合，審査会の先生方に根回しする必要がありますかね．

裁決文の書き方と関係してくると思いますが，私の考えですが，時期はまたあとで別個やりますが，審査室が悪者になって，とっとと認定相当にしてバサッと出して，審査会の先生方には，審査室が悪いというようにいえば，一番よいのでは……．

(氏名)審査会の前に，今の病理の採用のことについて，解剖を使ってもいいのかという総意が形成されないかぎり，ダメなんです．

(氏名)23日に，部長室と打ち合わせようと思っていたのですが，いろいろと法律的な問題等はやっても仕方がないので，その結果をどう利用された，どうするかという話を前提にものを考えた方がよいのであって，そうすると，あと残されるのは，どういう形で裁決がかえってくるかであり，それと，認定相当で認定処分をするやり方がいいのか，それとも，今度の解剖結果だけでやった場合に，県の従来の審査会の解剖検討会の解剖基準と異なるように思えるので，ストレートに認定相当で認定しましたということはできないので，そうなってくると，一旦，かえしてもらって審査会にかけるとか，あるいは，県の方で，鑑定結果についての反論を出すということになる……．

裁判では，鑑定があれば必ず尋問があるので，それに対する反論が必ずあるのであって，この場合にも，解剖検討会の主なメンバーの人に聞いて，確認したうえで，最終的にバッサリやるべきか，あるいは，疑わせるような解剖所見をふまえて，再度，審査会に判断をお願いするのかを検討して，こちらにかえしてもらいたい．

(氏名)解剖検討会の基準はあるのですか．

(氏名)あります．今回の病理の一番の問題点は，水銀沈着反応をやっていないことです．それと，グレードの問題です．１以上ならば，水銀沈着反応は必要ないけれども，グレードが低いならば，今の基準では，膵臓・腎臓の水銀沈着反応で水銀値が高いかどうかです．それと，臨床所見が参考にされているのです．

(氏名)さっき，おっしゃたことをご検討していただければ，それはそれとしていいのですが，鑑定の反論を出すということは，いいことではないと思います．

(氏名)審査庁が耐えられないのでは．

(氏名)耐えられないのではなく，反論書が出てきたら相手方に渡るので，まずいのではないですか．

(氏名)いや，要するに，審査庁がどちらが正しいかを判断することになるのですが．

そういうやり方が可能かどうかを後でお尋ねしようと思っておりました．

(氏名)うちの方は，処分庁側から反論書をいただくことになれば，弁明書の形でしかそのケースだとできませんので，正副２通いただきまして，相手側に送ることになります．

(氏名)この解剖については，学界で資料不足だといわれておられるのだが．

(氏名)基本的にはそうかも知らないが，わたしたちは，旧法の中でやっておるので，わたしたちは，行政文書しかないわけです．

学界で，誰がなにを言っているかは関係ないのであり，審査会の先生が個人的になにを言っているかは旧法審査では関係ありません．

うちが関係あるのは，鑑定結果と弁明書と反論書だけです．採用した証拠だけです．

鑑定結果が正しいかないかということになれば，今度は，何故，正しくないのに鑑定人を選んだのかという批判がある．ちゃんと信頼できる鑑定人だから鑑定をしたんであり，依頼は環境庁長官名でありますから，それにちゃんと決裁をもらって，やっているのでありますから，ここまでやって，これを否定することはできません……．

(氏名)鑑定結果の正しいかどうかの心証をくずさないように……．

(氏名)鑑定そのものに不備がありました．時期がちがったり，求めた鑑定内容が不足していたりしていました．だから，さっ

き言いましたように，その尻ぬぎ(ママ)いに苦慮しているのです……．

裁決のやり方につきまして，熊本県の部内でも，検討していただきたいのでして，これでなんとかお願いします．

審査庁のミスについは，重々お詫びを致します．今後，こういう例が二度とでないように原処分主義を貫きます．

(氏名) こういう例が出たということについて，環境庁では，どういう判断をされていますか．

(氏名) 環境保健部では，あれはまずかったといっています．しかし，どういう訳か，決裁が終わっておりまして……．

鑑定が終わって，内部でそっと持っておけばよいものを，どういうわけか，外部の者・ＮＨＫの記者が持っておりまして……．

略[(1)]

(氏名)　この問題については，①審査会でもう一度やりなおすのか，②それとも，審査会の関係ないところで，認定相当を出すのがよいかについての検討は，まだ充分議論しつくしていないので，もうしばらく，待ってください．

(氏名) わかりました．

以下略[(2)]

(1),(2) 原資料の略．

59　(Ｙ) に関する審査請求について　1994.5.23

(Ｙ) に関する審査請求について

H 6.5.23

1　経緯

昭和49年３月23日	認定申請 (申請番号 102858)
昭和54年８月23日 ～24日	第71回審査会 (第三次検診及び検診資料による審査)
昭和54年８月30日	棄却処分 (臨床検査による)
昭和54年10月23日	審査請求
昭和54年11月22日	審査請求書受理 (受付番号 旧349)
昭和55年１月28日	本人死亡 (同日，解剖)
平成元年２月21日	棄却方向で検討中の意見あり
平成３年１月21日	鑑定依頼２名
平成３年６月３日	剖検所見の採用の可否の照会について，総務庁回答でる．
平成３年６月28日	棄却方向で裁決する意向あり
平成４年１月13日	鑑定依頼１名
平成４年３月23日	取消方向で裁決したい旨の連絡あり
平成５年６月30日	病理所見により認定相当と考えているので，どのような形での取消裁決を出すか，処分庁の意向の聴収(ママ)あり
平成６年３月24日	高裁判決後，取消裁決を出すので，どういう形で裁決を出すかの相談あり
平成６年５月17日	県としては，裁決の出し方について，①審査会にもう一度かえすのか．②審査会に関係しない，認定相当にするのかについて，どちらが望ましいか，検討したい．

2　審査庁の考え方と問題点

(1)　審査庁の考え方

行政不服審査法上，処分庁の棄却処分後に，原処分以前に形成されていた新たな事実が明らかになり，審査庁の裁量でその事実を採用するとしたときには，審査庁はその事実を用いて裁決を行うことができる (総務庁回答) との考えに基づき，３名の専門家に職権鑑定を依頼したところ，内２名が，処分前に (５ヵ月～１年半以前) 有機水銀中毒の病変があるとの結果を提示した．

従って，水俣病が疑われる (水俣病であった蓋然性が高い) として，原処分を取り消したい意向である．

なお，裁決の具体的内容については，事前に県と相談する．

(2)　問題点

県は，これまで，①継承可能か，処分時主義 (法律的，物理的に不可能) 等の法律問題，②剖検資料の不備，鑑定方法，鑑定結果等の医学的問題について主張してきたが，審査庁は，これらの問題は理由がないか，又は，既に行った手続は審査庁としては，それを前提とせざるを得ないとしている．

従って，職権鑑定の事実は変えられない (使用しない理由が必要) ので，病理所見によって判断せざるを得ない．

その際，県の原処分についてどのようにふれるか，又，剖検所見によって水俣病が疑われるとし，県にどのような形で戻すかということを考えている．

従って，県としては，この点について，どのように対応したらいいのかについての検討が必要である．

3　対応策

(1)　保健部長との協議

再度，法律的・医学的問題点について協議し，その結果をみて次の対応をする．

(2)　鑑定結果についての反論書を提出

反論書をふまえての検討を再度お願いする．

(3)　取消裁決を受ける場合

①　認定相当の裁決を受け，これに基づき，認定処分をする．

(審査会に諮らない)

②　鑑定結果からは，水俣病が疑われるとして，県に再度，剖

検所見もふまえて判断を求める.

これを受けて，県は，審査会に再度諮った(解剖検討会)うえ，処分を行う.

(4) 事前に，チッソとの間で，解決を図る.

4 対応策3－(2)及び(3)における問題点

(1) 3－(2)反論書の問題点

ア 医学的に反論可能か.

イ 反論書の原案作成協力者が得られるか.

(氏名)Drは(氏名)Drへの反対ができるのか.

ウ 事実上，解剖検討会のメンバーに集まってもらい，協議のうえ，反論案をつくることは可能か.

(2) 3－(3)①認定相当の裁決を受ける場合の問題点

ア 審査会等の反応がどうか？

イ 現行検診機関の位置づけと矛盾するのではないか.

ウ 現行剖検基準との整合性が図れるか.

(3) 3－(3)②審査やり直しの場合の問題点

ア 理論上，解剖検討会の開催は可能であるが，(氏名)Drとの絡みで，他のメンバーの意向が不明である.

イ 剖検資料として，プレパラートのみで判断できるのか.

(4) 3－(4)チッソとの事前解決の問題点

チッソが実行するかしないか.

5 結論

以上総合して，主な解剖検討会のメンバーと相談のうえ，反論書作成の協力あるいは解剖検討会の開催が可能であるならば，3(2)，(3)－②の方法を選択する.

また，不可の場合，3(3)－①を選択する.

60 県と国との打合せ 1994.6.9

県と国との打合せ

H 6.6.9

(部長)県といたしまして，水俣病問題の早期解決を図るために，現在，水俣病対策に取り組んでおりますので，何とぞ，取消裁決を見送って頂きたい.

以前から，このことにつきまして，県の事情だけでお願いしておりますところですが，取消裁決がでました後の展開につきまして，水俣病認定業務や訴訟の面におきます現場に携わる者といたしまして患者団体に接触しておりますが，これが出ますと，いろんな困難が起こるわけでございます．それで，最終的な裁決を延ばして頂きたい.

(保健部長)このことにつきましては，前の前の部長からの問題で，局長にあげるまでに起案されていたところでしたが，(重大な問題があるために，これは時間的な問題ばかりではなく，中身の問題でありますので，)白紙の状態で再度検討したところであります.

県の心配は，国の心配でもありますので，いろいろな面から再検討いたしました．例えば，①処分時主義②病理の所見と生前の検診結果③判断条件等の問題．たしかに，取消裁決が出ますと，団体の方からの紛争の種になるおそれがありますが，この方は，①長期にわたっている．②人権問題と訴えられている．③マスコミに結論まで含めて情報が漏れていることから，国といたしても，しかるべく結論を出さなければならないのです.

私といたしても，改めて検討された結果をみているところであります.

① いろいろ心配される事につきましては，事前，事後を含めまして，それなりの説明をしますと歯止めになると思っております.

② 中身につきましては，ご理解を得て，御許し頂きたい.

③ 時期の問題につきましては，従来から県とタイミングを話しておりましたが福岡高裁の判決内容をみた後に，裁決を出す時期につきましては，充分相談させて頂きたいと思っております.

なお，人権問題と訴えられておりますので(日弁連からは，まだ，連絡がきておりませんが)，物理的に，いつまでも，ほっとくわけにはいかないのです.

(部長)人権問題やマスコミにつきましては，しっかり踏ん張って頂きたい．剖検資料がでますと，現場といたしましては，大きな混乱となります.

(保健部長)当分の間は，福岡高裁の判決の中身で考えております.

(部長)私といたしましては，もっともっと長いスタンスを考えてもらいたいのでございます.

以前と比べまして，患者団体との対話が違っております．できれば，3年後，水俣病解決の一つの方向性が見えてからということで，お願い致します.

(保健部長)……略……

鑑定レベルのくいちがい，臨床所見との問題については，クリヤできますし，生前と死亡とは異にするので，解剖だけと割り切っても，後の事は，国が問題にならない様にやっていきます.

……略……

国，県お互いの立場にたって，福岡高裁の判決後，周囲をみながら，裁決内容のすりあわせをすれば，大きな影響が生じないと思われますが，…….

(部長)3年ばかり，伸ばしていただきたい．剖検と臨床所見のくいちがいはすぐに，マスコミや請求人に知れるのでありますから.

(保健部長)生じる影響については，充分，事務レベルで協議していきたいと考えております.

制度論から言いますと，病像論につきましては，国と県は同じ立場でありますので，判断条件が崩れない様に，事務レベルで協議していきたい…….

外向けには，政治的配慮とはいえないので，理屈として裁決を伸ばす理由がたたないのです.

福岡高裁の判決後，充分，県のおっしゃる影響をいっしょに検討しながら，又国が影響を薄めるようにさせていただきながら，裁決を出させて頂きたい.

以上

1 裁決記載に関する留意点
1) 処分庁には，責任・瑕疵がないことを明記する
2) 認定相当としてする
3) 広い処分時主義をとることについて記載する
4) 各症候について記載する
5) 鑑定内容は概括的に記載する

2 対外的な調整
1) 鑑定者(国)
2) (氏名)ライン(国)
3) 認定審査会(県) 国が勝手にやった
4) プレス(国・県) 処分時主義はお涙頂戴で

※時期は福岡の後なるべく早く

61 復命書* 1994.6.14

復　命　書

平成6年6月9日，環境庁環境保健部長と県環境公害部長との打合せに出席するため，東京に出張しましたが，その概要は別紙のとおりでした.

平成6年6月14日

公害審査課長 (氏名)

参事 (氏名)㊞

＊前文書60を添付.

決裁区分：丙，文書分類：分類記号 H 241，主題名 行服，平成6年6月14日起案，起案者：(氏名)㊞，公害審査課・主幹：㊞，課員：㊞㊞㊞㊞

62 Y例の解決にむけて(回答)* 1994.8

(伺)本案のとおり施行してよろしいか.

事務連絡

平成6年8月　日

環境庁特殊疾病審査室長

(氏名)様

熊本県公害審査課長(氏名)

Y例の解決にむけて(回答)

先日，ご照会のありましたこのことについては，別添のとおりです.

〔別添〕Y例の解決について H 6.8.19

1 問1～3について

これらは，いずれも現在，認定業務を始めその他の行政施策等において，四肢末梢性の感覚障害があることを前提として考えられているが，感覚障害のない水俣病があるということが明らかになることにより，懸念される影響を述べたものである.

(1) 「収束に向かっている状態が崩れる」とは，現在の収束の方向は，認定業務にしろ，医療事業(行政施策)にしろ，患者団体等の要求している解決策にしろ，司法判断にしろ，すべて四肢末梢性の感覚障害があることを前提としたものとなっており，水俣病問題のすべての関係者が，そのように理解している.

しかしながら，本件裁決により，この状態がくずれ，新たな紛争を起こしかねないということである.

(2) 「総合対策への影響」とは，臨床医(生前の検査)では，感覚障害等の所見が確認できない多数の水俣病患者がいるということになれば，行政的対応としては，感覚障害がなくとも，何らかの水俣病にみられる症候(ないし所見)があれば，特に原因が特定できない限り，医療事業と同様の理由でその対応を講じる必要がでてくるのではないかということである.

(3) 「新たな補償協定を結ぶ動き」とは，当日も説明したとおり，毎日新聞に(氏名)のコメントとして掲載されていたことを示しているが，要するに，全国連は和解の条件として，連合グループは自主交渉の解決の条件として，感覚障害のある者を前提とした解決の方向を考えているということの例として述べたものである.

本件裁決がでることによって，連合グループの持論である「いずれか一つの水俣病にみられることのある症状」による救済を求める根拠を与えかねないということである.

2 問4について

裁決文の内容については，とやかくいうことではないが，他への影響を最小限にとどめるためには，臨床・病理所見についての判断はない方がいいかと考えている.

また，再検討の余地がない方がいいと考えている.

3 問5について

現在，病理所見への弁明をしたうえで判断を求めるか，弁明をしないまま判断を求めた方がいいのか決めかねている.

そのため，中立的なメンバーの意見を聞いて，態度を決めようかと考えているということである.

4 問6について

要望は，2～3年後であるが，貴部長の意見もあり，三次一陣

の高裁判決後に相談したいと考えている．

特に，それを受けて水俣病問題の解決に向けた政治的動きがどうなるかを見極めた上でと考えている．

＊伺印　公害審査課長：　，課長補佐：㊞，課長補佐：㊞，主幹：㊞，参事：㊞，主査：㊞，㊞㊞㊞㊞

問１～６は，1994.6.9 の県と国の打合せで出た環境庁からの質問．[168]

[63]　Ｙ氏の行政不服審査請求についての調査報告　1999.4.15

Ｙ氏の行政不服審査請求についての調査報告

平成 11 年 4 月 15 日
水俣病対策課

日付	事項・概要	資料 [1]
S54.08.30	棄却処分	文書 1
S54.11.20	環境庁長官から，審査請求書副本送付及び弁明書等の提出要求	
S55.01.28	審査請求人死亡	文書 2
S55.05.14	環境庁長官から，遺族の地位承継届書（写し）の送付	文書 3
S55.11.01	環境庁長官に弁明書等の提出 「『本件審査請求を棄却する』との裁決を求める」	文書 4
S61.11.05	環境庁特殊疾病審査室長から，審査請求人の反論書（写し）送付	
H01.02.21	環境庁特殊疾病審査室による説明・打合せ 「審査請求は棄却する方向で検討している．」	文書 5
H03.06.28	環境庁特殊疾病審査室による説明・打合せ 「Ｙ氏の病理標本を新潟大学，東北大学及び病理学教授に鑑定依頼．その結果，Ｙ氏は，古い脳梗塞，出血しかなく，水俣病の兆候はみられず，棄却相当との裁決を出したい．」	文書 6
H04.03.23	環境庁特殊疾病審査室による説明・打合せ 環境庁「病理の所見に基づき，取消しの方向で検討中．意見・異議はあるか．」 「審査庁の審査対象，病理所見の採用の問題，処分時主義，認定業務・認定基準，総合対策への影響等について質疑．」	文書 7
H04.06.19	環境庁特殊疾病審査室との打合せ 「県の意見をまとめた文書により，審査庁の審査対象，病理所見の採用の問題等について説明．」	文書 8
H05.03.30	環境庁長官から，物件の提出要求	文書 9
H05.05.24	環境庁長官に，物件提出	文書 10
H05.06.30	環境庁による説明・打合せ 環境庁「認定相当と考えているので，事前に処分庁の意向を伺いたい．審査庁の結論は，まだ最終的なものではない．」 「病理所見の採用の問題，処分時主義，認定業務・認定基準，訴訟への影響，審査庁の審理の時期等について質疑．」	文書 11
H06.05.17	環境庁による説明・打合せ 環境庁「鑑定そのものに不備．裁決のやり方について，県の内部でも検討してほしい．」 県「審査会でもう一度やり直すのか，認定相当を出すのがよいかについての検討は，もうしばらく待ってほしい．」	文書 12
H06.05.23	内部打合わせ（対応策検討）	文書 13
H06.06.09	環境庁環境保健部長・県環境公害部長打合せ 県「３年ばかり延ばしてほしい．」 環境庁「福岡高裁の判決後，影響を一緒に検討しながら，裁決を出したい．」	文書 14
H06.08.01	内部打合せ（職権鑑定の報告書の開示を求められるか）	文書 15
H06.08.19	環境庁特殊疾病審査室の質問に対する回答	文書 16

(1)　文書 1 [71]，文書 2 [72]，文書 3 [48]，文書 4 [96]，文書 5 [49]，文書 6 [50]，文書 7 [52]，文書 8 [54]，文書 9 [77]，文書 10 [55]，文書 11 [57]，文書 12 [58]，文書 13 [59]，文書 14 [60]，文書 15 [184]，文書 16 [62]

[64]　〔詫び状〕　1999.4.15

時下ますます御清祥のことと存じます．

さて，先日，お手紙をいただき，元審査請求代理人の方々からその趣旨についてお話を伺いましたので，知事の意向も踏まえまして，私の方から，お詫びとともに申入れ内容等について御説明をさせていただきたいと思います．

まず始めに，御遺族に謝罪するようにとのことでしたが，審査請求がなされておりました当時，熊本県は，行政不服審査における一方の当事者として，環境庁に対し意見を述べていたわけでございますが，故（Ｙ）様が水俣病認定申請をなされてから今回の認定処分まで 25 年，審査請求からでも 19 年以上という長期間を要し，また，審査請求の取下げをせざるをえなかったことなど，この間の御心痛を考えますと，裁決は環境庁が行うことであるとはいうものの，このように長くなった原因の一端が県の対応にあったのではないかとの印象をもたれたのは当然のことであり，誠に申し訳なく思っております．救済を切望されながらもお亡くなりになりました故（Ｙ）様並びに御遺族の皆様方に，心からお詫びを申し上げます．

次に，認定検診・審査方法の見直し等についてでございます．

県の検診等は，経験が豊富でかつ熟練した各科の専門の医師が，日常の診療において医学会で認められているのと同様の検査のやり方によって行っており，また，認定審査会においても，高度の学識と豊富な経験に基づいて総合的に判断されており，見直しの必要はないと考えておりますが，今回，折角の御要望もありましたので，早速，環境庁にはその旨伝え，検討をお願いいたしました．

次に，行政不服審査における経過についてでございますが，当時の資料等を調査した結果について，別添のとおり御報告させていただきたいと思います．当時，県は，行政不服審査の流れの中で，環境庁の問い合わせ等に応じて対応を行ったものであり，環境庁が裁決すること自体に反対したものではありません．ましてや裁決書の決裁後に妨害したというようなことは決してございません．このことについては，どうか御理解いただきますよう，お願い申し上げます．

以上，意を尽くせませんが，お詫びと御説明等をさせていただきました．何卒，御理解くださいますよう，重ねてお願い申し上げます．

平成11年4月15日

(Y妻)様

熊本県環境生活部長　田中力男

65　申入書に対する回答について　1999.7.12

水俣対第341号

平成11年7月12日

(Y妻)様

元審査請求代理人様

熊本県環境生活部水俣病対策課長

申入書に対する回答について

平成11年6月30日付けの申入れに対して，下記のとおり回答します．

なお，本件に関しての県の基本的な考え方等については，先の申し入れに対し，本年4月15日付けで(Y妻)様へお送りしました文書の中で御説明しましたとおりでございます．

御承知のとおり，本件に関しての審査請求については，取消裁決により終了しており，認定処分についても既に行ったところです．今後，個別事案に関しての申し出に対する回答はいたしかねますので，御理解いただきますようお願いします．

なお，検診録についての御遺族からの要望に関しては，現在，対応を検討しているところですが，検討結果については御遺族に直接回答させていただきます．

記

1　申入書(1)について

当該資料については，審査庁からの要求に対して提出した物件でありますので，審査庁から既に請求人宛に送付されていると思います．

2　申入書(2)について

検診録の提出はできません．

3　申入書(3)について

検診録については，個人に関する情報として公にしない取り扱いとしており，審査会においても会議の非公開と併せ同様に公にしない取り扱いであります．

なお，県の情報公開条例においても，個人に関する情報については非開示として保護することとしています．

4　申入書(4)について

① 臨床の限界論についての直接的な根拠となるデータあるいは論文は，保有していません．病理学研究の過程で経験されていることであります．

② 県では環境庁職員の発言に関する根拠は分かりません．

5　申入書(5)について

県の保存文書の中には，当該メモはありませんでした．

6　申入書(6)について

文書16で県が回答した環境庁の質問は，平成6年6月9日に行われた環境庁と県との打合せにおける県の発言についての質問です．この環境庁と県との打合せ概要については，環境庁公表文書31(p148)(1)を，また，環境庁の質問については，環境庁縦覧文書「(Y)例の解決について」(2)を参照してください．

(1) 154

(2) 168

2　熊本県公害被害者・公害健康被害認定審査会

66　熊本県公害被害者認定審査会条例　1969.12.27

熊本県公害被害者認定審査会条例

(昭和44年12月27日　条例第67号)

(沿革)昭和46年9月30日条例第57号，49年8月28日第45号改正

熊本県公害被害者認定審査会条例

(趣旨)

第1条　この条例は，公害に係る健康被害の救済に関する特別措置法(昭和44年法律第90号．以下「法」という．)第20条第4項の規定に基づき，熊本県公害被害者認定審査会(以下「審査会」という．)の組織，運営その他審査会に関し必要な事項を定めるものとする．

(所掌事務)

第2条　審査会は，知事の諮問に応じて，法第3条第1項の規定によりその権限に属せしめられた事項を調査審議し，知事に意見を

述べるものとする．

(組織)

第3条　審査会は，委員10人で組織する．

2　委員は，医学に関し学識経験を有する者のうちから，知事が任命する．

3　委員の任期は，2年とする．ただし，補欠の委員の任期は，前任者の残任期間とする．

4　委員は，再任されることができる．

(会長及び副会長)

第4条　審査会に，会長及び副会長1人を置き，委員の互選によって定める．

2　会長は，会務を総理し，審査会を代表する．

3　副会長は，会長を補佐し，会長に事故があるときは，その職務を代理する．

(会議)

第5条　審査会は，会長が招集する．

2　審査会は，委員の2分の1以上が出席しなければ，会議を開くことができない．

3　審査会の議事は，出席委員の過半数で決し，可否同数のときは，会長の決するところによる．

(専門委員)

第6条　審査会に専門の事項を調査させるため，専門委員若干名を置くことができる．

2　専門委員は，会長の要請により審査会に出席し，意見を述べることができる．

3　専門委員は，医学に関し学識経験を有する者のうちから知事が任命する．

4　専門委員の任期は，2年とする．ただし，補欠の専門委員の任期は，前任者の残任期間とする．

5　専門委員は，再任されることができる．

(意見の聴取等)

第7条　審査会は，第2条の調査審議にあたり必要があるときは，関係人から意見を聞くことができる．

2　審査会は，第2条の調査審議にあたり必要があるときは，あらかじめ，委員に診察その他必要な事項の調査を行わせることができる．

(庶務)

第8条　審査会の庶務は，衛生部において処理する．

(雑則)

第9条　この条例に定めるもののほか，審査会の運営に関し必要な事項は，会長が審査会にはかって定める．

附則

この条例は公布の日から施行する．

熊本県公害健康被害者認定審査会条例

(昭和49年8月28日条例第47号)

(沿革)昭和50年7月10日条例第38号，62年12月23日第32号，平成2年3月30日第5号，9年3月25日第1号改正

熊本県公害健康被害者認定審査会条例〔抄〕[(1)]

(趣旨)

第1条　この条例は，公害健康被害の補償等に関する法律(昭和48年法律第111号)第45条第4項の規定に基づき，熊本県公害健康被害認定審査会(以下「審査会」という．)の組織，運営その他審査会に関し必要な事項を定めるものとする．

一部改正(昭和62年条例32号)

<略>

(庶務)

第7条　審査会の庶務は，環境生活部において処理する．

一部改正(昭和50年条例38号・平成2年5号・9年1号)

<略>

附　則

1　この条例は、昭和49年9月1日から施行する．

2　熊本県公害被害者認定審査会条例(昭和44年熊本県条例第67号．以下「旧条例」という．)は，廃止する．

3　旧条例の規定による熊本県公害被害者認定審査会は，この条例の施行の際現に公害に係る健康被害の救済に関する特別措置法(昭和44年法律第90号)第3条第1項の認定の申請をしている者については，この条例施行の日以後においても当該認定に関し調査審議することができるものとし，その組織，運営等については，なお従前の例による．ただし，同審査会の庶務は，環境生活部において処理する．

一部改正(昭和50年条例38号・平成9年1号)

附　則(昭和50年7月10日条例第38号)

この条例は、公布の日から施行する．

附　則(昭和62年12月23日条例第32号)

この条例は、昭和63年3月1日から施行する．

附　則(平成2年3月30日条例第5号抄)

(施行期日)

1　この条例は、平成2年4月1日から施行する．

附　則(平成9年3月25日条例第1号抄)

(施行期日)

1　この条例は、平成9年4月1日から施行する．

(1) 改正部分のみ載せた．

67　調査記録　1977.6.8

調査記録[(1)]

昭和52年6月8日調査〔水俣市立病院検診センター〕

フリガナ	フリガナ	(男)	M	
氏　　名	(Y)	女	(T) 11. 9. 21 S　　年 月 日生	54才
住　　所	水俣市 (地名)		TEL　　自宅 (電話番号)	
申請年月日	S. 49年　3月　23日		受付番号:2858	
判　　定	年　　月　　日　保･決		患者番号:	
	年　　月　　日　保･決		面 接 者:	
	年　　月　　日　保･決		(氏名)	
備　　考				

自宅図＜略＞

52.6.8　本人及び妻と面接 (訪問調査)

1　自覚症状

・頭がボーッとなり，自分が自分でなくなるみたいである．

・口がもつれる．

・つまづきやすい．

・記憶力がない．

A　日常生活動作

ボタンかけに時間を要し，歩行はゆっくり，自転車にはのれる．

言葉はやや不明瞭である．

B　意識を消失したこと (+) 5 ～ 6 回以上

S 38 年頃から現在にかけて

C　外傷 (+)

S 42-3 年頃，屋根から落ちて肋骨 3 本骨折．

市立 hp. 整形外科にて治療．

2　既往症　　(−)

※T．B．(−)

3　症状の経過

S 38 年頃，選挙の寄り合いで焼酎を飲みトイレに行って，尿の嗅いをかいで意識を失して倒れ，市立 hp. にかつぎ込まれ，その后半年位自宅療養を送っていた．消失時間はそう長くはなかった．回復後はどうもなし．

この頃から．舌がもつれ，つまづきやすい．ボタンかけに時間がかかる．頭がボーッとなり自分が自分でなくなるようになった．また，物忘れしやすく，記憶力が低下してきた．

S 46- 7 年頃，働いていて急に口がかなわなくなり，救急車で (名称) 医院に受診．

しばらく安静にしていたらよくなった．

S 52 年 5 月頃，トイレに立ってめまいがし，気分が悪くなり，10 分位意識を消失．回復後はどうもなく，hp. にもかからなかった．

S 38 年頃からずっと，S 51 年 7 月まで市立 hp. 内科に通院していたが効果がなく，その后，漢方薬治療をしている．

症状は年々悪化していくみたいで，口がもつれ思うように言葉が出ないことが苦痛である．

B.D.160 ／ 110 位 (現在)

4　食生活

・魚介を好む

S 24 年頃，小舟を造り，S 35 − 6 年頃まで所有し，仕事のひまひまに (地名) 辺りで一本釣り．※非組合員

その後，S41 年頃までは妻の実家 (氏名) となりに居住．〔実家〕が一本釣りを業としていた為もらってたべていた．

S 41 以后は，(地名) からの行商の魚を買ってたべている．

また．S 48 年 4 月までは (地名) でカイ，カキ，ビナをとっていた．

註　タコ，タチ etc を好む．

・アルコール　　0.6 合／日

焼酎 20 度を好む

5　職歴

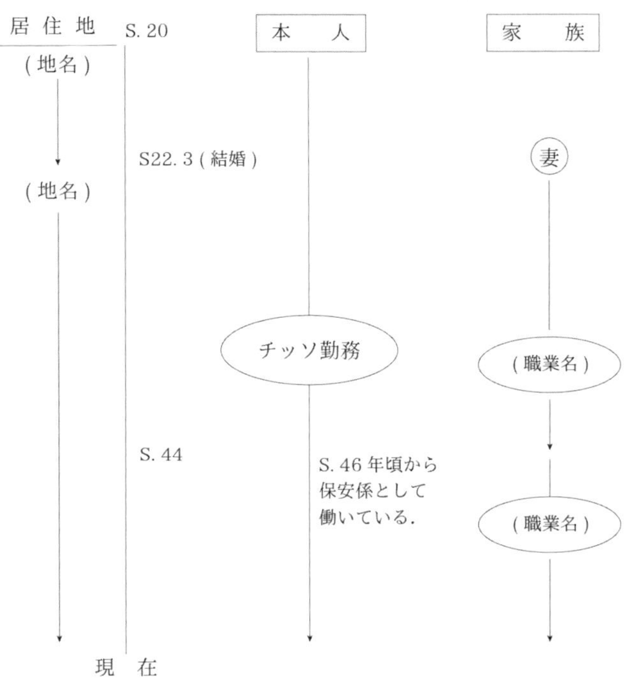

6　家族の状況

＜略＞

7　生活歴

出生地：水俣市 (地名)

同胞・順位：7 人同胞，第 4 子 (3 男)

両親の職業：石工

(結婚　S 22 年)

(名称) 尋常小高等科卆后，志願で (名称) 工しょうに働きに行った．

S 17 年～ 20 年 8 月：甲種合格

※栄養失調の為，病院船で引き揚げ．

S 20 年 8 月復員后，チッソに入社して，現在にいたっている．

S 46 年頃から保安係として働いている．

(S 52 年 9 月退職予定)

S 22 年 3 月 2 日 (地名) 出身の妻と結婚し，現在地に居住．

妻は，子どもが大きくなってからは，日雇い，畑仕事，店員 etc として働いてきたが，S 44 年から (職種名) として働き今日にいたっている．

※車免許　ふつう　　S 42 年頃

現在もたまにのっている．

備考

1　申請の理由

協議会の (名前) さんがすすめ，(地名) かどこかの部落で大学の Dr. から検診を受け，申請．

2　家畜の狂死

猫 3 匹　　　　S 20 ～ 24-5 年頃

(ピューッと走りバタッとひっくり返る)

3　家庭内の認定者　(－)

4　家庭内の申請者　(－)

5　親類内の認定者　(－)

6　近隣の認定者　　(－)

7　毛髪水銀値測定　(－)

・供覧：次長　㊞，課長　㊞，係長　㊞

(1)「調査記録」の右に手書きで「37」と有り

68　公害被害者・公害健康被害認定審査会審査資料〔氏名Y〕

1979.8.23

公害被害者・公害健康被害認定審査会審査資料

(申請番号 (番号))

1.	申請者氏名	(Y)　　(男)・女
2.	生年月日	明治 (大正) 昭和　11年 9月 21日（年令　56才）
3.	現住所	(住所)
4.	居住歴・職歴	水俣市 (地名) にて出生. S.20年～S.22年　チッソ勤務　(地名) S.22年～S.52年　チッソ勤務　(地名) S.52年～S.53年　研磨業　(地名) S.53年～現在　研磨業　(地名)
5.	嗜好	1) 食生活 (魚介類を好む)　好まない　普通（　　　） 2) アルコール (好む)　少し　好まない　(焼酎0.6合/日)
6.	家畜類	猫・鶏などの死亡が (あった)　ない (猫3匹S.20～24,5 年頃狂死)
7.	家族に	水俣病患者が　いる (いない) いれば氏名・続柄記入 -- --
8.	その他の疫学的事項	家庭内申請者：(－) 魚介類の入手方法: S.24～35,6年まで仕事の合間に一本釣. その後S.41年頃まで妻の実家から貰った. S.41年以降行商人から買って食した. 又S.48年までカキ, ビナを採っていた.

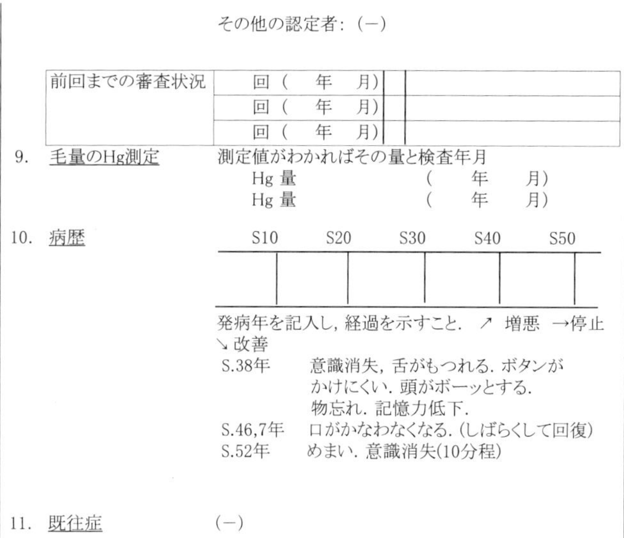

その他の認定者：(－)

前回までの審査状況	回（　年　月）		
	回（　年　月）		
	回（　年　月）		

9.　毛量のHg測定　　測定値がわかればその量と検査年月

Hg 量　　　（　　年　　月）

Hg 量　　　（　　年　　月）

10.　病歴　　S10　S20　S30　S40　S50

発病年を記入し，経過を示すこと．↗ 増悪　→停止　↘改善

S.38年　意識消失，舌がもつれる．ボタンがかけにくい．頭がボーッとする．物忘れ．記憶力低下．

S.46,7年　口がかなわなくなる．(しばらくして回復)

S.52年　めまい．意識消失(10分程)

11.　既往症　　(－)

〔カルテ〕氏名 Y[1]

(氏名　(Y))

I　一般内科学的所見（47年12月16日）検査医

血圧　160/80

II　神経内科学的所見

1.　脳神経

言語障害　－

2.　頸部

運動制限 －　音 ＋　痛 －

スパーリング徴候　－

3.　運動系

筋萎縮 －

脱力　上肢・下肢　－

筋トーヌス　正

4.　振戦

静止時・体位・企図　－

5.　ジアドコキネーシス　右± 左－

指鼻試験障害　－

膝踵試験障害　－

膝叩き試験障害　±

6.　両足起立障害　－

片足起立障害　－

ロンベルグ試験　－

7.　歩行障害　－

つぎ足歩行障害　±

8.　感覚　　9.　反射

10.　病的反射

Babinski・Chaddock　－

11.　ラセーグ徴候

膝関節痛

12.　その他

神経内科学的所見の要約

1) ジアドコ，　S-T ± □□□□でない

2) つぎ足±

3) PTR, ATR ↑

dementia, character, emotional lability

三次　　37-1

(氏名 (Y))

IV　眼科学的所見 予診49年1月23日

Dr チェック 49年3月22日

1　視力

R　1.2

L　1.2

37

(氏名) (Y)

昭和　年　月　日

VI　臨床検査成績

1　頚椎

2　視野
V4　I4　20Hz
R　－　　n.d
L　－　　n.d

3　眼球運動
SPM　±（右ゆきのみ）
SM　－
VOR　n.d

4　その他の機能異常

5　眼球の器質変化
KW IIb

2　腰椎

③　脳波　Basic: 8-9Hz α波
(53. 2)　θ波混入多し．δ波(－)
左右差あまりなし
Spike (-)
Sleep pattern (+)
判定．abnormal, minor

4　その他
尿糖
梅毒反応

(1) ⅢとⅤはコピー空白．記入なしと思われる．

〔カルテ〕氏名Ｙ　一般内科学的所見　53年2月4日

37
（氏名（Y））

I　一般内科学的所見（53年2月4日）検査医
血圧　180/116

II　神経内科学的所見

1.　脳神経
言語障害

2.　頸部
運動制限　音✓　痛✓
スパーリング徴候　✓

3.　運動系
筋萎縮　✓
脱力　上肢　✓
下肢　✓
筋トーヌス（上）［硬＋　（下）［＋
痙✓

4.　振戦
静止時　✓
体位　✓
企図　✓

5.　ジアドコキネーシス　✓
指鼻試験障害　✓
膝踵試験障害　✓
膝叩き試験障害　✓

6.　両足起立障害　✓
片足起立障害　✓
ロンベルグ試験　✓

7.　歩行障害　✓
つぎ足歩行障害　±

8.　感覚　　9.　反射

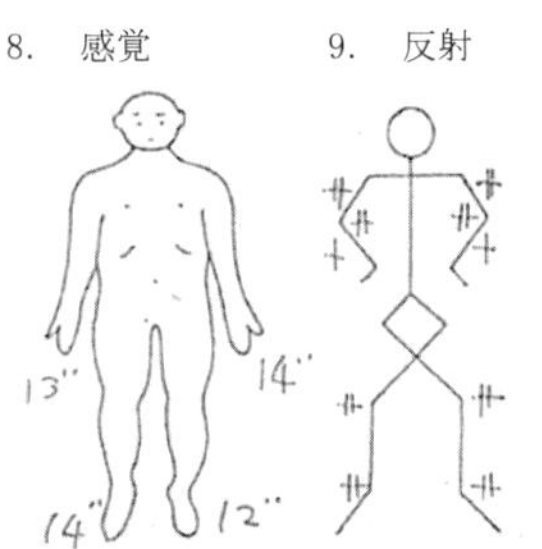

10.　病的反射
Babinski　✓
Chaddock　✓

11.　ラセーグ徴候
膝関節痛

12.　その他
神経内科学的所見の要約
① sensory intact
② 記銘，計算(↓)
情動失禁（＋＋）
③ dysarthria　(±)
〔構音障害〕
④ H.T

氏名（Y）

III　精神医学的所見　53年 2月 15日

1.　心身故障の訴え　－　（＋）　＋＋

2.　情意障害　－　（＋）　＋＋
大儀そう，苦悶，失禁

3.　神経症的色彩　（－）　＋　＋＋
4.　知覚機能障害　－　（＋）　＋＋
5.　発作性障害　－　（＋）
失神

6.　精神病様状態
7.　神経学的所見要約
知覚：四肢(┴)，共同：(┴) 全体の拙劣
構(＋)，振(－)，粗大力(┴)

（氏名（Y））

IV　眼科学的所見　予診54年5月16日
Dr チェック 54年5月17日

1.　視力
R　2.0
L　2.0

2.　視野
V4　I4　20Hz
R　－－－
L　－－－

3.　眼球運動
SPM　＋（右行きのみ）
SM　－
VOR　－

4.　その他の機能異常
両）老視　右）近視性乱視

5.　眼球の器質変化
両）白内障
右）翼状片，陳旧性ブドウ膜炎

（氏名（Y））

V　耳鼻咽喉科学的所見（54年5月15日）

1.　聴力障害　TTS（－）
54．5．14　Speech　正

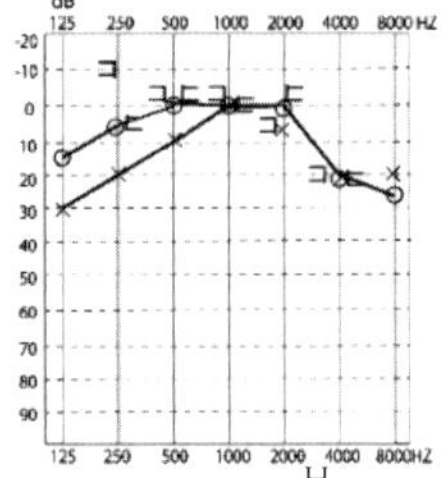

（オージオグラム：dB -20〜90，125〜8000Hz）

2.　平衡障害　OKP $\frac{H}{V}$　抑制

3.　その他　Nyct（－）

37
（氏名（Y））
昭和　年　月　日

VI　臨床検査成績

1.　頸椎
2.　腰椎
□□□□
(51. 9)

3.　脳波

4.　その他
尿糖　－　尿蛋白S±，K－
梅毒反応　－　(51. 9)

69　第71回熊本県公害被害者認定審査会議事要点　第34回熊本県公害健康被害認定審査会議事要点

1979.8.24

第71回熊本県公害被害者認定審査会議事要点
第34回熊本県公害健康被害認定審査会議事要点

1　日　時　昭和54年8月23日(木)13.00～20.00
昭和54年8月24日(金)9.00～17.00
2　場　所　熊本市石原町382－1
熊本勤労総合福祉センター　火の国ハイツ
3　出席者(委員)
(氏名)(氏名)(氏名)(氏名)(氏名)(氏名)(氏名)(氏名)(氏名)(氏名)
(専門委員)
(氏名)(氏名)((氏名)(氏名)専門委（ママ）欠席)
(県公害部)

(氏名)部長，(氏名)次長，(氏名)首席〔ここで切れ〕

〔添付〕諮問者名簿

<略>

棄却相当の者

<略>

第７１回熊本県公害被害者認定審査会審査表

<略>

公害被害者公害健康被害認定審査会議審査資料<略>[1]

(1)　68

70　公害被害者の認定審査について(答申)＊　1979.8.29

熊審第22号
昭和54年8月29日

熊本県知事　沢田　一精　殿

熊本県公害被害者認定審査会
会長　(氏名)　公印

公害被害者の認定審査について(答申)

さきに諮問があった公害被害者の認定審査について，昭和54年8月23日及び24日に開催いたしました当認定審査会の審査結果を別紙のとおり答申します．

記

1　認定相当の者(７名)
2　棄却相当の者(27名)[1]
3　判定不能の者(　名)

〔添付〕　棄却相当の者<略>[2]

(1)　Ｙ氏以外の者については未公表．
(2)　Ｙ氏のみ載せ，他は未公表．
＊〔受付印〕54.8.29，公保課第578号．

Ⅳ　政府

1　環境庁

《1－1　環境庁長官》

71　審査請求書の副本の送付及び弁明書等の提出要求について＊　1979.11.20

環保業第899号
昭和54年11月20日

熊本県知事
沢田　一精　殿

環境庁長官　土屋　義彦

審査請求書の副本の送付及び弁明書等の提出要求について[1]

昭和54年10月23日付をもって審査請求人(Ｙ)から公害に係る健康被害の救済に関する特別措置法第３条の規定に基づく認定申請に係る貴職の棄却処分について審査請求が提起されたので，行政不服審査法(以下「法」という.)第22条第１項及び第２項の規定により別添のとおり審査請求書副本を送付するから，当該審査請求に対する弁明書正副２通を昭和55年2月20日までに提出されたい．

なお，審査請求の審理のために必要があるので，法第28条の規定により，当該審査請求人に係る下記の物件を同日までに２通提出されたい．

記

(1)　認定申請書の写し
(2)　認定申請書に添付されている診断書の写し
(3)　公害被害者認定審査会(以下「審査会」という.)に対する諮問書の写し
(4)　審査に必要な資料作成のための問診等を行った日付，場所，担当者名等を記した記録の写し．(記録が多数にわたるとき，一葉に整理して差支えないこと)
(5)　当該審査にあたった審査会に出席した委員の氏名を記した記録の写し
(6)　審査会から知事に対して提出した答申書の写し
(7)　処分通知書の写し

(8)　審査会に供せられた資料の写し
(9)　その他審査に際して参考となる資料

〔添付〕
審査請求書<略>(2)
委任状<略>(3)

(1) 冒頭に「申請番号 2858，第 71 回答申，申請年月日 49.3.23，生年月日 T 11.9.21，処分年月日 54.8.30，再申請年月日—」.
(2) 2
(3) 3
＊熊本県受付印，54.11.22，公保第 1040 号

72　審査請求人の地位の承継について(通知)*　1980.5.14

環保業第 322 号
昭和 55 年 5 月 14 日

熊本県知事　沢田　一精　殿

環境庁長官　土屋　義彦　㊞

審査請求人の地位の承継について(通知)

下記のとおり審査請求人の地位の承継があったので，通知する.

記

1　承継人の住所・氏名および年令
(住所)
(Y 妻)　(年齢)
2　承継の理由
被承継人(Y)が昭和 55 年 1 月 28 日に死亡したため.
3　承継年月日
昭和 55 年 1 月 28 日
4　承継届出年月日
昭和 55 年 4 月 1 日

〔添付〕
認定申請書<略>(1)
審査請求人地位承継届書<略>(2)

(1) 1
(2) 4
＊熊本県受付，55.5.16，公保第 169 号

73　弁明書等の送付及び反論書の提出について　1980.12.4

環保業第　号
昭和 55 年 12 月 4 日

審査請求人
(別記 1)殿

環境庁長官　鯨岡　兵輔

弁明書等の送付及び反論書の提出について

昭和　年　月日付(別記 2)をもって貴殿より提出された水俣病の認定申請棄却処分に対する審査請求に係る弁明書が，昭和 55 年 11 月 1 日付公保第(別記 3)号をもって熊本県知事沢田一精から提出されたので，行政不服審査法(以下「法」という.)第 22 条第 3 項の規定に基づき，別添のとおり弁明書の副本を送付する．当該弁明に反論のあるときは法第 23 条の規定に基づいて，昭和 56 年 4 月 4 日までに反論書を提出されたい.

なお，あわせて貴殿についての熊本県認定審査会資料等を参考までに送付する.

(別記1)	(別記2)	(別記3)
(Y妻)(1)	54.10.23	838 858

(1) 他 19 名分<略>

74　審査請求事件に係る鑑定について(依頼)　1991.1.21

環保業第 26 号
平成 3 年 1 月 21 日

東北大学(所属)教授
(氏名)殿

環境庁長官　愛知　和男　公印

審査請求事件に係る鑑定について(依頼)

環境保健行政の推進に尽きましては，平素から格別の御指導と御協力を賜り厚くお礼申し上げます.

さて，今般，熊本県知事の行った公害に係る健康被害の救済に関する特別措置法第 3 条第 1 項の規定に基づく水俣病認定申請棄却処分に係る行政不服審査のため必要がありますので行政不服審査法第 27 条の規定に基づき，下記のとおり鑑定をお願い致します.

なお，ご承諾のうえは，別添承諾書に所要事項を記入して御返送下さいますようお願い申し上げます．また，検討結果につきましては，平成 3 年 2 月 17 日までに鑑定報告書と別添様式による病理所見概要の提出をお願いします.

記

1　被処分者の氏名

(Y)
2　鑑定を依頼する物件
前記処分者の死亡後，剖検時に作成した，病理標本の切片 80 枚
1) 中枢神経系　23 枚
2) 末梢神経系および筋　41 枚
3) 神経系以外の臓器　16 枚
3　鑑定の主な内容
病理診断および有機水銀中毒の所見の有無について

75　審査請求事件に係る鑑定について(依頼)　1991.1.21

環保業第 26 号
平成 3 年 1 月 21 日

新潟大学脳研究所(所属)教授
(氏名)　殿

環境庁長官　愛知　和男　公印

審査請求事件に係る鑑定について(依頼)

環境保健行政の推進に尽きましては，平素から格別の御指導と御協力を賜り厚くお礼申し上げます．

さて，今般，熊本県知事の行った公害に係る健康被害の救済に関する特別措置法第 3 条第 1 項の規定に基づく水俣病認定申請棄却処分に係る行政不服審査のため必要がありますので行政不服審査法第 27 条の規定に基づき，下記のとおり鑑定をお願い致します．

なお，ご承諾のうえは，別添承諾書に所要事項を記入して御返送下さいますようお願い申し上げます．また，検討結果につきましては，平成 3 年 1 月 31 日までに鑑定報告書と別添様式による病理所見概要の提出をお願いします．

記

1　被処分者の氏名
(Y)
2　鑑定を依頼する物件
前記処分者の死亡後，剖検時に作成した，病理標本の切片 80 枚
1) 中枢神経系　23 枚
2) 末梢神経系および筋　41 枚
3) 神経系以外の臓器　16 枚
3　鑑定の主な内容
病理診断および有機水銀中毒の所見の有無について

76　審査請求事件に係る鑑定について(依頼)　1992.1.13

平成 4 年 1 月 13 日
環保業第 22 号

京都脳神経研究所長
(氏名)殿

環境庁長官　中村　正三郎　公印

審査請求事件に係る鑑定について(依頼)

環境保健行政の推進につきましては，平素より格別のご協力を賜り，厚くお礼申し上げます．

さて，今般，熊本県知事の行った「(旧)公害に係る健康被害の救済に関する特別措置法」第 3 条第 1 項の規定に基づく水俣病認定申請棄却処分に係る行政不服審査のため必要がありますので，行政不服審査法第 27 条の規定に基づき，下記のとおり鑑定をお願いいたします．検討結果につきましては，平成 4 年 2 月 13 日までに，鑑定報告書と別添様式による病理所見概要の提出をお願いいたします．

なお，ご承諾の場合は，別添承諾書に所要事項を記入の上ご返送くださいますよう併せてお願い申し上げます．

記

1　被処分者氏名　(Y)
2　鑑定を依頼する物件
前記処分者の死亡後，剖検時に作成した，病理標本 87 枚
(1) 中枢神経系　37
(2) 末梢神経系　30
(3) 筋　4
(4) その他の臓器　16
3　鑑定の主な内容
(1) 病理診断及び有機水銀中毒の所見の有無について
(2) 病理所見の形成時期が棄却処分時(昭和 54 年 8 月 30 日)より前か後かについて

77　物件の提出要求について*　1993.3.30

環保業第 123 号
平成 5 年 3 月 30 日

熊本県知事
福島　譲二　殿

環境庁長官
林　大幹　公印

物件の提出要求について

下記審査請求人から申立てのあった(旧)「公害に係る健康被害の救済に関する特別措置法」第 3 条第 1 項の規定に基づく水俣病認定申請棄却処分に係る審査請求に関し，審理のため必要があるので，行政不服審査法第 28 条に基づき，下記 2 件を平成 5 年 4 月 30 日までに提出されたい．

記

審査請求人　審査請求年月日　提出要求物件

(氏名)　昭和52年3月10日　熊本大学医学部「10年後の水俣病に関する疫学的，臨床医学的ならびに病理学的研究」班検診における視野図，眼球運動図，OKP，TTS，認定検診における視野図，眼球運動図

(Y妻)亡(Y)　昭和54年10月23日　水俣湾周辺地区住民健康調査の第三次検診における視野図，眼球運動図，認定検診における視野図，眼球運動図，OKP，TTS

＊熊本県受付，5.4.1，公審第5号

78 口頭意見陳述について(通知)　1994.7.12

環保業第342号
平成6年7月12日

審査請求人　代理人
(氏名)殿

環境庁長官　桜井　新　公印

口頭意見陳述について(通知)

下記審査請求人から申立てのあった旧公害に係る健康被害の救済に関する特別措置法第3条第1項の規定に基づく水俣病認定申請棄却処分に係る審査請求に関し，審査請求人代理人より口頭意見陳述の申立てがあった件について，行政不服審査法第25条第1項の規定に基づき，下記の通り実施する．

なお，意見陳述にあたっては，非公開とし，審査庁の職員がこれを聴取する．

記

審査請求人氏名　(Y妻)(被処分者　亡(Y))
審査請求年月日　昭和54年10月23日
陳述日時　平成6年7月19日(火)　10：30～12：00
陳述場所　東京都千代田区霞ケ関1-2-2中央合同庁舎第5号館共用第2会議室(1F)
陳述者　東京都　(住所)
(氏名)
千葉県　(住所)
(氏名)
東京都　(住所)
(氏名)

79 審査請求の取下げについて(通知)　1997.2.25

環保企第79号
平成9年2月25日

熊本県知事
福島　譲二　殿

環境庁長官　石井　道子　公印

審査請求の取下げについて(通知)

標記について，下記の者より審査請求の取下げがあったので通知する．

記

審査請求件名
旧公害に係る健康被害の救済に関する特別措置法第3条の規定に基づく水俣病認定申請に対する棄却処分についての審査請求

審査請求人氏名　審査請求年月日　審査請求人住所
(Y妻)　昭和54年10月23日　東京都(住所)
(被処分者　亡(Y))

80 裁決書　1999.3.30

環保企第86号

裁　決　書

審査請求人
埼玉県(住所)
(Y妻)
処分庁
熊本県知事

(Y)(昭和55年1月28日死亡．以下「被処分者」という．)から昭和54年10月23日付けで提起された(旧)公害に係る健康被害の救済に関する特別措置法(昭和44年法律第90号)第3条第1項の規定に基づく被処分者に関する水俣病認定申請棄却処分(以下「原処分」という．)に係る審査請求については，次のとおり裁決する．

主　文

本件審査請求に係る熊本県知事(以下「処分庁」という．)の行った水俣病認定申請棄却処分は，これを取り消す．

理　由

1　審査請求の趣旨

本件の審査請求の趣旨は，処分庁が昭和54年8月30日付けをもって被処分者に対して行った原処分を取り消す旨の裁決を求めるというものである．なお，本件は被処分者が昭和55年1月28日に死亡

し，(Y妻)(以下「請求人」という.)が審査請求人の地位を承継しているものである.

2 請求人の主張

請求人の主張の要旨は，次のとおりである.

(1) 被処分者の生活について

ア 居住歴

大正11年9月21日熊本県水俣市(地名)にて出生

大正11年から昭和12年ころまで熊本県水俣市にて居住

昭和20年から昭和53年ころまで熊本県水俣市にて居住

(昭和43年中の3ヵ月間を除く)

昭和53年から神奈川県(地名)にて居住

イ 職業歴

昭和20年から昭和52年ころまで会社員

昭和53年から約1年間自営業

ウ 魚介類の摂取状況

(地名)，(地名)，(地名)で採ったり，もらった魚介類を多食

(2) 被処分者の症状について

ア 昭和32,33年から，手足の痺れ，震えがあった.

イ 昭和37年，硫酸工場で意識を失って倒れ，(地名)病院にかつぎ込まれた．倒れてから，手足の痺れ，震えがひどくなった.

ウ 昭和37,38年ころから，目が見えにくかった．横が見えなかった.

エ 昭和38年ごろ，服のボタンがうまくかけられなかった．つまずき易かった．言葉がもつれた.

オ 昭和42,43年ころ，動作が緩慢で，ヨタヨタして敏捷性はなかった．屋根から落ち，肋骨を3本くらい折った.

カ 昭和46年ころ，急にしゃべれなくなった.

キ 昭和52年ころから，トイレで眩暈がして気分が悪くなり10分間位意識消失した.

ク 昭和54年，片麻痺が出て歩行困難になり，杖をついて歩くようになった.

(3) 請求人の反論について

被処分者が居住していた(地名)の人々の水俣病の認定状況を見ると地域ぐるみで健康の偏りがあるのは明らかである．被処分者は昭和22年に請求人と結婚し，(地名)にある請求人の実家の隣に居住した．請求人の実家は漁業を営み，被処分者は仕事のひまを見つけては，それを手伝い，採った魚をもらい食べていた．昭和26年に初めて自分の船を持ち，タチウオ，アジ，ガラカブ，タコ，ボラ，イカ，アサリ，カキ，ビナなどを採って食べていた.

ところで，処分庁の弁明については，請求人が物件として提出した昭和54年(地名)(名称)病院に入院した時の記録，死亡後の昭和55年順天堂大学に依頼して剖検を行った時の診断書が原処分の誤りを語って余りあると信ずるので，あえて反論はしない．特に剖検をされた順天堂大学の(氏名)先生が被処分者はかわいそうだが水俣病は絶対間違いないと言われた.

(4) 以上の理由から，処分庁が行った水俣病とは認定しないという原処分には不服であり，審査請求を行い，原処分の取消しを求めるものである.

3 処分庁の主張

処分庁の主張の要旨は，次のとおりである.

(1) 昭和49年3月23日，被処分者の認定申請時に添付された診断書には，病名は「水俣病の疑い」とあり，「現在，痺れ感，周囲が見えにくい，言葉がでない，ふるえるなどの自覚障害があり，構音障害，知覚障害，固有反射亢進，筋緊張亢進，視野狭窄(疑い)がみられるので精査の必要を認める.」旨記載されている.

そこで，水俣周辺地区住民健康調査の第三次検診及び処分庁が実施した被処分者に係る検診所見によると，精神医学的には特記すべき所見はなく，神経学的には，昭和47年12月の第三次検診において，軽度のジスジアドコキネーシス，脛叩き試験障害及び継ぎ足歩行障害が認められたが運動失調は明確ではなく，感覚障害もないと判断された．昭和53年2月4日の所見では，軽度構音障害，上下肢の筋硬直，軽度の継ぎ足歩行障害，腱反射の亢進などが認められたが感覚障害はなく，つづく同15日の所見では構音障害，極めて軽度の共同運動障害が認められたが有意の四肢感覚障害は認められなかった.

神経眼科学的には，2回の検診を通して，視野に異常所見は認められず，眼球運動においては右ゆきのみに滑動性追従運動障害がみられ有意とはいえなかった.

神経耳科学的には，視運動性眼振検査(OKP)において抑制がみられたが聴覚疲労(TTS)，語音聴力とも異常所見はみられなかった.

そして，この検診所見及び疫学等を考慮して総合的に判断した結果，被処分者の症状が有機水銀の影響によるものとは認め難いという結論を得たものであり，原処分は医学的根拠に基づいたもので正当である.

(2) したがって，当該審査請求は請求の理由を欠き，行政不服審査法第40条第2項の規定により棄却されるべきものと思われる.

4 審査庁の判断

原処分に際して用いられた公害被害者認定審査会資料，請求人及び処分庁から提出された資料，その他本件審査請求の審査に当たり収集した資料を併せ検討した.

まず，被処分者の魚介類の喫食状況等からみて，被処分者は，魚介類に蓄積された有機水銀に対する曝露歴を有するものと認められる.

次に被処分者は，手足が痺れる，手足が震える，つまずき易い，ボタンがうまくかけられない，言葉がしゃべれない等，水俣病に見られることのある自覚症状を訴えている.

一方，被処分者の原処分時の症候については，平衡機能障害及び中枢性眼球運動障害が疑われるものの，感覚障害，運動失調，求心性視野狭窄，聴力障害と言(ママ)った主要症候はいずれも認められない.

他方，被処分者は処分後早期に死亡しており，被処分者の当該病理所見に関し，行政不服審査法第27条に基づき，3名の神経病理

に係る専門家に対し鑑定を求めた．その結果，２名は「有機水銀中毒の所見がある」と判定し，残りの１名も「有機水銀の所見がない」と判定しているものの，「有機水銀の関与を完全に否定することはできない」と記載している．また，当該病理所見の形成時期については，原処分時以前に形成されたと判定している．

以上を総合的に判断して，被処分者は水俣病の可能性を否定し得ないことから，水俣病として認定することが妥当である．

よって主文のとおり裁決する．

平成 11 年３月 30 日

国務大臣
環境庁長官
真鍋　賢二

《１－２　環境保健部》

81　当面実施する調査　1999.1.20 頃

当面実施する調査

1. 関係書類の調査
（病理鑑定書、決裁書類など）
2. 関係者からの事情聴取
（病理鑑定依頼 (S61) 以降の関係幹部約 20 名）

２週間程度 (2 月初旬) で、調査結果を取りまとめ、大臣に報告の上、公表することとしたい．

〔添付〕

平成 11 年 1 月 19 日（火）　朝日新聞（朝刊 1 面，29 面）
昭和 49 年 3 月 23 日：「(旧) 公害に係る健康被害の救済に関する特別措置法」申請
昭和 54 年 8 月 30 日：熊本県により棄却処分
昭和 54 年 10 月 23 日：環境庁に行政不服審査請求
昭和 55 年 1 月 28 日：申請人死亡（57 才，遺族の依頼により病理解剖を実施）
平成 3 年～平成 4 年：環境庁の依頼により病理鑑定
（その後，環境庁において，原処分にない病理鑑定資料の取扱い及び処分について検討を行う)
平成 9 年 2 月 17 日：審査請求取下げ（一時金の対象）

82　Ｙ氏の行政不服審査請求についての調査報告　1999.2.5

扱い	11 年２月５日 大臣閣議後会見開始後

Ｙ氏の行政不服審査請求についての調査報告

平成 11 年２月５日
環境保健部

日付	事項･概要	資料[1]
S54. 8 .30	棄却処分	
S54.10.23	行政不服審査請求 「水俣病患者との認定をされたく請求します.」	文書 1
S54.11.20	熊本県知事に審査請求書副本送付及び弁明書提出要求	文書 1
S55. 1 .28	審査請求人死亡 (順天堂大学で解剖) その後，遺族が審査請求人の地位承継	文書 4
S55.11. 1	熊本県知事が弁明書提出 「『本件審査請求を棄却する.』との裁決を求める.」	文書 2
S55.12. 4	審査請求人に弁明書等の送付及び反論書の提出要求	文書 3
S56. 3	[昭和 55 年度水俣病に関する総合的研究班報告 (順天堂大学剖検報告)―関東地方在住水俣病の一剖検例―]「水俣病による変化と考えられる」	文書 4
S56. 4 .17	審査請求人の反論書提出期限延長 審査請求人の依頼により期限延長 (S61.6.6 まで以後 12 回延長)	
S61. 9 .10	現地審尋 (特殊疾病審査室長他２名)	文書 5
S61.10.31	審査請求人が反論書提出 入院病院診断書添付「診断：慢性有機水銀中毒症」 病理診断報告書添付「病理診断：慢性有機水銀中毒症」	文書 4
S62. 5 .18	鹿児島大学専門家検討結果 「むしろ『(2) 水俣病の蓋然性が高い (水俣病の可能性は否定できない)』とすべき」	文書 6
S62. 6 . 5	新潟大学専門家検討結果 「(4) 水俣病でない」	文書 7
H３. 1 .21	新潟大学および東北大学に，環境保健部長決裁の上，病理所見鑑定依頼 (特殊疾病審査室長，特殊疾病対策室長，保健業務課長，保健企画課長，環境保健部長の順に決裁)	文書 8
H３. 2 .12	新潟大学病理所見概要作成 「1) 有機水銀中毒の所見がある」,「この特異な局在性を示す病変は有機水銀中毒症以外考えようがない」	文書13
H３. 2 .22	東北大学病理所見概要作成 「2) 有機水銀中毒の所見がない」,「有機水銀の関与を完全に否定することはできない」	文書13

H3.4.19　病理結果専門家意見依頼

H3.4.19　新潟大学及び東北大学に病理鑑定に係る照会
「病理標本の形成時期について」

H3.4.25　東北大学照会回答作成　文書13

H3.5.2　新潟大学照会回答作成　文書13
「有機水銀中毒に基づく病的所見と見なされる所見(中略)は，到底(ママ)5ヶ月と いう短期間に形成されたとは到底考えられず…」

H3.5.13　病理結果専門家意見回答　文書9
「3) 資料追加後再検討」

H3.6.3　総務庁行政管理局副管理官回答　文書10

H3.7.9　(企画調整局長，保健企画課長人事異動)

H4.1.13　京都脳神経研究所に環境保健部長決裁の上，病理所見鑑定依頼　文書11

H4.2.3　京都脳神経研究所病理所見概要作成　文書13
「1) 有機水銀中毒の所見がある」「動脈硬化症とは別に独立した病変と考えられ，有機水銀中毒の所見と見做しうる」

H4.3.13　取消裁決について部内方針決定　文書12
「水俣病である　可能性を否定できないと判断するのが妥当である.」　文書18
「よって，主文のとおり裁決する.」　文書18

H4.3.23　熊本県に対し方針説明(県は納得せず.)　文書18

H4.4前半?　取消裁決の決裁文書を起案し，環境保健部長までは決裁　文書17
「水俣病認定申請棄却処分は，これを取り消す.」　調　査
(注：起案した決裁文書については現在まで所在が確認されていない)

H4.4.13　熊本県に対し方針説明(県は納得せず.)　文書18

H4.4.14　総務庁へ再度電話照会　文書18

H4.4.15　(特殊疾病審査室長人事異動)

H4.4.20　熊本県に電話連絡　文書18
「総務庁へ再度電話照会した旨伝え，決裁時期の検討を依頼.」
「裁決の理由について公害審査課が納得した状態でないと時期の検討はできないとして拒否.」

H4.5.15　大阪市立大学教授に確認　文書14
「処分時に入手しえなかった資料を基に取り消し裁決を行うことに問題はない.」　文書18

H4.6.12　熊本県と打ち合わせ　文書18
「2，3年後まで検討を待って欲しい」

H4.6.26　環境保健部長と熊本県環境公害部長が電話　文書18
「判断条件に対する影響，決裁の時期について今後も話し合うこととした.」

H4.7.1　(環境保健部長人事異動)

H5.2.16　内部文書で，「鑑定結果を踏まえて裁決を行う」と記載　文書19

H5.3.30　熊本県知事に物件提出要求　文書20
(「水俣湾周辺地域住民健康調査の第三次検診における」検査データ資料)

H5.5.17　熊本県環境公害部公害審査課長に物件再提出要求

H5.5.24　熊本県知事物件提出

H5.5.?　取り消し裁決について新しい決裁文書を起案　文書21
「水俣病認定申請棄却処分は，これを取り消す」　調　査

6 ?　その後環境保健部長までは決裁(注：起案した決裁文書については現在まで所在が確認されていない)

H5.6.25　企画調整局長「公表のタイミング再考すべし」　文書23
官房長「異動寸前の裁決は無責任体制の非難の可能性，文案の再検討，熊本県と審査会の対立懸念，公表の時期について」等　文書23
調　査

H5.6.28　環境保健部長　文書23
「官房長の納得できる文に訂正．審査会は県を通じて根回しをすべきである．時期については県の考え方は飲めない」等
官房長室議論により裁決文案を修正　文書22
「原処分時以前の資料と同視しうる可能性が考えられた」

H5.6.29　環境保健部長が県環境公害部長に電話　文書23
県の延ばして欲しいとの要求に，「そういうわけにはいかない」と回答
環境保健部長「企画調整局長に対しては『国と県との関係悪化は無い』といえるように調整に行くこと」等　文書23
(企画調整局長，官房長人事異動)

H5.6.30　熊本県との打ち合わせ　文書23
県「原処分主義に反するのではないか」等

H5.7.2　環境保健部長と打合せ　文書24
文書25

H5.7.6　熊本県公害保健課長に電話照会　文書25
「裁決文において認定せよと指示し，その結果として解剖検討会にかける必要がないようにしていただくほうがありがたい」
病理専門家との打ち合わせ　文書25
「正確には資料不備のため判断できないものと考えられる.」「環境庁が取消すということであれば，特に異論をはさむものではない.」

H5.7.7　熊本県公害保健課長に電話にて病理専門家の話を伝える「解剖検討会にかけていただいても差しつかえない」　文書25
熊本県公害審査課長に電話照会　文書25

日付	内容	出典
	決裁文案について，「部内検討後回答する」	
H5.7.8	熊本県公害審査課長に電話 「取消しを前提とした回答はできない」	文書25
H5.7.9	内部文書で， 「裁決文案の変更は考えなくてもよいものと考えられる.」 「公表時期については何らかの決断を部において行うべきである．また，裁決について県の合意を心配している企調局長への説得も今後の課題となる.」	文書25
H5.7.13	(環境保健部長人事異動)	
H5.7.16	(特殊疾病審査室長人事異動)	
H5.8.頃	新環境保健部長に説明 「取り消し裁決をする方向である．ただし，実施にあたっては，熊本県との調整，タイミングを十分に配慮する必要がある.」	文書26
H6.3.15	内部検討文書方針案 「水俣病認定相当として，原処分を取り消す.」	文書27
H6.6.9	ＮＨＫ報道 「解剖の鑑定を３人のうち２人が水俣病の疑いが強いと判断した.」	文書28
H6.6. ～7.？	取消し裁決文案を作成 「水俣病認定申請棄却処分は，これを取り消す.」	文書29
H6.6.3	熊本県との打ち合わせ 「法律的にも医学的にも問題点が多々あるのみならず，認定業務，裁判等に与える影響が大きいのではないかと懸念している.」	文書30
H6.6.9	環境保健部長と県環境公害部長会談 環境庁，「時期については福岡高裁後に再度調整したい」県，「３年後にして欲しい」	文書31
H6.6.24	審査請求人が口頭意見陳述申立て	
H6.6.30	審査請求人が口頭意見陳述申立て	文書32
H6.7.12	口頭意見陳述実施について審査請求人に通知	文書32
H6.7.15	(組織改正で，特殊疾病審査室が保健企画課へ)	
H6.7.15	(企画調整局長，保健企画課長人事異動)	
H6.7.19	審査請求人代理人の口頭意見陳述 「解剖所見を採用しないのはおかしい.」 (特殊疾病審査室長他３名が，聞き取りのみ)	文書33
H6.7.22	熊本県と協議 「鑑定書を見せてもらいたい」「感覚障害がないのに認定することに問題がある.」等	文書34
H6.9.2	(特殊疾病審査室長人事異動)	
H7.7.4	(企画調整局長，官房長人事異動)	
H8 2.28	保健企画課長との検討 「原処分は適法であるが，救済のため取消しを行う」等	文書35
H8.6.頃	裁決の方針. 行政不服審査法では，処分時主義に基づくことが要請されるが，救済の観点から例外的にこの鑑定結果を採用し，認定相当として原処分を取り消す旨の裁決を行うこととしたい.」 「企画調整局長，官房長，事務次官まで了承」 ただし，「裁決時期については未定」	文書38 文書38 文書39 調　査
H8.6末頃	審査請求人が，一時金の申立について問い合わせ	調　査
H8.7.5	(企画調整局長，官房長，環境保健部長人事異動)	
H8.7.15	(特殊疾病審査室長人事異動)	
H8.7.末	審査請求人が，一時金の申立て	文書39
H8.11.29	判定委員会結果発表後の対応についての検討 判定の結果が一時金の対象となる場合 (対応案１) 請求人の取下げを待つ. (裁決はしない). (対応案２) 請求人が取り下げる前に取消し裁決を行う.	文書39
H8.12.2	一時金の判定委員会	文書39
H9.2.17	審査申請人が審査請求取下げ書を提出	文書40 文書41
H9.2.18	審査請求人に審査請求取下げ書受理を通知	文書40
H9.2.25	熊本県知事に審査請求取下げを通知	文書41

注) 1　調査は，限られた時間で行われたものであり，今後も継続するとともに，重要な事項が明らかになれば公表する.
　2　人事異動は，企画調整局長，環境保健部長，保健企画課長，特殊疾病審査室長について，平成３年以降を記載.

(1) 文書１[2]・[71]，文書２[47]・[48]，文書３[73]，文書４[5]・[27]・[72]，文書５[99]，文書６[39]，文書７[40]，文書８[74]・[75]，文書９[41]，文書10[183]，文書11[102]，文書12[108]，文書13[30]・[31]・[34]・[36]・[110]，文書14[123]，文書15 記載なし，文書16記載なし，文書17[117]，文書18[108]・[112]・[118]・[120]・[121]・[123]・[124]・[129]，文書19[132]，文書20[77]，文書21[139]・[89]，文書22[140]，文書23[57]・[141]，文書24[142]，文書25[143]，文書26[144]，文書27[145]，文書28[148]，文書29[149]，文書30[150]，文書31[154]，文書32[157]，文書33[7]・[158]，文書34[161]，文書35[170]・[171]，文書36記載なし，文書37記載なし，文書38[174]，文書39[175]，文書40[9]・[177]・[178]，文書41[156]・[179]

[83]　Ｙ氏の行政不服審査に関する幹部職員の聞き取り調査書について

1999.2.5

扱い	11年２月５日 大臣閣議後会見開始後

Ｙ氏の行政不服審査に関する幹部職員の聞き取り調査書について

H 11. 2. 5
保健企画課長
同　特殊疾病対策室長

○調査書作成手続

調査書の調査項目について，面接又は電話により聞き取り者が調査対象者に対し口頭で質問し，調査書案を記載した．その際，必要に応じ関係する文書を示して質問した．

さらに，正確を期するためこの書面を調査対象者に示し，確認，補充及び訂正等を行い作成した．

なお，聞き取りに当たっては，事実をできるだけ明らかにしたいとの方針及び調査が公表されうることを伝えた．

○調査対象者

本件について実質審理が開始された昭和 61 年 8 月から審査請求が取下げられた平成 9 年 2 月までの幹部職員とした．

環境保健部長，保健企画課長，特殊疾病審査室長を中心に，必要に応じ，事務次官，企画調整局長等他の幹部についても行った．

○調査書取扱い方法

聞き取り調査書については，公表する．また，今後とも新たに重要な事項が明らかになった場合は，必要があれば改めて聞き取り調査をおこなう．

聞き取り調査書

・氏　名　安原　正
・在職名　長官官房長　(S62.9.25 ～ S63.7.15)
　企画調整局長　(S63.7.15 ～ H2.7.10)
　環境事務次官　(H2.7.10 ～ H3.7.9)
・在任期間　昭和 62 年 9 月 25 日～平成 3 年 7 月 9 日

1　この件について，知っていますか．
　知らない．
2　どのように対応するつもりでしたか．
　－
3　裁決についての決裁文書を見たことがありますか．
　見たことがない．
4　なぜ，在任中に裁決が行われなかったのですか．
　－
5　その他
　－

・聴取者　南川保健企画課長

・氏　名　渡辺　修
・在職名　長官官房長　(S63.7.15 ～ H2.7.10)
　企画調整局長　(H2.12.11 ～ H3.7.9)
　環境事務次官　(H3.7.9 ～ H5.6.29)
・在任期間　昭和 63 年 7 月 15 日～平成 5 年 6 月 29 日

1　この件について，知っていますか．
　知らない．
2　どのように対応するつもりでしたか．
　－
3　裁決についての決裁文書を見たことがありますか．
　ない．
4　なぜ，在任中に裁決が行われなかったのですか．
　－
5　その他
　－

・聴取者　南川保健企画課長

・氏　名　八木橋　惇夫
・在職名　企画調整局長　(H3.7.9 ～ H5.6.29)
　環境事務次官　(H5.6.29 ～ H6.7.15)
・在任期間　平成 3 年 7 月 9 日～ 6 年 7 月 15 日

1　この件について，知っていますか．
　異動直前になって，他の案件と並んで環境保健部にこのような案件があることを具体的ではないが知らされた記憶がある．
2　どのように対応するつもりでしたか．
　異動時期のゴタゴタの中で処理すべき案件ではなく，後任の森官房長と十分相談し，指示を受けるようにと話した記憶がある．
3　裁決についての決裁文書を見たことがありますか．
　見ていない．
4　なぜ，在任中に裁決が行われなかったのですか．
　－
5　その他
　－

・聴取者　南川保健企画課長

・氏　名　森　仁美
・在職名　長官官房長　(H2.7.10 ～ H5.6.29)
　企画調整局長　(H5.6.29 ～ H6.7.15)
　環境事務次官　(H6.7.15 ～ H7.7.4)
・在任期間　平成 2 年 7 月 10 日～ 7 年 7 月 4 日

1　この件について，知っていますか．
　どの職にあった時かは定かでないが，不服審査案件中の難しいケースとして報告，相談を受けた記憶がある．
2　どのように対応するつもりでしたか．
　イタイイタイ病案件の処理をめぐり富山県から強い反発があった後で，それと類似した案件として，原処分庁に事前に話をしておかないと混乱が生ずると考えていた記憶がある．
3　裁決についての決裁文書を見たことがありますか．
　記憶はない．
4　なぜ，在任中に裁決が行われなかったのですか．

機が熟していなかったから裁決に至らなかったと考える.

5　その他

－

・聴取者　南川保健企画課長

・氏　名　石坂　匡身
・在職名　企画調整局長　(H6.7.15 ～ H7.7.4)
環境事務次官　(H7.7.4 ～ H8.7.5)
・在任期間　平成6年7月15日～8年7月5日

1　この件について，知っていますか.
記憶にありません.

2　どのように対応するつもりでしたか.
－

3　裁決についての決裁文書を見たことがありますか.
ありません

4　なぜ，在任中に裁決が行われなかったのですか.
－

5　その他
－

・聴取者　南川保健企画課長

・氏　名　大西　孝夫
・在職名　長官官房長　(H5.6.29 ～ H7.7.4)
企画調整局長　(H7.7.4 ～ H8.7.5)
環境事務次官　(H8.7.5 ～ H10.1.9)
・在任期間　平成5年6月29日～10年1月9日

1　この件について，知っていますか.
知らなかった.

2　どのように対応するつもりでしたか.
－

3　裁決についての決裁文書を見たことがありますか.
見たことがない.

4　なぜ・在任中に裁決が行われなかったのですか.
－

5　その他
－

・聴取者　南川保健企画課長

・氏　名　田中　健次
・在職名　長官官房長　(H7.7.4 ～ H8.7.5)
企画調整局長　(H8.7.5 ～ H10.1.9)
・在任期間　平成7年7月4日～10年1月9日

1　この件について知っていますか.
記憶にありません.

2　どのように対応するつもりでしたか.
－

3　裁決についての決裁文書を見たことがありますか.
ありません.

4　なぜ，在任中に裁決が行われなかったのですか.
－

5　その他
－

・聴取者　南川保健企画課長

・氏　名　目黒　克巳
・在職名　環境保健部長
・在任期間　昭和60年8月27日～平成元年7月3日

1　この件について，知っていますか.
覚えていない.

2　どのように対応するつもりでしたか.
個別のケースは殆ど関与しておらず，記憶にない.

3　裁決についての決裁文書を見たことがありますか.
覚えていない.

4　なぜ，在任中に裁決が行われなかったのですか.
－

5　その他
－

・聴取者　緒方特殊疾病対策室長

・氏　名　三橋　昭男
・在職名　環境保健部長
・在任期間　平成元年7月3日～平成2年7月10日

1　この件について，知っていますか.
記憶にない.

2　どのように対応するつもりでしたか.
記憶にない.

3　裁決についての決裁文書を見たことがありますか.
わからない.

4　なぜ，在任中に裁決が行われなかったのですか.
このケースかどうかわからないが，熊本県審査会に表敬に行ったとき，解剖で所見があったという報告を聞いた記憶がある.

5　その他
－

・聴取者　緒方特殊疾病対策室長

・氏　名　柳澤　健一郎
・在職名　環境保健部長
・在任期間　平成2年7月10日～平成4年7月1日

1　この件について，知っていますか.
平成3～4年頃，鑑定の結果をもとに特殊疾病審査室と議論したことは記憶している.

2　どのように対応するつもりでしたか.

その時の鑑定結果が分かれていたということは記憶している．詳細やその後の対応については記憶していないが，取消しをするということであれば県と調整を取ることが必要と感じていたようにも思う．

3　裁決についての決裁文書を見たことがありますか．

決裁したということは覚えていない(1)．

4　なぜ，在任中に裁決が行われなかったのですか．

水俣病対策について県との窓口は本来特殊疾病対策室であったが，取消例についても特殊疾病審査室を通じて県との調整が必要と感じていたようにも思うが，この例がどうであったかについてはあまり記憶にない．

5　その他

当時最重要な懸案であった水俣病総合対策の実施にあたっては，熊本県との良好な関係が最もポイントとなっていた．

・聴取者　緒方特殊疾病対策室長

(1)「覚えていない」に波線．

・氏　名　　松田　朗
・在職名　　環境保健部長
・在任期間　平成４年７月１日～５年７月13日

1　この件について，知っていますか．

前環境保健部長からの引継事項で簡単なメモがあり，解決済みと認識していた．

その後，再度検討をせざるを得ないということになり，相談(報告)を特殊疾病審査室から受け，協議した記憶がある．

熊本県との間で困ったという感じだったと思う．

2　どのように対応するつもりでしたか．

前環境保健部長の判断を支持し，県を(ママ)納得してもらうことを基本方針とした．

解剖所見による他の鑑定事例の数と「行政不服申請してから死亡までの期間」の分布状況を調査するよう指示し，短期間の本件だけは，原処分主義に準ずるものとして判断・処理しても差し支えないのではないかと考えた(1)．

3　裁決についての決裁文書を見ことがありますか．

見たことがあるか覚えていない(2)．

前環境保健部長の時に部長決裁をとり，解決済みと聞いていたが，その後宙に浮いていたように思う．

4　なぜ，在任中に裁決が行われなかったのですか．

自分で再決裁をしたかどうかはっきりしない．

この事例について，直接は，企画調整局長，官房長等の上司と接触はしなかったと思う．

環境保健部としては取消しという考え方であり，解決済みというように考えていたので，後任環境保健部長への直接の引継ぎ事項の中には無かったのではないか．

5　その他

手帳によれば，平成５年６月29日の欄に熊本県環境公害部長の氏名が書いてあり，当時の懸案事項であった臨時措置法，チッソ支援等について，熊本県に電話をした可能性がある．

その際，この件について，環境保健部の方針を伝えた可能性もある．

・聴取者　緒方特殊疾病対策室長

(1)　回答に大きく○．
(2)「見たことがあるか覚えていない」に傍線．

・氏　名　　野村　瞭
・在職名　　環境保健部長
・在任期間　平成５年７月16日～８年７月５日

1　この件について，知っていますか．

よく知っている．

2　どのように対応するつもりでしたか．

原処分主義の立場からは，原処分にない資料を用いるという問題があるが，棄却処分から３ヶ月位しかたっていない病理所見は，処分時の所見を推定しうるであろうとの専門家の意見があると聞いていた．

救済主義の立場からは，本件は再申請すれば認定される可能性があるが，再申請しておらず，裁決によってしか救済できないということがあり，取消し裁決を行う方向であった(1)．

3　裁決についての決裁文書を見たことがありますか．

環境保健部長までの決裁のある取消し裁決の文章を見た記憶がある．

前々環境保健部長のものではなかったかと思う．

4　なぜ，在任中に裁決が行われなかったのですか．

上司が変わる度にこの件について説明し，取り消し裁決の方向については反対はなかったが，「熊本県との間が微妙な時であり，タイミングについて考慮した方がよい」との次官，企画調整局長の意見があった．自分自身は，再三にわたって県の環境公害部長に説得を試みたが，了解を得るに至らなかった(2)．

5　その他

取消しの方向であったことを，後任に引き継いだ．

・聴取者　緒方特殊疾病対策室長

(1)　回答に○．
(2)「次官」,「企画調整局長」に○．

・氏　名　　広瀬　省
・在職名　　環境保健部長
・在任期間　平成８年７月５日～10年６月30日

1　この件について，知っていますか．

氏名は覚えていない．

(この例かどうかはっきりしないが，)剖検所見で裁決するのかどうかという例を議論した記憶がある.

2　どのように対応するつもりでしたか.

臨床症状で決めるべきであり，病理解剖をどう位置づけるかとの議論が不十分で，解剖にこだわると他の例の救済が遅れるとも思った.

原処分主義に近い考え方である.

3　裁決についての決裁文書を見たことがありますか.

見たことはない.

このケースについて，前環境保健部長から引き継いだという記憶はないが，引継で「問題のあるケースがあり，担当から説明が行われる」と言われた.

4　なぜ，在任中に裁決が行われなかったのですか.

過去に取消しの方向で議論がされたとも聞いたと思うが，決裁を完結したものではなく，新たに決めなければならないと思った.

5　その他

当時は，政治的解決の仕事が主であった.

・聴取者　緒方特殊疾病対策室長

・氏　名　　船橋　晴雄
・在職名　　環境保健部保健企画課長
・在任期間　昭和60年6月25日～昭和62年6月1日

1　この件について，知っていますか.

かなり前のことなので，記憶をたどっても，少なくともこの案件について報告を受けたというようなことは思い出せない.

2　どのように対応するつもりでしたか.

記憶にないので，特に言うことはない.

3　裁決についての決裁文書を見たことがありますか.

全く記憶にない.

4　なぜ，在任中に裁決が行われなかったのですか.

承知していなかったので，わからないとしか言えない.

5　その他

－

・聴取者　南川保健企画課長

・氏　名　　加藤　三郎
・在職名　　環境保健部保健企画課長
・在任期間　昭和62年6月1日～平成元年9月18日

1　この件について，知っていますか

議論したことは全く記憶にない．個別の案件はあまり上がってこない.

部長室で議論したことは記憶にない．当時は，第一種地域の問題が大きな問題だった.

水俣病対策の総体的議論はしていたが，少なくとも企画課長の職において，個別の審査案件を議論した記憶はない.

2　どのように対応するつもりでしたか.

本件については，何も知らない.

3　裁決についての決裁文書を見たことがありますか.

本件については，何も知らない.

4 なぜ，在任中に裁決が行われなかったのですか.

本件については，何も知らない.

5 その他

－

・聴取者　南川保健企画課長

・氏　名　　白川　一郎
・在職名　　環境保健部保健企画課長
・在任期間　平成元年9月18日～3年7月9(ママ)日

1　この件について，知っていますか.

具体的な案件は記憶にない.

審査室にまかせていた.

2　どのように対応するつもりでしたか.

－

3　裁決についての決裁文書を見たことがありますか.

知らない.

4　なぜ，在任中に裁決が行われなかったのですか.

－

5　その他

－

・聴取者　南川保健企画課長

・氏　名　　奥村　知一
・在職名　　環境保健部保健企画課長
・在任期間　平成3年7月1(ママ)日～6年7月15日

1　この件について，知っていますか.

承知している.

2　どのように対応するつもりでしたか.

鑑定結果を用いて裁決を行うという方針に基づき，熊本県との調整を推めることとされたと記憶している.

3　裁決についての決裁文書を見たことがありますか.

三觜審査室長在任中に，部長決裁をとり，県との調整を促進することとした記憶がある.

4　なぜ，在任中に裁決が行われなかったのですか.

在任中の各環境保健部長と県との協議によっても，調整が進まなかったことによると理解している.

5　その他

在任中は，和解問題，訴訟判決(5件)，細川内閣の成立に加え，公害健康被害不服審査会の取消裁決のケースを県(審査会)が再度棄却処分をするなど，熊本県との関係は慎重に進める必要があったと記憶している.

・聴取者　南川保健企画課長

・氏　名　　小島　敏郎
・在職名　　環境保健部保健企画課長
・在任期間　平成6年7月15日～平成9年7月15日
1　この件について，知っていますか．
　本件について，懸案となっていることは知っていた．
2　どのように対応するつもりでしたか．
　対応の選択肢について検討した．
3　裁決についての決裁文書を見たことがありますか．
　決裁文書については，自分はその存在を知らないし，見たこともない．
4　なぜ，在任中に裁決が行われなかったのですか．
　本件に係る議論は，鑑定結果の扱いについてであり，具体的には，原処分主義という基本的な考え方と，環境庁が求めた鑑定結果の扱いに関して議論した．
　また，仮に，請求人の申し立てを棄却した場合，救済の途がなくなることも議論した．
　その上で，法律的な観点から，対応の選択肢について検討した．
5　その他
　－
・聴取者　南川保健企画課長

・氏　名　　伊藤　清臣
・在職名　　特殊疾病審査室長
・在任期間　昭和61年6月16日～62年3月31日
1　この件について，知っていますか．
　覚えていない．
　現地審尋，反論書提出についても覚えていない．
2　どのように対応するつもりでしたか．
　覚えていない．
3　裁決についての決裁文書を見たことがありますか．
　覚えていない．
4　なぜ，在任中に裁決が行われなかったのですか．
　－
5　その他
　－
・聴取者　緒方特殊疾病対策室長

・氏　名　　椎名　正樹
・在職名　　特殊疾病審査室長
・在任期間　昭和62年4月1日～昭和63年10月20日
1　この件について，知っていますか．
　氏名も含めて覚えていない．
2　どのように対応するつもりでしたか．
　覚えていない．
3　裁決についての決裁文書を見たことがありますか．
　覚えていない．
4　なぜ，在任中に裁決が行われなかったのですか．
　容易に判断が得られるものの処理は進んでいたが，判断の難しいケースも多く，これらの処理に努めた．
5　その他
　－
・聴取者　緒方特殊疾病対策室長

・氏　名　　南澤　孝夫
・在職名　　特殊疾病審査室長
・在任期間　昭和63年10月20日～平成元年7月1日
1　この件について，知っていますか．
　知っている
2　どのように対応するつもりでしたか．
　特殊疾病審査室で行う不服審査は，県の判断について是非を審査するものであるから，原処分主義が妥当であると考えていた．しかし病理解剖所見も尊重すべきとの観点から，これと原処分主義とを両立できる根拠を検討してみたが，見出すことはできなかった．
　そこで現実的には，熊本県が公害審査とは別に，何らかの行政的対応をしてくれるのが望ましいと考えた．
3　裁決についての決裁文書を見たことがありますか．
　ない．
4　なぜ，在任中に裁決が行われなかったのですか．
　これは当方の権限を越えることであり，提案しても受け入れられるとは考え難かった．このため，この提案について熊本県と前向きに話し合える場を設定できないかと機会を探していた．
5　その他
　特になし．
・聴取者　緒方特殊疾病対策室長

・氏　名　　大高　道也
・在職名　　特殊疾病審査室長
・在任期間　平成元年7月1日～平成2年7月20日
1　この件について，知っていますか．
　個々の案件について定かには記憶していないが，審査対象の一例であったように思われる．
2　どのように対応するつもりでしたか．
　本件以外の審査条件に取り組んでいたため，当該案件については具体的に対応するに至らなかった．
3　裁決についての決裁文書を見たことがありますか．
　決裁をしていない．従って，見たことはない．
4　なぜ，在任中に裁決が行われなかったのですか．
　裁決すべき未処理案件が多く残っており，他の案件の処理に取り組んでいた．
5　その他
　－

・聴取者　緒方特殊疾病対策室長

・氏　名　　三觜　文雄
・在職名　　特殊疾病審査室長
・在任期間　平成2年7月20日～平成4年4月15日

1　この件について，知っていますか．
　覚えている．
2　どのように対応するつもりでしたか．
　病理解剖について(ママ)鑑定について，環境保健部長，保健企画課長を含めた部議において決定し，鑑定を依頼した．
　これをもとに，取消裁決の決裁を進めるとともに，並行して水俣病行政を円滑[(1)]に進めるため，熊本県に話をした．
3　裁決についての決裁文書を見たことがありますか．
　当時，取消裁決について，特殊疾病対策室長，保健業務課長，保健企画課法令補佐，保健企画課長を経て，環境保健部長まで決裁をした．
　在任中は，企画調整局長まで上がらなかったと思う．
4　なぜ，在任中に裁決が行われなかったのですか．
　決裁が完結しなかったのは，熊本県が，「鑑定を証拠として引用するのはおかしい」という原処分主義を強く主張したためで，直ちに裁決しないで時間をかけて県を説得することとした[(2)]．
5　その他
　－

・聴取者　緒方特殊疾病対策室長

(1) 「水俣病行政を円滑」に囲み．
(2) 「熊本県が、～とした．」に傍線．

・氏　名　　中村　信也
・在職名　　特殊疾病審査室長
・在任期間　平成4年4月15日～5年7月16日

1　この件について，知っていますか．
　着任時に前任者から，環境保健部長が直前に決裁した文章を引き継いだ．
　環境保健部長からは，「基本的には了解しているが，原処分との関係で疑問[(1)]があるので，さらに詰めることを条件に印を押した」ものでり，そのことを詰めるように指示された．
2　どのように対応するつもりでしたか．
　手続き面での原処分(ママ)主義との整合性及び医学面での病理解剖の点について，多少荒いと考え検討し，概ねこれらに合うものとした．法律的には原処分主義に合うか何度も保健企画課，保健業務課も交え検討したが，最終的には了解された．
3　裁決についての決裁文書を見たことがありますか．
　検討をもとに新たに取消し裁決の決裁を起こし，以前の決裁文書も添付し，特殊疾病対策室長，保健業務課長，保健企画課の補佐及び課長を経て，後任の環境保健部長まで新たに決裁した．企画調整局長には，特殊疾病審査室の部下とともに決裁を持っていった．企画調整局長若しくは官房長からは，多少文章を直すよう指示された．
4　なぜ，在任中に裁決が行われなかったのですか．
　裁判判決，総合対策の時期であり，企画調整局長，官房長はすぐには難しいという雰囲気であった．企画調整局長から,「総合対策で取下げも始まっており，時期を待つように，熊本県等の状況を考慮するように」言われたと思う．
　(官房長も，余り乗り気ではなかったと思う)
　環境保健部長が熊本県に電話をし,強く反対されて驚いていた．
　その後，大阪検疫所の現役所長が急死し，急に大阪に異動となった．(もともとは自分としてはもう少し任期があると思っていた.)
5　その他
　熊本県は，原処分(時)主義と合わないので納得できないと言っていた．
　記者は鑑定の件を知っており，問い合わせがあった．イタイイタイ病の裁決に関して取材があったのでコメントした．
　転任後，ずっと気になっていた．

・聴取者　緒方特殊疾病対策室長

(1) 「原処分との関係で疑問」に〇．

・氏　名　　藤崎　清道
・在職名　　特殊疾病審査室長
・在任期間　平成5年7月16日～6年9月2日

1　この件について，知っていますか．
　知っている．細部については記憶が明確ではない．
2　どのように対応するつもりでしたか．
　前任者の引継を受け，また自分でも判断し取消裁決を目指した．
3　裁決についての決裁文書を見たことがありますか．
　決裁文書を見たという記憶は特にない．
　引継前に作成されていた取消裁決書の案文のようなものは見ていたと思う．
4　なぜ，在任中に裁決が行われなかったのですか．
　私が引き継いだ時点では，環境保健部は取り消し裁決を目指していたが，環境庁トータルとしては，取り消し裁決を行うには熊本県の理解を得ることが必要との判断をしており，本件への対応が膠着した状況にあった[(1)]．
　私の在任期間中にも，本件につき環境保健部として再度詰めを行い，取り消し裁決を行うべく準備したが，熊本県の理解が得られていない段階で異動になったように思う．
　取り消し裁決の詰めに当たっては，主として以下の点の検討に時間を要したと思う．
・処分時主義の原則と背馳しないか．

・鑑定等の結果が分かれていた剖検所見の判断.

5 その他

私の在任期間中に庁内幹部に対して本件をどの程度説明したかについては詳しく覚えていないが，平成６年に本件についてＮＨＫの報道がなされており，その際には，長官を含む幹部に本件の内容と検討状況について説明している.

・聴取者 緒方特殊疾病対策室長

(1) 全体に○.

・氏 名 田中 義枝

・在職名 特殊疾病審査室長

・在任期間 平成６年９月２日～８年７月15日

1 この件について，知っていますか.

平成７年３月ごろまで病理所見について検討した．平成８年初めごろに，環境保健部長から原処分主義の解釈についてつめるようにとの指示があった.

2 どのように対応するつもりでしたか.

保健企画課の課長，法令補佐とともに，取消し裁決と原処分主義について検討した．保健企画課長からは，法律的に「厳格な原処分主義の立場からは，鑑定を採用することは難しい」と言われた.

環境保健部長から，「再申請すれば認定となるが，本件は再申請できないので，超法規的に裁決したい」との話があり，保健企画課も渋々了解した.

部としては概ねこのような方針であったが，他への波及効果については検討課題とされていた.

3 裁決についての決裁文書を見たことがありますか.

裁決文書については見たことがない.

過去に決裁を行おうとしてできなかったという話は，聞いたことがある.

4 なぜ，在任中に裁決が行われなかったのですか.

裁決方針案について企画調整局長に説明し，「裁決方針はやむを得ないが，他に波及効果があるのでもう少し検討する必要がある．時期については待った方がよい.」と言われた.

保健企画課から，「現在，水俣病問題の状況が動いており，他への波及効果の検討もあり，時期的に後にしたら」といわれ，時期を見ることにした[(1)].

決裁はしていない.

5 その他

平成７年は，長期未処理案件の裁決促進，他の取消裁決案件，職員の産休等の事情があった.

平成８年６月末に，代理人が一時金の申請のための申立て，行政不服審査取下げの手続きを聞いてきた．保健企画課長及び特殊疾病対策室長と相談し，「一時金の申請のための検討会への申立てと審査請求の取下げは引換えではないので，とりあえず検討会への申立てをすればよい.」と言われ，代理人に説明した.

・聴取者 緒方特殊疾病対策室長

(1) 「現在，水俣病問題の状況が動いており，他への波及効果の検討もあり，時期的に後にしたら」に○.

・氏 名 鈴木 英明

・在職名 特殊疾病審査室長

・在任期間 平成８年７月15日～９年４月１日

1 この件について，知っていますか.

氏名及び解剖の鑑定で水俣病の所見があるという結果があることは，知っている.

2 どのように対応するつもりでしたか.

原処分主義を原則としながら，鑑定で病理所見があったという事実をどう扱うかという検討をした．救済してあげたいという雰囲気はあった.

法律手続きの問題であり，保健企画課と検討した.

６月頃，取消し裁決の検討の動きがあったと聞いたことがあるが，上記からも，必ずしも確定したものではなく，取消されなければならないというものではないと受けとっていた.

3 裁決についての決裁文書を見たことがありますか.

文書を見たことはない.

過去に途中まで決裁した裁決文書があることを，当時聞いたことがあるかもしれないが，はっきりわからない.

4 なぜ，在任中に裁決が行われなかったのですか.

保健企画課との法律手続きの検討として，「原処分主義をなるべく壊したくないということからみて，取消しは難しい」と言うことであった.

また，内容か情勢か覚えていないが，すぐ裁決できないと言うことであった.

裁決等の波及効果については，特殊疾病審査室だけでは判断できなかった.

一時金については当室は直接関係ないが，審査請求人が一時金の申請を申し立て，判定検討会にかかる予定との情報があり，保健企画課の指示により対応ペーパーを作成し，保健企画課課長等と相談した．環境保健部長にも報告したと思う．結論が出ず，待てというニュアンスで受け取り，裁決を保留した[(1)].

5 その他

取下げが申請されたので，その時点では受理せざるを得なかった.

・聴取者 緒方特殊疾病対策室長

(1) 「保健企画課課長等と～保留した.」に囲み.

84 Y氏の行政不服審査に関する文書について 1999.2.5

扱い	11年2月5日 大臣閣議後会見開始後

Y氏の行政不服審査に関する文書について

H11. 2. 5
特殊疾病対策室

○これまでの書類探索状況

1月19日(火)	1名	環境庁倉庫	1時間
	10名	特殊疾病対策室内	4時間
1月20日(水)	4名	環境庁倉庫	3時間
	3名	特殊疾病対策室内	3時間
1月21日(木)	2名	特殊疾病対策室内	2時間
	4名	環境保健部長室	2時間
1月22日(金)	3名	特殊疾病対策室内	3時間
	3名	保健企画課内	4時間
1月23日(土)	2名	保健企画課内	1時間
1月24日(日)	2名	特殊疾病対策室内	1時間
1月25日(月)	2名	環境庁倉庫	1時間
	2名	特殊疾病対策室内	2時間
1月26日(火)	2名	環境庁倉庫	1時間
	2名	特殊疾病対策室内	2時間
1月27日(水)	1名	特殊疾病対策室内	1時間
1月28日(木)	4名	保健業務室内	1時間
2月1日(月)	1名(1)	環境庁倉庫	2時間

注)探索は今後も引き続き行う.

○文書取扱方針

・文書のうち重要なものは全て配布する.

・配布した上記以外の文書についても,全て縦覧に供する.
(ただし,請求人等の氏名,住所,所属等の詳細については,氏名,住所,所属等の詳細が記載されていたことを明らかにした上で抹消する)

・将来新たに重要な文書が発見された場合は公開する.

(1) 「47人32時間」と書込み.

85 Y氏の行政不服審査に関する公表配布文書一覧 1999.2

Y氏の行政不服審査に関する公表配布文書一覧

文書	日付	表題	文書の性格
1.	S54. 11. 20	審査請求書の副本の送付及び弁明書等の提出要求につ	環境保健部長決裁文書(熊本県知事に通知)
2.	S55. 11. 1	水俣病の認定申請棄却処分に係る弁明書等の提出について(送付)	熊本県知事より受理
3.	S55. 12. 4	弁明書等の送付及び反論書の提出について(通知)	環境保健部長決裁文書(審査請求人に送付)
4.	S61. 11. 5	反論書の提出及びその写しの送付について	特殊疾病審査室長決裁文書(熊本県公害審査室長に送付)
5.	S61. 12. 2	現地審尋実施結果の送付について	特殊疾病審査室長決裁文書(審査請求人及び代理人に送付)
6.	S62. 5. 18	検討結果表	鹿児島大学専門家意見書
7.	S62. 6. 5	検討結果表	新潟大学専門家意見書
8.	H3. 1. 21	審査請求事件に係る鑑定について(依頼)	環境保健部長決裁文書(新潟大学,東北大学送付)
9.	H3. 5. 13	意見書	病理解剖専門家意見書
10.	H3. 6. 3	行政不服審査事例の取扱について(回答)	総務庁行政管理局副管理官事務連絡(特殊疾病審査室専門官宛)
11.	H4. 1. 13	審査請求事件に係る鑑定について(依頼)	環境保健部長決裁文書(京都脳神経研究所送付)
12.	H4. 3. 13	Y氏行政不服審査請求事件に係る裁決について	
13.	H4. 3. 18	鑑定結果について(供覧)	環境保健部長決裁文書(供覧)
14.	H4. 5. 15	室内会議記録(病理所見の証拠能力について)	大阪市立大学教授との会議記録
15.	H4. 6. 23	行政不服審査請求事件に係る裁決について	
16.	H4. 6. 23	審査請求人の地位の承継,資料収集の範囲について	想定問答
17.	H4	裁決書	裁決書文案
18.	H4. 6. 23	取り消し裁決に関する県との検討経緯と今後の方針につい	
19.	H5. 2. 16	病理標本の取扱について	
20.	H5. 3. 30	物件の提出要求について(通知)	環境保健部長決裁文書(熊本県知事に通知)
21.	H5. 5. 頃	裁決書	裁決書文案
22.	H5. 6. 28	(官房長室議論により修正)	裁決書文案の一部(一葉のみ)
23.	H5. 6. 30	Y氏の裁決に係る打ち合わせについて	熊本県との打合せ議事録(案)(裁決に関する幹部コメント添付)
24.	H5. 7. 1	Y裁決実行の影響	
25.	H5. 7. 9	今後の対応について(案)	(6/30県との打ち合わせの概要及び関係者への意見聴取概要を含む)
26.	H5. 8.	検討を要する事例について	部長説明用
27.	H6. 3. 15	Case Yについて	
28.	H6. 5.	(参考)NHKの報道について	
29.	H6. 7.	Y氏裁決書文案(2)	裁決書文案
30.	H6. 6. 3	Y事案の取扱い(部長発言骨子) (Y例裁決の影響について熊	熊本県部長発言骨子及び回答
31.	H6. 6. 9	Y例裁決問題について	県との会議議事録
32.	H6. 7. 12	口頭意見陳述について	環境保健部長決裁文書(審査請求人代理人に通知)
33.	H6. 7. 20	口頭意見陳述要旨の供覧	特殊疾病審査室長決裁文書(供覧)
34.	H6. 7. 22	Y例に関する熊本県との協議について	復命書
35.	H8. 2. 28	Y例の裁決方針についての内部検討録	内部検討記録(保健企画課長のY例裁決方

			針案のまとめ添付)
36.	H8. ?.	Y例について鑑定結果を採用しないとした場合の影響	
37.	H8. 6.	Y例と同様のケースが生じる可能性について	
38.	H8. 6. 19	Y例の裁決について	
39.	H8. 11. 29	Y例判定結果発表後の対応について	(保健企画課保管)
40.	H9. 2. 18	審査請求の取下げについて	特殊疾病審査室長決裁文書(審査請求人に通知)
41.	H9. 2. 25	審査請求の取下げについて(通知)	環境保健部長決裁文書(熊本県知事に通知)

注) 1.　文書保管場所は，特記しない限り特殊疾病対策室内．
2.　環境保健部長決裁文書は，
S55までは，特殊疾病対策室長，保健業務課長，保健企画課長，環境保健部長の順に決裁．
S56以後は，特殊疾病審査室長，特殊疾病対策室長，保健業務課長，保健企画課長，環境保健部長の順に決裁．
H6. 7. 15の組織改正以後は，特殊疾病審査室長，特殊疾病対策室長，保健企画課長，環境保健部長の順に決裁．
3.　文書の性格欄に記載のないものは，内部検討メモ．

86　Y氏の行政不服審査に関する追加調査について

1999.3.30

Y氏の行政不服審査に関する追加調査について

平成11年3月30日
環境保健部

1　調査目的・概要

Y氏の行政不服審査に関する調査報告については当時の関係幹部から聞き取り調査を行い，平成11年2月5日に発表したが，その後，前回の調査書の追加・変更事項の有無について再度調査を行った．

2　調査方法

調査書郵送による調査及び面会

3　郵送調査

調査期間：平成11年2月15日～2月22日

調査対象：聞き取り調査を行った全幹部職員

調査書の追加・変更

加藤元保健企画課長

中村元特殊疾病対策室長

4　大臣との面会

野村元環境保健部長：平成11年 2 月18日

広瀬元環境保健部長：平成11年 2 月23日

柳澤元環境保健部長：平成11年 3 月 3 日

松田元環境保健部長：平成11年 3 月 3 日

森　元企画調整局長：平成11年 3 月23日

聞き取り調査書

追加・変更事項

・氏　名　　加藤　三郎

・在職名　　環境保健部保健企画課長

・在任期間　昭和62年6月1日～平成元年9月18日

2　どのように対応するつもりでしたか．

本件については，何も記憶にない．

3　裁決についての決裁文書を見たことがありますか．

本件については，何も記憶にない．

※下線部：追加・変更点

・氏　名　　中村　信也

・在職名　　特殊疾病審査室長

・在任期間　平成4年4月15日～5年7月16日

5　その他

病理標本の採用について，熊本県は，原処分(時)主義と合わないので納得できないと言っていた．

記者は鑑定の件を知っており，問い合わせがあった．イタイイタイ病の裁決に関して取材があったので，ケースによるとコメントした．

裁決について，転任後，ずっと気になっていた．

※下線部：追加・変更点

追加事項

野村　瞭

環境保健部長

平成5年7月16日～平成8年7月5日

1　熊本県に出向時の任務について

昭和52年8月から55年8月まで，熊本県公害部首席医療審議員として勤務をいたしました．主たる任務は，水俣病認定審査会の事務局員として審査会に提出される資料の作成(注)や審査結果のまとめを行っていました．資料についての判断や水俣病の認否は，あくまでも専門家から構成される審査会が行うものであり，審査会からの答申にもとづいて，知事処分が行われることになります．

注：資料は，県職員が実施する申請者の生活歴調査や専門家が実施する検診データをもとに作成

2　政治的解決との関係について

環境保健部長任期の後半から，水俣病問題の政治的解決の議論が始まりましたが，このケースを政治的解決の枠組みの中で処理するという方針転換を図ったことはありません．

3　不服審査請求取下げについて

大気保全局長に転任後，取下げについて担当室長から報告を受けましたが，すでに病理解剖の鑑定結果等について情報が漏れており，取下げについては意外な感じがいたしました．

4　熊本県との関係について

(1)　水俣病の認定審査業務は，機関委任事務として熊本県に行ってもらっていますが，県の棄却処分について「取消し裁決」を行うことによって，認定審査業務が動かなくなる虞がありまし

た．従って慎重な対応が求められました．

(2)　特にこのケースでは，原処分時になかった病理解剖の資料を用いることが，それまでの原処分時主義を逸脱するということで，殊の外，熊本県の抵抗が強くありました．

(3)　さらに当時水俣病問題の解決をめぐって熊本県との間で，国賠訴訟に係る福岡高裁和解案，その後の政治的解決のあり方，さらにはチッソ県債等について意見の対立があり，これらに対する配慮もせざるを得ませんでした．

(4)　なお，私が熊本県に在籍していたが故に県を擁護する立場で問題を処理したという様なことは一切ありません．そのことは，私が再三にわたって県に処分取消し裁決の受入れを働きかけたことからも分かることです．

5　聞き取り調査書について

決裁をした前々環境保健部長とは柳澤部長のことであります．

追加資料

緒方室長からの事情聴取に答えた時と異なっている点は，公表された資料によって記憶が明らかになった部分を追加したことによるものです．

1　この件について議論した記憶は．

鈴木英明室長と部内者3，4名から部長室で説明を受けた．その時期については記憶していないが，資料から平成8年11月頃と推定．

説明の内容は，鑑定の結果水俣病の病理所見があるので，部として救済の方向で柳沢部長時代から努力してきたが大臣までの決済判を得ることが出来ず，また，その理由は，時期を待つように，県の了解を得るように等とのことであった．

2　議論の結果，どのような方針を出したのか

部長としては，大臣までの決済がない以上，このケースは平成7年9月29日与党3党合意「水俣病問題の解決について」とこれを受けての12月15日の閣議了解で決定された救済対象者であると判断した．

（注）与党3党合意による救済対象者とは認定申請が棄却される人々である

3　政治的解決について

3党合意，閣議了解に基づく水俣病の政治的解決の救済事業は，私が部長に就任した時すでに救済申請を受け付けて始まっており，申請締め切り後の判定委員会の審査，チッソが支払う資金措置などの事業を平成9年3月末までに落ち度なく終了させることが私の責務であった．

平成11年2月23日
大気保全局長
広瀬　省

Y例について

平成11年3月9日

真鍋大臣に当時のことについてお話をさせていただいた後，当時の部下（特殊疾病審査室長）であった三觜文雄氏に面会し，また，中村信也氏（現静岡県環境衛生科学研究所所長）と電話で話をするなどして，改めて当時の状況の把握に努めました．三觜氏からは，鑑定を決定したこと，部長まで決裁をしたこと，熊本県と話をしたことについて，中村氏からは，部長まで決裁をしたこと，原処分の関係でさらに詰めるよう指示したことについて話がありました．

当時のことを思い出すに，鑑定については記憶があり，文書8，文書11及び文書13からも私が決裁の上依頼し，また，結果が供覧されたものと思われます．また，県との調整についても必要と感じていたように思います．自分が決裁をしたか否かについては，二人の室長がそのように話していることからそれが事実でしょうが，思い起こすことができません．

なお，後任の部長への引継については，記憶していませんが，担当室から所管事項の中で説明があったものと思います．

当時の状況について，特殊疾病対策室から資料の提供も受けながら記憶を呼び戻すことに努めました．

在任中の平成2年9月，かねてから水俣病の病像等について国等を被告として係争中の水俣病東京訴訟において，突如，東京地裁から和解勧告が出されました（資料1）．環境庁としては，水俣病であるか否かについては，あくまでも和解でなく，司法の判断を求めることが必要と考えていました（資料2）．これに対し熊本県は，和解勧告に応じようとしました（資料3）．このため，国と県に和解勧告をめぐって意見の相違を生じ，厳しいやりとりがあったことが思い起こされます．

在任中の平成2年12月，北川長官の現地視察の直前に起こった山内企画調整局長の自殺という出来事については，自分としても大変心痛を覚えました．そして，このような事件を契機に設置された中央公害対策審議会の委員会の検討をもとに（資料4），一度棄却されてもなおかつ自分では水俣病に違いないとしている人々については，別途，患者でない方への対応としては画期的なこととなった水俣病総合対策として健康管理事業，手当の支給等を実施することとなりました（資料5），（なお，水俣病東京訴訟は，平成4年2月に国に責任なしとの判決がなされ，原告が控訴しました）

この総合対策を進めるためには，県の理解が不可欠であり，事業の実施には県の全面的協力なくしては不可能です．従って，平成3年～4年頃はとりわけ県との良好な関係が望まれており，万一にもその関係が損なわれることがないように一層慎重な配慮が必要でありました．

もし，取消裁決ということになれば，この現状からして，県との十二分の調整の上，慎重に行わねばと考えていた筈です．

なお，かって私が大阪府など自治体に勤務したが故に，県寄りになったということは全くありません．当時は，環境庁職員として全力で働きました．

柳澤健一郎
環境保健部長(平成2年7月10日〜平成4年7月1日)

報告書
松田 朗
<略>(1)

真鍋大臣と森元事務次官との面談要旨
平成11年3月23日
<略>(2)

(1) 182
(2) 181

《1－3 環境庁特殊疾病対策室》

87 審査請求書の副本の送付及び弁明書等の提出要求について(Y)* 1979.10.25

審査請求書の副本の送付及び弁明書等の提出要求について(Y)

上記のことについて次案のとおり通知してよろしいか伺います.

(起案理由)
昭和54年10月23日付をもって審査請求人(Y)から別添のとおり審査請求書が提出されたので，次案により処分庁である熊本県知事に対して副本を送付するとともに弁明書等の提出を求めるものです. また，同日付をもって委任状の提出があったので併せて供覧します.
(参考)
1 認定申請書の県受付年月日 49.3.23
2 棄却処分年月日 54.8.30
3 棄却処分を知った年月日(本人申立) 54.9.2
4 審査請求年月日 54.10.23(51日目)

〔添付〕 審査請求書の副本の送付及び弁明書等の提出要求について<略>(1)
審査請求書<略>(2)
委任状<略>(3)

(1) 71
(2) 2
(3) 3
＊文書番号：環境庁企画調整局環境保健部，昭和54.11.20，環保業第899号，起案54年10月25日，決裁54年11月20日，施行54年11月20日，起案者 企画調整局環境保健部保健業務課特殊疾病対策室審査係 電話2592番(氏名)㊞
主管部局 環境保健部長 ㊞，保健企画課長 サイン ㊞㊞㊞㊞，保健業務課長 サイン ㊞㊞㊞，特殊疾病対策室長 サイン ㊞㊞㊞㊞㊞㊞㊞，㊞㊞

88 弁明書等の送付及び反論書の提出について((氏名)外19名) 1980.11.12

弁明書等の送付及び反論書の提出について
((氏名)外19名)

上記のことについて次案のとおり通知してよろしいか伺います.

(起案理由)

昭和55年11月1日付をもって，熊本県知事沢田一精から審査請求人(氏名)外19名に係る弁明書並びに関係物件の提出が別添のとおりあったので供覧するとともに，次案により当該審査請求人に対して弁明書及び物件(ただし，「提出物件目録」,「熊本県公害被害者認定審査会議事要点」「公害被害者の認定等についての起案書」及び「熊本県公害被害者認定審査会条例」を除く)を送付し，併せて反論書の提出について通知してよろしいかお伺いします.

〔添付〕　弁明書の送付及び反論書の提出について＜略＞[1]

(1)　73

＊文書番号　環境庁企画調整局環境保健部　昭和55.12. 4　環保業第821～840号

起案　55年11月12日，決裁　55年12月4日，施行　55年12月4日

起案者：環境保健部特殊疾病対策室　電話2592番　(氏名)㊞

主管部局　環境保健部長　サイン，保健企画課長　㊞　㊞㊞，保健業務課長　㊞　㊞㊞㊞㊞㊞，特殊疾病対策室長　㊞　㊞㊞㊞㊞㊞㊞

89　審査室の裁決文案について　1993.5.25

特殊疾病対策室

審査室の裁決文案について[1]

3　被処分者の魚介類に蓄積された有機水銀に対する曝露歴について

・「曝露歴を有する」ということで特に問題はない

4　被処分者の臨床所見について

・審査会資料だけから判断すると，感覚障害は存在しないと判断されるため，52年判断条件に合致しない.

・病理所見をもって取消裁決を出すことになるため，臨床所見について，具体的な内容を記載する必要がないのではないか.

・臨床所見の具体的な内容を記載すると,「52年判断条件に合致しない」と記載するか,「52年判断条件に合致するか否かはわからない」と記載するかいずれかにする必要がある.

・臨床所見を「52年判断条件に合致しない」と記載すると，病理所見により臨床所見を否定せざるを得なくなり，52年判断条件は狭いと批判される可能性が強い.

・新たな臨床症状に関する資料は得られておらず，原処分を変更して「52年判断条件に合致するか否かはわからない.」とすることには無理があり，また原処分の臨床判断について妥当でないと言わざるを得なくなる.

・審査室の裁決文案のように,「感覚障害の有無については不明である」とする一方で，運動失調等の他の症候について明確に「認められる」か「認められない」と判断すると，感覚障害の検査も十分にできないような心身の状態で，運動，視野，聴力等の検査ができるのかという疑問が起きる.

5　被処分者の病理所見について

・審査室の裁決文案のように，審査室の独自の医学的判断は加えず，3鑑定人の判断をそのまま記載することが好ましいと考えられる.

7　判断について

・審査室の裁決文案のように,「被処分者は原処分時に水俣病であった蓋然性が高いと考えられる.」とすると，県の審査会が再処分するときに独自の医学的な判断を行なうことができなくなるため，病理所見やその鑑定で新たな意見が出たことを取消の理由とし，実質的な処分は県の審査会の医学的な判断へ任せることが好ましいのではないか.

・本件剖検資料は，処分庁が処分時までには入手できないものであり，処分庁の処分はやむをえなかったと考えられるため，審査室の裁決文案のように,「処分庁が被処分者を水俣病と認定しな(ママ)とし原処分は妥当でなく取り消されるべきものと考えられる」とすることは好ましくない.

(1)　134に対応.

90　抗告訴訟の概要等　1993.12.10

抗告訴訟の概要等

平成5年12月10日
特殊疾病対策室

1　事件の概要

本件は，熊本県知事又は鹿児島県知事に公害に係る健康被害の救済に関する特別措置法3条1項に基づく水俣病認定申請を棄却され，環境庁長官に対する審査請求も棄却された患者4人(提訴前死亡者1名，提訴後死亡者1名)が，認定申請棄却処分の取消しを求めて提訴したものである.

2　処分の経緯

(1) 亡(氏名)	昭利48年 2 月 3 日	認定申請
	昭和48年12月13日	棄却(熊本県知事)
	昭和49年 2 月11日	行服審査請求の申立て
	昭和53年 8 月10日	棄却(環境庁長官)
	昭和54年 1 月 8 日	死亡
(2) (氏名)	昭和48年 1 月29日	認定申請
	昭和49年 4 月 3 日	棄却(熊本県知事)
	昭和49年 6 月 3 日	行服審査請求の申立て
	昭和53年 8 月10日	棄却(環境庁長官)
(3) 亡(氏名)	昭和48年 2 月16日	認定申請

昭和49年2月8日　棄却(熊本県知事)
昭和49年3月5日　行服審査請求の申立て
昭和53年1月16日　死亡(剖検実施)
昭和53年8月10日　棄却(環境庁長官)

(4) (氏名)　昭和47年2月7日　認定申請
昭和48年8月29日　棄却(鹿児島県知事)
昭和48年10月19日　行服審査請求の申立て
昭和53年8月10日　棄却(環境庁長官)

3　訴訟の経緯

(1) 昭和53年11月8日提訴

被告　熊本県知事，鹿児島県知事

(2) 一審判決(熊本地方裁判所・昭和61年3月27日判決)

原告の請求を認め，本件各棄却処分を取り消す．

①　水俣病は中枢性神経系疾患としての面はあることは明らかであるが，それのみならず血管，臓器，その他の組織等にも作用してその機能を弱体劣化させ，これに起因して人体各所に病変を重篤化する可能性のあることを否定しえない中毒性疾患である．

②　昭和52年の保健部長通知に示された各種症候の組合せを必要とする判断条件は狭きに失する．

③　被告らの本件認定手続は迅速かつ確実に健康被害の救済を図る救済法の趣旨及び目的に反している．

(3) 昭和61年3月29日被告控訴(福岡高等裁判所)

4 (1) 控訴人主張骨子

①　認定処分手続の法的性格と合理性

②　52年判断条件とその正当性

③　各自の水俣病罹患の有無

(2) 立証＝証人尋問済み

①　(氏名)(被告申請)，(氏名)，(氏名)，(氏名)，(氏名)，(氏名)(控訴人申請)

②　(氏名)(原告申請)

(3) 今後の予定

現在控訴人は立証を終えており，主張については処分手続の法的性格と病像総論を終えている．今後処分手続の合理性と個別病像論を主張予定．

被控訴人はこれから立証に入るつもりであり，主張については随時反論を行う予定．

当分結審の見込みはない．

91　Y氏の行政不服審査請求について・水俣病問題の経緯　1997.2

Y氏の行政不服審査請求について		水俣病問題の経緯	
S54.8.30	棄却処分		
S54.10.23	行政不服審査請求:「水俣病患者との認定をされたく請求します．」		
S55.1.28	審査請求人死亡(順天堂大学で解剖) その後，遺族が審査請求人の地位承継		
		H2.9～11	裁判所和解勧告(新潟地裁，熊本地裁，福岡高裁，福岡地裁，京都地裁)
		H2.10.29	関係閣僚会議，和解困難との国の見解を報告
		H2.12.5	北川環境庁長官，水俣現地視察(～6日)
		H2.12.末	熊本県が，和解案提示
H3.2 ～H4.2	病理専門家に，病理所見鑑定依頼 3名中2名が「1)有機水銀中毒の所見がある」	H3.1.22	中央公害審議会環境保健部会に専門委員会設置
		H3.11.26	中央公害審議会答申:「地域住民の健康上の問題に対し適切な対策を講じることが必要」
H4.3.13	取消裁決について部内方針決定	H4.2.7	水俣病東京訴訟(東京地裁):国・県に責任なし
H4.3.23 ～6.2	熊本県に対し方針説明(県は納得せず，「2，3年後まで検討を待って欲しい」)		
H4.4前半	取消裁決の決裁文書を起案し，柳澤環境保健部長まで決裁	H4.6	水俣病総合対策医療事業実施， 四肢末端優位の感覚障害を有する者へ療養手帳等
H4.6.26	柳澤環境保健部長と熊本県環境公害部長が電話 「決裁の時期について今後も話し合うこととした．」	H4.7.1	(環境保健部長　柳澤→松田)
		H5.1.7	福岡高裁が和解協議において所見(200～800万円の一時金)
H5.2.16	内部文書で，「鑑定結果を踏まえて裁決を行う」と記載		
H5.5.？ 6.？	取り消し裁決について新しい決裁文書を起案 その後松田環境保健部長までは決裁	H5.3.25	水俣病第3次訴訟第2陣判決(熊本地裁):国・県に責任あり
H5.6.25	八木橋企画調整局長:「公表のタイミング再考すべし」 森官房長:「異動寸前の裁決は無責任体制の非難の可能性，熊本県と審査会の対立懸念，公表の時期について」等		

H5.6.29	松田環境保健部長が県環境公害部長に電話：県の延ばして欲しいとの要求に「そういうわけにはいかない」と回答 松田環境保健部長：「企画調整局長に対しては『国と県との関係悪化は無い』といえるように調整に行くこと」	H5.6.29	（企画調整局長　八木橋→森）
H5.7.8	熊本県：「取消しを前提とした回答はできない」		
H5.7.9	内部文書：「公表時期については何らかの決断を部において行うべきである．また，裁決について県の合意を心配している企調局長への説得も今後の課題となる．」	H.5.7.13	（環境保健部長　松田→野村）
H5.8頃	野村環境保健部長に説明：「取り消し裁決をする方向である．ただし，実施にあたっては，熊本県との調整，タイミングを十分に配慮する必要がある．」	H5.9.3	「水俣病対策について」閣議決定（チッソに対する特別の金融支援等）
		H5.11.26	水俣病京都訴訟判決（京都地裁）：国・県に責任あり
H6.3.15	内部検討文書方針案：「原処分を取り消す．」		
H6.6〜7？	取消し裁決文案を作成		
H6.6.3	熊本県との打ち合わせ：「認定業務，裁判等に与える影響が大きいのではないかと懸念している．」		
H6.6.9	野村環境保健部長と県環境公害部長会談 環境庁，「時期については福岡高裁後に再度調整したい」 県，「3年後にして欲しい」	H6.7.11	水俣病関西訴訟判決（大阪地裁）：国・県に責任なし
H6.7.19	審査請求人代理人の口頭意見陳述：「解剖所見を採用しないのはおかしい．」（特殊疾病審査室長，聞き取りのみ）	H6.7.15	（企画調整局長　森→石坂）
		H6.9.13	「水俣病対策について」閣議了解（患者県債繰上償還・新規貸付及び設備資金貸付決定）
		H7.6.21	「水俣病問題の解決について」（三党合意）決定
		H7.7.4	（企画調整局長　石坂→大西）
		H7.9.28	与党三党が「水俣病問題の解決について」（最終解決策）決定
		H7.12.15	水俣病に関する関係閣僚会議が「水俣病対策について」申合せ，同閣議了解，内閣総理大臣談話閣議了解
H8.2.28	小島保健企画課長との検討 「原処分は適法であるが，救済のため取消しを行う」等	H8.1 （〜7/1）	水俣病総合対策医療事業の申請受付開始 対象者　10.012人
H8.6頃	取消し裁決の方針． 企画調整局長，官房長，事務次官まで了承． ただし，「裁決時期については未定」	H8.2〜5	国家賠償請求訴訟の原告ら取下げ，国同意
H8.7末	審査請求人が，一時金の申立て	H8.7.5	（企画調整局長　大西→田中） （環境保健部長　野村→広瀬）
		H8.9.27	待ち料訴訟控訴差し戻し審判決：国・県勝訴，原告上告
H8.11.29	判定委員会結果発表後の対応についての検討 判定の結果が一時金の対象となる場合 対応案1）請求人の取下げを待つ．裁決はしない 対応案2）請求人が取り下げる前に取消裁決を行う		
H9.2.17	審査申請人が審査請求取下げ書を提出		

92 〔探索資料一覧 審査請求人・環境庁・熊本県〕 1999.2 頃

■審査請求人■

年月日	件名	作成	枚数，字数	概要	備考
S54/10/23	審査請求書	Y氏	2枚，500字	環境庁長官・上村千一郎あて．S54年8月30日付け熊本県知事の認定申請棄却処分を不服とし，審査を求める．	［国文書1］(県文書1)
S54/10/23	委任状	Y氏	1枚，250字	代理人4人を定め，審査請求に関する一切の権限を委任．	［国文書1］(県文書1)
S55/4/1	審査請求人地位承継届書	Y妻	1枚，400字	環境庁長官・土屋義彦あて	(県文書2)
S49/3/22	認定申請書	Y氏	1枚，450字	「昭和40年頃から言葉がもつれ，2年前頃から足がひきつった．言葉が出にくくよだれが出たり，左足にしびれ感があり，現在に至っている」として，県知事・沢田一精あて認定申請．	［国文書2］(県文書3) 県提出物件目録9・1
S49/3/17	診断書	熊本大学医学部附属病院(所属)医師(氏名)	1枚，200字	認定申請書添付．Y氏の症状につき「水俣病の疑い」と診断．	［国文書2］(県文書3) 県提出物件目録9・2
S61/10/31	反論書	審査請求人Y妻，同代理人	3枚，1800字，他24枚	(Ⅰ)長男によるY氏経歴の概略 (Ⅱ)生活歴，病歴等の記録 (Ⅲ)診断書 (Ⅳ)順天堂大剖検診断書 (Ⅴ)(氏名)助教授等による「水俣病に関する総合研究班」への報告書．「一枚の剖検報告書が処分の誤りを語って余りあると信ずる」としている．	［国文書4］(県文書4)
Ⅰ	「Y氏経歴の概略」	Y氏長男	2枚，560字	31年間チッソに勤務．魚類を口にすること日常．S40年ごろ，言語障害，手足の震え等．死亡(S55年)の数年前には，極度の言語障害，手足の震え，歩行困難．	［国文書4］(県文書4)
Ⅱ	申立人(Y)の生活歴		8枚，3000字	食歴，職歴，病歴を詳述．	［国文書4］(県文書4)
Ⅲ S56/10/12	診断書	(名称)病院内科医師(氏名)	4枚，1500字	脳卒中後遺症(左片麻痺)，慢性有機水銀中毒症と診断．	［国文書4］(県文書4)
Ⅳ	病理診断報告書	順天堂大学医学部(所属)(氏名)	1枚，580字	S55年1月28日(文書は8日)剖検．慢性有機水銀中毒症，左視床新鮮出血，多発性脳梗塞(新旧)との病理診断．	［国文書4］(県文書4)
Ⅴ S56/3	水俣病に関する総合的研究(昭和55年度 環境庁公害防止等調査研究委託費による報告書)＝水俣病に関する総合的研究班・財団法人 日本公衆衛生協会(抜粋)「13，関東地方在住水俣病の一剖検例」	順天堂大学脳神経内科病理 佐藤猛・矢ケ崎喜三郎，福田芳郎	3枚，2500字	大脳や小脳，延髄などに水俣病によると考えられる変化あり．	［国文書4］(県文書4)
Ⅴ S55/3	水俣病に関する総合的研究(昭和54年度 環境庁公害防止等調査研究委託費による報告書)＝水俣病に関する総合的研究班・財団法人 日本公衆衛生協会(抜粋)「21，関東地方在住水俣病患者の臨床症状(予報)」	佐藤猛	6枚，3000字	移住者13例の診察所見報告．このほか，担当部長・椿忠雄が，水俣病と筋萎縮性側索硬化症(ALS)の合併死亡者の剖検所見について，「いわゆる遅発性水俣病」と分析．	［国文書4］(県文書4)
H6/6/30	口頭意見陳述の申し立て	Y氏代理人(氏名)	2枚，450字	環境庁長官・浜四津敏子あて．陳述要旨は「審査の迅速化，一日も早い取消裁決の要望」など．	［国文書32］
H9/2/17	審査請求取下書	Y妻	1枚，120字	環境庁長官・石井道子あて．	［国文書40］

■環境庁■

年月日	件名	作成	枚数，字数		備考
S54/10/25	審査請求書の副本の送付及び弁明書等の提出要求について	企画調整局環境保健部保健業務課特殊疾病対策室審査係(氏名)	1枚，350字	県知事に審査請求書副本送付及び弁明書提出を求める起案書．11月20日部長決裁．	［国文書1］
S54/11/20	審査請求書の副本の送付及び弁明書等の提出要求について	長官 土屋義彦	1枚，550字	県知事・沢田一精あて．審査請求書副本の送付を通知．その上で，弁明書2通のほか (1)認定申請書の写し (2)認定申請書に添付されている診断書の写し－など9件の資料2通の提出を求める．期限はいずれもS55年2月20日．	［国文書1］(県文書1)
S55/5/14	審査請求人の地位承継について(通知)	長官 土屋義彦	1枚，400字	県知事・沢田一精あて．Y氏死亡のため，Y妻が承継人に．	(県文書2)
S55/11/12	弁明書等の送付及び反論書の提出について	環境保健部特殊疾病対策室(氏名)	1枚，280字	熊本県提出の弁明書，関係物件の供覧と審査請求人への送付，反論書の提出を求める起案書．12月4日部長決裁．	［国文書3］

S55/12/4	弁明書等の送付及び反論書の提出について	長官　鯨岡兵輔	2枚，320字	審査請求人あて．熊本県提出弁明書の副本送付とS56年4月4日までに反論書の提出を通知．	[国文書3]
S61/11/4	反論書の提出及びその写しの送付について	環境保健部特殊疾病審査室審査係(氏名)	2枚	Y氏妻代理人提出反論書の供覧と県公害審査室長への写し送付起案書．同月5日施行．	[国文書4]
S61/11/5	反論書(写し)の送付について	環境保健部特殊疾病審査室長	本文1枚，写し27枚，800字	県公害部公害審査室長へ通知．	[国文書4] (県文書4)
S61/11/25	現地審尋実施結果の送付について	環境保健部特殊疾病審査室審査係(氏名)	2枚，160字	Y氏についての現地審尋結果の供覧とY氏，代理人それぞれへの送付起案書．12月2日施行．	[国文書5]
S61/12/2	現地審尋実施結果の送付について	環境保健部特殊疾病審査室長	1枚，200字	Y氏妻あて．S61年9月10日実施した現地審尋の結果．内容と相違点あればS62年1月6日までに書面による申し出を通知．	[国文書5]
S61/12/2	現地審尋実施結果の写しの送付について	環境保健部特殊疾病審査室長	1枚，200字	代理人(氏名)あて．Y妻へ送付した現地審尋結果取りまとめ書の写し送付通知．	[国文書5]
	現地審尋実施結果	「環境保健部特殊疾病審査室」	6枚，4800字	S61年9月10日，Y氏自宅で，審尋担当者3人が実施．同席者はY氏長男，次男と代理人3人．「切った手から血がいっぱい出ているのに，Y氏は気付かなかった」と代理人補足．	[国文書5]
S62/5/18	鹿児島大学専門家検討結果		1枚，350字	判定は「むしろ『水俣病の蓋然性が高い(水俣病の可能性は否定できない)』とすべき」．意見で「ボーダーラインというべきか」とも．	[国文書6]
S62/6/5	新潟大学専門家検討結果		1枚，130字	判定は「水俣病でない」．	[国文書7]
H3/1/10	審査請求事件に係る鑑定について(依頼)	環境保健部特殊疾病審査室(氏名)	2枚，250字	Y氏の病理標本鑑定を鑑定人2人に依頼する起案書．同21日部長決裁．謝金は1人3万6千円(6時間×2日)．	[国文書8]
H3/1/21	審査請求事件に係る鑑定について(依頼)	長官　愛知和男	1枚，350字	東北大学(所属)教授(氏名)あて．Y氏病理標本の切片80枚(中枢神経系23枚，末梢神経系および筋41枚，神経系以外の臓器16枚)につき，病理診断と有機水銀中毒の所見の有無について鑑定依頼．同年2月17日までに報告書の提出求める．	[国文書8]
H3/1/21	審査請求事件に係る鑑定について(依頼)	長官　愛知和男	1枚，350字	新潟大学脳研究所(所属)教授(氏名)あて．同年1月31日までに報告書の提出求める．	[国文書8]
H○/○/○	鑑定依頼について(回答)	東北大学(所属)講座(氏名)	1枚，90字	長官・愛知和男あて．Y氏病理標本の鑑定依頼承諾．	[国文書8]
H3/1/24	鑑定依頼について(回答)	新潟大学脳研究所(所属)教室(氏名)	1枚，90字	長官・愛知和男あて．Y氏病理標本の鑑定依頼承諾．	[国文書8]
H3/5/13	意見書＝病理結果専門家意見回答	国立予防衛生研究所(所属)(氏名)	1枚，1100字	診断は「脳出血，脳梗塞，有機水銀中毒の疑い」．総合判定は「資料追加後再検討」として，「水銀組織化学反応の結果で判断すべき」	[国文書9]
H3/6/3	行政不服審査事例の取扱について(回答)	総務庁行政管理局副管理官(氏名)	1枚，350字	環境保健部保健業務課特殊疾病審査室(氏名)専門官あて．「審査庁は，処分庁の棄却処分後，原処分以前に形成されていた新事実を用いて裁決を行うことができる」	[国文書10] (県文書7)
H3/12/24	審査請求事件に係る鑑定について(依頼)	環境保健部特殊疾病審査室(氏名)	2枚，450字	Y氏の病理標本鑑定を鑑定人1人に依頼する起案書．H4年1月13日部長決裁．「既に依頼した鑑定人2人の意見が分かれたため，最終的な判断を下すにあたり第3の鑑定を改めて依頼するもの」．	[国文書11]
H4/1/13	審査請求事件に係る鑑定について(依頼)	長官　中村正三郎		京都脳神経研究所長(氏名)あて．Y氏病理標本87枚(中枢神経系37，末梢神経系30，筋4，その他の臓器16)につき，病理診断および有機水銀中毒の所見の有無，また，病理所見の形成時期が棄却処分時より前か後か，鑑定依頼．2月13日までの報告書提出を求める．	[国文書11]
H○/○/○	鑑定依頼について(回答)	京都脳神経研究所所長(氏名)	1枚，80字	長官・中村正三郎あて．鑑定依頼承諾．	[国文書11]
H○/○/○	病理所見概要		1枚	様式のみ，所見の記載なし．	[国文書11]
H4/3/13	(Y)行政不服審査請求事件に係る裁決について		3枚(うち1枚は参考＝12日付，4500字)	取消裁決について部内方針決定．「剖検資料を加えて総合的に判断すると水俣病である可能性を否定できない．取消裁決する」	[国文書12] (県文書7)
H4/3/18	鑑定結果について	環境保健部特殊疾病審査室(氏名)	9枚(本文2枚＝600字，別紙1枚＝60字，別添6枚)	Y氏鑑定結果を供覧する起案書．	[国文書13]
H3/2/12	病理所見概要	新潟大学脳研究所(所属)(氏名)	1枚，800字	総合判定は「有機水銀中毒の所見がある」	[国文書13]
H3/5/2	審査請求事件に係わる鑑定についての照会に対する報告書	新潟大学脳研究所(所属)(氏名)	1枚，650字	環境保健部特殊疾病審査室長(氏名)あて．「有機水銀中毒に基づく病的所見とみなされる所見は，到底5カ月という短期間において形成されたとは考えられない」	[国文書13]
H3/2/22	病理所見概要	東北大学(所属)(氏名)	1枚，600字	総合判定は「有機水銀の所見がない」としながらも，「有機水銀の関与を完全に否定することはできない」．	[国文書13]
H3/4/25	鑑定についての照会に対する回答	東北大学(所属)(氏名)	1枚，800字	病理診断による病変形成時期を報告．脳出血腫などは「死亡前1ヶ月」，陳旧性脳梗塞は「数年以上」．	[国文書13]
H4/2/3	病理所見概要	京都脳神経研究所(氏名)	1枚，600字	総合判定は「有機水銀中毒の所見がある」．「動脈硬化症とは別に独立した病変と考えられ，有機水銀中毒の所見と見做しうる」	[国文書13]
H4/2/3	病理所見の陳旧性に対する意見	京都脳神経研究所(氏名)	1枚，300字	「少なくとも年余を要する」	[国文書13]

H4/5/15	室内会議記録	「環境保健部特殊疾病審査室」	1枚，1400字	「病理所見の証拠能力について」，大阪市立大法学部教授で中公審環境保健部会委員(氏名)に確認．(氏名)室長ほか5人出席．「処分時に入手しえなかった資料を基に取り消し裁決を行うことに問題はない」	［国文書14］
H4/6/23	(Y)行政不服審査請求事件に係る裁決について	「環境保健部特殊疾病審査室」	2枚，2800字	庁内資料．「被処分者は原処分の時点で水俣病であった蓋然性が高い．したがって，原処分は妥当ではなく取り消されるべき」と結論．	［国文書15］
H4/6/23	タイトル無し	「環境保健部特殊疾病審査室」	1枚，1000字	審査請求人の地位承継，資料収集の範囲についての想定問答．	［国文書16］
H4/4 前半?	裁決書＝日付未記入	長官　中村正三郎	4枚，3000字	Y氏の裁決書．「熊本県知事の行った水俣病認定申請棄却処分はこれを取消す」	［国文書17］
H4/6/23	(Y)の取消裁決に関する県との検討経緯と今後の方針について	「特殊疾病審査室」	1枚，850字	取消裁決に対し，県側が再三拒否．「裁判や認定業務がほぼ終了する2，3年後まで検討を待って欲しい」と県．	［国文書18］(県文書8)
H5/2/16	病理標本の取扱について	特殊疾病審査室	3枚，1500字	内部文書．「鑑定結果を踏まえて裁決を行う」	［国文書19］
H5/3/17	物件の提出要求について	環境保健部特殊疾病審査室審査係(氏名)	2枚，300字	熊本県知事に物件提出要求の議案書．「水俣湾周辺地域住民健康調査の第三次検診における」検査データ資料．同30日部長決裁．	［国文書20］
H5/3/30	物件の提出要求について	長官　林 大幹	1枚，400字	熊本県知事あて．4月30日までの提出要請．	［国文書20］(県文書9)
H5/5/?	裁決書＝日付未記入	長官　林 大幹	4枚，3300字	新たな決裁起案文書．「水俣病認定申請棄却処分は，これを取り消す」	［国文書21］
H5/6/28	「修正裁決書」		1枚，1200字	官房長室議論により修正．「原処分以前の資料と同視しうる可能性が考えられた」	［国文書22］
H5/6/30	(Y)の裁決に係る打ち合わせについて　議事録(案)		1枚，2800字	県との打ち合わせを採録．県庁外会議室に(氏名)公害審査課長ら県側11人，(氏名)補佐ら国側3人．県「処分時主義に反するのでは」など．	［国文書23］(県文書11)
H5/7/1	(Y)裁決実行の影響	特殊疾病審査室	1枚，340字	「早期に実行」「長期に延長」に分け影響を分析．	［国文書24］
H5/7/9	今後の対応について(案)		3枚，2000字	6月30日の県との打ち合わせや関係者への意見聴取採録した内部文書．「裁決文案の変更は考えなくてもよい」「公表の時期については何らかの決断を部において行うべき」	［国文書25］
H5/8 ころ	検討を要する事例について(案)		1枚，450字	新環境保健部長説明用．「取消裁決をする方向．実施にあたっては，県との調整，タイミングを充分に配慮する必要がある」	［国文書26］
H6/3/15	CaseYについて		10枚，7500字	内部検討方針案．「水俣病認定相当として，原処分を取り消す」	［国文書27］
H6/5/6	NHK(5月6日 19時のニュース)の報道について		1枚，230字	報道概要とY氏の事実経緯まとめ．	［国文書27］
H6/6/～7/?	(Y妻)(Y)裁決書文案(2)	長官　桜井 新	4枚，3000字	取消裁決文案．「水俣病認定棄却処分は，これを取り消す」	［国文書29］
H6/6/3	(Y)事案の取扱い(熊本県部長発言骨子)		3枚，2000字	県との打ち合わせ．県部長の意見と国側の回答．県部長は「法律的にも医学的にも問題点が多々あるのみならず，認定業務，裁判等に与える影響が大きいのでは」	［国文書30］
H6/6/9	Y例裁決問題について		2枚，1200字	同日の環境保健部長と県環境公害部長会談採録．部長室，出席は国9人，県4人．国「時期については福岡高裁後に再度調整したい」，県「3年後にして欲しい」．引き続き環境第一会議室，国8人，県3人．(氏名)審査室長「Y氏については部内一体で対処する」，(氏名)(県)課長「一番の心配は，感覚障害がなく病理所見もあるものを認めること」．	［国文書31］(県文書14)
H6/7/4	口頭意見陳述について(通知)	環境保健部特殊疾病審査室審査係(氏名)	2枚，700字	6月30日付けでY氏代理人より申立てがあった口頭意見陳述実施を通知する起案書．7月11日決裁．	［国文書32］
H6/7/12	口頭意見陳述について(通知)	長官　桜井 新	1枚，300字	7月19日実施を通知．陳述者は東京都(氏名)ら3人．	［国文書32］
H6/7/20	口頭意見陳述要旨の供覧	環境保健部特殊疾病審査室(氏名)	2枚，400字	7月19日実施の意見陳述要旨供覧の起案書．要旨は「請求以来15年が経過．審査状況は．解剖所見を採用しないのはおかしい」など．	［国文書33］
H6/7/22	復命書　Y例に関する熊本県との協議について	報告者(氏名)	4枚，3400字	県庁にて．県側「感覚障害がない事例を認定すると病像論が崩れる」「鑑定内容が正しいか，標本を見せて欲しい」．(氏名)の感想・意見は「県審査課幹部は狂信的感情論のよう．交渉当事者としての能力喪失．一切の交渉断って進める選択を考えるべき」．	［国文書34］
H8/2/28	Y例の裁決方針について内部検討録		2枚，1200字	環境保健部保健企画課にて．(氏名)課長ら6人．「原処分は維持して，補償協定にのせる方法は」「職権で鑑定を行った理由が必要」など．	［国文書35］
H8/2/28	(氏名)課長のY例裁決方針案のまとめ		1枚，550字	案1「適法であるが，救済のため取り消す」ほか2案．「案1が可能であれば，案1を採ることが良いと考えられる」	［国文書35］
H8/○/	Y例について鑑定結果を採用しないとした場合の影響		1枚，800字	「処分時以降の資料であるため」など不採用の理由4点と各矛盾点を内部検討．	［国文書36］
H8/6/19	Y例と同様のケースが生じる可能性について		2枚，1200字	内部検討．「可能性は少ないと考えられる」と結論	［国文書37］

H8/6ころ	Y例裁決について		1枚，200字	裁決の方針.「行政不服審査法では，処分時主義に基づくことが要請されるが，救済の観点から例外的にこの鑑定結果を採用し，認定相当として原処分を取り消す旨の裁決を行うこととしたい」「裁決の時期については未定」	[国文書38]
H8/11/29	Y例判定検討会結果発表後の対応について	特殊疾病審査室	2枚，1000字	判定結果への対応検討. 一時金対象の場合，「取り下げを待つ」「取り下げる前に取消裁決を行う」の2案. 非対象の場合は「取消裁決を行う」.	[国文書39]
H9/2/18	審査請求の取り下げについて	環境保健部特殊疾病対策室審査係(氏名)	2枚，100字	Y妻提出の審査請求取下書受理の通知起案書.	[国文書40]
H9/2/18	審査請求の取下げについて	企画調整局環境保健部特殊疾病審査室長(氏名)	1枚，150字	Y妻あて. 取下書受理を通知.	[国文書40]
H9/2/18	審査請求の取下げについて(通知)	環境保健部特殊疾病審査室審査係(氏名)	2枚，280字	県知事への取下書提出通知起案書. 2月25日裁決.	[国文書41]
H9/2/25	審査請求の取下げについて(通知)	長官　石井道子	1枚，150字	県知事・福島譲二あて. 審査請求の取り下げを通知.	[国文書41]
H11/2/5	Y氏の行政不服審査請求についての調査報告	環境保健部	5枚，3800字	水俣病認定申請棄却処分から審査請求取り下げまでの流れ.	
H11/2/5	Y氏の行政不服審査に関する幹部職員の聞き取り調査について	保健企画課長，同特殊疾病対策課長	28枚，10000字	S61年8月からH9年2月までの幹部職員27人への聞き取りを採録.	
H11/2/5	Y氏の行政不服審査に関する文書について	特殊疾病対策室	4枚，2000字	公表配布文書の一覧.	

■熊本県■

年月日	件名	制作	枚数，字数	概要	備考
S55/11/1	水俣病認定申請棄却処分に係る弁明書等の提出について(送付)	知事 沢田一精	1枚，170字	環境庁長官・鯨岡兵輔あて. 弁明書と参考物件各2通送付を通知.	[国文書2]
S55/11/1	弁明書	知事 沢田一精	3枚，2700字	環境庁長官・鯨岡兵輔あて.「原処分は医学的根拠に基づいたもので正当である」とし，審査請求の棄却を求める.	[国文書2] (県文書3)
S55/11/1	提出物件目録	知事 沢田一精	1枚，150字	(1) 請求人に係る認定申請書の写し (2) 認定申請書に添付されている診断書の写しーなど9件	[国文書2] (県文書3)
S54/8/29	公害被害者の認定等について(伺)	公害部公害保健課	1枚，250字	認定審査会のS54年8月29日付け答申を受け，旧法に基づき処分決定と通知の許可を求める起案書. 同年8月30日知事決裁.	[国文書2] (県文書3) 県提出物件9・○
S54/8/29	公害被害者の認定審査について(答申)	県公害被害者認定審査会会長(氏名)	1枚，190字	S54年8月23，24の両日開催した審査会の結果を知事・沢田一精に答申. 認定相当7人，棄却相当27人.	[国文書2] (県文書3) 県提出物件9・5
	第71回熊本県公害被害者認定審査会議事要点 第34回熊本県公害健康被害認定審査会議事要点	県	1枚，200字	審査会議事録のうち出席委員の氏名を記した部分. S54年8月23，24の両日，熊本市の火の国ハイツにて. 出席は委員10人，専門委員2人(欠席2人)，公害部長，同次長，同首席.	[国文書2] (県文書3) 県提出物件9・○
S54/8/29	棄却相当の者　第71回熊本県公害被害者認定審査会審査表	県公害被害者認定審査会会長	2枚，200字	審査会の答申書のうちY氏に係る部分. Y氏の認定申請につき棄却相当とする.	[国文書2] (県文書3) 県提出物件9・5
S54/8/30	Y氏ほか26人に対する処分決定通知書「棄却者名簿」	知事 沢田一精	2枚，200字		[国文書2] (県文書3) 県提出物件9・6
	公害被害者認定審査会資料	県	3枚	審査会に提出したY氏の資料.	[国文書2] (県文書3) 県提出物件9・7
S44/12/27	熊本県公害被害者認定審査会条例	県	1枚，900字		[国文書2] (県文書3) 県提出物件9・8
	調査記録	水俣市立病院検診センター	9枚	Y氏の疫学調査記録. 職歴，家族状況，生活歴など.	[国文書2] (県文書3) 県提出物件9・9
S54/8/21	水俣病患者の審査について(諮問) 諮問者名簿	知事 沢田一精	2枚，170字	県公害被害者認定審査会に対する諮問書.	[国文書2] (県文書3) 県提出物件9・3

H11/4/15	○○○	環境生活部長 田中力男	2枚，900字	Y妻あて.「長くなった原因の一端が県の対応にあったのではないかとの印象を持たれていたのは当然のことであり，誠に申し訳なく思っている」「裁決書の決済後に妨害したというようなことは決してない」などお詫びと説明.	
S54/8/29	水俣病認定申請棄却処分に係る審査請求に対する弁明書等の提出について（伺）	公害保健課被害救済係（氏名）	2枚，350字	弁明書提出の起案書，同30日知事決裁	（県文書3）
H1/2/21	環境庁特殊疾病審査室との打ち合わせ（第8回）		1枚，200字	むつみ荘にて，国側3人，県側（氏名）課長ら5人．国「処分を取り消すというのは県に気の毒であり，審査請求は棄却する方向で検討している」.	（県文書5）
H3/6/29	行服（旧法）に係る今後の裁決について（報告）	公害審査課（氏名）	1枚，200字	H3年6月28日，県庁内にて環境庁特殊疾病審査室との打ち合わせ要旨報告の起案書.	（県文書6）
H3/6/28	行服（旧法）打合要旨（今後の裁決について）		1枚，600字	国「鑑定の結果，水俣病の徴候はみられず，棄却相当との裁決を出したい」.	（県文書6）
H4/3/○	旧法に係る打合せについて（供覧）	公害審査課（氏名）	1枚，200字	H4年3月23日，県庁内にて環境庁特殊疾病審査室との打ち合わせ概要供覧の起案書.	（県文書7）
H4/3/23	（Y）の裁決に関する旧法審査室による事前打ち合わせ		6枚，10000字	県庁環境公害部長室にて，国側3人，県側12人．国「病理所見に基づき原処分取り消しの方向で検討中」，県「臨床，病理の全てが崩れ，総合対策も崩れる」.	（県文書7） ［国文書12］
H4/6/19	○○○		1枚，2200字	環境庁特殊疾病対策室との打ち合わせ．審査庁の審査対象，病理所見の採用問題などについて説明.	（県文書8） ［国文書18］
H5/5/19	水俣病認定申請棄却処分に係る行政不服審査請求に対する物件の提出について（伺）	公害審査課（氏名）	2枚，500字	環境庁長官への物件提出につき，決裁を求める起案書．同24日決裁.	（県文書10）
H5/6/5	（Y）に係る裁決（旧法）について（供覧）	公害審査課（氏名）	4枚，4800字	環境庁との打ち合わせ概況．朝日ビルにて，国3人，県11人．国「認定相当と考えている．病理所見を踏まえて新たな処分をお願いしたい」，県「承服できない」など.	（県文書11） ［国文書23］
H6/5/17			6枚，5000字	環境庁による説明・打ち合わせ．国「裁決のやり方につき，県の部内でも検討していただきたい．審査庁のミスについてはお詫びする．今後は原処分主義を貫く」，県「審査会でもう一度やり直すのか，認定相当を出すのがよいかの検討はもう暫く待ってほしい」.	（県文書12）
H6/5/23	（Y）に関する審査請求について		2枚，2400字	内部打ち合わせ．解剖検討会のメンバーと相談の上，反論書作成への協力，検討会の開催が可能ならば，反論書提出，剖検所見を踏まえた再度の判断を選択．不可なら，認定相当裁決を受け，これに基づき処分する」と結論.	（県文書13）
H6/6/9	国と県との打ち合わせ	公害審査課長（氏名），参事（氏名）	4枚，2700字	環境保健部長と県環境公害部長．国「福岡高裁の判決内容をみた後に，裁決時期について相談したい」，県「3年後，水俣病解決の一つの方向性が見えてからにして欲しい」.	（県文書14） ［国文書31］
H6/8/1	審査庁の行った職権鑑定について，報告書の開示を求めることができるか.		1枚，1000字	内部打ち合わせ資料．「裁決の基礎をなすものであれば，審査庁は閲覧請求の対象に加えるのが適当」と結論.	（県文書15）
H6/8/19	Y例の解決について	公害審査課長（氏名）	3枚，1200字	環境庁特殊疾病審査室長あて．「裁決により四肢末梢性の感覚障害というすべての前提が崩れる」など影響，時期など6つの質問に回答.	（県文書16）
H11/4/15	Y氏の行政不服審査請求についての調査報告	水俣病対策課	2枚，1000字	Y氏関連資料，概要の一覧.	

○印と時間順は原資料のまま.

93　Ｙ氏の行政不服審査に関する文書について　1999.3.30

Ｙ氏の行政不服審査に関する文書について

H 11.3.30
特殊疾病対策室

（調査結果発表後の書類探索状況）
○2月5日の調査結果発表後においても，以下のとおり書類の探索に努めたが，公表した書類以外のものは，発見されていない.

2月8日(月)　2名　特殊疾病対策室内　1時間
2月9日(火)　2名　環境庁倉庫　1時間
2月15日(月)　3名　特殊疾病対策室内　2時間
2月16日(火)　2名　特殊疾病対策室内　1時間
2月17日(水)　1名　保健企画課内　1時間

(参考)それ以前の書類探索状況
延べ11日間，34時間，48名により，特殊疾病対策室内，環境庁倉庫，環境保健部長室，保健企画課内，保健業務室内を探索した.
○書類の探索については，とりあえず終了するが，将来新たに重要な文書が発見された場合には，速やかに公表する.

94　水俣病認定申請棄却処分に係る行政不服審査請求事件の裁決について(旧法)

1999.3.30

水俣病認定申請棄却処分に係る行政不服審査請求事件の裁決について(旧法)

平成11年3月30日
環境庁環境保健部特殊疾病対策室
室長　緒方　剛(内6330)
担当　鈴木健彦(内6332)

環境庁は，公害に係る健康被害の救済に関する特別措置法(いわゆる旧救済法)に基づいて行われた水俣病認定申請棄却処分を不服として審査を請求されている事件のうち，1件について平成11年3月30日付けで裁決を行った．裁決は取消しである.

1　裁決年月日　平成11年3月30日
2　件数　1件(取消し)

〈行政不服審査請求事件処理状況〉

処分庁	審査請求件数	処理状況					未処理件数
		取下げ件数	裁決件数				
			却下	取消し	棄却	計	
新潟県	54	2	0	0	52	52	0
新潟市	8	1	0	0	7	7	0
熊本県	516	111	2	11	385	398	7
鹿児島県	60	6	1	3	50	54	0
合　計	638	120	3	14	494	511	7

*件数は今回の処分を含む（平成11年3月30日現在）

〈被処分者の概要について〉

	原処分庁	性別	出生年（年齢）	現住所（死亡時）	認定申請年月日	原処分年月日	審査請求年月日	採決
1	熊本県知事	男	大正11年（享年57歳）	神奈川県（住所）	昭和49年3月22日	昭和54年8月30日	昭和54年10月23日	取消し

《1 − 4 環境庁特殊疾病審査室》

95 反論書の提出及びその写しの送付について* 1986.11.4

反論書の提出及びその写しの送付について

上記のことについて別添のとおり反論書の提出があったので供覧し併せて熊本県公害審査室長へ参考までに送付してよろしいか伺います.

主管部局 特殊疾病審査室長 ㊞ ㊞㊞㊞㊞㊞

(起案理由)

審査請求人(Y妻)(亡(Y))の代理人(氏名)から別添のとおり反論書の提出があったので供覧し，併わせて参考までに熊本県公害審査室長に対して次案[1]のとおりその写しを送付するものである.

＊文書番号 12 起案 61 年 11 月 4 日，施行 61 年 11 月 5 日 起案者 環境保健部特殊疾病審査室審査係 電話 6342 番 (氏名)㊞

(1) 次文書 96

96 反論書(写し)の送付について 1986.11.5

61 第 12 号

昭和 61 年 11 月 5 日

熊本県公害部公害審査室長 殿

環境庁環境保健部特殊疾病審査室長 公印

反論書(写し)の送付について

審査請求人(Y妻)(亡(Y))の代理人(氏名)から反論書の提出があったので，参考までにその写しを送付します.

〔添付〕

(Y) 反論書[1]

(Ⅰ) 〔Y氏の病歴〕[1]

(Ⅱ) 申立人(Y)の生活歴[1]

(Ⅲ) 診断書[2]

(Ⅳ) 病理診断報告書[3]

(Ⅴ) 水俣病に関する総合的研究 昭和 56 年 3 月

13. 関東地方在住水俣病の一剖検例[4]

水俣病に関する総合的研究 昭和 55 年 3 月

21. 関東地方在住水俣病患者の臨床症状(予報)[5]

(1) 5

(2) 24

(3) 25

(4) 27

(5) 26

97 現地審尋実施結果の送付について* 1986.11.25

現地審尋実施結果の送付について

上記のことについて案の 1，2 のとおり送付してよろしいか伺います.

(起案理由)

下記審査請求人について現地審尋を実施したので，その結果を供覧するとともに，案の 1 により各審査請求人に，案の 2 により代理人に，それぞれ現地審尋結果を送付するものである.

記

(審査請求人)	(実施日)	(代理人)
(Y妻)(亡(Y))	61.9.10	(氏名)
(氏名)	61.9.10	(氏名)

〔添付〕

現地審尋実施結果の送付について[1]

現地審尋実施結果の写しの送付について[2]

現地審尋実施結果[3]

(1) 98

(2) 100

(3) 99

＊文書番号 18 起案 61 年 11 月 25 日，施行 61 年 12 月 2 日 起案者環境保健部特殊疾病審査室 審査係 電話 6342 番 (氏名)㊞

98 現地審尋実施結果の送付について 1986.12.2

61 第 18 号

昭和 61 年 12 月 2 日

審査請求人 (Y妻) 様

(亡(Y))

環境庁環境保健部特殊疾病審査室長 公印

現地審尋実施結果の送付について

貴方様から提起されている水俣病認定申請棄却処分に係る行政不

服審査請求に関して，昭和61年9月10日に現地審尋を実施しましたが，その結果について別添のとおり送付します．

なお，供述した内容と相違する点等があるときは昭和62年1月6日までに書面で申し出て下さい．

＜連絡先＞

〒100　東京都千代田区霞が関1-2-2

環境庁環境保健部特殊疾病審査室

03(581)3351 内線6342

03(593)2464 当室直通

〔添付〕　現地審尋実施結果＜略＞[(1)]

(1)　99

99　現地審尋実施結果　1986.12.2

現地審尋実施結果

1　審査請求人　(Y妻)　(亡)(Y)

大正11年9月21日生

昭和55年1月28日死亡

当時57才

東京都　(住所)

2　実施日　昭和61年9月10日(水)

3　実施場所　請求人の自宅

4　審尋担当者　(氏名)技官

(氏名)技官

(氏名)事務官

5　同席者　請求人の長男(氏名)

〃　次男(氏名)

代理人　(氏名)

(氏名)

(氏名)

6　審尋内容　次のとおり

なお，本件は審査請求人(Y)が昭和55年1月28日死亡したため，同人の妻(氏名)が地位承継をしたものである．

1　生活歴・職業歴

①　大正11年9月21日，熊本県水俣市(住所)地で生まれた．

②　両親は石屋をしていた．

③　昭和12年ころ，(校名)小学校卒業後，昭和17年ころまで(地名)の(名称)工廠に志願して行った．

④　昭和17年ころから昭和20年8月まで(地名)及び(地名)で参戦．

⑤　昭和20年8月，復員後，チッソに旋盤工として入社した．

⑥　昭和22年3月，結婚．水俣市(住所)地に居住した．

⑦　昭和25年ころ，チッソの硫酸工場に移った．

⑧　昭和43年ころから約3カ月間，(地名)(社名)の研修に行った．

⑨　昭和44年ころ，(社名)に入社した．

⑩　昭和46年ころ，流れ作業ができず，チッソの保安係となる．

⑪　昭和52年9月，チッソを退職した．

⑫　昭和53年8月，神奈川県(住所)(住所)転居．研磨業を約1年間自営した．

⑬　昭和54年11月28日～12月5日，(名称)病院に入院した．この間(住所)番地に転居した．

⑭　昭和55年1月4日，倒れ，近医の(名称)病院に入院した．

⑮　昭和55年1月7日，順天堂病院に転院した．

⑯　昭和55年1月28日，死亡した．

⑰　地位承継人・妻(氏名)は昭和61年6月20日，現住所・東京都(住所)に転居した．

2　魚介類の喫食状況

①　昭和24年から35～36年ころまで，自分で船を持ち，仕事の合間，(地名)，水俣湾，(地名)で一本釣をした．

②　昭和36年ころから昭和41年ころまで，隣家で妻の実家が漁業をしていたので，そこからもらって食べた．

③　昭和41年以降，行商人から買って食べた．

④　朝晩，タチを主に釣ってきた．

⑤　アジ，ガラカブ，ハコブ，タコなども釣った．

⑥　器用で自分でボラカゴ，イカカゴをつくってとった．

⑦　生が好きでよく刺身にした．タコが好きであった．

⑧　自分で市場にも出した．

⑨　隣のじいちゃんがタコを餌にしていた．元家には7～8人いたが，タコを食う人は一人もいなかった．だから本人が一人でいつもタコをもらって食べた．酢みそにして，頭からツボの中も全部捨てるところがなかった．

タコの頭のミソを食べなかったらよかったのだろうと今思う．

⑩　毎日三度食事は魚であった．

⑪　月のうち半分は貝であった．みんなで近所の海岸に貝掘りに行った．貝を食べない人はいなかった．

⑫　本人は山育ちであるから特に海のものが好きであった．刺身には目がなかった．

⑬　元気がないときは鮨を食えば元気が出てくる．

⑭　(地名)に移ってからも刺身がなければご飯を食べなかった．

⑮　何十年にもわたってよく魚を食べていた．タコの食べ方は特殊であった．ミソから頭から全部食べた．

⑯　ナマコ，カキ，ビナも食べた．

⑰　ビナはゆでて，針で刺して食べる．おいしい．

4　症状等[(1)]

①　昭和32～33年ころから，手足のしびれ，ふるえ．

②　昭和37年ころ，硫酸工場で意識を失って倒れ，市立病院へかつぎ込まれた．以後半年間くらい自宅療養をした．倒れてから手足のしびれ，ふるえがひどくなった．

③ 昭和37～38年ころから，目が見えにくい．(地名)に転居するまで(名称)眼科に通った．横が見えない．一時，単車の運転ができなかった．(名称)眼科で申請を勧められた．よだれが出る．風呂に入ったとき長いよだれが出る．

④ 昭和38年ころから，服のボタンがうまくかけられない．歩いているときつまづき易い．頭がボーッとする．もの忘れし易い．言葉がもつれる．

⑤ 昭和42年，軽免許から普通免許に何とかきりかえられた．しかし自分で運転はしなかった．

⑥ 昭和42～43年ころ，何をするにしても動作が緩慢，ヨタヨタして敏捷性はなかった．はしごがちゃんとなっているかどうか分からず，上って屋根から落ち，肋骨を3本くらい折った．市立病院整形外科にかかった．

⑦ 昭和44年ころ，(社名)で2回倒れた．

⑧ 昭和45～46年ころ，チッソの保安係になる前後から足がうまくいかない．ヨタヨタしていた．

⑨ 昭和46年ころ，急に口が戻(ママ)らなくなってしゃべれなくなり，救急車で(名称)病院に運ばれた．その後徐々に回復したが言葉はスムーズに出ないので，電話に出たがらなかった．S53(地名)へ移ったときは口のもつれがひどくなってほとんどしゃべらなかった．研磨の仕事も外回りはやめた．

⑩ 昭和47年ころ，三次検診のとき，隣家の人とともに一本道を歩く検査をしたら，本人の歩き方が余りにおかしかったので隣人が腹をつかんで笑った．

⑪ 昭和52年ころから，めまい，トイレでめまいがして気分が悪くなって10分間くらい意識消失した．自宅のトイレで3回くらい倒れた．いつ倒れるか分からないので一人になりたがらなかった．自転車に乗れない．

⑫ 昭和54年，しびれがひどく手足が思うように動かない．寝ていて横のものがとれないほど視野が狭い，などで11月28日，(地名)の(名)病院に入院した．それ以前も(名称)病院にかかっていた．

⑬ 昭和54年7月，片麻痺が出て歩行困難になり杖をついて歩くようになった．しかしこれもやっとであった．

⑭ 昭和55年1月4日，(地名)で行われた新年の集まりで倒れた．(名称)病院で2～3日手当を受け，1月7日に順天堂大学病院に転院した．

⑮ 昭和55年1月28日死亡．順天堂大学で解剖に付された．

⑯ 耳はそんなに遠くなかった．

⑰ 昭和(ママ)年ころ，選挙の寄合いのときに酒を飲んで倒れた．

⑱ テレビを見てよく泣いたり笑ったりした．

⑲ 会社には単車か自転車で通い，歩くことは余りなかった．

5 その他

① 昭和53年，保留の再検査で水俣検診センターへ行ったとき(氏名)さんが，こんなに歩けない人が(地名)から来たのかとびっくりしていた．

② お世話になった順天堂大学の(氏名)先生がうちに検査に来て，かわいそうだが水俣病は絶対間違いない，もしも何か法的措置でもとるようであれば全面的に応援する，というようなことを言われた．そのための脳の解剖結果を今保存してあると聞いている．

③ 猫を3匹飼っていたが，昭和20～25年ころ，狂い死にした．クリクリ回ってシャーッと走ってどこにでも頭をぶつけパタッと倒れ，またクリクリと回る．私の叔母の家でも同じようにして死んだ．

(代理人補足)

① 最初，手が器用だったので旋盤や包丁とぎをしていた．それがだんだん手のしびれが出てきて手をよく切るようになった．

② 代理人が訪ねたとき，ちょうど本人が手を切った後で，血がいっぱい出ているのに本人は切ったのに気付かない．完全に感覚がなかった．

③ 包丁とぎが自由にできなくなってマンションの管理人をしたが，住んでいる人から，歩き方がフラフラしていてどうも安心できないといわれ，管理人も辞めざるを得なかった．

④ 県の自覚症状の拾い方で，昭和38年より以前から症状はあった．

⑤ 県の眼科の記載がない．眼科の医者に水俣病申請を勧められたというからこれは特に重要な点である．

⑥ 保安係は守衛だから座っていればいい．仕事の中ではかなり楽であった．それでもその最中にも結構倒れて入院した．つまり体はだんだん悪くなっていた．一時的な回復はあったが，基本的には症状はどんどん悪化していた．その一つの現れである．

⑦ 県の症状の拾い方は，「回復後はどうもなく」とか「安静にしていれば」と書いてある．一時的にはそうかもしれないが……．

以上

(1) 原資料に3の記載はなし．

100 現地審尋実施結果の写しの送付について 1986.12.2

61 第18号

昭和61年12月2日

審査請求人代理人(氏名)殿

環境庁環境保健部特殊疾病審査室長 公印

現地審尋実施結果の写しの送付について

下記審査請求人から提起されている水俣病認定申請棄却処分に係る行政不服審査請求に関して，現地審尋を実施しましたが，その結果について審査請求人に別添のとおり現地審尋結果の取りまとめ書を送付しましたので，その写しを送付します．

記
(Y妻)
(亡(Y))

<連絡先>
〒100　東京都千代田区霞が関1-2-2
環境庁環境保健部特殊疾病審査室
tel 03(593)2464 当室直通

〔添付〕 現地審尋実施結果<略>[(1)]

(1) 99

101 審査請求事件に係る鑑定について(依頼)* 1991.1.21

審査請求事件に係る鑑定について(依頼)

上記のことについて次案のとおり依頼してよろしいか伺います.

(起案理由)

審査請求人(Y)に係る行政不服審査の審理を進めるに当たって,審査請求後に死亡した請求人の病理標本を鑑定する必要があるため,行政不服審査法第27条に基づき案1のとおり別紙鑑定人2名に鑑定を依頼するものである.

(項)環境庁　　(目)諸謝金
@3000円×6時間×2日=36000円
36000円×2名=72000円
※参考人意見聴取謝金と同じ単価を使用し,鑑定に要する時間は6時間/1日×2日となる.

〔添付〕 審査請求事件に係る鑑定について(依頼)<略>[(1)]

(1) 74 75

＊文書番号　環境庁企画調整局環境保健部　平成3.1.21　環保業第26号,起案3年1月10日,決裁3年1月21日,施行3年1月21日,起案者　環境保健部特殊疾病審査室　電話6341番(氏名)
主管部局　環境保健部長　サイン,保健企画課長　サイン　㊞㊞,保健業務課長　㊞　㊞㊞㊞㊞,特殊疾病対策室長　㊞　㊞㊞㊞㊞,特殊疾病審査室長　サイン　㊞㊞㊞㊞,合議部局予算決算係長—㊞㊞

102 審査請求事件に係る鑑定について(依頼)* 1992.1.13

審査請求事件に係る鑑定について(依頼)

上記のことについて次案のとおり依頼してよろしいか伺います.

(起案理由)

審査請求人(Y)に係る行政不服審査の審理を進めるに当たって,審査請求後に死亡した請求人の病理標本を鑑定する必要があるため,行政不服審査法第27条に基づき案1のとおり別紙鑑定人に鑑定を依頼するものである.

なお,本請求人については既に2名の鑑定人に鑑定依頼したところであるが,意見が分かれたために,最終的な判断を下すにあたり第3の鑑定を改めて依頼するものである.

(項)環境庁　　(目)諸謝金
@3000円×6時間×2日=36000円
※参考人意見聴取謝金と同じ単価を使用し鑑定に要する時間は6時間/1日×2日となる.
〔添付〕 審査請求事件に係る鑑定について(依頼)
〔京都脳神経研究所長宛〕<略>[(1)]

(1) 76

＊文書番号　環境庁企画調整局環境保健部　平成4.1.13　環保業第22号,起案3年12月24日,決裁4年1月13日,施行4年1月13日,起案者　環境保健部特殊疾病審査室　電話6341番　(氏名)㊞
主管部局　環境保健部長　㊞,保健企画課長　㊞　㊞㊞㊞,保健業務課長　㊞　㊞㊞㊞,特殊疾病対策室長　㊞　㊞㊞㊞㊞㊞㊞㊞,特殊疾病審査室長　サイン　㊞㊞㊞,合議部局　予算経理係長　㊞　㊞

103 (Y)行政不服審査請求事件に係る裁決について 1992.3.3

H4.3.3 部長打合せ

(Y)行政不服審査請求事件に係る裁決について

040303

1　概要

本請求人は不服審査請求後,裁決前に死亡し,順天堂大学にて解剖が行われ,「慢性有機水銀中毒症」との病理所見が得られており,これが請求人側の反論の主な根拠となっている.このため,審査庁が病理所見についての鑑定を2名に依頼したところ,有機水銀中毒の有無についての両鑑定人の意見が分かれた.そこで,第3の鑑定を依頼し,最終的な判断を下すこととしたものである.

なお,本請求人は,行政不服審査請求と並行して2回目の認定申請手続きを県に対して行っていなかったため,遺族による認定申請の「継承」手続きはできず，遺族による申請も公健法上認められていないため，今回棄却裁決された場合には，行政上の手続きは終了する．

2 行政不服審査の経緯の概略について

54.8.30 棄却処分
10.23 審査請求
55.1.28 死亡
11.1 当初弁明書
61.10.31 反論書 順天堂大学で剖検した結果，慢性有機水銀中毒症と診断されている．
3.1.21 鑑定
鑑定者：新潟大(氏名)教授 結果：有機水銀中毒の所見がある
東北大(氏名)教授 有機水銀中毒の所見がない
4.1.13 第3の鑑定
鑑定者：(氏名)京都府立医科大学名誉教授
京都脳神経研究所所長
結果：有機水銀中毒の所見がある

3 臨床所見

水俣病にみられる症候として
○：認められる
×：認められない
△：疑われる

	第三次検診(昭和47～49年)	認定検診(昭和51～54年)	判断	総合判断
感覚障害	正常	正常	×	×
運動失調	ジアドコ 右± 膝叩き ±	正常	×	
平衡機能障害	つぎ足歩行±	OKP HV抑制 つぎ足歩行 ±	○	
求心性視野狭窄	正常	正常	×	
中枢性眼科障害	SPM 右行き±	SPM 右行き ＋	○	
中枢性耳科障害	未実施	正常	×	
その他	情緒不安定 痴呆	構音障害 心身故障の訴え 情意障害，失神	△	

(参考)専門家意見結果 (氏名)水俣病でない
(氏名)水俣病の蓋然性が高い or 低い

4 処分後新知見の取り扱いについて

(1) 処分後新知見の取り扱い

行服法に基づいて原処分の当不当を判断する場合に，基準時となるのは，原処分時であり，通常は原処分時に入手不能な資料は，審査の材料には用いていない．

しかし，本請求人の場合は，

① 処分後短期間(5ヵ月)のうちに死亡していること
② 処分後死亡までの間，汚染地域に居住していないことから，剖検所見が，処分前に形成されていたことが明らかになる可能性が高く，処分前に形成されていたことが明らかになれば，その所見を審査に用いることができるため

① 剖検所見の形成時期
② もし，①が処分前であるならば，有機水銀中毒の所見があるかどうかについて，行服法第27条に基づき，職権で鑑定を依頼した．

(2) 過去との整合性

過去に，剖検記録の物件提出要求が4件提出されているが，いずれも

① 処分後かなりの時間がたってからの死亡であること
② 死亡までの間も汚染地域に居住していること
③ (病理標本ではなく)再申請時に審査会で資料として用いられた剖検記録の物件提出要求であったこと

から，剖検所見が，処分前に既に形成されていた可能性について，審査庁が確認することができないとして，「処分時までの資料に基づいて審査することが適当である.」ことを理由に，要求をかけない旨，平成元年6月14日に通知している．

5 鑑定結果

鑑定者	剖検所見の形成時期	かかる所見の病理診断
新潟大(氏名)教授	処分前の所見有り	有機水銀中毒症
東北大(氏名)教授	処分前の所見有り	陳旧性多巣性脳梗塞
京都脳神経研究所(氏名)所長	処分前の所見有り	有機水銀中毒症

(参考)

法的な手続きにはよっていないが，国立予防衛生研究所(氏名)先生から，水銀組織化学反応染色を追加した上で「有機水銀中毒の所見がない」との判断を得ている．

((氏名)先生は，原処分時に審査会委員であったため，鑑定人たり得ない.)

6 結論

請求人側の反論を踏まえて，2名の鑑定人に，剖検資料を審査に用いることが可能であるかどうかも含めて検討を依頼した結果，病理所見の中には，審査に用いることができる所見(処分時前に形成されたことが明らかな所見)も存在したが，その所見に対する鑑定結果については意見が分かれた．

そこで，最終的な判断の資料とするために第3の鑑定を実施したところ，処分前に形成された所見が「有機水銀中毒症の所見と見做しうる」との結論を得た．

したがって，被処分者は，疫学条件，審査会資料のみからは水俣病を疑うことは難しいものの，剖検資料を加えて総合的に判断すると水俣病である可能性を否定できないと判断するのが妥当である．

7 判断

原処分に際して用いられた審査会資料，請求人及び処分庁等から提出された資料を総合して検討した結果は以下のとおりである．

被処分者の魚介類の摂取状況からみて，被処分者は，魚介類に蓄積された有機水銀に対する曝露歴を有するものと考えられる．

また，被処分者は手足の痺れ，視力障害，視野狭窄，つまずきやすさ，言葉のもつれ，眩暈等，水俣病にみられることのある自覚症

状を訴えている．

一方，被処分者の原処分時の症候については，平衡機能障害，眼球運動障害が認められるものの，感覚障害，運動失調，求心性視野狭窄等の主要症候はいずれも認められない．

ところで，被処分者は行政不服審査請求中に死亡し，請求人から剖検所見を用いた反論があった．法に基づいて，原処分の当不当を判断する場合に，基準時となるのは，原処分時であり，通常は原処分時に入手不能な資料は審査の材料には用いていない．しかし，本件の場合は，被処分者が処分後死亡までの５ヵ月間に汚染地域に居住していなかったため，病理所見が，処分以前に形成されていた可能性があり，被処分者の病理標本について，病理所見とその形成時期についての鑑定を，新潟大学脳研究所(所属)の(氏名)教授及び東北大学(所属)の(氏名)教授に依頼した．その結果，両鑑定人とも「処分以前に形成されたと判断できる病理所見がある」ことを認めたが，有機水銀中毒症の所見の有無については，両者の意見が分かれた．そこで最終的な判断を下す資料とするために，京都脳神経研究所の(氏名)所長に改めて病理所見とその形成時期についての鑑定を依頼した結果，「処分以前に形成されたと判断できる病理所見があり有機水銀中毒の所見と見做しうる」との結論を得た．

したがって，被処分者の魚介類に蓄積された有機水銀に対する曝露歴，自覚症状及び原処分時の症候のみからは，処分庁が被処分者を水俣病でないとした原処分はやむを得ないものと認められるが，鑑定結果を含めて総合的に考慮すると，病理学的観点も含めて再度慎重な検討を行う必要があると認められる．

よって，主文のとおり裁決する．

8　予想される処分庁の反応とそれに対する対応

(1)　処分後の新知見を用いることについて

処分庁では，再申請により認定されたものについては，独立の申請として１回目の申請にまで遡って認定することは行っていないが，本件のように処分後の資料に基づいて処分を取り消されると，他の件についても，１回目の処分後の資料(再申請認定時の資料)に基づいて，遡って認定することを要求されかねない．

→4(1)により，本件は特殊例であり，他へは波及しない．

(2)　鑑定結果にも有機水銀中毒に関し，否定的なものがある

→否定的な所見でも「有機水銀の関与を完全に否定することはできない」「必ずしも水俣病に特徴的な選択的障害と言えない」と全面的な否定ではない．

(3)　病理と臨床の乖離について

→現在でも，臨床所見からは，水俣病の判断条件に該当しない者でも，剖検の結果，病理学的に水俣病と診断された例については，水俣病として認定されており，本件だけに特徴的な問題ではない．

(4)　処分庁では，熊大，京都府立医大以外で解剖した場合は審査の対象とはしていない．

→処分庁は，臨床で認定審査をする場合にも公的な検診のほかに，病院調査等を実施しており，公的資料のほかにも資料がありうる．

9　予想される請求人側の反応とそれに対する対応

剖検している例については，今後は病理標本を要求又は提出してくる．

→4(1)①②の条件に該当する場合は，審査に用いることができるかどうかを含めて，鑑定を実施することになる．

10　取り消し採決後，処分庁の棄却処分が予想される場合の請求人の取りうる方法

(1)　臨水審[(1)]への振替

行政不服審査請求に対し，取り消し処分を行ったことにより旧法申請中の状態になるため，再申請が可能になる．

(2)　裁判

(1)　環境庁に設置された臨時水俣病認定審査会．

104　(Ｙ)行政不服審査請求事件に係る裁決について*

1992.3.4

(Ｙ)行政不服審査請求事件に係る裁決について

040304

1　概要

本請求人は不服審査請求後，裁決前に死亡し，順天堂大学にて解剖が行われ，「慢性有機水銀中毒症」との病理所見が得られており，これが請求人側の反論の主な根拠となっている．このため，審査庁が病理所見についての鑑定を２名に依頼したところ，有機水銀中毒の有無についての両鑑定人の意見が分かれた．そこで，第３の鑑定を依頼し，最終的な判断を下すこととしたものである，

なお，本請求人は[(1)]，今回取消裁決された場合には，旧法申請中の状態に戻り，被処分者が死亡認定されることになる．(旧法では申請者本人に対する医療費等の支給の規定しか存在しないため，地位承継の手続きはなく，する必要もない．現行でも，旧法死亡(ママ)中に申請者が死亡した場合は，死亡認定している．)

2　行政不服審査の経緯の概略について

54.8.30　棄却処分
10.23　審査請求
55.1.28　死亡
11.1　当初弁明書
61.10.31　反論書　順天堂大学で剖検した結果，慢性有機水銀中毒症と診断されている．
3.1.21　鑑定
鑑定者：新潟大(氏名)教授　結果：有機水銀中毒の所見がある
東北大(氏名)教授　有機水銀中毒の所見がない
4.1.13　第３の鑑定
鑑定者：(氏名)京都府立医科大学名誉教授
京都脳神経研究所長

結果：有機水銀中毒の所見がある

3　臨床所見

＜略＞[2]

4　処分後新知見の取り扱いについて

(1)　処分後新知見の取り扱い

行服法に基づいて原処分の当不当を判断する場合に，基準時となるのは，原処分時であり，通常は原処分時に入手不能な資料は，審査の材料には用いていない．

しかし，本請求人の場合は[3]，処分後短期間（５ヵ月）のうちに死亡していることから，剖検所見が，処分前に形成されていたことが明らかになる可能性が高く，処分前に形成されていたことが明らかになれば，その所見を審査に用いることができるため．

①　剖検所見の形成時期

②　もし，①が処分前であるならば，有機水銀中毒の所見があるかどうかについて，行服法第27条に基づき，職権で鑑定を依頼した．

(2)　過去との整合性

過去に，剖検記録の物件提出要求が４件提出されているが，いずれも

①　処分後かなりの時間がたってからの死亡であること

②　（病理標本ではなく）再申請時に審査会で資料として用いられた剖検記録の物件提出要求であったこと

から，剖検所見が，処分前に既に形成されていた可能性について，審査庁が確認することができないとして，「処分時までの資料に基づいて審査することが適当である.」ことを理由に，要求をかけない旨，平成元年6月14日に通知している．

5　鑑定結果

＜略＞[4]

（参考）

法的な手続きにはよっていないが，国立予防衛生研究所（氏名）先生から，水銀組織化学反応染色を追加した上で「有機水銀中毒の所見がない」との判断を得ている．

((氏名）先生は，原処分時に審査会委員であったため，鑑定人たり得ない．）

6　結論

請求人側の反論を踏まえて，２名の鑑定人に，剖検資料を審査に用いることが可能であるかどうかも含めて検討を依頼した結果，病理所見の中には，審査に用いることができる所見（処分時前に形成されたことが明らかな所見）も存在したが，その所見に対する鑑定結果については意見が分かれた．

そこで，最終的な判断の資料とするために第３の鑑定を実施したところ，処分前に形成された所見が「有機水銀中毒症の所見と見做しうる」との結論を得た．

したがって，被処分者は，疫学条件，審査会資料のみからは水俣病を疑うことは難しいものの，剖検資料を加えて総合的に判断すると水俣病である可能性を否定できないと判断するのが妥当である．

7　判断

原処分に際して用いられた審査会資料，請求人及び処分庁等から提出された資料を総合して検討した結果は以下のとおりである．

被処分者の魚介類の摂取状況からみて，被処分者は，魚介類に蓄積された有機水銀に対する曝露歴を有するものと考えられる．

また，被処分者は手足の痺れ，視力障害，視野狭窄，つまずきやすさ，言葉のもつれ，眩暈等，水俣病にみられることのある自覚症状を訴えている．

一方，被処分者の原処分時の症候については，平衡機能障害，眼球運動障害が認められるものの，感覚障害，運動失調，求心性視野狭窄はいずれも認められない．

ところで，被処分者は行政不服審査請求中に死亡し，請求人から剖検所見を用いた反論があった．法に基づいて，原処分の当不当を判断する場合に，基準時となるのは，原処分時であり，通常は原処分時に入手不能な資料は審査の材料には用いていない．しかし，本件の場合は，病理所見が，処分以前に形成されていた可能性があったため，被処分者の病理標本について，病理所見とその形成時期についての鑑定を[5]，新潟大学脳研究所（所属）の（氏名）教授，東北大学医学部（所属）の（氏名）教授及び京都脳神経研究所の（氏名）所長に依頼した．その結果，３鑑定人とも「処分以前に形成されたと判断できる病理所見がある」ことを認めたが，その所見の判断については，２名が「有機水銀中毒の所見がある」，１名が「有機水銀中毒の所見がない」と判定した．これらの３鑑定を詳細に検討した結果，病理学的には有機水銀中毒の所見があると判断すべきであると思われる．

したがって，被処分者の魚介類に蓄積された有機水銀に対する曝露歴，自覚症状及び原処分時の症候のみからは，処分庁が被処分者を水俣病でないとした原処分はやむを得ないものであったと認められるが[6]，病理学的観点も含めて総合的に考慮すると，被処分者を水俣病として認定することが妥当であると考える．

よって，主文のとおり裁決する．

8　今後の対応[7]

処分庁及び審査会からの反発が予想されるため，必要であれば，事前に，本件は，病理による取消裁決であり，審査会に傷をつけるものではないことを説明に行く．

〔添付〕水俣病認定申請棄却処分に係る行政
不服審査請求事件の裁決について（旧法分）[8]

(1)　「今回…」以下５行の文章は，103の１の差し替え．

(2)　103の３と同じ．

(3)　「処分後…」以下４行は，103の４に挿入．

(4)　103の５と同じ．

(5)　「新潟大学…」以下８行は，103の７の書き替え．

(6)　「病理学的…」以下２行は，103の７の書き替え．

(7)　[103]の8を3行にまとめたもの.

(8)　次文書[105]

＊[103]の修正.

[105]　水俣病認定申請棄却処分に係る行政不服審査請求事件の裁決について（旧法分）　1992

環境庁環境保健部特殊疾病審査室		
室長	（氏名）	（内6340）
室長補佐	（氏名）	（内6342）
審査専門官	（氏名）	（内6341）
主査	（氏名）	（　〃　）
	（氏名）	（　〃　）

1　裁決年月日　　平成　年　月　日（ ）

2　件　　数　　3件

3　概要

	原処分庁	性別	出生年（年齢）	現住所	認定申請年月日
1	熊本県知事	男	大正1.8.25生（昭和58.6.2死亡，死亡当時70歳）	天草郡（住所）（地位承継者住所）	昭 48.6.20
2	熊本県知事	男	大正11.9.21生（昭和55.1.28死亡，死亡当時57歳）	東京都（住所）（地位承継者住所）	昭 49.3.23
3	熊本県知事	男	大正15.3.5生 満66歳	葦北郡（住所）	昭 49.5.29

	原処分年月日	審査請求年月日	裁決	健康状態の概要（主訴）
1	昭 54.4.2	昭 54.4.10	棄却	耳が聞こえにくい，下肢が痺れる，履物が履きにくい，つまずきやすい，物を取り落とす，目がぼやける，眩暈がする
2	昭 54.8.30	昭 54.10.23	取消	手足の痺れ，視力障害，視野狭窄，つまずきやすさ，言葉のもつれ，眩暈
3	昭 61.10.2	昭 61.10.13	棄却	上下肢の痺れ，ボタンのかけ外しがしにくい

4　行政不服審査請求処理状況

処分庁	審査請求件数	処理件数					未処理件数
		取り下げ件数	裁決件数				
			却下	取り消し	棄却	計	
新潟県	54	2	0	0	52	52	0
新潟市	8	1	0	0	7	7	0
熊本県	506	26	1	10	259	270	210
鹿児島県	60	6	1	3	50	54	0
合　計	628	35	2	13	368	383	210

審査請求に係る手続き経過 (1)

No.	氏名，生年月日（性別・年齢）	原処分庁	認定申請 請⇒処	原処分 処⇒請	審査請求 請⇒審	地位承継届出 請⇒審	弁明提出 処⇒審
461	（氏名）大正11.9.21生（男，昭和55.1.28死亡，死亡時57歳）	熊本県	昭和49 3.23	昭和54 8.30	昭和54 10.23	昭和55 4.1	昭和55 11.1

反論延期願い 請⇒審	反論延期願い 請⇒審	反論延期願い 請⇒審	反論延期願い 請⇒審	反論延期願い 請⇒審	反論延期願い 請⇒審	反論延期願い 請⇒審	反論延期願い 請⇒審
昭和56 4.4	昭和56 7.1	昭和57 2.22	昭和57 6.28	昭和57 10.26	昭和58 4.23	昭和58 10.24	昭和59 4.24

反論延期願い 請⇒審	反論延期願い 請⇒審	反論延期願い 請⇒審	反論延期願い 請⇒審	現地審尋	反論提出 請⇒審	鑑定依頼 審⇒鑑定人
昭和59 9.27	昭和60 4.22	昭和60 10.21	昭和61 4.26	昭和61 9.10	昭和61 10.31	平成3.1.21 東北大（氏名）教授 新潟大（氏名）教授

鑑定回答 鑑⇒審	照会 審⇒鑑定人	照会回答 鑑定人⇒審	照会回答 総務庁⇒審	鑑定依頼 審⇒鑑	鑑定回答 鑑⇒審	派閥
平成3 2.22 2.12	平成3 4.19 所見形成時期	平成3 処分時以前の所見である	平成3 6.3 処分後新知見の使用は可能	平成4 1.13 京都脳神経研究所（氏名）所長	平成4 2.3	無

(1) Y氏以外の2人は削除した.

水俣病認定申請棄却処分に係る行政不服審査請求事件の裁決について（旧法分）

○・・・・・・・・・認められるもの

△・・・・・・・・・疑われるもの

No.	被処分者氏名	性別	年齢	県別	暴露歴の有無	症候の組合せの有無	感覚障害	運動失調
395	（氏名）	男	大1年生 昭58年没 70歳	熊本県	有	無		○
461	（氏名）	男	大11年生 昭55年没 57歳	熊本県	有	無		
611	（氏名）	男	満66歳	熊本県	有	無	○	

No.	平衡機能障害	求心性視野狭窄	中枢性障害(眼科)	中枢性障害(耳科)	その他の症状	病理所見	裁決	備考
395	○		○		△		棄却	再弁明申立 3回 物件申立 2回
461	○		○		△	○	取消	再弁明申立 0回 物件申立 0回
611	△				△		棄却	再弁明申立 0回 物件申立 0回

(参考) 水俣病の範囲に考えられる症状の組合せ

症候／組合せ		感覚障害	運動失調	平衡機能障害	求心性視野狭窄	中枢性障害(眼科)	中枢性障害(耳鼻科)	その他の症候の組合せ
ア		○	○					
イ	(1)	○	△	○				
	(2)	○	△		○			
ウ	(1)	○			○	○		
	(2)	○			○		○	
エ		○	△					○

○:認められる　△:疑いがある

注:「後天性水俣病の判断条件について」(昭和52年7月1日環保業第262号 環境保健部長通知) により作成したものである.

106 〔本件剖検資料の妥当性〕 1992.3.12

参考

040312

1　本件剖検資料の資料としての妥当性について

行政不服審査において，原処分後に得られた新しい事実は原則的に審査の材料に用いないが，本件剖検資料のように，原処分後に得られた新しい事実が原処分前の状況を明らかにしている場合にはこの限りではない.

これについては，総務庁より「処分庁の棄却処分後に原処分以前に形成されていた新たな事実が明らかになり，審査庁の裁量でその事実を採用するとしたときには，審査庁はその事実を用いて裁決を行うことができる．また，採用を拒否する場合には，審査庁はその理由を開示する必要がある.」との回答を得ている(資料1)．すなわち，正当な理由がないかぎりは，処分時前の所見を有している剖検所見を採用しないことはできない.

また，行政訴訟に関しても，「処分時の事情を認定するため，処分後の事実を間接事実として裁判上使用することは，処分時主義に反しない(最三小判昭和35.12.20民集14巻14号3103頁)」とするのが判例上確立している(資料2).

さらに，昭和59年参院環特委における環境保健部長答弁「不服審査は，原処分あるいはそれの同時点におけるデータをもとに判断を下す.」に関しても(資料3)，今回剖検資料を「原処分と同時点のデータ」と考えれば矛盾しない.

2　処分後新知見を審査資料として採用する基準

(1)　審査庁の裁量でその事実を採用する基準

原処分以前に形成されたことが明らかな資料については採用する.

具体的には，水俣病認定申請に関する行政不服審査請求の審理において，原処分以前に形成されたことが明らかになる資料は，病理標本以外想定できない．(臨床所見は年齢あるいは経過に従って変動がありうるため，これをもって「過去にもその所見があったはずである」とはいえず，再現性がないため鑑定して確認することもできないので，採用しない．)

(2)　病理標本について採用する基準

病理所見が原処分以前に形成されたことが明らかである場合には採用する.

請求人側から要求があった場合には，病理標本を審査に用いることができるかどうか個別に鑑定を実施することになる．鑑定の結果，病理所見が原処分以前に形成されたことが明らかである場合は証拠として採用し，原処分以後に形成されたことが明らかな場合及び形成時期が不明な場合は証拠として採用しない.

3　公的機関でない病院で剖検していることについて

「水俣病問答集」中に，「解剖は原則として熊本大学で行い，関西方面居住者の場合は京都府立医科大学で行う」との記述があるが，県の内規にすぎず法的な根拠はない.

また，4.3.20 に予定されている病理解剖検討会でも，公的機関でない病院（(名称)病院）で解剖した例を審査する予定であり，実際にも解剖した病院によって区別することはしていない．

4　臨床と病理の乖離について

昭和59年参院環特委において環境保健部長が，「解剖所見について，臨床所見を裏付ける資料という形で取り扱っており，この解剖所見あるいは臨床所見等を総合的に判断したうえで個々のケースについて審査する．」という主旨の答弁を行っている（資料3）．

また，昭和57年当時特対室が検討していた病理解剖例の判断条件案では，主要な臨床徴候を有するものであって，かつ病理学的所見を有するものについてのみ水俣病の範囲に含まれるとしている．（資料4）

しかし，現在，県において実施している病理解剖検討会では，臨床所見は参考資料として各委員の手元に置いてあり，県が説明するものの，病理解剖検討会では病理所見の有無をもって審査が行われている．また，病理解剖検討会における結論が認定審査会で覆されることはない．

（なお，本件に関しては，感覚障害は認められないものの，平衡機能障害と眼球運動異常は認められている）

（資料1）　行政不服審査事例の取扱について（回答3）＜略＞[1]
（資料2）　近藤昭三「違法判断の基準時」〔別冊ジュリスト№62.Apr.1979，行政判例100選，S54.4.20，15巻2号〕＜略＞
（資料3）　参議院環境特別委員会会議録第6号.340 － 341頁，昭和59年4月25日＜略＞[2]
（資料4）「水俣病病理解剖例の判断について」＜略＞[3]

(1)　183
(2)　187
(3)　42

107　(氏名)先生の話（国水研のafter(会議)）　1992.3.12

H4.3.12

(氏名)[1]先生の話（国水研のafter(会議)）

・(Y)の病理所見は明らかに水俣病ではない．
　(氏名)教授の所見は水銀染色（定量）を実施していないもの．
・先生本人は鑑定（？）の依頼を受け，判定を行なったつもりでいる．
　((氏名)氏からの依頼）
・所見が取れずに剖検結果で認定の例はある．
・剖検認定も臨床所見をさがせば何かあるはず．
少なくとも四肢の感覚障害はあると（ママ）いう認識．
↓
H4.3.13　審査室室長，(氏名)，(氏名)に状況を伝える．

(1)　国水研臨床部長　衞藤光明

108　(Y)行政不服審査請求事件に係る裁決について*

1992.3.13

H3.3.13　部長打合せ

(Y)行政不服審査請求事件に係る裁決について

040313

1　概要

本請求人は不服審査請求後，裁決前に死亡し，順天堂大学にて解剖が行われ，「慢性有機水銀中毒症」との病理所見が得られており，これが請求人側の反論の主な根拠となっている．このため，審査庁が病理所見についての鑑定を2名に依頼したところ，有機水銀中毒の有無についての両鑑定人の意見が分かれた．そこで，第3の鑑定を依頼し，最終的な判断を下すこととしたものである，

なお，本請求人は，今回取消裁決された場合には，旧法申請中の状態に戻り，被処分者が死亡認定されることになる．（旧法では申請者本人に対する医療費等の支給の規定しか存在しないため，地位承継の手続きはなく，する必要もない．現行でも，旧法死亡（ママ）中に申請者が死亡した場合は，死亡認定している）

2　行政不服審査の経緯の概略について
＜略＞[1]

3　臨床所見
＜略＞[2]

4　処分後新知見の取り扱いについて

(1)　処分後新知見の取り扱い

行服法に基づいて原処分の当不当を判断する場合に，基準時となるのは，原処分時であり，通常は原処分時に入手不能な資料は，審査の材料には用いていない．

しかし，本請求人の場合は，処分後短期間（5ヵ月）のうちに死亡していることから，剖検所見が，処分前に形成されていたことが明らかになる可能性が高く，処分前に形成されていたことが明らかになれば，その所見を審査に用いることができるため，

①　剖検所見の形成時期
②　もし，①が処分前であるならば，有機水銀中毒の所見があるかどうかについて，行服法第27条に基づき，職権で鑑定を依頼した．

(2)　過去との整合性

過去に，剖検記録の物件提出要求が4件提出されているが，いずれも

①　処分後かなりの時間がたってからの死亡であること
②　（病理標本ではなく）再申請時に審査会で資料として用いられた剖検記録の物件提出要求であったこと[3]

から，剖検所見が，処分前に既に形成されていた可能性について，

審査庁が確認することができないとして，「処分時までの資料に基づいて審査することが適当である.」ことを理由に，要求をかけない旨，平成元年6月14日に通知している.

5　鑑定結果

＜略＞[4]

(参考)

法的な手続きにはよっていないが，国立予防衛生研究所(氏名)先生から，水銀組織化学反応染色を追加した上で「有機水銀中毒の所見がない」との判断を得ている.

((氏名)先生は，原処分時に審査会委員であったため，鑑定人たり得ない.)

6　結論

請求人側の反論を踏まえて，2名の鑑定人に，剖検資料を審査に用いることが可能であるかどうかも含めて検討を依頼した結果，病理所見の中には，審査に用いることができる所見(処分時前に形成されたことが明らかな所見)も存在したが，その所見に対する鑑定結果については意見が分かれた.

そこで，最終的な判断の資料とするために第3の鑑定を実施したところ，処分前に形成された所見が「有機水銀中毒症の所見と見做しうる」との結論を得た.

したがって，被処分者は，疫学条件，審査会資料のみからは水俣病を疑うことは難しいものの，剖検資料を加えて総合的に判断すると水俣病である可能性を否定できないと判断するのが妥当である.

7　判断

原処分に際して用いられた審査会資料，請求人及び処分庁等から提出された資料を総合して検討した結果は以下のとおりである.

被処分者の魚介類の摂取状況からみて，被処分者は，魚介類に蓄積された有機水銀に対する曝露歴を有するものと考えられる.

また，被処分者は手足の痺れ，視力障害，視野狭窄，つまずきやすさ，言葉のもつれ，眩暈等，水俣病にみられることのある自覚症状を訴えている.

一方，被処分者の原処分時の症候については，平衡機能障害，眼球運動障害が認められるものの，感覚障害，運動失調，求心性視野狭窄はいずれも認められない.

次に，被処分者は行政不服審査請求中に死亡し，請求人から剖検所見に関し，病理診断報告書を提出して反論があったので，この点について検討する[5].

法に基づく審査の対象となるのは，原処分の時点における当該処分の妥当性であり，原処分時以降の事情に関する資料は審査の材料には用いることはできない．しかし，本件の場合は，病理所見が，処分以前に形成されていた可能性があるため，法第27条の規定に基づき被処分者の病理標本の有機水銀中毒の所見の有無及びその形成時期に関し，新潟大学脳研究所(所属)の(氏名)教授，東北大学(所属)の(氏名)教授及び京都脳神経研究所の(氏名)所長の3名に鑑定を求めた．その結果は，病理所見の形成された時期については，3鑑定人とも「処分以前に形成されたと判断できる病理所見がある」ことを認め，その所見の判断については，2名が「有機水銀中毒の所見がある」，1名が「有機水銀中毒の所見がない」との判定であった．~~これらの3鑑定を総合的に検討した結果，病理学的には有機水銀中毒の所見があると判断すべきであると思われる.~~

したがって，被処分者の魚介類に蓄積された有機水銀に対する曝露歴，自覚症状及び原処分時の症候のみからは，処分庁が被処分者を水俣病でないとした原処分はやむを得ないものであったと認められるが，病理学的観点も含めて総合的に考慮すると，被処分者が原処分の時点で水俣病であった蓋然性が高いと考えられ，旧公害に係る健康被害の救済に関する特別措置法の趣旨に照らせば，被処分者を水俣病として認定することが妥当であると考える.

よって，主文のとおり裁決する.

8　今後の対応

処分庁及び審査会からの反発が予想されるため，必要であれば，事前に，本件は，病理による取消裁決であり，審査会に傷をつけるものではないことを説明に行く.

参考＜略＞[6]

(1)　103－2

(2)　103－3

(3)　104の4(2)の3項目を2項目に変更.

(4)「次に…検討する」まで104の7に挿入.

(5)　103－5

(6)　106

＊104の修正.

109　(Y)の不服について部長室で打合せ　1992.3.13

H 4.3.13

(Y)の不服について部長室で打合せ

・「病理学的に有機水銀中毒の所見があると判断すべき」という書~~き方~~断定的に書くべきか

審査庁で判断できるのか

県の判断余地を残す

(氏名)↓

病理学的診断の特ちょうから(+)は(−)より根拠がある

したがって(+)を重く解釈すべし

3鑑定

「病理学的判断」を審査室でする

110　鑑定結果について＊　1992.3.18

鑑定結果について

上記のことについて別紙のとおり供覧します.

(起案理由)

審査請求人(Y妻)の審査にあたり，審理を進める上で鑑定の必要があると判断した下記物件について平成3年1月21日付け環保業第26号及び平成4年1月13日付け環保業第22号にて，別紙鑑定人3名に対し鑑定を依頼していたところであるが，今般，別添のとおり鑑定結果が提出されたので，供覧する.

記

1　審査請求人　(Y妻)(亡(Y))

2　鑑定を依頼する物件

死亡した被処分者の病理標本

3　鑑定の主な内容

(1) 病理診断及び有機水銀中毒の所見の有無について

(2) 病理所見の形成時期が棄却処分時(昭和54年8月30日)より前か後かについて

(参考)

なお，鑑定結果については裁決前に，特殊疾病審査室長名で処分庁及び審査請求人双方に，写しを送付予定である.

鑑定人

新潟大学脳研究所(所属)教授　(氏名)

東北大学(所属)教授　(氏名)

京都脳神経研究所長　(氏名)

〔添付〕　病理所見概要＜略＞[(1)]

審査請求事件に係る鑑定についての照会に対する報告書＜略＞[(2)]

病理所見概要＜略＞[(3)]

鑑定についての照会に対する回答＜略＞[(4)]

病理所見概要＜略＞[(5)]

病理所見の陳旧性に対する意見＜略＞[(6)]

(1)　33

(2)　34

(3)　30

(4)　31

(5)　38

(6)　37

＊起案4年3月18日，環境保健部特殊疾病審査室　電話6341番　(氏名)㊞
主管部局　環境保健部長　㊞，保健企画課長　㊞　㊞㊞㊞，保健業務課長　㊞，特殊疾病対策室長　㊞　㊞㊞㊞，特殊疾病審査室長　サイン　㊞㊞㊞　㊞

111　(Y)案件の対応について　1992.3.21

(Y)案件の対応について

920321

1　(Y)案件の特徴

① 処分時以後の資料の活用(処分後の資料によって審査した例がない)

② 民間資料の活用(民間資料を用いて審査した例がない)[(1)]

③ 臨床所見との乖離(国としては初めて判断条件に該当しない者を剖検で認定する)

2　審査室の考え方

① 処分時以後の資料の活用について

・原判決処分以前に形成されたことが明らかな資料は活用する. 剖検資料については，病理所見が原処分以前に形成されたことが明らかであれば活用する.（不明，処分時以降の資料は不採用）

② 民間資料の活用について

・民間資料に限定することには正当な法的根拠がない.

③ 臨床所見との乖離について

・病理所見の有無によって認定審査ができる.

3　検討の方向(案)

① 処分時以降の資料の活用について…処分時以降に判明した事情も考慮すべしとの要求

a　事後資料を活用して行う審査の種類

・審査請求(審査対象処分，審査対象処分以前の処分)

・再申請についての処分(再申請処分，過去の処分)

・職権で行う過去の処分の見直し(過去の処分)

(方針)処分後の資料としては現在行政手続の対象となっている処分(審査請求のみ)については採用するが，それ以外は職権で過去の処分の見直しはしない.

(再申請については，その処分において審査に用いることは普通の剖検認定と同じ. しかし，この場合も過去の処分の見直しはしない.)

(根拠)判断条件，判断方法の変更ではなく，新知見の獲得にすぎないので，職権で過去の処分の見直しをすることは適当ではない. 新知見獲得の時点で，手続が継続中(ママ)していればその手続の中で審査に用いるが，手続が継続していなければ過去の手続は復活しない.

・46年次官通知との整合性を検討する必要.

b　活用する事後資料の種類

・臨床所見　　・病理所見

(方針)病理所見で処分時の所見であるものは採用するが，臨床所見は採用しない.

(根拠)処分時主義の原則は維持する. 病理所見のうち，処分時にあった所見は採用するが，そうでない病理所見や，変動のある臨床所見は採用しない．

c　処分時から活用する事後資料の成立時点までの近接性

(方針) 手続継続中であれば，処分と近接していなくても，所見の有無，その所見の成立時を審査する．

(根拠) 時間的間隔のみをもって，処分時の所見の有無を判断することは困難．

② 民間資料の活用について

a　民間資料を活用して行う審査の種類

・審査請求

・認定処分

(方針) 差異はない．

(根拠) 原処分だから民間資料はみないという理由はない．

b　民間資料の種類

・死亡者に係る資料 (病理所見，過去の臨床所見)

・生存者に係る資料

(方針) 死亡者の臨床所見 (補充的)，病理所見のみ採用し，公的検診資料と合せて総合的に判断する．死亡者の臨床所見はあくまでも病院調査として補充的に勘案し，病理所見についても診断書のみではなく，県で所見そのものを検証する．

(根拠) 公的検診の原則は崩さない．死亡者は新たに資料を獲得できないので，補充的に民間資料を採用する．生存者は，公的検診を受けることができるので検診を要求する．

c　民間資料の作成機関

(方針) 限定しない．

(根拠) 限定する根拠がない．県で所見そのものを検証するので，資料の妥当性を確保し得る．

③ 臨床所見との乖離について

a　判断条件の限界

(方針) 現状維持．

(根拠) 医学的診断は確率的．限界はある．判断条件に該当しない者の(ママ)に水俣病があるとしても，判断条件に該当しない者を水俣病とすれば大多数の非水俣病を取り込むことになって不当．

b　病理認定の在り方

(方針) 現状維持．

(根拠) 新たに病理認定の判断条件を示すことによって，かえって窮屈になる．あくまでも病理所見をも参考にして総合的に判断するほうが動きやすい．

4　予想される批判，質問

① 処分時以降の資料の活用について

・申請手続きが継続していない者について，同様に処分時の状況を現す病理所見を勘案して見直さないことは不当である．

・本人に責めのない事情によって棄却されたのだから，死亡後水俣病と判断できるならば，行政の責任で認定すべき．

・46年次官通知はまさに処分後の事情変更について定めており，判断条件の変更のみならず，新知見の獲得の場合も同様に見直すべき．

② 民間資料の活用について

・そもそも公的検診に限定していることは法に明示していない手続きを求めており違法．

・民間資料を使用するならば，病理も臨床も区別することなく同様に使用すべき．

・病理によって認定する場合の判断条件を明示して，広く病理認定の門戸を広げるべき．

③ 臨床所見との乖離について

・剖検認定者の存在こそ，判断条件の不当性を証明するもの．今回，このことを国が自ら認めたのだから，早急に判断条件を見直すべき．

・判断条件に該当しない者の中にも水俣病患者がいることを証明するものであり，このような隠れ水俣病患者を切り捨てるのは公健法の趣旨に反する．

〔添付〕　裁決書案＜略＞[(2)]

(1) 「→剖検では既にやっている」との書込みあり．

(2) 138

112　(Y) について，92年〔3〕月23日 熊本県と審査室の会議 (非公式)　1992.3.23

(Y) について，92年〔3〕月23日
熊本県と審査室の会議　(非公式)

処分後新知見について

(氏名)　処分後新知見について総務庁の許可を得たというが，手続きと内容のいずれかに取り消すべき用(ママ)件があったのか．
また，病理所見で，病巣の形成時期について鑑定人により意見が分かれている．

(氏名)　病理について，処分以前に形成されたものであるという点では一致している．

(氏名)　(氏名) 先生が有機水銀による病変が処分以前に形成されているといっているのは小脳虫部のみで，残りについては，処分以前に形成されたとはいっていない．他の病変は古いものではないとも読める．

(氏名)　3人の鑑定人にそれぞれの病変部位についての所見をもらっている．全病変について，処分以前に形成されたと考えるのが最も自然である．

(氏名)　ただ質問しただけ．

(氏名)　今回の例が症例として紹介されている「総合研究」の (氏名)

論文は，同じ本で(氏名)先生他会場から疑問の声がでている．このような結果になるのなら，なぜ55年のうちに結論を出さなかったのか．当時我々は棄却の方向で指導されていた．

非公式の席ででではあるが，一昨年，当時審査室にいた(氏名)が，本件は棄却の方向であるといっていた．

この裁決は，東京判決に象徴されているような方向へ逆行している．

(氏名)　(氏名)論文について，(氏名)先生等の批判は学問的なレベルでの話であり，我々は感知しない．あくまで，鑑定結果に基づいての裁決である．

(氏名)発言について，病理標本について，処分後のものであるとして退ける方向だった時期もある．その後，総務庁からの回答を得て，証拠として採用することになった．

(氏名)　取消の対象となるためは，その時点で入手し得た所見でなければならないはず．総務庁に確認したというが，総務庁の方では，病理的病変があれば臨床症状もでるものと考えていたのではないか．総務庁へ紹介(ママ)するときの材料の提示のしかたが悪かったのではないか．

知りえなかった所見を元に取消処分をされることは納得できない．

(氏名)　病理所見と臨床所見の解離(ママ)の問題は，裁判との関係もあり，避けたかった．

(氏名)　その他　「やむを得ない」のならば，取消処分は論理的矛盾である．

(氏名)　最高裁の判決で示されているように，行服では処分時主義が取られている．処分後新知見は補強証拠にしかならない．その場合，処分時の判断に誤りのないものについては補強証拠は用いられない．職権による調査も処分過程の合理性についてのみ認められている．

(氏名)　「やむを得ない」の表現は審査会に配慮してのもの．

(氏名)　表現ではなく論理構成の問題．当時知り得なかった所見を元に取消を行うのは審査庁の職分を離れている．

(氏名)　認定修正において，今回の例を認めると，以後，処分が確定しないような事態が起こる．

(氏名)　公健法についての通達の問題がある．例えば，申請時診断書等を用いられると困る．

(氏名)　申請時診断書は証拠として用いない．但し，今回の病理標本のように審査庁側で現物を見て判断できる場合には，証拠として採用せざるを得ない．

(氏名)　しかし，審査会の先生に伺ったところ，標本が不十分で，特に肝臓，腎臓の標本がない，とのことである．この件は法制度外のこととして割り切って欲しい．

また，この鑑定によると，4つの病理症状がそろってはいない．今までの剖検認定例には全て感覚障害があった．

今回の裁決の様な例は，認定基準の崩壊につながり，訴訟と総合対策にも影響する．

順天堂大で作成した資料を用いているのも問題である．

(氏名)　行服法40条の問題，被処分者は公健法の枠組みのなかで取り扱って欲しい．

(氏名)　水銀組織化学反応がでていないことが致命的．曝露証明のない認定になる．

(氏名)　政治的判断より事実判断を重視して欲しい．

熊大以外の標本を用いているのも問題[1]．

(1)　最後に「剖検認定に対する条件づけ／公健法は生きてる人」と書込みあり．

113　県庁での話し合いについて　1992.3.23

040323

県庁での話し合いについて

1　手続きの不備による取消か．内容による取消か．

表現の仕方は別にして，審査庁が取消裁決をする以上，県の処分が妥当ではなかったという判断をしていることになる．

すなわち，鑑定結果から，原処分時にも認定相当の臨床症状があったにもかかわらず，検診でその所見を取ることができなかったということであり，手続き(資料収集の不備)・内容ともに取消の対象である．

問題点…・検診に対する不信感をあおることになるため，外部に対しては主張できない．

・県に対しても正面からは主張しにくいが，これを主張せずに県の納得を得ることは難しい？

2　行服法第40条第5項について[1]

本件の裁決は，あくまで取消であり，処分の変更には該当しない．(「処分の変更」は数量的に不可分の処分の同一性を保持しつつ，これを加重又は軽減する行為であり，取消とは異なり，審査庁が処分庁と異なる事実認定をし，異なる理由から異なる法規を適用して裁決を行うものである．「処分の変更」には，棄却を認定にするような変更は含まれないと考えられる．)

3　公健法の枠組みで実施して欲しい

公健法は，死亡者の決定申請の制限をしており，それらの救済は他法に委ねている．

(公健法第5条…申請中の者が認定を受けないで死亡した場合において，都道府県知事は，遺族の申請に基づき，死亡した者が認定を受けることができる者であった旨の決定を行う．この申請は，死亡の日から6ヵ月以内に限りすることができる)

制度上，再申請については各申請が独立しているが，不服申請した者については，1回目の申請が継続していると考えられるため，申請中の死亡と同じ扱いになる．

(1)　185第40条

114 (Y)裁決に対する県の指摘する問題点について 1992.3.27

(Y)裁決に対する県の指摘する問題点について

040327

(1) 審査庁の審査のあり方

県の提示した判例は，公務員に対する懲戒処分をした懲戒権者に対し，懲戒処分が違法である旨の訴えに対してなされた判決である．行政行為の当不当の問題，すなわち自由裁量事項については行政訴訟法第30条により，司法審査が及びえないことを確認しているものであるが，自由裁量事項については，司法審査が及びえないからこそ，まさに不服申し立て制度が重要な役割を果たすべき部分であり，不服申し立て制度において，審査庁は，処分の違法性についてのみならず，その当不当についても審査権を及ぼすことができる．

(2) 解剖所見による評価

① 判断資料の範囲

審査庁が本件で採用しようとしている剖検資料は，原処分時には入手することはできなかった資料であるが，原処分前の事実を推定することが可能な事実であり，県の提示した判例とは異なる．

大阪地裁判決 S55.3.24…猟銃所持許可が，銃砲刀剣類所持等取締法第5条第1項第6号の欠格事由に該当する事実を看過してなされた違法があるとする原告の主張に対するものであり，本件で使用しようとしている資料は，「審査時点において入手していた資料」ではなく，「通常なすべき調査を尽くしたならば原処分時点において入手することが可能であった資料」があったことを推定させる資料であると考えられる．

東京高裁判決 S50.9.28…「公正取引委員会の審決の適否を判断するにあたっては，審決後の事情の変更は考慮されない」というものであるが，本件に関しては事情の変更はなく，この判例とは異なる．

② 現行法の資料の取り扱い

県は，「請求人提出の資料を判断材料にされては困る」と主張するが，本件に関して，申請者提出の資料を判断材料としたのではなく，審査庁が依頼した鑑定人による鑑定結果を判断材料としたものであり指摘は不適切．

なお，「処分時までに処分庁が依頼した高度の設備と技術を有する指定医療機関の資料によること」とする通達は，昭和45年1月26日付け環公庶第5009号厚生省公害部庶務課長通知と思われるが，審査庁が原処分の当否を判断するために広く資料を集めることと矛盾しないと考えられる．

4 訴訟及び認定審査制度等に対する影響について

既に，剖検認定を実施している以上，臨床所見のみによる認定の限界については，ある程度の理解が得られるのではないか．

総合対策は，非認定患者に対する対策であり，本請求人に感覚障害がないことが，直接影響するとは考えにくいが，県との関係から，予算確定後に裁決を実施することも検討すべき？

〔添付〕 県庁での話し合いについて<略>[1]

行政不服審査法第40条条文<略>[2]

銃刀法関係・公正取引委員会関係判例<略>

(1) 113

(2) 185

115 (Y)の裁決に関する，熊本県と審査室の話し合い(非公式) 1992.4.3

平成4年4月3日(氏名)作製

(Y)の裁決に関する，熊本県と審査室の話し合い(非公式)

日時：平成4年3月23日10：30～12：00

場所：熊本県庁

参加者：部長，(氏名)(氏名)(氏名)その他(熊本県)

(氏名)室長，(氏名)(氏名)(審査室)

記録：(氏名)

内容

1 病理所見について

論点		熊本県の見解	審査室の判断
形成時期		病巣の形成時期について鑑定人により意見が分かれている． 有機水銀による病変が処分以前に形成されているといっているのは，(氏名)先生の場合，小脳虫部のみで，残りについては処分以前に形成されたとはいっていない． 他の病変は古いものではないとも読める．	鑑定を依頼した際，まず，全体の病変が処分前に形成されたか否かを確認した後，有機水銀中毒の所見の有無について尋ねるという，2段構えの設問をした． 3鑑定人とも処分以前に形成されたものであるという点では一致している． 「全病変について処分以前に形成された」と考えるのが最も自然である．
「総合研究」(※)		請求人が証拠として提出した「昭和55年度水俣病に関する総合研究」の(氏名)論文については(氏名)他会場から疑問の声がでていたと聞いている．	(氏名)等の批判は学問的なレベルでの話であり，我々は関知しない． 論文自体を証拠として採用したわけではなく，あくまで，物件を鑑定した結果に基づいての裁決である．
病理鑑定	標本は十分か	審査会の先生に伺ったところ，病理標本の収集が不十分であるとのことであった． 肝臓，腎臓の標本がないため，水銀曝露の有無が確認できない．	
	水銀染色	水銀組織化学反応がでていない． 肝臓，腎臓の標本がないこととあわせると，有機水銀に対する曝露証明のない認定になりかねない．	
	作成場所	熊本大学以外の大学で作成した資料を用いているのも問題である．	

※被処分者である(Ｙ)は，順天堂大病院で死亡後，(氏名)により病理解剖がなされ，その際作成された病理標本と解剖結果の掲載されている論文が，本審査において証拠物件として提出されている．

2　行服上の問題について

論点		熊本県の見解	審査室の回答
裁量権		行政不服審査においては，原処分の手続きあるいは内容のいずれかに誤りがない限り取り消し処分はできない． その時点で入手し得た所見〔に〕間違いがなければ，残りは処分庁の裁量権に属し，取り消し裁決はありえないはずである．	
臨床症状への論及		総務庁の方では，病理的病変があれば臨床症状もでるものと考えたのではないか，即ち，総務庁へ紹介(ママ)するときの材料の提示のしかたが悪かったのではないか．	病理所見と臨床所見の乖離の問題は，裁判との関係もあり，避けたかった．
「やむを得ない」		裁決書にあるの(ママ)とおり，原処分が「やむを得ない」ものであったのならば，取消処分は論理的矛盾をきたす．	「やむを得ない」の表現は審査会に配慮してのもの．
(氏名)氏の主張	病理所見は要件事実たりうるか	病理所見は，間接事実であり，補強証拠にしかならない(1)．被処分者に水俣病による症状が見られるか否かという要件事実に対して，病理所見は補助事実である．	
	病理所見の「認定条件」	病理所見が要件事実たりえたとしても，本件の病理鑑定の所見は，病理審査会の4つの基準を満たしていない． 検診で四肢末端の感覚障害が陰性となっていたものを病理で認定したという事実はない．	
	職権調査	職権による調査も，シロをクロにすることはできない．	

3　公健法上の問題

熊本県の見解	審査室の返答
公健法についての通達の問題がある．例えば，申請時診断書等を用いられると困る．	申請時診断書は証拠として用いない．但し，今回の病理標本のように審査庁側で現物を見て判断できる場合には，証拠として採用せざるを得ない．

4　処分後の影響に関して

熊本県の見解	審査室の返答
この鑑定によると，4つの病理症状(ママ)がそろってはいない．これは認定基準の崩壊につながり，訴訟と総合対策にも影響する．	

5　その他

論点	熊本県の見解	審査室の返答
なぜ今か	なぜ55年のうちに結論を出さなかったのか．当時我々は棄却の方向で指導されていた．	
東京判決との関係	この裁決は，東京判決に象徴されているような方向へ逆行している．	
審査庁側の発言	非公式の席でではあるが，一昨年，当時審査室にいた審査庁技官が，「本件は棄却の方向である」といっていた．	病理標本について，処分後のものであるとして退ける方向だった時期もある．その後，総務庁からの回答を得て，証拠として採用することになった．

(1)「病理所見は要件事実たりうるか」の欄で熊本県の見解の第一行「病理所見は，間接事実であり，補強証拠にしかならない．」に波線．

116　(Ｙ)の裁決についての問題点　1992.4.3

平成4年4月3日(氏名)作成

(Ｙ)の裁決についての問題点[(1)]

1)　病理鑑定の問題について

県側の主張する病理鑑定の問題点は，「そもそも論」であり，法に基づいて検定結果を得た現時点では，黙殺せざるを得ない．但し，「そもそも論」的には，

ア　有機水銀中毒を疑う場合に当然行うべきであった処置が取られていないこと

イ　4)で論及される，「病理所見の要件事実としての基準」を満たしているか

が問題となる．[(2)]

2)　裁量権について

県側の主張は，処分庁の原処分は違法であり，処分内容は処分庁の自由裁量に属する旨の主張と思われる．しかし，これまで審査庁は原処分の当否まで踏み込んだ裁決をおこなってきており，裁量権の範囲については解決済みであると考えられる．

3)　臨床症状と病理所見の関係について

総務庁への質問では，新たに病理所見が得られた旨言及しており，処分庁側の主張は当を失している．

但し，今回の裁決により，認定検診そのものの妥当性に対して，環境庁自ら疑義をさしはさむことになる．

4)　病理標本の証拠能力について

「被処分者が水俣病による障害をうけた」という要件事実に対する，病理所見の位置づけが論点になっている．県側は，要件事実は認定検診のみであり，本件に関してそれはシロであるという立場に立っている．

病理所見が要件事実であった場合でも，その基準が問題となる．処分庁即ち病理検討会の基準を認めるのでなければ，審査庁側で新たな基準を作ることになる．

結論及び今後の対応

手続き論に関しては，基本的に行服法の解釈の問題であり，県側が有効な判例を例示できないかぎり問題は生じないと思われる．病理所見に関して，審査庁は鑑定を行ってしまっているため，病理所見は要件事実である，という立場をとらざるを得ない．

そのため，
1) まず，病理所見の扱いについて
ア 対策室
イ 病理検討会
に尋ねる．その際，
ア 病理所見は，要件事実か
イ 要件事実ならば，その基準
に留意する．
2) その結果
ア 病理所見を要件事実とできた場合
ア) 今回の鑑定結果が，病理所見の要件事実としての基準を満たした場合
そのまま裁決を進める．
イ) 今回の鑑定結果が，病理所見の要件事実としての基準を満さなかった場合
裁決内容の変更が必要．
イ 病理所見を要件事実とできない場合
鑑定依頼そのものが間違いであった．行政訴訟を甘受する．(3)

(1) 「☆ 4/6～後半 （氏名）（氏名・氏名）」と書込みあり．
(2) 「→剖検問題を認めている」と書込みあり．
(3) 欄外に3箇所書込みあり．
「感覚障害のない．MDがある or 検診が不十分」，「病理所見のつくり方標準typeでない以上，専門家の意見を□□□□□いない 書式に基づかないからダメと考える為□□□□」，「□□年ー統合的．給付的re□□□nalなる．」，「剖検所見している．」

117 裁決書〔第1の取消裁決書〕＊ 1992.4

環保業第　　号

裁 決 書

審査請求人
(住所)
(Y妻)
原処分をした処分庁
熊本県知事

亡(Y)(昭和55年1月28日死亡．以下「被処分者」という.)から昭和54年10月23日付けで提起された旧公害に係る健康被害の救済に関する特別措置法(昭和44年法律第90号．以下「法」という.)第3条第1項の規定に基づく被処分者に関する水俣病認定申請棄却処分(以下「原処分」という.)に係る審査請求については，次のとおり裁決する．

主 文

本件審査請求に係る熊本県知事の行った水俣病認定申請棄却処分は，これを取消す．

理 由

1 審査請求の趣旨
本件審査請求の趣旨は，処分庁が昭和54年8月30日付けをもって被処分者に対して行った原処分を取り消す旨の裁決を求めるというものである．
なお，本件は，被処分者が昭和55年1月28日に死亡し，その妻である(Y妻)(以下「請求人」という.)が審査請求人の地位を承継しているものである．
2 請求人の主張
請求人の主張の要旨は，次のとおりである．
(1) 被処分者の生活について
ア 生年月日
大正11年9月21日
イ 出生地
熊本県水俣市(住所)
ウ 居住歴
大正11年から昭和12年ころまで出生地
昭和12年ころから昭和17年ころまで(地名)
昭和17年ころから昭和20年まで(地名)及び(地名)
昭和20年から昭和53年ころまで水俣市
(うち昭和43年中3ヵ月間(地名))
昭和53年から(地名)
エ 職業歴
昭和12年ころから昭和17年ころまで(名称)工廠
昭和17年ころから昭和20年まで兵役
昭和20年から昭和43年ころまで(名称)
(昭和43年中3カ月間合板会社にて研修)
昭和44年ころから昭和46年ころまで合板会社
昭和46年ころから昭和52年まで(名称)
オ 喫食状況
(地名)(地名)(地名)の魚介類を多食した．
(2) 症状について
ア 昭和32，33年から，手足の痺れ，震えがあった．
イ 昭和37年，硫酸工場で意識を失って倒れ，市立病院にかつぎ込まれた．倒れてから，手足の痺れ，震えがひどくなった．
ウ 昭和37,38年ころから，目が見えにくかった．横が見えなかった．
エ 昭和38年ころ，服のボタンがうまくかけられなかった．つまずきやすかった．物忘れしやすかった．言葉がもつれた．
オ 昭和42，43年ころ，動作が緩慢で，ヨタヨタして敏捷性はなかった．屋根から落ち，肋骨を3本折った．
カ 昭和46年ころ，急にしゃべれなくなった．
キ 昭和52年，トイレで眩暈がして気分が悪くなり10分間位意

識消失した．自宅のトイレで３回倒れた．

(3)　被処分者が居住していた（地名）の人々の水俣病の認定状況を見ると地域ぐるみで健康の偏りがあるのは明らかである．被処分者は昭和22年に請求人と結婚し，（地名）にある請求人の実家の隣に居住した．請求人の実家は漁業を営み，被処分者は仕事のひまを見つけては，それを手伝い，採った魚介類をもらい食べていた．昭和26年に初めて自分の船を持ち，タチウオ，アジ，ガラカブ，タコ，ボラ，イカ，アサリ，カキ，ビナなどを採って食べていた．

ところで，処分庁の弁明については，請求人が物件として提出した昭和54年（名称）病院に入院した時の記録，死亡後の昭和55年順天堂大学病院に依頼して剖検を行った時の診断書が原処分の誤りを語って余りあると信ずるので，あえて反論はしない．特に剖検をされた順天堂大学の（氏名）先生が被処分者はかわいそうだが水俣病は絶対間違いないと言われた．

(4)　以上の理由から，処分庁が行った水俣病とは認定しないという原処分には不服であり，審査請求を行い，原処分の取消を求めるものである．

3　処分庁の主張

処分庁の主張の要旨は，次のとおりである．

(1)　昭和49年３月23日，被処分者の認定申請時に添付された診断書には，病名は「水俣病の疑い」とあり，「現在，痺れ感，周囲が見えにくい，言葉がでない，震えるなどの自覚症状があり，構音障害，知覚障害，固有反射亢進，筋緊張亢進，視野狭窄（疑い）がみられるので精査の必要を認める．」旨記載されている．

そこで，第三次検診及び処分庁が実施した被処分者に係る検診所見によると精神医学的には特記すべき所見なく，神経学的には，昭和47年12月の第三次検診において軽度のジスジアドコキネーシス，脛叩き試験障害及び継ぎ足歩行障害が認められたが運動失調は明確でなく，感覚障害もないと判断された．昭和53年２月４日の所見では，軽度構音障害，上下肢の筋硬直，軽度の継ぎ足歩行障害，腱反射の亢進などが認められたが感覚障害はなく，つづく同月15日の所見では構音障害，極めて軽度の共同運動障害が認められたが有意の四肢感覚障害は認められなかった．神経眼科学的には，２回の検診を通して，視野に異常所見は認められなかったが(1)，眼球運動においては右向きのみに滑動性追従運動障害がみられ(2)有意とはいえなかった．神経耳科学的には，視運動性眼振検査（OKP）において抑制がみられたが聴覚疲労（TTS），語音聴力とも異常所見はみられなかった．

そして，この検診所見及び疫学等を考慮して総合的に判断した結果，被処分者の症状が有機水銀の影響によるものとは認め難いという結論を得たものであり，原処分は医学的根拠に基づいたもので正当である．

(2)　以上で示したとおり本件原処分は正当であり，本件審査請求は行政不服審査法第40条第２項の規定により棄却されるべきものと思われる．

4　判断

原処分に際して用いられた審査会資料，請求人及び処分庁等から提出された資料を総合して検討した結果は以下のとおりである．

被処分者の魚介類の摂取状況からみて，被処分者は，魚介類に蓄積されていた有機水銀に対する曝露歴を有するものと考えられる．

また，被処分者は手足の痺れ，視力障害，視野狭窄，つまずきやすさ，言葉のもつれ，眩暈等，水俣病にみられることのある自覚症状を訴えている．

一方，被処分者の原処分時の症候については，平衡機能障害，眼球運動障害が認められるものの，感覚障害，運動失調，求心性視野狭窄はいずれも認められない．

次に，被処分者は行政不服審査請求中に死亡し，請求人から剖検所見に関し，病理診断報告書を提出して反論があったので，この点について検討する．

法に基づく審査の対象となるのは，原処分(3)の時点における当該処分の妥当性であり，原処分時以降の事情に関する資料は審査の材料には用いることはできない．しかし，本件の場合は，病理所見が(4)処分以前に形成されていた可能性があるため，法第27条の規定に基づき，新潟大学脳研究所（所属）の（氏名）教授，東北大学医学部（所属）の（氏名）教授及び京都脳神経研究所の（氏名）所長の３名に，被処分者の病理標本の有機水銀中毒の所見の有無及びその形成時期に関し，鑑定を求めた．その結果は，病理所見の形成された時期については，３鑑定人とも「処分以前に形成されたと判断できる病理所見がある」ことを認め，その所見の判断については，２名が「有機水銀中毒の所見がある」，１名が「有機水銀中毒の所見がない」との判定であった．

これらの３鑑定を総合的に検討した結果，病理学的には，被処分者には(5)有機水銀中毒の所見がある(6)と判断すべきであり，被処分者は原処分の時点で水俣病であった蓋然性が高いと考えられる．

したがって，被処分者の魚介類に蓄積されていた有機水銀に対する曝露歴，自覚症状及び原処分時の症候のみからは，処分庁が被処分者を水俣病でないとした原処分はやむを得ないものであったと認められるが，病理学的観点も含めて(7)検討すれば，原処分は妥当でなく取り消されるべきものである．

よって，主文のとおり裁決する．

平成　　年　　月　　日

環境庁長官

中村正三郎

(1)「認められず」と訂正．

(2)「みられ」の次に「たが」と書込み．

(3)「の」を「がなされた」と訂正．

(4)「処分」の前に「原」と書込み．

(5)「有機」の前に「原処分がなされた時点で」と書込み．

(6)「ると…高いと」を抹消して「ったものと」と訂正.
(7)「検討」の前に「総合的に」と書込み.
＊環境保健部長まで決裁. 抹消部分に異同２種.

118 （Ｙ）の裁決に関する熊本県との協議（２） 1992.4.13

（Ｙ）の裁決に関する熊本県との協議（２）

日時：平成４年４月13日 13：30～15：00
場所：環境庁特殊疾病審査室内
参加者：（氏名）（熊本県）
（氏名）（氏名）（氏名）（氏名）（氏名）（氏名）（審査室）

内容

（氏名） 今回の裁決について，まだ疑問がある.

（氏名） 裁決に関しては，環境庁の中で決裁のおりていること[(1)]であり，変更はありえない.
審査室としては，今後の円滑な行政運用を考慮して，裁決の時期や審査会に国が説明をするか否かについて問うているにも関わらず，県は実質的な話し合いをしようとしない.

（氏名） 前回の話し合いは室長個人の立場あるいは室としての立場だったのではないか.

（氏名） 常識に照らしてもそのようなことはありえない.

（氏名） 県と国とが水俣問題の解決のため共闘を進めていくうえで，今回の裁決は国の首を締めることになるのではないか.

（氏名） 我々と県との間で，基本的な認識のズレがあるようだ.
県は，国の審査の過程に関与できると考えているようだが，今回の裁決は，対策室，企画課とも十分協議したうえで決定したことであり，裁決の変更はありえない. 前回，今回の話し合いは，県側が，裁決後の対応や善後策をたてるうえで時間的余裕をもてるようにとの配慮の上での非公式のものである. そこを十分認識して欲しい.

（氏名） 取消の根拠そのものに疑問がある. 国が困るようになるのではないか.

（氏名） 国の内部で十分討議し，了解を得ている. 県の疑問には一応答えるが，裁決の内容よりも善後策を考えて欲しい.
((氏名）が「（Ｙ）の取消裁決に関する熊本県との議論に対するコメント」にそって説明）

（氏名） 県の裁量権が，羈束裁量に属するのなら，なおのこと県のとった手続きの正否を問うべきではないか. 今までの話し合いでは何ら法的な根拠が示されていない. 県の事務が間違っていたという根拠を示せ.（テーブルを叩く）

（氏名） 行服法に関して，県は，審査庁の審査権が適法・不適法の範囲にしか及ばないと考えているようだが，審査権が違法性にまでしか及ばないか，当不当にまで及ぶものなのかの解釈は審査庁の権限に属するものであり，我々は，後者の解釈をしている.（行服法解説書の当該条文の解説を（氏名）氏に見せる）

（氏名） 行服法審査で当不当を問うといっても，その時点のものではないものを問うことはできないのではないか.

（氏名） これまで何度も強調しているように，本件では，病理所見が原処分時に形成されたものか否かの判定をまず行っている. 従って，県側の懸念するような，数十年間処分が定まらない，というような事態は生じない筈である.

（氏名） 当不当の中身が問題である. 臨床所見で四肢末端の感覚障害がない状態で，病理所見をもって処分庁の不当を言えるのか. 与えられた材料に対しての判断のミスがなければ，不当ではないのではないか. 検診で症状を拾えなかったというのか.

（氏名） そのとおり.

（氏名） しかし，検診体制は，国からの通達にしたがって行われている.

（氏名） 検診については，一定の水準を維持するために基準を通達しているのであって，それ以外の所見は認めないというわけではない. 行服の審査においては，その趣旨からみて，審査庁に審査会資料に限らず幅広く証拠を集める裁量権がある.

（氏名） 感覚障害なしの水俣病を認めるのか.

（氏名） 少なくとも請求人は自覚症状を訴えているのだから，感覚障害なしの水俣病とはいえない.

（氏名） 総務庁に照会したというが，臨床症状と病理所見の乖離について照会時に論及しなかったのではないか.

（氏名） 総務庁へは，処分後に得られた病理所見を審査にあたって証拠として採用することの可否を照会したのみであって，病理所見の評価は審査庁の判断に属する.
病理所見の評価については，病理認定と基本的には同じはずである.

（氏名） 裁決するにしても，タイミングの問題がある. 水俣病総合対策に影響しないのか.

（氏名） 対策室とも十分協議したが，問題はなかった.
裁決の内容に関しては変更はありえない.
タイミングについては，要望に応じるので県の方で善後策を検討して欲しい.

（以上）

(1) 「決裁のおりていること」を抹消して「決裁は部内で十分に検討した結果」と訂正.

119　(Ｙ)の取消裁決に関する熊本県との話し合い経過と今後の方針について

1992.4.14

(Ｙ)の取消裁決に関する熊本県との話し合い経過と今後の方針について

4.4.14

1　経過

県：①　県の処分に対して行政不服審査法に基づいて審査庁が審査するのは，原処分の違法性及び当不当すなわち，県の事務手続きが妥当であったかどうかについてであり，旧法の目的が生存者に対する救済である以上，処分後の剖検の資料を用いて，請求人が水俣病であったかどうかについてまで，審査庁が判断するのは越権行為である．

②　そこまで裁量権を認めるとしても，感覚障害すらない水俣病を認めることは，「判断条件に該当しない水俣病は存在しない」とする今までの裁判における主張を覆すことになり認められない．

審査庁：①　行政不服審査法で審査庁が判断すべき当不当の範囲については，旧法の目的が，水俣病である者の健康被害の救済である以上，原処分の時点で請求人が水俣病であったか否かの判断まで含むと考えている．

②　臨床症状のそろわない水俣病を認定することについては，県でも既に剖検認定をしている以上，本件だけに特有の問題ではない．

③　「取消」という結論については部内でも十分議論しており，変更はありえない．ただし，この裁決の与える影響については認識しており，時期については相談に応じたい．

2　今後の方針

取消し裁決について，県が十分納得したわけではないが，裁決を際限なく引き伸ばすことはできないため，時期については相談に応じ，それまでの間に，疑問点については随時答えていくこととしたい．

裁決時期について，県は和解の落ち着いた時期を希望しているが，そこまで待つ必要があるとは考えられず，総合対策実施時期との関係から裁決時期を決定したい．

→部長室で打ち合わせ予定で，このペーパーを持参したところ，県の部長から「手続きについて(総務庁への照会が審査庁に都合のいい聞き方をしたのではないか)疑問があり，そこが確認されれば取り消されてもいい」と聞いているため，再度総務庁へ剖検所見を審査に採用するかどうかは，審査庁の裁量範囲であることの確認を取るというステップを踏んでから裁決を進めるべきとの指示有り．

120　総務庁行政管理局主査(氏名)氏と電話にて確認　1992.4.14

総務庁行政管理局主査(氏名)氏と電話にて確認

平成4年4月14日

行政不服審査法上，処分庁の棄却処分後に，原処分以前に形成されていた新たな事実(具体的には剖検所見)が明らかになった場合は，審査庁はその事実を用いて裁決を行うことができる．採用を拒否する場合には，審査庁はその理由を開示する必要がある．

剖検所見と臨床所見の乖離(原処分以前に当該剖検所見が存在していたとしても，必ずしも原処分時に臨床所見があったとは限らないこと)について，どのように判断するかは，審査庁の裁量範囲内である．

121　県と電話連絡　1992.4.20

平成4年4月20日　県と電話連絡

先方：(氏名)補佐，(氏名)参事
当方：(氏名)

県：前回打ち合わせ時(4月13日)の審査庁の論点についてペーパーを早急に送付して欲しい．それに基づいて反論を考えたい．

審査庁：すぐに送付できるものはないので，なるべく早く送付できるかどうか検討して返事をする．

前回の話し合いでもいったように，審査庁の責任に関することについて，ご意見を頂くのは有り難いが，その点に関しては部内でも十分に議論したことであり，結論に変更はない．

しかし，影響の大きさについては認識しているので，取り消された場合の影響の大きさから裁決の時期について，いつにして欲しいという相談には応ずるから，裁決時期の検討をして欲しい．

県：時期については，他課にも関係する問題であり，裁決の理由について公害審査課が納得した状態でないと検討できない．

審査庁：少なくとも並行して裁決時期の検討をして欲しい．

122　(Ｙ)裁決に対する県の指摘する問題点について　1992.4.20

(Ｙ)裁決に対する県の指摘する問題点について

040420

1　審査庁の審査の在り方

問1　審査庁の審査は，処分庁の第一次的な裁量判断が既に存在することを前提として，その判断要素の選択や判断過程に著しく合理性がないかどうかを検討すべきであり，審査庁自らが処分庁と同一の立場に立って，いかなる処分が相当であったか判断し，その結果と実際の処分とを対比して結論を出すべきではないのではないか．(最高裁三小法廷 52.12.20 参照)

答　公健法の認定処分は，その立法趣旨に照らせば，申請者が医学的に水俣病と言い得るときには認定，そうでないときは棄却処分をすることが求められており，裁量によっていずれの逆の処分を行うことも許されないと解すべきであり，その意味でこの処分は羈束裁量に属する．

　したがって，公健法の認定処分に関しては，申請者が医学的に(処分時点において)水俣病であれば，棄却処分は取消を免れない．(県指摘の最高裁判決は問題となった処分が，いわゆる自由裁量に属するものであることを前提としており公健法の認定処分とは前提が異なっている)

問2　行服法で取消を行う場合には，手続きの不備による場合と取消か，内容による場合のどちらかであると思うが，今回の裁決はどちらに当たるのか．

答　前述のとおり．公健法の認定処分に関する行服法の裁決に関しては，申請者が医学的に水俣病であれば，県の棄却処分は取消を免れない．処分庁は処分時点で「通常なすべき調査を尽くしたならば入手可能な資料」を入手しそれに基づき処分しており手続き不備とはいえない．本件はその後明らかになった資料により，結果的に原処分の内容が不適当になったと考えられる．

問3　本件について，原処分が止むを得ないものであったならば，取消ではありえず，行服法第 40 条第 5 項の処分の変更に該当すると思うが，ここでいう処分の変更には棄却を取消にするような変更は含まれていないのではないか．

答　本件の裁決は，あくまで取消であり，処分の変更には該当しない．

　(「処分の変更」は数量的に不可分の処分の同一性を保持しつつ，これを加重又は軽減する行為であり，取消とは異なり，審査庁が処分庁と異なる事実認定をし，異なる理由から異なる法規を適用して裁決を行うものである．「処分の変更」には，棄却を認定にするような変更は含まれないと考えられる)(注釈本より)

2　解剖所見による評価

問1　審査庁が審査を行うに当たり，証拠として採用すべき資料は，処分のなされた時点までに入手可能であった資料のみではないか．(大阪地裁判決 55.3.24．東京高裁判決 50.9.28 参照)

答　審査庁が本件で採用しようとしている剖検資料は，原処分時には入手することはできなかった資料であるが，原処分前の事実を推定することが可能な事実であり，県の提示した判例とは異なる．

大阪地裁判決 S55.3.24…猟銃の所持許可処分に係る国家賠償請求訴訟に関するものであり，この場合当該処分が国家賠償法上の違法に当たるか否かは，処分時点で「通常なすべき調査を尽くしたならば入手可能な資料」により判断すべきは当然であるが，本件は羈束裁量である公健法の認定処分の当不当(行服法第 40 条第 4 項が，「理由があるとき」となっていることに留意)を問題としているものであり，「通常なすべき調査を尽くしたならば入手可能な資料」以外の資料によって判断することもできる．

東京高裁判決 S50.9.28…「公正取引委員会の審決の適否を判断するにあたっては，審決後の事情の変更は考慮されない」というものであるが，本件に関しては事情の変更はなく，この判例とは異なる．

問2　公健法では，死亡者の決定申請の制限をしている．本請求人のように処分後知り得た解剖所見によって判断されることになると，被処分者が死亡するまで認定相当の可能性があり，申請の効力を本人死亡まで認めないと，処分前後によって不利益を被ることになり不公平が生ずるのではないか．

答　制度上，再申請については各申請が独立しているが，不服申請した者については，1 回目の申請中の状態に戻ることから，通常の未処分死亡者と同様になり，処分後の死亡者の再申請や解剖所見による再度の処分を行っていないこととの不公平はない．

問3　請求人提出の資料を判断材料とすると，従来，水俣病像の特殊性から，処分時までに処分庁が依頼した高度の設備と技術を有する指定医療機関の資料によって処分していることと矛盾を生じるのではないか．

答　今回の裁決は，申請者提出の資料を判断材料としたのではなく，審査庁が依頼した信頼しうる専門家の鑑定結果に基づくものであり，これまでの取り扱いとは矛盾しない．

　なお「処分時までに処分庁が依頼した高度の設備と技術を有する指定医療機関の資料によること」とする通達は，昭和 45 年 1 月 26 日付け環公庶第 5009 号厚生省公害部庶務課長通知と思われるが，審査庁が原処分の当否を判断するために広く資料を集めることと矛盾しないと考えられる．

問4　県で剖検認定する場合には，原則として熊本大学又は京都府立医科大学で解剖を行っている．今回の裁決で順天堂大学行(ママ)った解剖結果を用いることは従来の県の剖検認定の方法と整合性が取れない．

答　県が解剖所見を特定の機関に限ってきたこととの整合性は取れないが，これは，県の内規ないし慣習にすぎず，これをもって他の機関で取られた所見を採用しないことの理由にはなり得ないものと考えられる．

3　臨床と病理の乖離について

問1　訴訟において，主要症候のそろわない者は水俣病ではないと主張・立証してきているのに，本件のように主要症候がそろわない者を認定相当としてしまうと，訴訟における臨床上の主張は崩れ，総合対策にも影響を与える事態になるのではないか．

答　臨床所見がなくても剖検所見があれば認定されることは，既に剖検認定というシステムが存在していることによるものであり，今回の裁決によって事情変更が生じるものではない．

4/21 室内会議[1]

① (氏名) 先生に処分後の剖検所見を用いて取消が出来るかどうかについて確認．

② 県に説明

別紙 1　行政事件訴訟法第 30 条条文，最高裁判所昭和 52 年 12 月 20 日第 3 小法廷判決　<略>

別紙 2　銃刀法関係・独禁法関係　<略>

別紙 3　行政不服審査法注釈．第 1 章総則 (この法律の趣旨)　<略>

(1) 「4/21」以後の文は，のちの書込み．

123　室内会議記録　1992.5.15

室内会議記録

日時：平成 4 年 5 月 15 日
場所：室内
参加者：(氏名)(大阪市立法学部教授．中公審環境保健部会委員)
(氏名) 室長 (氏名) 補佐 (氏名)(氏名)(氏名)(氏名)
内容
議題：病理所見の証拠能力について

(Y) に関して，非公式に熊本県が，審査庁が証拠として採用した病理所見の証拠能力や審査庁の権限について「素朴な疑問」を抱いているという．そのため，念のために，中公審環境保健部会委員である (氏名) 先生をお呼びし，確認した．

問　県側は，今回の病理標本に見られた有機水銀中毒と考えられる所見は処分後新知見か．

(氏名)　今回は，鑑定で，病理標本について処分以前に形成されていることを確認しており，病理標本は処分後新知見ではない．

問　病理標本という処分時に入手しえなかった資料を基に取り消し裁決を行うことに正当性はあるか．

(氏名)　一般に，処分庁が，行服の審査の中で，処分時に用いなかった資料を用いて弁明することがある．このことから類推しても，処分時に入手しえなかった資料を基に取り消し裁決を行うことに問題はない．

問　審査庁に，処分の手続きではなく処分内容まで審査する権限があるのか．

(氏名)　行服法において，審査は職権探知主義を取っており，独自に証拠を調べる権限があるのは当然である．

行政訴願法においては，手続きのみについての審査であったが，行政不服審査法では，加えて，被処分者の権利救済を主眼としており，処分庁が，手続きの是非に関わらず本来認定すべきであったか否かまで審査することに何ら問題はない．

問　病理所見は臨床所見に対して補足的な証拠であるか．

(氏名)　病理所見は死後に解剖して得られるものであるから必須の条件ではなく，得られた場合にのみ用いるのは当然である．「補足的」というのはそのような意味でのことであろう．

問　臨床所見がそろわないところで病理所見のみをもって処分を取り消すことの是非はどうか．

(氏名)　臨床所見のみをもって水俣病の診断を行うものと定められているのならば，病理所見は採用されないであろうが，病理所見をも含めた認定業務が行われている以上常識的にも法的にも問題が存在しているはずはないし，病理所見を判断の材料とすることは審査庁の裁量の範囲にはいるであろう．

問　裁決を行う際の処分庁に対する拘束力は．

(氏名)　水俣病と認定すべきと判断して裁決した場合，行服法 43 条により，処分庁はそれに反した裁決を行うことはできない．一部取消ということもありえないことではないが，認定か否かという認定制度の性質から見て，一部取消裁決は困難であろう．

病理所見という，審査庁による客観的な判断が可能な物件があり，更にそれ以上の資料が揃う可能性が薄い場合，審査庁がこれを判断しなければならない．

問　審査庁の裁決に対して，処分庁がそれを不満として訴訟を起こす，と言うようなことが法的に可能か．

(氏名)　最高裁判例でも，下級庁は上級庁に対して，機関訴訟を起こすことはできない．

(氏名)　先生に行政不服(ママ)法の参考書をお尋ねした．

最新条解行政事件訴訟法 (弘文館)

他, 行訴法. 民訴法の証拠の項を見るとよいということであった.

124　〔鑑定採用についての再確認〕　1992.6.12

県に渡す分です

(氏名)

4．6.12

行政不服審査請求後，審査請求人が裁決前に死亡した場合の，病理標本の証拠能力や審査庁の権限に関し，総務庁に対しては，平成 3 年 6 月に文書で確認した内容を再確認し，行政法の専門家に対しては，新たに確認したものである．

1　総務庁行政管理局 (平成 4 年 4 月)

行政不服審査法上，処分庁の棄却処分後に，原処分以前に形成されていた事実 (具体的には剖検所見) が，原処分後に新たに明らかになった場合は，審査庁はその事実を用いて裁決を行うことができる．採用を拒否する場合には，審査庁はその理由を開示する必要がある．

剖検所見と臨床所見の乖離(原処分以前に当該剖検所見が存在していたとしても,必ずしも原処分時に臨床所見があったとは限らないこと)について,どのように判断するかは,審査庁の裁量範囲内である.

2 大学教授(行政法)(平成4年5月)

(1) 鑑定により病理標本について処分以前に形成されていることを確認している場合は,病理標本は処分後新知見ではない.

(2) 病理標本という処分時に入手しえなかった資料を基に裁決を行うことは,一般に,処分庁が,行政不服審査の中で,処分時に用いなかった資料を用いて弁明することがあることから類推しても,何ら問題はない.

(3) 行服法において,審査は職権探知主義を取っており,独自に証拠を調べる権限があるのは当然である.

行政訴願法においては,手続きのみについての審査であったが,行政不服審査法では,加えて,被処分者の権利救済を主眼としており,手続きの是非に関わらず,処分庁が本来認定すべきであったか否かまで審査することに何ら問題はない.

125 熊本県との話し合い記録 1992.6.19

6月19日(金)熊本県との話し合い記録

場所:環境庁特殊疾病審査室

先方:(氏名)環境公害部次長,(氏名)公害審議員,

当方:(氏名)室長,(氏名)補佐,(氏名)審査専門官,(氏名)係長,(氏名)主査

1 原検診録について

先方:関西訴訟については,提出する方向で,審査会と交渉する予定である.

2 (Y)について

先方:過去にも剖検認定は行っているが,審査会資料が相手方に渡ったことはない.
すなわち,判断条件に該当しない水俣病が存在することを,環境庁自らが認める初めての証拠となり,裁判等で原告側に利用されることは必至である.

当方:そういう新たな問題を含んでいることは承知している.

先方:旧法においては,認定審査会の意見をきいて,認定を行うこととされており,そのための資料の収集方法については昭和45年厚生省公害部庶務課長通知があるのみである.これには,検査項目と医学的検査を実施する施設を定めることが規定されている.行服においても,旧法の手続きの枠内で,資料を収集すべきである.

当方:原処分の当否を判断するために必要な資料は,当然収集することが出(ママ)きると考えている.

先方:旧法には,決定申請の規定がなく,行服法においても地位の承継はできないはずである.

当方:行服法の地位承継の規定は,旧法に承継手続きがあるか否かにかかわらず適用されると考えられる.

先方:病理で,最終判断することになると,死亡するまで,処分ができなくなる.今後の審査に反映できない.従来通り処分せざるを得ない.

当方:審査庁は,処分庁の認定審査の在り方を変えろということまで言及しない.臨床と病理の間に乖離があることは当然であり,そのやむを得ない部分だったという説明をすることになるだろう.

先方:裁判や認定業務が収束しようとしているこの時期に,法的にも疑義があり,色々な問題を含んでいる件を裁決して欲しくない.2,3年待って,裁判や認定業務がほぼ終了したときに検討して欲しい.特に,裁判の方向が出ようとしている今は時期が悪いので,配慮をお願いしたい.

〔添付〕〔熊本県の法的主張〕<略>[(1)]
裁決書案<略>[(2)]

(1) 54

(2) 126

126 裁決書案 1992.6.19

環保業第　　号

裁　決　書

審査請求人
(住　所)
(Y妻)
原処分をした処分庁
熊本県知事

亡(Y)(昭和55年1月28日死亡,以下「被処分者」という.)から昭和54年10月23日付けで提起された旧公害に係る健康被害の救済に関する特別措置法(昭和44年法律第90号.以下「法」という.)第3条第1項の規定に基づく被処分者に関する水俣病認定申請棄却処分(以下「原処分」という.)に係る審査請求については,次のとおり裁決する.

主　　文

本件審査請求に係る熊本県知事の行った水俣病認定申請棄却処分は,これを取消す.

理　　由

1 審査請求の趣旨

本件審査請求の趣旨は，処分庁が昭和54年8月30日付けをもって被処分者に対して行った原処分を取り消す旨の裁決を求めるというものである.

なお，本件は，被処分者が昭和55年1月28日に死亡し，その妻である（Y妻）（以下「請求人」という.）が審査請求人の地位を承継しているものである.

2　請求人の主張

請求人の主張の要旨は、次のとおりである.

(1)　被処分者の生活について

ア　生年月日

大正11年9月21日

イ　出生地

熊本県水俣市（住所）

ウ　居住歴

大正11年から昭和12年ころまで出生地

昭和12年ころから昭和17年ころまで（地名）

昭和17年ころから昭和20年まで（地名）及び（地名）

昭和20年から昭和53年ころまで水俣市

（うち昭和43年中3ヵ月間（地名））

昭和53年から（地名）

エ　職業歴

昭和12年ころから昭和17年ころまで（名称）

昭和17年ころから昭和20年まで兵役

昭和20年から昭和43年ころまで（名称）

（昭和43年中3ヵ月間合板会社にて研修）

昭和44年ころから昭和46年ころまで合板会社

昭和46年ころから昭和52年まで（名称）

オ　喫食状況

（地名）の魚介類を多食した。

(2)　症状について

ア　昭和32, 33年から，手足の痺れ，震えがあった.

イ　昭和37年，硫酸工場で意識を失って倒れ，市立病院にかつぎ込まれた．倒れてから，手足の痺れ，震えがひどくなった.

ウ　昭和37, 38年ころから，目が見えにくかった．横が見えなかった.

エ　昭和38年ころ，服のボタンがうまくかけられなかった．つまずきやすかった．物忘れしやすかった．言葉がもつれた.

オ　昭和42, 43年ころ，動作が緩慢で，ヨタヨタして敏捷性はなかった．屋根から落ち，肋骨を3本折った.

カ　昭和46年ころ，急にしゃべれなくなった.

キ　昭和52年，トイレで眩暈がして気分が悪くなり10分間位意識消失した．自宅のトイレで3回倒れた.

(3)　被処分者が居住していた（地名）の人々の水俣病の認定状況を見ると地域ぐるみで健康の偏りがあるのは明らかである．被処分者は昭和22年に請求人と結婚し，（地名）にある請求人の実家の隣に居住した．請求人の実家は漁業を営み，被処分者は仕事のひまを見つけては，それを手伝い，採った魚介類をもらい食べていた．昭和26年に初めて自分の船を持ち，タチウオ，アジ，ガラカブ，タコ，ボラ，イカ，アサリ，カキ，ビナなどを採って食べていた.

ところで，処分庁の弁明については，請求人が物件として提出した昭和54年（名称）病院に入院した時の記録，死亡後の昭和55年順天堂大学病院に依頼して剖検を行った時の診断書が原処分の誤りを語って余りあると信ずるので，あえて反論はしない．特に剖検をされた順天堂大学の（氏名）先生が被処分者はかわいそうだが水俣病は絶対間違いないと言われた.

(4)　以上の理由から，処分庁が行った水俣病とは認定しないという原処分には不服であり，審査請求を行い，原処分の取消を求めるものである.

3　処分庁の主張

処分庁の主張の要旨は，次のとおりである.

(1)　昭和49年3月23日，被処分者の認定申請時に添付された診断書には，病名は「水俣病の疑い」とあり，「現在，痺れ感，周囲が見えにくい，言葉がでない，震えるなどの自覚症状があり，構音障害，知覚障害，固有反射亢進，筋緊張亢進，視野狭窄（疑い）がみられるので精査の必要を認める.」旨記載されている.

そこで，第三次検診及び処分庁が実施した被処分者に係る検診所見によると精神医学的には特記すべき所見なく，神経学的には，昭和47年12月の第三次検診において軽度のジスジアドコキネーシス，脛叩き試験障害及び継ぎ足歩行障害が認められたが運動失調は明確でなく，感覚障害もないと判断された．昭和53年2月4日の所見では，軽度構音障害，上下肢の筋硬直，軽度の継ぎ足歩行障害，腱反射の亢進などが認められたが感覚障害はなく，つづく同月15日の所見では構音障害，極めて軽度の共同運動障害が認められたが有意の四肢感覚障害は認められなかった．神経眼科学的には，2回の検診を通して，視野に異常所見は認められなかったが，眼球運動においては右向きのみに滑動性追従運動障害がみられ有意とはいえなかった．神経耳科学的には，視運動性眼振検査（OKP）において抑制がみられたが聴覚疲労（TTS），語音聴力とも異常所見はみられなかった.

そして，この検診所見及び疫学等を考慮して総合的に判断した結果，被処分者の症状が有機水銀の影響によるものとは認め難いという結論を得たものであり，原処分は医学的根拠に基づいたもので正当である.

(2)　以上で示したとおり本件原処分は正当であり，本件審査請求は行政不服審査法第40条第2項の規定により棄却されるべきものと思われる.

4　判断

原処分に際して用いられた審査会資料，請求人及び処分庁等から提出された資料を総合して検討した結果は以下のとおりである.

被処分者の魚介類の摂取状況からみて，被処分者は，魚介類に蓄積されていた有機水銀に対する曝露歴を有するものと考えられる.

また，被処分者は手足の痺れ，視力障害，視野狭窄，つまずきやすさ，言葉のもつれ，眩暈等，水俣病にみられることのある自覚症状を訴えている．

一方，被処分者の原処分時の症候については，平衡機能障害，眼球運動障害が認められるものの，感覚障害，運動失調，求心性視野狭窄はいずれも認められない．

次に，被処分者は行政不服審査請求中に死亡し，請求人から剖検所見に関し，病理診断報告書を提出して反論があったので，この点について検討する．

法に基づく審査の対象となるのは，原処分の時点における当該処分の妥当性であり，原処分時以降の事情に関する資料は審査の材料には用いることはできない．しかし，本件の場合は，病理所見が処分以前に形成されていた可能性があるため，法第27条の規定に基づき，新潟大学脳研究所（所属）の（氏名）教授，東北大学（所属）の（氏名）教授及び京都脳神経研究所の（氏名）の3名に，被処分者の病理標本の有機水銀中毒の所見の有無及びその形成時期に関し，鑑定を求めた．その結果は，病理所見の形成された時期については，3鑑定人とも「処分以前に形成されたと判断できる病理所見がある」ことを認め，その所見の判断については，2名が「有機水銀中毒の所見がある」，1名が「有機水銀中毒の所見がない」との判定であった．

これらの3鑑定を総合的に検討した結果，病理学的には，被処分者には有機水銀中毒の所見があると判断すべきであり，被処分者は原処分の時点で水俣病であった蓋然性が高いと考えられる．

したがって，被処分者の魚介類に蓄積されていた有機水銀に対する曝露歴，自覚症状及び原処分時の症候のみからは，処分庁が被処分者を水俣病でないとした原処分はやむを得ないものであったと認められるが，病理学的観点も含めて検討すれば，原処分は妥当でなく取り消されるべきものである．

よって，主文のとおり裁決する．

平成　　年　　月　　日

環境庁長官

中村　正三郎

127　（Y）行政不服審査請求事件に係る裁決について*

1992.6.23

（Y）行政不服審査請求事件に係る裁決について

040623

1　概要

本請求人は不服審査請求後，裁決前に死亡し，順天堂大学にて解剖が行われ，「慢性有機水銀中毒症」との病理所見が得られており，これが請求人側の反論の主な根拠となっている．このため，審査庁が病理所見についての鑑定を3名に依頼し，最終的な判断を下すこととしたものである．

なお，本請求人は，今回取消裁決された場合には，旧法申請中の状態に戻り，被処分者が死亡認定されることになる．（旧法では，申請者本人に対する医療費等の支給の規定しか存在しないため，地位承継の手続きはなく，する必要もない．現行でも，旧法死亡中に申請者が死亡した場合は，死亡認定している）

2　行政不服審査の経緯の概略について

54.8.30　棄却処分
10.23　審査請求
55.1.28　死亡
11.1　当初弁明書
61.10.31　反論書　順天堂大学で剖検した結果，慢性有機水銀中毒症と診断されている．
3.1.21　鑑定
鑑定者：新潟大（氏名）教授　結果：有機水銀中毒の所見がある
東北大（氏名）教授　有機水銀中毒の所見がない
4.1.13　第3の鑑定
鑑定者：（氏名）京都府立医科大学名誉教授
京都脳神経研究所長
結果：有機水銀中毒の所見がある

3　臨床所見

＜略＞[1]

4　処分後新知見の取り扱いについて

(1)　処分後新知見の取り扱い

行服法に基づく審査の対象になるのは，原処分の時点における当該処分の妥当性であり，原処分時以降の事情に関する資料は審査の材料に用いることはできない．しかし，本請求人のように原処分後に，原処分以前に形成されていた新たな事実が明らかになった資料については採用する．具体的には，水俣病認定申請に関する行政不服審査請求の審理において，原処分以前に形成されたことが明らかになる資料は病理標本以外想定できない．（臨床所見は年齢あるいは経過に従って変動がありうるため，これをもって「過去にもその所見があったはずである」とはいえず，再現性がないため鑑定して確認することもできないので，採用しない．）

(2)　病理標本について採用する基準

病理所見が原処分以前に形成されたことが明らかである場合には採用する．

請求人側から要求があった場合には，病理標本を審査に用いることができるかどうか個別に鑑定を実施することになる．鑑定の結果，病理所見が原処分以前に形成されたことが明らかである場合は証拠として採用し，原処分以後に形成されたことが明らかな場合及び形成時期が不明な場合は証拠として採用しない．

(3)　過去との整合性

過去に，剖検記録の物件提出要求が4件提出されているが，いずれも

・処分後かなりの時間がたってからの死亡であること
・（病理標本ではなく）再申請時に審査会で資料として用いられた剖検記録の物件提出要求であったこと

から，剖検所見が，処分前に既に形成されていた可能性について，審査庁が確認することができないとして，「処分時までの資料に基づいて審査することが適当である.」ことを理由に，要求をかけない旨，平成元年6月14日に通知している.

5　鑑定結果

＜略＞[2]

(参考)

法的な手続きにはよっていないが，国立予防衛生研究所(氏名)先生から，水銀組織化学反応染色を追加した上で「有機水銀中毒の所見がない」との判断を得ている.

((氏名)先生は，原処分時に審査会委員であったため，鑑定人たり得ない)

6　結論

請求人側の反論を踏まえて，3名の鑑定人に，被処分者の病理標本の有機水銀中毒の所見の有無及びその形成時期に関し，鑑定を求めた．その結果は，病理所見の形成された時期については，3鑑定人とも「処分以前に形成されたと判断できる病理所見がある」と判定し，その所見の判断については2名が「有機水銀中毒の所見がある」，1名が「有機水銀中毒の所見がない」との判定であった.

これらの3鑑定を総合的に検討した結果，病理学的には，被処分者には有機水銀中毒の所見があると判断すべきであり，被処分者は原処分の時点で水俣病であった蓋然性が高いと考えられる.

したがって，被処分者の魚介類に蓄積された有機水銀に対する曝露歴，自覚症状及び原処分時の症候のみからは，処分庁が被処分者を水俣病でないとした原処分はやむを得ないものであったと認められるが，病理学的観点も含めて検討すれば，原処分は妥当でなく取り消されるべきものである.

7　判断

原処分に際して用いられた審査会資料，請求人及び処分庁等から提出された資料を総合的に検討した結果は以下のとおりである.

被処分者の魚介類の摂取状況からみて，被処分者は，魚介類に蓄積された有機水銀に対する曝露歴を有するものと考えられる.

また，被処分者は手足の痺れ，視力障害，視野狭窄，つまずきやすさ，言葉のもつれ，眩暈等水俣病にみられることのある自覚症状を訴えている.

一方，被処分者の原処分時の症候については，平衡機能障害，眼球運動障害が認められるものの，感覚障害，運動失調，求心性視野狭窄はいずれも認められない.

次に，被処分者は行政不服審査請求中に死亡し，請求人から剖検所見に関し，病理診断報告書を提出して反論があったので，この点について検討する.

法に基づく審査の対象となるのは，原処分の時点における当該処分の妥当性であり，原処分時以降の事情に関する資料は審査の材料には用いることはできない．しかし，本件の場合は，原処分時以前に形成されていた病理所見がある可能性があるため，法第27条の規定に基づき，新潟大学脳研究所(所属)の(氏名)教授，東北大学医学部(所属)の(氏名)教授及び京都脳神経研究所の(氏名)所長に被処分者の病理標本の有機水銀中毒の所見の有無及びその形成時期に関し，鑑定を求めた．その結果は，病理所見の形成された時期については，3鑑定人とも「原処分時以前に形成されたと判断できる病理所見がある」と判定し，その所見の判断については，2名が「有機水銀中毒の所見がある」，1名が「有機水銀中毒の所見がない」との判定であった.

これらの3鑑定を総合的に検討した結果，病理学的には被処分者には有機水銀中毒の所見があると判断すべきであり，被処分者は原処分の時点で水俣病であった蓋然性が高いと考えられる.

したがって，被処分者の魚介類に蓄積された有機水銀に対する曝露歴，自覚症状及び原処分時の症候のみからは，処分庁が被処分者を水俣病でないとした原処分はやむを得ないものであったと認められるが，病理学的観点も含めて検討すれば，原処分は妥当でなく取り消されるべきものである.

よって，主文のとおり裁決する.

(1)　103－3

(2)　103－5

＊108の修正.

128〔審査請求人の地位の承継について〕　1992.6.23

040623

1　審査請求人の地位の承継について

問　旧法では，新法と異なり決定申請の手続き規定がない．これは，死亡者については，認定者に与えられる給付(権利)が認定者のみに対する認定後の医療給付等に限られていたため，死亡によりその後認定されても何ら権利が発生しなかったことによると思われる.

新法制定時に，決定申請の規定が準用されていない以上，行政不服審査においても審査請求人の地位を承継することはできないのではないか.

答　行服法においては，審査請求人が死亡した場合には，「審査請求の目的である処分に係る権利を承継した者」が，審査請求手続きを承継することが定められており，これは，原処分を行った法律に承継手続きがあるか否かに左右されることはないと考えられる.

行政不服審査申請前に死亡した場合は，~~救済する余地はない.~~ ~~(さかのぼって申請してもらうことになる.)~~

取り消し裁決後，熊本県が処分を行うときに，誰に対して処分を行うかという問題はあるが，現に旧法でも死亡者を剖検認定している以上，同様の扱いをすればいいと考えられる.

2　資料収集に(ママ)範囲について

問　行服法は，職権探知主義を採用しているため，独自の証拠調べができるのは当然であるが，あくまで旧法の手続きの枠内で，資料を収集すべきではないか．(旧法においては，認定審査会の意見をきいて，認定を行うこととされており，そのための資料の収集方法については昭和45年厚生省公害部庶務課長通知があるのみである．これには，検査項目と医学的検査を実施する施設を定めることが規定されている.)

答　行服法における職権探知主義は，行政訴訟法第24条に見られるような狭義の職権証拠調べではなく，審査庁が職権で証拠収集することができるのみならず当事者の主張及び証拠の申し出に拘束されることなく，審査庁が事案の処理のために必要と認める一切の資料の収集をなしうるものであると思われる．(注釈行政不服審査法より)

また，行服法における実質審理は，審査請求人の申し立てに係わる原処分について，その全体の当否を判断するために行うものであるが，その実施に当たっては，審査請求人及び原処分庁双方の主張により明らかとなった争点に主眼をおいて効率的に行うもの(不服審査基本通達)とされており，本件のように審査請求人が原処分時に水俣病であったか否かの判断を剖検資料をもって争っている場合に，当該剖検資料が旧法で，原処分庁が従来依頼している施設以外で作成された資料であるか否かにかかわらず，審査庁が当該剖検資料を用いて判断すべきことは当然である．

129　(Ｙ)の取消裁決に関する県との検討経緯と今後の方針について

1992.6.26

(Ｙ)の取消裁決に関する県との検討経緯と今後の方針について

040623(ママ)

1　(Ｙ)に係わる検討経緯

040313　部内方針決定

040323　熊本県に対し方針説明を行ったが，県は以下の点について納得せず．
審査庁の裁量範囲(総務庁への照会方法等にも疑問を呈す)
剖検所見の証拠能力
死亡者に対する処分について
臨床と病理の乖離について

040413　(氏名)補佐来庁．0323と同様のことについて説明するも納得せず

040414　総務庁へ再度電話照会

040420　県に対し，総務庁へ再度電話照会した旨を伝え，裁決時期の検討を依頼．
裁決の理由について公害審査課が納得した状態でないと時期の検討はできないとして拒否．

040515　大阪大学(氏名)教授に，病理の証拠能力，審査庁の権限について確認．

040612　県に対し，総務庁への再照会，(氏名)教授の見解について伝える．

040612　(氏名)次長，(氏名)審議員来庁
(1)　病理の証拠能力，審査庁の裁量範囲について納得したわけではない．
(2)　今後の認定業務，裁判における主張にも影響がでる[(1)]．
(3)　法的にも疑義があり，色々な問題を含んでいる件を，裁判や認定業務が収束しようとしているこの時期に裁決して欲しくない．
具体的には，裁判や認定業務がほぼ終了する2，3年後まで検討を待って欲しい[(2)]．

040626　(氏名)環境保健部長と(氏名)環境公害部長が電話で話した結果，
①　裁決手続きの件は問題にならなかった．
②　臨床所見がない例を認定するとなると，結審を迎えつつある控訴審(福岡)に対する影響等あまりに大きいとの県の意見が述べられた．
結局，判断条件に対する影響，裁決の時期について今後も話し合うこととした[(3)]．

(1)「(2)今後の認定業務，裁判における主張にも影響がでる．」に傍線．
(2)「2，3年後まで検討を待」に波線．
(3)「対する影響，裁決の時期について今後も話し合うこととした．」に傍線．

130　特殊疾病審査室における解剖所見(病理標本)の取扱い経緯について

1992.11.24

特殊疾病審査室における解剖所見(病理標本)の取扱い経緯について

平成4年11月24日
特殊疾病審査室

1　病理標本の取扱い問題とは

熊本県の水俣病認定審査会において棄却処分をなされた者が，不服申立てを環境庁になし，裁決がなされる迄に死亡する例がある．これについて承継人より解剖所見を審査資料に加えるように求められた場合，これを資料として加えるか否か，加えると決定した場合どう裁決に反映させるかなどの問題がある．

具体的問題点としては

(1)　第1段階として，承継人から資料として提出された場合，審査庁が受理して病理鑑定にかけるか，受理せずに返却するかの選択．

(2)　第2段階として，審査庁が受理する場合，どういう基準で資

料として使用するか，である．

2　熊本県における，いわゆる病理認定について

(1)　熊本県に第1回目申請中に死亡して剖検認定された例が133例[(1)]（平成4年11月24日現在）である．

(2)　熊本県に1回以上棄却された者が，再申請中死亡して剖検認定された例が20件ある[(2)]．

(3)　いずれも死亡後，承継人が決定申請の手続きをして「剖検認定申請手続」を採るものである．（資料1）[(3)]

(4)　熊本県職員の一部には，「臨床的に感覚障害のみられない例については病理認定は行っていない」旨の声があるが，東京訴訟においては，感覚障害のみられない病理認定例数例について論及されている[(4)]．

3　行政不服審査における（原）処分時主義と裁決時主義

(1)　裁判では，基準時を行政処分のなされた時点とする（原）処分時主義と，事実審の最終口頭弁論終結時とする判決時主義の対立がある．

(2)　多くの学説は，処分庁が処分時に帰って正当であったかどうか判断すべきであるとする処分時主義を支持している．その理由は，裁判所は処分の事後審査にとどまるべきで，処分後の事情にもとづいて処分の適法・違法を判断することは，行政庁の第一次判断権を犯し，裁判所に監督行政庁のごとき機能を与えることになるというものである．

(3)　行政不服審査法において（ママ）審査請求では，審査請求人は当該処分に（ママ）なされた時点における違法性を主張し，審査庁は当該処分が違法または不当に行われた（ママ）どうかの点を審理，判断した結果，認容の裁決によって処分が違法であることを確認して，処分時にさかのぼって失効させるものである．従って違法判断の基準時は処分時となるので原処分時主義を採るものと考えられる．

4　従来の当室における病理標本の取扱

(1)　病理に関する判断条件

昭和58年ごろ「病理に関する判断条件（部長通知）」の検討があった．通知はかなり具体化したが，結局は病理解剖を奨励することになる，行政に混乱をきたすおそれがある等の理由で立ち消えとなった．

(2)　昭和59年4月25日の国会答弁における環境保健部長の答弁（資料2）[(5)]

「県が新法上，既に（病理）認定した請求人に対し，県の認定後に旧法審査室が棄却裁決したのは，審査の間違いではないか」という質疑に対し，部長は次のように答えている．

ア　旧法審査室は原処分時主義をとっているので，原処分時に還って判断するので棄却裁決もあり得る．

イ　解剖所見は，臨床所見を裏づけする資料という形で取扱っている．解剖所見あるいは臨床所見等を総合的に判断した上で個々のケースについての認定棄却を行う．

(3)　病理に関する物件提出要求に対する対応

（氏名），（氏名），（氏名），（氏名）について審査庁より，「病理所見」「剖検資料」の物件提出要求申立が行われ，審査庁はそれに対し次のように通知している．

「物件要求の申立があったが，下記の理由により審理に必要な物件とは認められないことから，要求を行わないこととしましたのでお知らせいたします．

理由

本審査は行政庁が行った被処分者が水俣病とは認められないとした処分が違法または不当なものであったか否かを審査するものであり，処分時までの資料に基づいて審査することが適当である」

(4)　（Y氏）病理標本の受理と鑑定

昭和61年10月31日付をもって（氏名）氏より順天堂（氏）助教授（現（病院名）副院長）の（Y）氏の症例報告を反論資料として提出された．この資料には（Y）氏の病理所見が述べられ水俣病として記載されている．審査室は病理鑑定を必要とし，職権により（氏）助教授に標本提出をもとめ，これを鑑定にかけている．

(5)　県に対する審査室の態度

平成3年頃より（Y）氏の裁決に病理標本を資料として入れることに熊本県側より強い不満がでていた．これに対し審査室は

ア　（ママ）現処分時主義にかなう病理標本は採用する[(6)]．

イ　（Y）氏については十分に（ママ）現処分時以前に形成されていたと推測できる所見であると鑑定は一致している．

と説明してきた．（Y）氏の病理標本を加えることは部内では了承されていた（裁決決裁で部長までの印をもらっている）

(6)　新法審査室のイタイイタイ病取消裁決に関する審査室長のコメント

「“イタイイタイ病とは病気自体が違い直接の関係はない”としながらも，“原処分主義が原則だが，剖検資料を使うかどうかはケース・バイ・ケース．（ママ）現処分時に水俣病にり患していたかどうか判断できる資料[(7)]であれば採用することもあり得る”と含みを残している」（平成4年11月24日熊本日（ママ）々新聞）

5　今後の対応

原処分時主義と矛盾しない場合[(8)]は採用することとするが，あくまでもケースバイケースで対処してゆく．

審査室としては，その適用は原処分主義の原則を厳しく維持してゆく方針である．今後，請求人から病理標本の鑑定要求について，どういう場合鑑定にかけるか目安を作るべく検討してゆく予定である．

(1)　「133例」から線を引き「／355」と書込み．355名のうち133名が認定されたの意味．

(2)　「／97」と書込み．死亡後剖検認定された例が97名のうち20名の意味．

(3)　資料1は不明．

(4)　「感覚障害のみられない病理認定例数例について論及」に傍線．

(5)　資料2は188．

(6)　「（ママ）現処分時主義にかなう病理標本」に傍線．

(7)「現(ママ)処分時に水俣病にり患していたかどうか判断できる資料」に傍線.

(8)「原処分時主義と矛盾しない場合」に傍線.

---

131 当室における病理所見に関する申立て等　1992.11.25

当室における病理所見に関する申立て等

平成4年11月25日
特殊疾病審査室

1．文書による物件要求申立及び鑑定要求申立

番号	被処分者	水俣病認定申請（第1回目）		行政不服審査請求		水俣病認定申請（第2回目）		参考	物件要求申立	鑑定要求申立	審査室の対応
		認定申請	処分	審査請求	裁決(年月日)	認定申請	処分				
217	(氏名)	48. 4.26	52.11.29(棄却)	52.12.12	審査中		56.11.7(認定)	56. 5.20(死亡)	○	○	1. 物件要求については H1.6.14付け 2. 鑑定要求については H1.6.26付けでいずれも「必要を認めず要求しない」旨請求人に通知している.
246	(氏名)	48. 7.18	53. 2.22(棄却)	53. 4. 4	審査中		55. 8. 7(認定)	54.11.10(死亡)	○	○	
357	(氏名)	48. 5.29	54. 2. 1(棄却)	54. 2.13	審査中		57. 4. 1(棄却)	56. 8. 7(死亡)	○	×	
498	(氏名)	48. 6.26	55. 1.25(棄却)	55. 2.19	審査中		60. 4. 4(棄却)	59. 2.28(死亡)	○	×	

1) 物件要求申請：　行服法第28条「物件の提出要求」によると，審査庁は，審査請求人の申立てにより，書類その他の物件の所持人に対し，その物件の提出を求め，かつ，その提出された物件を留め置くことができる，とある．すなわち，物件要求申立とは，審査庁が書類その他の物件を所持人に対し，提出を求めるよう審査請求人が申立てることである．

2) 鑑定要求申立：　行服法第27条「参考人の陳述及び鑑定の要求」によると，審査庁は，審査請求人の申立てにより，適当と認める者に，鑑定を求めることができる，とある．すなわち，鑑定要求申立とは，審査庁が適当と認める者に，鑑定を求めるよう審査請求人が申立てることである．

2．反論書等で病理所見の検討要求

番号	被処分者	水俣病認定申請（第1回目）		行政不服審査請求		水俣病認定申請（第2回目）		参考	剖検診断書①	文献提出②	審査室の対応
		認定申請	処分	審査請求	裁決（年月日）	認定申請	処分				
461	(Y)	49. 3.22	54. 8.30（棄却）	54. 10.23	審査中	請求せず		55. 1.28（死亡）	○	○	病理標本を「順天堂大」より借りて鑑定に出した

※反論書に，①病理診断報告書，②文献（関東地方在住水俣病の一剖検例）の添付があった．

剖検認定者一覧（旧法分）

番号	被処分者	認定申請	棄却処分	審査請求	行服裁決
16	(氏名)	48. 4.27	48.10.15	48.12.17	棄却(56.11.27)
24	(氏名)	47. 9.26	48.12.13	49. 2. 7	棄却(56. 9.30)
169	(氏名)	48. 5. 2	51. 8. 9	51. 8.11	棄却(59. 7. 9)
203	(氏名)	48. 6.28	52. 7. 4	52. 8.11	棄却(59. 7.25)
217	(氏名)	48. 4.26	52.11.29	52.12.12	審査中
246	(氏名)	48. 7.18	53. 2.22	53. 4. 4	審査中
307	(氏名)	48.10.19	53.10. 4	53.10. 9	取下げ(59. 9.16)
344	(氏名)	49. 5.30	53.11. 2	53.12.21	棄却(59.12.21)
461	(氏名)	49. 3.22	54. 8.30	54.10.23	審査中
592	(氏名)	49. 4.24	59. 5.31	59. 6.11	審査中

番号	死亡	新法認定	棄却から死亡	現地審尋等
16	56. 6.16	56.12. 7（申請2回）	7年8ヶ月	審尋(52.12.16)
24	58. 2. 6	58.11. 4（〃2〃）	9年2ヶ月	審尋(52.12.16)
169	55.10.17	56. 4.30（〃3〃）	4年2ヶ月	剖検後認定
203	53. 5.27	54.10. 4（〃2〃）	10ヶ月	剖検後認定
217	56. 5.20	56.11. 7（〃2〃）	3年6ヶ月	剖検資料の鑑定
246	54.11.10	55. 8. 7（〃2〃）	1年9ヶ月	剖検資料で取消せ（ママ）
307	58. 2.26	58.11.30（〃2〃）	4年4ヶ月	実施せず
344	55. 5. 9	55.11. 1（〃2〃）	1年6ヶ月	剖検後認定
461	55. 1.28（解剖）	申請せず	5ヶ月	反論書
592	1. 4.22	3. 1.11（申請2回）	5年	審尋(61.10. 8)

132 病理標本の取扱について　1993.2.16

平成5年2月16日
特殊疾病審査室

病理標本の取扱について

1　当室の審理について

当室の審理は行政不服審査法に基づき行っており，新・旧公健法，臨時措置法に基づく認定業務，新公健法に基づく公害健康被害補償不服審査会の不服審査，並びに訴訟とは基本的には異なるものであり，独自の審査を行うものである．

2　原処分時主義の遵守

1)　行政不服審査法では，原処分時主義については特に規定していないが，過去の行政不服審査にまつわる判例を根拠として，原処分時主義により審査を行うことが一般的になっている．このことから，当室でも，原処分時主義を採用しており，昭和59年4月には当時の（氏名）環境保健部長が国会答弁しているところである．

2)　なお，行政不服審査における原処分時主義の解釈については，法の所管官庁である総務庁への照会の結果，以下のような回答

を得ている.

「処分庁の棄却処分後に，原処分以前に形成されていた新たな事実が明らかになり，審査庁の裁量でその事実を用いて採用するとしたときには，審査庁はその事実を用いて裁決を行うことができる.

また採用を拒否する場合には，審査庁はその理由を開示する必要がある」

当室では，行政不服審査法に基づき裁決を行うことから，当室における原処分時主義の解釈はこの総務庁見解に従っている.

3) 従って，当室の審査資料として，原処分時以前の事実とみなせる場合には新資料として取り入れることがある,

3　病理所見の取扱方針について

当室では下記の条件のすべてをみたす場合には，原処分の根拠となった所見に加え，その後の病理所見を採用してきたところである.

(1) 審査請求人から要求の申立があった場合

(2) 被処分者の臨床所見からは医学的に水俣病であるか否かの判断が困難である場合

(3) 被処分者の病理所見が医学的に原処分時の臨床所見の裏づけ資料として利用し得るものと考えられる場合(原処分と剖検の時期が近接している場合など)

4　過去との整合性について

1) 国会答弁について

・方針の(3)は国会で答弁した「原処分主義」に反するものではない.(総務庁の見解)

・方針の(2)は国会で答弁した「病理所見は臨床所見の裏づけ」であることに矛盾しない.

2) 剖検資料を含む物件(鑑定)提出要求申立があった4件に対する環境庁長官名の「要求しない旨」の決定通知について

この4件については,「個別に」検討した結果，病理の取扱方針から外れていた例であり，要求を行わない旨の決定を行ったものである.

3) 現地審尋時の口頭意見陳述における病理所見の採用についての訴えを採用しなかったことについて

口頭意見陳述は要求申立とは解釈できないため，採用しなかったものである.

5　病態の経過との整合性

この病理の取り扱い基準により病理所見を使用することは,「臨床所見も，病理所見も有機水銀の曝露が無くなれば減少していく」という水俣病の病態の変化に矛盾するものではない．即ち，処分時に，水俣病を疑う臨床所見が無い場合には，その後，臨床所見や病理所見が出現したとしても，その所見は原処分時に水俣病による所見と考えず，加齢やその他の疾患による所見の表出であると解釈するものである.

6　当室における今後の病理所見の採用について

1) 当室の病理所見の取扱方針に合致し，鑑定を実施した例((Ｙ))鑑定結果を踏まえて裁決を行う.

2) 今後の対応について

当室の病理所見の取扱方針に基づき，場合によっては物件要求，鑑定要求を行う.

(参考1) 審査室における処分以降の病理所見の採用に関係する症例について

被処分者氏名	旧法申請	新法申請	新法再申請	旧法不服審査	病理所見に関する要求申立	旧法処分から死亡までの期間
(氏名)	×	◎		×		7年8ヵ月
(氏名)	×	◎		×		9年2ヵ月
(氏名)	×	×	◎	×		4年2ヵ月
(氏名)	×	◎		×		10ヵ月
(氏名)	×	◎		×		1年6ヵ月
(氏名)	×	◎		取り下げ		4年4ヵ月
(氏名)	×	◎		未裁決	有(拒否)	3年6ヵ月
(氏名)	×	◎		未裁決	有(拒否)	1年9ヵ月
(氏名)	×	◎		未裁決		5年
(氏名)	×	V		未裁決	有(拒否)	2年6ヵ月
(氏名)	×	V		未裁決	有(拒否)	4年1ヵ月
(Y)	×	未実施		未裁決	有(受理)	5ヵ月

(×は臨床所見による棄却，Vは病理所見も含めた所見による棄却，◎は病理認定を示す.)

(参考2) 処分以降の病理所見の採用に関係する例についての臨床所見

(未処理分，審査室見解)

	感覚障害	運動失調	平衡機能障害	求心性視野狭窄	眼球運動障害	聴力障害	その他の症候	その他の疾患	旧法処分から死亡までの期間	病理所見の鑑定
(氏名)	×	×	△	×	×	×	無し	無し	3年6ヵ月	拒否
(氏名)	×	×	△	不明	不明	△	振戦	脳梗塞	1年9ヵ月	拒否
(氏名)	○	×	×	×	×	△	無し	高血圧	2年6ヵ月	拒否
(氏名)	○	×	×	×	×	×	無し	無し	4年1ヵ月	拒否
(氏名)	○	×	×	×	×	×	無し	無し	5年	
(氏名)	×	×	○	×	○	×	構音障害 精神障害	脳梗塞	5ヵ月	採用

133　物件の提出要求について*　1993.3.30

物件の提出要求について

上記のことについて案のとおり通知してよろしいか伺います.

(起案理由)

下記請求人から審査請求が提起されているところであるが，その審理にあたり必要があるので，行政不服審査法第28条の規定に基

づき，職権により，処分庁である熊本県知事に対して物件の提出を求めるものである．

記

193(氏名) 提出要求物件
熊本大学医学部「10年後の水俣病に関する疫学的，臨床医学的ならびに病理学的研究」班検診における視野図，眼球運動図，OKP，TTS，認定検診における視野図，眼球運動図

461(Y妻) 提出要求物件
(亡(Y)) 水俣湾周辺地区住民健康調査の第三次検診における視野図，眼球運動図，認定検診における視野図，眼球運動図，OKP，TTS

(参考)
行政不服審査法
(物件の提出要求)
第28条
審査庁は，審査請求人若しくは参加人の申立てにより又は職権で，書類その他の物件の所持人に対し，その物件の提出を求め，かつ，その物件を留め置くことができる．

〔添付〕 物件の提出要求について＜略＞(1)

(1) 77
＊文書番号 環境庁企画調整局環境保健部 平成5.3.30 環保業第123号，起案5年3月17日，決裁5年3月30日，施行5年3月30日，起案者 環境保健部特殊疾病審査室審査係 電話6342番(氏名)㊞
主管部局 環境保健部長 サイン，保健企画課長 ㊞ ㊞㊞㊞，保健業務課長 ㊞ ㊞㊞㊞，特殊疾病対策室長 ㊞ ㊞㊞㊞㊞㊞，特殊疾病審査室長 ㊞ ㊞㊞㊞

134 行政不服審査請求事件に係る裁決について 1993.5.20

行政不服審査請求事件に係る裁決について

93.5.20 特殊疾病審査室

1 被処分者について
大正11年9月21日出生
昭和55年1月28日死亡(死亡時年齢：57歳)

2 審査の経緯
昭和49年3月23日 熊本県へ水俣病認定申請
昭和54年8月23・24日 第71回水俣病認定審査会答申
昭和54年8月30日 熊本県が認定申請棄却処分
昭和54年10月23日 環境庁へ行政不服審査請求
昭和55年1月28日 被処分者死亡後に順天堂大学にて剖検
昭和55年11月1日 処分庁が弁明書提出
昭和61年10月30日 審査請求人が反論書提出
平成3年1月21日 2名の水俣病病理専門家に剖検資料の鑑定依頼
平成4年1月13日 1名の水俣病病理専門家に剖検資料の鑑定依頼

3 被処分者の魚介類に蓄積された有機水銀に対する曝露歴について
生活歴：大正11年から昭和12年ころまで熊本県水俣市にて居住
昭和20年から昭和53年ころまで水俣市にて居住(昭和43年中の3カ月間を除く)
魚介類の摂取状況：(地名)，(地名)，(地名)の魚介類を多食した．
(裁決文案)
被処分者は，大正11年ころから昭和12年ころまで及び昭和20年ころから昭和53年ころまで(昭和43年中3カ月間を除く)水俣市に居住し，(地名)，(地名)，(地名)の魚介類を多食したと訴えており，被処分者は魚介類に蓄積された有機水銀に対する曝露歴を有するものと認められる．

4 被処分者の臨床所見について

	感覚障害	運動失調	平衡機能障害	求心性視野狭窄	中枢性眼科障害	中枢性耳科障害	その他の症候
審査室見解	不明	×	○	×	○	×	構音障害 精神症状

(裁決文案)
被処分者の臨床所見については，平衡機能障害，眼球運動障害が認められる．運動失調，求心性視野狭窄，聴力障害という主要症候はいずれも認められない．感覚障害については，深部感覚の低下が存在するものの水俣病にみられる型の感覚障害は認められない．しかし，被処分者の痴呆による影響も無視できず，感覚障害の有無については不明である．その他，構音障害，精神症状が認められる．

5 被処分者の病理所見について

	病理所見の形成時期	有機水銀中毒の所見
1	処分前の所見あり	ある
2	処分前の所見あり	ない(ただし，有機水銀中毒に特有な慢性病変の分布が認められず，本症例の病変は，新旧の脳循環障害の結果と推測される．しかし，大脳皮質に広汎にみられる軽度な神経細胞の慢性変性の成因への有機水銀の関与を完全に否定することはできない．)
3	処分前の所見あり	ある

(裁決文案)
被処分者は原処分後早期に死亡したものであり，被処分者の病理所見が，原処分時以前に形成されていた可能性等が考慮されたため，法27条の規定に基づき，3名の水俣病の病理に係る専門家に対し，被処分者の病理標本の有機水銀中毒の有無及びその形成時期に関し鑑定を求めた．その結果，病理所見の形成された時期については，3鑑定人とも「原処分時以前に形成されたと判断できる病理所見がある.」と判定し，その所見の判断については，2名が「有機水銀中毒の所見がある.」，1名が「有機水銀中毒の所見がない.」との判定であった．また，「有機水銀中毒の所見がない.」と判定した鑑

定人においても，「大脳皮質にみられる軽度な神経細胞の慢性変性の成因への有機水銀の関与を完全に否定することはできない」旨の記載があった．

6　判断に用いる資料について

行政不服審査においては，「処分時主義」，即ち，県の処分あるいはそれと同時点のものと考えられる資料をもとに判断を行っており，原則として処分後の資料を用いることによる判断は行っていない．しかし，本件は処分後早期に死亡した例であり，処分後の病理所見が処分時までに形成されていた可能性が極めて考慮されたため，専門家による，病理所見の形成時期についての鑑定を行い，その結果を以て，判断に利用するに至ったものである．

7　判断について

(裁決文案)

被処分者の曝露歴，臨床所見及び病理所見を総合的に検討した結果，被処分者は原処分時に水俣病であった蓋然性が高いと考えられる．以上のことから，処分庁が被処分者を水俣病として認定しないとした原処分は，妥当ではなく取り消されるべきものと考えられる[2]．

8　県の処分について

本件剖検資料は，原処分後に出現した資料であり，処分庁が処分時までには物理的に入手できないものであり，処分庁の処分はやむをえなかったと考えられるが，処分時主義を逸脱しない範囲内の資料を用いることにより公正な審理を行うことは，行政不服審査の制度上，許容されてよいものと考える．

〔添付〕　公害被害者・公害健康被害認定審査会審査資料[3]

氏名 Y　一般内科学的所見　47年12月16日，氏名 Y　眼科学的所見　予診49年1月23日　＜略＞

氏名 Y　一般内科学的所見　53年2月4日　＜略＞

(1)　文書の頭に「H 5．5．25　打合せ（(氏名)）」と書き込み．

(2)　「処分庁が…考えられる」に傍線の書込みあり．「妥当ではなく」に「なし」と書込み．

(3)　68

135　行政不服審査請求事件に係る裁決について＊　1993.5.26

行政不服審査請求事件に係る裁決について

93.5.26 特殊疾病審査室

1　被処分者について

＜略＞[(1)(b-1)]

2　審査の経緯

＜略＞[(2)(b-2)]

3　被処分者の魚介類に蓄積された有機水銀に対する曝露歴について

＜略＞[(3)]

(裁決文案)

被処分者は，大正11年ころから昭和12年ころまで及び昭和20年ころから昭和53年ころまで(昭和43年中3カ月間を除く)水俣市に居住し，(地名)，水俣湾，(地名)の魚介類を多食したと訴えており，被処分者は魚介類に蓄積された有機水銀に対する曝露歴を有するものと認められる[(a-1)]．

4　被処分者の臨床所見について

＜略＞[(4)(b-3)、(b-4)、(b-5)]

(裁決文案)

被処分者の臨床所見については，平衡機能障害，眼球運動障害が認められる．運動失調，求心性視野狭窄，聴力障害という主要症候はいずれも認められない．感覚障害については，深部感覚の低下が存在するものの水俣病にみられる型[(b-6)]の感覚障害は認められない．しかし，被処分者の痴呆による影響も無視できず，感覚障害の有無については不明である．その他，構音障害，精神症状が認められる．[(b-7)]

5　被処分者の病理所見について

鑑定結果＜略＞[(5)]

(裁決文案)[(b-8)]

被処分者は原処分後早期に死亡したものであり，被処分者の病理所見が原処分時以前に形成されていた可能性等が考慮されたため，法27条の規定に基づき，3名の水俣病の病理に係る専門家に対し，被処分者の病理標本の有機水銀中毒の有無及びその形成時期に関し鑑定を求めた．その結果，病理所見の形成された時期については，3名とも「原処分時以前に形成されたと判断できる病理所見がある」と判定し，その所見の判断については，2名が「有機水銀中毒の所見がある」，1名が「有機水銀中毒の所見がない」との判定であった．また，「有機水銀中毒の所見がない」と判定した者においても，「大脳皮質にみられる軽度な神経細胞の慢性変性の成因への有機水銀の関与を完全に否定することはできない」旨の記載があった．

6　判断に用いる資料について[(b-9)]

＜略＞[(6)]

7　判断について

(裁決文案)＜略＞[(7) (b-10) (b-11)]

8　県の処分について

本件剖検資料は，処分後に出現した資料であり，処分庁が処分時までには物理的に入手できないものであり，処分庁の処分はやむをえなかったと考えられるが，処分時主義を逸脱しない範囲内の資料を用いることにより公正な審理を行うことは，行政不服審査の制度上，許容されてよいものと考える．

(1)　[134]－1

(2)　[134]－2

(3)　[134]－3

(4)　[134]－4

(5)　[134]－5

(6)　[134]－6

(7)　[134]－7

＊[134]の修正.

異本があり，文書に書き込みのあるものが公開された．判読できる個所を以下注記する．

A 文書

(a-1)「40代では何度もたおれている」と書込み．

B 文書

(b-1)「6月末には出したい．」と書込み．

(b-2)「昭和55年1月28日　被処分者(…)剖検」の後に，「(←脳こうそく)」と書込み．

(b-3) 表中の感覚障害に対し「原処分…ここが×」と書込み．

(b-4) 同上「不明」を囲み「？」の書込み．

(b-5)「構音障害・精神症状」を丸囲み「強い」，「40才」，また，「ここの解釈の問題」と書込み．

(b-6)「水俣病に見られる型」に傍線．書込みは不明．

(b-7)「認定しない－感覚障害のみで」，「①処分後資料　②判断について，病理認定後の追認－ということにしないと，県のやっている(病理認定)が，間違っていることになる」と書込み．もう一箇所は判読不明．

(b-8)「病理を□□□□・認定→審査庁の裁量で病理否定は不可□」と書込み．

(b-9)「病理の扱い→イ病の扱いと違うということか」と書込み．

(b-10)「県」を丸囲み，「病理認定はしたくない」と書込み．

(b-11) 裁決文案の「妥当ではなく」に傍線，8.県の処分についての説明文3行を中括弧でくくり傍線へ矢印．

[136] 行政不服審査請求事件に係る裁決について(案)＊

1993.5.31

行政不服審査請求事件に係る裁決について(案)

93.5.31 特殊疾病審査室

1　被処分者について

＜略＞[(1)]

2　審査の経緯

＜略＞[(2)]

3　被処分者の魚介類に蓄積された有機水銀に対する曝露歴について

＜略＞[(3)]

4　被処分者の医学的所見について

(1)　臨床所見：医学的判断はせず

(2)　病理所見：鑑定結果を下表に示す．

＜略＞[(4)]

5　判断に用いる資料について

行政不服審査においては，「処分時主義」，即ち，県の処分あるいはそれと同時点のものと考えられる資料をもとに判断を行っており，原則として処分後の資料を用いることによる判断は行っていない．しかし，本件は処分後早期に死亡した例であり，処分後の病理所見が処分時までに形成されていた可能性が極めて考慮されたこと並びに被処分者の臨床所見より水俣病か否かの判断が困難であったこと等により，これについて，専門家による病理所見の形成時期についての鑑定を行ない，その結果を以て，判断に利用するに至ったものである．

6　県の処分について

＜略＞[(5)]

7　裁決文案(審査庁判断全文)

「審査庁の判断

原処分に際して用いられた公害被害者認定審査会資料，請求人及び処分庁等から提出された資料及びその他本件審査請求の審理に当たり収集した資料を併せ検討した．

(1)　曝露歴について

被処分者は，大正11年ころから昭和12年ころまで及び昭和20年ころから昭和53年ころまで(昭和43年中3カ月間を除く)水俣市に居住し，(地名)，(地名)，(地名)の魚介類を多食したと訴えており，被処分者は魚介類に蓄積された有機水銀に対する曝露歴を有するものと認められる．

(2)　医学的所見について

被処分者は処分後早期に死亡したものであり，被処分者の病理所見が処分時以前に形成されていた可能性が極めて考慮されたこと並びに被処分者の臨床所見より水俣病か否かの判断が困難であったこと等により，法27条の規定に基づき，3名の水俣病の病理に係る専門家に対し，被処分者の病理標本についての有機水銀中毒の所見の有無及びその形成時期に関し鑑定を求めた．その結果，病理所見の形成された時期については，3名とも「原処分時以前に形成されたと判断できる病理所見がある．」と判定し，その所見の判断については，2名が「有機水銀中毒の所見がある．」，1名が「有機水銀中毒の所見がない．」との判定であった．

(3)　結論

被処分者の曝露歴及び医学的所見を総合的に検討した結果，被処分者は原処分時に水俣病であった蓋然性が高いと考えられる．

以上のことから，処分庁が被処分者を水俣病として認定しないとした原処分は取り消されるべきものと考えられる.」

(1) 134－1
(2) 134－2
(3) 134－3
(4) 134－5
(5) 134－8
＊134の修正.

137 質問 1993.6 頃

特殊疾病審査室

質　問

Ｙ例の裁決について，以下の項目につきご教示を願いたい.

1　県はＹ例の裁決が及ぼす影響について，いわゆる「抗告訴訟」[(1)]に対する悪影響を挙げている．そこで，

1)「抗告訴訟[(1)]」とは何か

2) この訴訟における主な争点(原告の主張，被告の主張と主な論点)は何か

について簡単にご説明願いたい.

2　Ｙ例における裁決の特徴は，①病理所見を用いた裁決であり，感覚障害のない例を取り消しとすること，②いわゆる従来の「処分時主義」を踏み出した証拠採用であること，の２点である.

このような裁決が実質的に「抗告訴訟[(1)]」にどのような影響を及ぼすのか.

(1) 「待ち料」を「抗告」に修正．御手洗鯛右ら４人の提起した「水俣病認定申請棄却処分取消訴訟」を指す.

138 裁決書＊ 1993.6 頃

環保業第　　　　号

裁 決 書

審査請求人
東京都(住所)
(Ｙ妻)
原処分をした処分庁
熊本県知事

亡(Ｙ)(昭和55年1月28日死亡．以下「被処分者」という)から昭和54年10月23日付けで提起された(旧)公害に係る健康被害の救済に関する特別措置法(昭和44年法律第90号)第3条第1項の規定に基づく被処分者に関する水俣病認定申請棄却処分(以下「原処分」という)に係る審査請求については，次のとおり裁決する.

主　文

本件審査請求に係る熊本県知事(以下「処分庁」という.)の行った水俣病認定申請棄却処分は，これを取り消す.

理　由

1　審査請求の趣旨

本件の審査請求の趣旨は，処分庁が昭和54年8月30日付けをもって被処分者に対して行った原処分を取り消す旨の裁決を求めるというものである．なお，本件は，被処分者が昭和55年1月28日に死亡し，(Ｙ妻)(以下「請求人」という.)が審査請求人の地位を継承(ママ)しているものである.

2　請求人の主張

請求人の主張の要旨は，次のとおりである.

(1)　被処分者の生活について

ア　居住歴

大正11年9月21日　熊本県水俣市(地名)にて出生
大正11年から昭和12年ころまで熊本県水俣市にて居住
昭和20年から昭和53年ころまで熊本県水俣市にて居住
(昭和43年中の3ヵ月間を除く)

イ　職業歴

昭和20年から昭和53年ころまで会社員

ウ　魚介類の摂取状況

(地名)，水俣湾，(地名)の魚介類を多食

(2)　症状について

ア　昭和32, 33年から，手足の痺れ，震えがあった.

イ　昭和37年，硫酸工場で意識を失って倒れ，市立病院にかつぎ込まれた．倒れてから，手足の痺れ，震えがひどくなった.

ウ　昭和37, 38年ころから,目が見えにくかった.横が見えなかった.

エ　昭和38年ころ，服のボタンがうまくかけられなかた．つまづき(ママ)易かった．言葉がもつれた.

オ　昭和42, 43年ころ，動作が緩慢で，ヨタヨタして敏捷性はなかった．屋根から落ち，肋骨を3本折った.

カ　昭和46年ころ，急にしゃべれなくなった.

キ　昭和52年，トイレで眩暈がして気分が悪くなり10分間位意識消失した.

ク　昭和54年，片麻痺が出て歩行困難になり，杖をついて歩くようになった.

(3)　被処分者が居住していた(地名)の人々の水俣病の認定状況を見ると地域ぐるみで健康の偏りがあるのは明らかである．被処分者は昭和22年に請求人と結婚し，(地名)にある請求人の実家の隣に居住した．請求人の実家は漁業を営み，被処分者は仕事のひまを見つけては，それを手伝い，採った魚實(ママ)をもらい食べていた．昭和26年に初めて自分の船を持ち，タチウオ，アジ，ガラカブ，

タコ，ボラ，イカ，アサリ，カキ，ビナなどを採って食べていた.

ところで，処分庁の弁明については，請求人が物件として提出した昭和54年(名称)病院に入院した時の記録，死亡後の昭和55年順天堂大学病院に依頼して剖検を行った時の診断書が原処分の誤りを語って余りあると信ずるので，あえて反論はしない.特に剖検をされた順天堂大学の(氏名)先生が被処分者はかわいそうだが水俣病は絶対間違いないと言われた.

(4) 以上の理由から，処分庁が行った水俣病とは認定しないという原処分には不服であり，審査請求を行い，原処分の取消しを求めるものである.

3 処分庁の主張

処分庁の主張の要旨は，次のとおりである.

(1) 昭和49年3月23日，被処分者の認定申請時に添付された診断書には，病名は「水俣病の疑い」とあり，「現在，痺れ感，周囲が見えにくい，構音障害，知覚障害，固有反射亢進，筋緊張亢進，視野狭窄(疑い)がみられるので精査の必要を認める」旨記載されている.

そこで，第三次検診及び処分庁が実施した被処分者に係る検診所見によると精神医学的には特記すべき所見なく，神経学的には，昭和47年12月の第三次検診において軽度のジスジアドコキネーシス，脛叩き試験障害及び継ぎ足歩行障害が認められたが運動失調は明確でなく，感覚障害もないと判断された.昭和53年2月4日の所見では，軽度構音障害，上下肢の筋硬直，軽度の継ぎ足歩行障害，腱反射の亢進などが認められたが感覚障害はなく，つづく同15日の所見では構音障害，極めて軽度の共同運動障害が認められたが有意の四肢感覚障害は認められなかった.神経眼科学的には，2回の検診を通して，視野に異常所見は認められなかったが，眼球運動においては右向きのみに滑動性追従運動障害が見られ有意とはいえなかった.神経耳科学的には，視運動性眼振検査(OKP)において抑制がみられたが聴覚疲労(TTS)，語音聴力とも異常所見はみられなかった.

そして，この検診所見及び疫学等を考慮して総合的に判断した結果，被処分者の症状が有機水銀の影響によるものとは認め難いという結論を得たものであり，原処分は医学的根拠に基づいたもので正当である.

(2) 以上で示したとおり本件原処分は正当であり，本件審査請求は行政不服審査法第40条第2項の規定により棄却されるべきものと思われる.

4 審査庁の判断

原処分に際して用いられた公害被害者認定審査会資料，請求人及び処分庁等から提出された資料及びその他本件審査請求の審理に当たり収集した資料を併せ検討した.

(1) 曝露歴について

被処分者は，大正11年ころから昭和12年ころまで及び昭和20年ころから昭和53年ころまで(昭和43年中3カ月間を除く)水俣市に居住し(地名)，水俣湾，(地名)の魚介類を多食したと訴えており，被処分者は，魚介類に蓄積された有機水銀に対する曝露歴を有するものと認められる.

(2) 医学的所見について

被処分者は処分後早期に死亡したものであり，剖検により得られた被処分者の病理所見が処分時以前に形成されていた可能性があったことなどから，法27条の規定に基づき，3名の水俣病の病理に係る専門家に対し，被処分者の剖検資料の病理所見についての有機水銀中毒の所見の有無及びその形成時期に関し鑑定を求めた.その結果，病理所見の形成された時期については，3名とも「原処分時以前に形成されたと判断できる病理所見がある.」と判定し，その所見の判断については，2名が「有機水銀中毒の所見がある.」，1名が「病変は認められるものの有機水銀中毒の所見がない.」との判定であった.

(3) 結論

被処分者の曝露歴及び医学的所見を総合的に検討した結果，被処分者は原処分時に水俣病であった可能性を否定できないことから，本件においては判断に利用した剖検資料も含め，処分庁において再度慎重な検討を行うべきものと考える.

よって，主文のとおり裁決する.

平成　　年　　月　　日

環境庁長官

林　大幹

＊117の修正．本文書には随所に書き込み訂正があり，次文書139に反映されている．

139 裁決書〔第2の取消裁決書〕＊　　1993.6 頃

環保業第　　号

裁　決　書

審査請求人

東京都(住　所)

(Y　妻)

処分庁

熊本県知事

(Y)(昭和55年1月28日死亡．以下「被処分者」という.)から昭和54年10月23日付けで提起された旧公害に係る健康被害の救済に関する特別措置法(昭和44年法律第90号)第3条第1項の規定に基づく被処分者に関する水俣病認定申請棄却処分(以下「原処分」という.)に係る審査請求について，次のとおり裁決する.

主　文

本件の審査請求に係る熊本県知事(以下「処分庁」という.)の行っ

た水俣病認定申請棄却処分は，これを取り消す．

理　由

1　審査請求の趣旨

本件審査請求の趣旨は，処分庁が昭和54年8月30日付けをもって被処分者に対して行った原処分を取り消す旨の裁決を求めるというものである．なお，本件は，被処分者が昭和55年1月28日に死亡し，(Y妻)(以下「請求人」という.)が審査請求人の地位を承継しているものである．

2　請求人の主張

請求人の主張の要旨は，次のとおりである．

(1)　被処分者の生活について

ア　居住歴

大正11年9月21日　熊本県水俣市(地名)にて出生

大正11年から昭和12年ころまで熊本県水俣市にて居住

昭和20年から昭和53年ころまで熊本県水俣市にて居住

(昭和43年中の3ヵ月間を除く)

イ　職業歴

昭和20年から昭和53年ころまで会社員

ウ　魚介類の摂取状況

(地名)，(地名)，(地名)の魚介類を多食

(2)　症状について

ア　昭和32, 33年から，手足の痺れ，震えがあった．

イ　昭和37年，硫酸工場で意識を失って倒れ，市立病院にかつぎ込まれた．倒れてから，手足の痺れ，震えがひどくなった．

ウ　昭和37, 38年ころから, 目が見えにくかった. 横が見えなかった.

エ　昭和38年ころ，服のボタンがうまくかけられなかった．つまずき易かった．言葉がもつれた．

オ　昭和42, 43年ころ，動作が緩慢で，ヨタヨタして敏捷性はなかった．屋根から落ち，肋骨を3本折った．

カ　昭和46年ころ，急にしゃべれなくなった．

キ　昭和52年，トイレで眩暈がして気分が悪くなり10分間位意識消失した．

ク　昭和54年，片麻痺が出て歩行困難になり，杖をついて歩くようになった．

(3)　被処分者が居住していた(地名)の人々の水俣病の認定状況を見ると地域ぐるみで健康の偏りがあるのは明らかである．被処分者は昭和22年に請求人と結婚し，(地名)にある請求人の実家の隣に居住した．請求人の実家は漁業を営み，被処分者は仕事のひまを見つけては，それを手伝い，採った魚貫(ママ)をもらい食べていた．昭和26年に初めて自分の船を持ち，タチウオ，アジ，ガラカブ，タコ，ボラ，イカ，アサリ，カキ，ビナなどを採って食べていた．

ところで，処分庁の弁明については，請求人が物件として提出した昭和54年(名称)病院に入院した時の記録，死亡後の昭和55年順天堂大学病院に依頼して剖検を行った時の診断書が原処分の誤りを語って余りあると信ずるので，あえて反論はしない．特に剖検をされた順天堂大学の(氏名)先生が被処分者はかわいそうだが水俣病は絶対間違いないと言われた．

(4)　以上の理由から，処分庁が行った水俣病とは認定しないという原処分には不服であり，審査請求を行い，原処分の取消しを求めるものである．

3　処分庁の主張

処分庁の主張の要旨は，次のとおりである．

(1)　昭和49年3月23日，被処分者の認定申請時に添付された診断書には，病名は「水俣病の疑い」とあり，「現在，痺れ感，周囲が見えにくい，構音障害，知覚障害，固有反射亢進，筋緊張亢進，視野狭窄(疑い)がみられるので精査の必要を認める」旨記載されている．

そこで，水俣湾周辺地区住民健康調査の第三次検診及び処分庁が実施した被処分者に係る検診所見によると精神医学的には特記すべき所見なく，神経学的には，昭和47年12月の第三次検診において軽度のジスジアドコキネージス，脛叩き試験障害及び継ぎ足歩行障害が認められたが運動失調は明確でなく，感覚障害もないと判断された．昭和53年2月4日の所見では，軽度構音障害，上下肢の筋硬直，軽度の継ぎ足歩行障害，腱反射の亢進などが認められたが感覚障害はなく，つづく同15日の所見では構音障害，極めて軽度の共同運動障害が認められたが有意の四肢感覚障害は認められなかった．神経眼科学的には，2回の検診を通して，視野に異常所見は認められず，また眼球運動においては右向きのみに滑動性追従運動障害が見られたが有意とはいえなかった．神経耳科学的には，視運動性眼振検査(OKP)において抑制がみられたが聴覚疲労(TTS)，語音聴力とも異常所見はみられなかった．

そして，この検診所見及び疫学等を考慮して総合的に判断した結果，被処分者の症状が有機水銀の影響によるものとは認め難いという結論を得たものであり，原処分は医学的根拠に基づいたもので正当である．

(2)　以上で示したとおり本件原処分は正当であり，本件審査請求は行政不服審査法第40条第2項の規定により棄却されるべきものと思われる．

4　審査庁の判断

原処分に際して用いられた公害被害者認定審査会資料，請求人及び処分庁等から提出された資料，その他本件審査請求の審理に当たり収集した資料を併せ検討した．

(1)　曝露歴について

被処分者は，大正11年ころから昭和12年ころまで，及び昭和20年ころから昭和53年ころまで(昭和43年中の3カ月間を除く)水俣市に居住し(地名)，(地名)，(地名)の魚介類を多食したと訴えており，被処分者は魚介類に蓄積された有機水銀に対する曝露歴を有するものと認められる．

(2)　医学的所見について

被処分者は処分後早期に死亡しており，剖検により得られた被処分者の病理所見が原処分時以前に形成されていた可能性があったことなどから，行政不服審査法第27条の規定に基づき，3名

の水俣病の病理に係る専門家に対し，被処分者の当該病理所見における有機水銀中毒の所見の有無及びその形成時期に関し鑑定を求めた．その結果，当該病理所見の形成時期については，３名とも「原処分時以前に形成されたと判断できる病理所見がある」と判定し，有機水銀中毒の所見の有無については，２名が「有機水銀中毒の所見がある」，１名が「病変は認められるものの有機水銀中毒の所見がない」との判定であった．

これら鑑定結果では，３名の鑑定人が当該病理所見が原処分時以前に形成されたと判定しており，当該病理所見が原処分時以前に形成されたと考えてもよいものと思われる．また，有機水銀中毒の所見の有無については，１名の鑑定人が「病変は認められるものの有機水銀中毒の所見がない」と判定しているものの，「大脳皮質に広汎にみられる軽度な神経細胞の慢性変性の成因への有機水銀の関与を完全に否定することができない.」と記載しており，３名の鑑定人とも有機水銀の関与を否定していないことから，当該病理所見が有機水銀の影響を受けたものである可能性が考えられる．

(3) 結論

被処分者の曝露歴及び医学的所見を総合的に検討した結果，被処分者が原処分時に有していた症状が有機水銀の影響を受けたものである可能性が考えられることから，処分庁において剖検資料も判断の資料として用いることにより，再度慎重な検討を行う必要が認められる．

よって主文のとおり裁決する．

平成　年　月　日

環境庁長官

林　大幹

＊138の修正.

140 〔裁決書案の修正〕＊ 1993.6.28

においては右向きのみに滑動性追従運動障害がみられたが有意とはいえなかった．神経耳科学的には，視運動性眼振検査(OKP)において抑制がみられたが聴覚疲労(TTS)，語音聴力とも異常所見はみられなかった．

そして，この検診所見及び疫学等を考慮して総合的に判断した結果，被処分者の症状が有機水銀の影響によるものとは認め難いという結論を得たものであり，原処分は医学的根拠に基づいたもので正当である．

(2) 以上で示したとおり本件原処分は正当であり，本件審査請求は行政不服審査法第40条第２項の規定により棄却されるべきものと思われる．

4 審査庁の判断

原処分に際して用いられた公害被害者認定審査会資料，請求人及び処分庁等から提出された資料，その他本件審査請求の審理に当たり収集した資料を併せ検討した．

(1) 曝露歴について

被処分者は，大正11年ころから昭和12年ころまで，及び昭和20年ころから昭和53年ころまで(昭和43年中の３ヵ月間を除く)水俣市に居住し，(地名)の魚介類を多食したと訴えており，被処分者は魚介類に蓄積された有機水銀に対する曝露歴を有するものと認められる．

(2) 医学的所見について

被処分者の剖検により得られた病理資料は，原処分時以前の資料と同視しうる可能性が考えられたことなどから，行政不服審査法第27条の規定に基づき，３名の水俣病の病理に係る専門家に対し，被処分者の当該病理所見における有機水銀中毒の所見の有無及びその形成時期に関し鑑定を求めた．

その結果，当該病理所見の形成時期については，３名とも「原処分時以前に形成されたと判断できる病理所見がある.」と判定し，有機水銀中毒の所見の有無については，２名が「有機水銀中毒の所見がある.」，１名が「病変は認められるものの有機水銀中毒の所見がない.」との判定であった．

これらの鑑定結果では，３名の鑑定人が当該病理所見が原処分時以前に形成されたと判定しており，当該病理所見が原処分時以前に形成されたと考えてもよいものと思われる．また，有機水銀中毒の所見の有無については，１名の鑑定人が「病変は認められるものの有機水銀中毒の所見がない.」と判定しているものの,「大脳皮質に広汎にみられる軽度な神経細胞の慢性変性の成因への有機水銀の関与を完全に否定することができない.」と記載しており，３名の鑑定人とも有機水銀の関与を否定していないことから，当該病理所見が有機水銀の影響を受けたものである可能性が考えられる．

(3) 結論

被処分者の曝露歴及び医学的所見を総合的に検討した結果，被処分者が原処分時に有していた症状が有機水銀の影響を受けたものである可能性が考えられることから，処分庁において剖検資料も判断の資料として用いることにより，再度慎重な検討を行う必要が認められる．よって主文のとおり裁決する．

＊139の３枚目修正,「6/28官房長室議論により修正」と書入れ.

141 (Ｙ)の裁決に係る打ち合わせについて 1993.6.30

(Ｙ)の裁決に係る打ち合わせについて

議事録(案)

日　時　平成5年6月30日(水)14：30 － 17：30
　　　　県庁外会議室

出席者　熊本県　(氏名)公害審査課長，(氏名)公害保健課長，(氏名)公害審議員，(氏名)課長補佐，(氏名)主幹　他6名
　　　　環境庁　(氏名)補佐，(氏名)補佐，(氏名)主査

内　容

(1)　病理のみで水俣病の判断は出来ないのではないか．(氏名)

答　病理所見は従来から臨床所見の裏付け資料として用いており，今回の例においては臨床所見の判断はしていないものの臨床所見の審理を行っており，病理所見とともに水俣病であると判断したということである．臨床資料と病理資料を併せてもう一度審査をお願いしたいということである．

(2)　旧法では承継という規定がないのに，行なっているのはなぜか．むしろ，却下すべきことではないか．(氏名)

答　継承(ママ)は従来から行っており，裁決も行っている．今さら言っていただいても困る．

(3)　今回の裁決によって，今後請求人から剖検資料を用いて審理してくれとの要望が出て来るのではないか．(氏名)

答　要望が出てくること(ママ)可能性はあると考えられる．しかし，無制限に剖検資料を用いることは考えておらず，あくまで処分時主義と同視しうる資料か否かを考慮して資料の採用を行っていくつもりである．

(4)　処分時主義というがこれは処分時主義に反するのではないか．(氏名)

答　処分時主義の考え方は種々あるが，今回の例は処分時主義に反するものとは考えておらず，資料の採用についても当庁の裁量の範囲内である．総務庁，学者もこの説を指示(ママ)している．

(5)　病理があっても症状のでない人もいる．(氏名)

答　病理があって，症状が出ない人を認定しないというコンセンサスはない．

(6)　民間解剖資料を使うことに問題はないのか．民間臨床資料を使えとの要求が来ないか．(氏名)

答　鑑定に耐え得る資料ということである．要求しても使わなければ良い．

(7)　差し戻すとしても，今までこのような例で審査会にかけた例が無い．民間資料であること，既存の標本の切片のみで解剖検討会で判断できるかどうかも疑問である．(氏名)

答　判断はまかせる．

(8)　(氏名)先生の意見はなぜ採用しないのか．解剖検討会は審査会の部会という位置付けであるのに，その委員は当事者とはいえないのか．(氏名)

答　解剖検討会は審査会の勉強会という位置付けと聞いている．

(9)　取消しに向けて事務手続きを行なったように見える．当初は棄却と聞いていた．方針を変えるということはいかがなものか．(氏名)

答　棄却という方針を公式の場で言ったということは聞いていない．

(10)　寝たきり者や未検診死亡例の未処分者の取扱いに影響はないか．(氏名)

答　影響しない．

(11)　病理所見は処分時以前に形成されていたことが判断可能なものか．また，重松委員会報告では昭和43年以後の曝露はないといっている．昭和43年以前の曝露という証明は．(氏名)

答　病理所見は専門家により処分時以前のものかどうか判断可能なものと考えている．曝露歴においては，請求人の訴えに基づくしか方法はなく，認定業務においてもそれで証明しているはずである．

(12)　取消訴訟への影響は．処分時主義の変更ということにならないか．(氏名)

答　関係ない．

(13)　200件の内，これをどうして今行なう必要があるのか．和解，福岡高裁判決まで待っていただけないか．(氏名)

答　一連のやり取りが終了すれば裁決を行なうのは当然である．

(14)　臨床が出ているのに見ていないとして検診医の質が疑われないか．(氏名)

答　臨床については判断していない．

(15)　病理の話であるから，審査会への影響はあまり無いと考えられるが，処分時主義に関することで「死なないと処分は確定しないものか」という抵抗が出てくる可能性が大きい．(氏名)
　そもそも，審査会は病理認定自体に不満である．(氏名)

(16)　水俣病と断定しても良いのでは．(氏名)
　3鑑定がいずれも異なるため言えないだろう．(氏名)

5.6.25[1]

(氏名)局長　　公表のタイミング再考すべし
(氏名)官房長・異動寸前の裁決は無責任体制の非難の可能性．
　　　　　　・文案の再検討．(処分時主義の(ママ)補完する考え方)
　　　　　　・熊本県と審査会の対立懸念．
　　　　　　　(裁決により審査会がどういう反応をするか)
　　　　　　・公表の時期について(よりマイルドな時期はいつか)

5.6.28

(氏名)部長　文は対策室等と調整して，官房長の納得できる文に訂正．(行政不服の枠内で，条件を一般化する)
　　　　　　審査会は県を通じて根回しをすべきである．(部長，課長)
　　　　　　もし，県が出来ないのであれば，国(対策室)が支援する．
　　　　　　時期については県の考え方は飲めない．
　　　　　　7月19日公表が最もよかろう．
　　　　　　部長から県部長に対して電話にて交渉する．
　　　　　　(出張，leakのため急ぐ件)

5.6.29

(氏名)部長　県部長への電話の件(30分位)

県は不満，延ばして欲しいとのこと．

１年延ばしてきた．そういうわけには行かないとは言っておいた．

県部長は１年前の状況しかわかっていない．

・法的に処分時主義といえるのか．

・解剖検討会にかけたくない．(理由はわからない) ということを言っていた．

・金融支援，和解，19 階裁決と懸案事項が多くこれ以上は大変．

企画調整局長に対しては「国と県との関係悪化は無い」といえるように調整に行くこと．(臨機応変な対応を求める)

(1) この行以下は，添付文書と思われる．

142 (Ｙ) 裁決実行の影響　　1993.7.1

(Ｙ) 裁決実行の影響

H.５.７.１

特殊疾病審査室

１　早期に実行した場合

(1)　行政不服審査業務が本来のあるべき姿に戻る．

(2)　環境庁は真摯にやっているという姿勢が与えられる．

(3)　県の不満が強く以後の審査に影響する．

(4)　請求人より病理を審理に含めるように要望がくる．

(5)　水俣病解決策・訴訟に対する悪影響がでる……？

(6)　認定審査会委員が辞任する……？

２　長期に延期した場合

(1)　マスコミが審査庁の不作為を詰る．

(2)　行政不服審査のあり方が問われる．

(3)　請求人に審査庁はどうせ体制側であるとの印象を強くさせる．

143 今後の対応について (案) *　　1993.7.9

今後の対応について (案)

H.５.７.９

１　平成５年６月 30 日の県との打ち合わせの概要

県の担当は取消裁決そのものについて反対しており，納得もしていない．しかし，県の課長クラスにおいては環境庁が行うのであれば致し方ないというニュアンスでの対応であった．ただ，(氏名) 審査課長においては公表時期にこだわり，和解など事態が収拾するまで待って欲しいとの要望があった．また，(氏名) 保健課長においては裁決文において水俣病であるとして取消して欲しいとの要望があった．

２　関係者への意見聴取について

平成５年７月２日の部長室における打ち合わせを受け，(氏名) 保健課長及び (氏名) 氏から意見を聴取した．概要を以下に示す．

○平成５年７月６日９:30 ～ 10:00 照会 (氏名) 保健課長に電話にて

(発言要旨)

・判断条件への影響を危惧する．対外への説明ぶりが大切である．(→「対外的には，誤解の生じないよう慎重に対応する．」と回答)

・再検討を指示すると，本件は臨床所見に関わる例では無いので審査会では判断がつかないことから，解剖検討会にかけることになるだろうが，この際，(氏名) 先生の反対意見はおそらく解剖検討会で打ち消される結果となることが予想される．しかし，課としては (氏名) 先生の反対意見を結果的に無視するようなことはしたくない．このため，本件については裁決文において認定せよと指示していただき，その結果として解剖検討会にかける必要がないようにしていただくほうがありがたい．

・審査会は病理に関することなのでさして問題にはしないと思われる．

・時期については和解は考えられないことなので，いつでも良いのではないか．

○平成５年７月６日 14：00 ～ 16：00　予研 (氏名) 氏との打ち合わせ

(発言要旨)

・正確には資料が不備のため判断できないものと考えられる (臓器内水銀量測定など)．

・組織学的には水俣病と似たような病変が水俣病の好発部位にも認められるが，好発部位以外の部位にも同様な病変が認められるため，この病変が水俣病によるものとは言い難い．

・(氏名) 先生の判断においては，水銀沈着を組織化学的に証明したという部分が理解できない．

・(氏名) 先生の判断においては，もし (氏名) 先生の判定した所見が正しいとすると，より典型的な臨床所見が出る可能性が高く，この点で本例は矛盾すると考えられる．

・不備の資料をもってあえて判断するならば，自らの経験からして認定相当まではいかない程度の所見であると考えられる．しかし，全く白というものではなく，裁判にかかると認定相当と判断される可能性が高い．

・解剖検討会に再びかけると「水俣病ではない」という判定になるのは間違いないことから，「水俣病でない」という判定を受けたくないならば解剖検討会にかけない方法で考えるべきである．

・しかし，環境庁が取消すということであれば，特に異論をはさむものではない．

○平成５年７月７日　(氏名) 保健課長に電話にて (氏名) 先生の話を伝える．

・(氏名) 先生が解剖検討会で棄却できる自信があるのであれば，解剖検討会にかけていただいても差しつかえない．

・裁決文案についての県環境公害部における統一意見の調整については，審査課を通じてまとめていただくよう依頼してはどうか.
○平成５年７月７日 (氏名) 審査課長に電話にて照会.
・県環境公害部としての裁決文案についての統一意見を照会したところ，部内検討後回答するとのことであった.
○平成５年７月８日 (氏名) 審査課長に電話にて照会.
・県環境公害部として「取消しを前提とした回答はできない.」ということであった.

4 今後の対応(案)

(氏名)氏は，現在までの案により県に再検討を指示した場合，解剖検討会において否定され，県において再棄却される可能性が高いと言っているが，再棄却されることについては環境保健部内においても特に問題ないこととなっており，特に気にしなくてもよい事項と考えられる．(氏名)課長も解剖検討会で再棄却されるのであれば解剖検討会にかけることについては問題ないと言っている.

以上のことから，現在までの裁決文案の変更は考えなくてもよいものと考えられる.

公表時期の問題であるが，和解など事態が収拾するまで待って欲しいという(氏名)課長の要望は応じられるものではないことから，それ以外の具体的な時期を協議すべきであると考えられる．しかし，協議するとしても県との間に合意が成立する可能性が少なく，公表時期については何らかの決断を部において行うべきである．また，裁決について県の合意を心配している企調局長への説得も今後の課題となる．[(1)]

〔添付〕〔裁決書案の修正〕<略>[(2)]

(1) 判読できる書入れは以下の通り.
「○の反応をみて考える、会社支援（福岡高裁）→県との関係を考える.
①臨床所見も入れて判断するのか
②解剖検討会でもめる可能性→解剖検討会にかけるべきものにするか否か
③剖検希望者増加するのでは ?? →その後の受け入れ体制の問題.
㊊熊大 京都府大 鹿大」
(2) 140
＊原資料に３はなし.

144 検討を要する事例について(案) 1993.8

検討を要する事例について(案)[(1)]

1 基本姿勢

本件においては，取り消し裁決をする方向である.

ただし，実施にあたっては，熊本県との調整，タイミングを十分に配慮する必要がある.

背景 (1) 当室審査の在り方の原則
(2) すでに鑑定実施済み
(3) すでにマスコミの知るところとなっている.

2 本裁決の予想される影響
(1) 国が臨床以外に判断条件として初めて剖検資料を支持すること
→判断条件に該当しない例の水俣症例の認知
(ただし，すでに裁判での対応，県認定審査会での非公式利用の事実はあり.)
(2) 処分時主義の解釈の明確化の必要性
→総務庁判断により対応可．ただし病理所見形成時期の判断基準の明示は困難
(3) 県審査会において再棄却の可能性あり
→国の鑑定の信憑性が問われること
(4) 県との関係悪化
→県の懸念事項
和解への影響
認定審査会での反発
} 特に裁決のタイミングを懸念

3 今後の対応
(1) 病理標本の取り扱い
原則の再検討および整理
過去・未来への波及影響についてさらに検討
(2) 県に対しては取り消し裁決の必然性・必要性について継続的に説得に当たる.
(3) 和解および救済策の推移を検討・分析
→タイミングをみて裁決.

(1) 頭に「Ｈ５.８ 部長説明用」と書入れ.

145 Case Y について 1994.3.15

Case Yについて

(Y)方針案

結論：(Y)は水俣病認定相当として，原処分を取り消す.
理由：(Y)の剖検病理標本の鑑定によって，２名が「有機水銀中毒の所見がある」，１名が「有機水銀中毒の所見は見られないが否定できない」との結果が得られたからである.

1 剖検病理標本を判断の資料として採用することについて

従来，行政不服審査法による水俣病認定に係る不服審査は，実質的には処分庁の原処分時の審査資料，すなわち当該認定審査会に供された検査結果のみを用いて行われてきた．このような不服審査の方法を踏襲するならば，従来のように審査会に供された検査成績のみによって棄却裁決が行われたはずである[1)]．しかるに申請人側から病理標本を判断の参考資料として採用せよとの請求がなされた際，審査庁はその裁量権において当該標本について物件請求をなし，あまつさえそれを鑑定にかけたという事実によって，その時点で従来

から処分庁及び審査庁側に漠然と認識されていた狭義の原処分時主義[2]から方針を転換したものとみるべきである．昨年の処分庁との話し合いにおいては[3]，処分庁側は未だに狭義の原処分時主義に固執していることが明らかとなっているが，このような処分庁の主張は，審査庁が病理標本を判断の材料として採用するか否かを判断するにあたって総務庁に問い合わせた結果[4]，ならびに一昨年のイ病不服審査にあたって公害健康被害補償不服審査会が示した判断[5]からすれば，現時点ではむしろその正当性を喪失したものと言わざるを得ない．まずこの点で請求人側の主張が正しく，審査庁が資料採用に関して広義の原処分時主義に転換したことを是とする認識が必要である．さらに，審査庁が求めた鑑定には，後に照会としてではあるが当該病理標本から処分時の状態が推認できるか否かの判断が含まれているので，当時，このような資料の採用が可能であるかどうかを十分議論した上で行ったことであったと考えられる．また，環境庁長官名での鑑定依頼の決裁状況からみて，このことは環境保健部において了解済みの問題であったはずであるし，当時の審査室における担当者からの聴取によれば，環境保健部長室での討議，了解を得て行われたものであり，鑑定結果の次第によっては取消裁決があり得るとの判断の上でなされたことであった．

2　鑑定結果の有効性について

当該案件に係る病理組織標本についての鑑定は，行政不服審査法第27条「参考人の陳述及び鑑定の要求」に基づいて行われたものである．注釈に従えば，「……その必要性の有無について判断したうえで，その必要性があると認められる場合に，陳述または鑑定を求めるべきことになると解される．しかし本来正当な理由がない限り，これを拒否することはできない性質のものと解すべきであろう．行政実例においては，正当な理由があってこれらの申立を拒否する場合でも，理由を付してその旨を審査請求人または参加人に通知するなどの措置が必要であると解されている」とされているので，本件においては，法の定めるところに従って忠実に執行されたものである．

鑑定の要求については，審査庁が抱える他の案件についてこれを拒否した事例が存在し，その例との整合性が問題となるが，これについては後段で考案する．

まず当該審査請求案件に係る剖検資料が，審査庁が行う鑑定の資料となりうるか否かについて考案する．

処分庁(熊本県)においては，公害健康被害の補償等に関する法律(以下公健法という)に基づいて行われる認定審査会に供される解剖とその資料標本の作成は，熊本大学もしくは京都府立医科大学において行うものと定めている．しかし，剖検が死体解剖保存法に基づいて行われ，同法の定めからそれが遺族の承諾により許可されるものであるかぎり，このような処分庁の規定は何ら法的に根拠を有するものではなく，ましてその規定に定められた通りの剖検でなければ審査に供することができないということはありえない．さらに，処分庁は臨床所見について，公健法に基づいた検診を行政検診と呼びならわし，この検診によって得られた資料を「公的資料」と称して「民間資料」と区別しているが，このような区別を解剖によって得られた資料にも汎用することに法的根拠が与えられるものであろうか．死体の解剖はすべて法的許諾のもとに行われるのであるから，むしろすべての解剖は「公的」なものと解釈することが自然であり[1]，処分庁が指定した施設によって行われた解剖のみを特別視する理由はない．事実，処分庁は前記2施設以外の医療施設で行われた解剖所見について実質的に認定審査会に供して検討を行った前例があるので，審査庁としても当該審査請求案件に係る解剖資料を，いわゆる「民間資料」として「公的資料」と区別する必要はないと結論される．

次に実際になされた鑑定の方法についての論考を行う．

事実の確認を行うと，鑑定は審査請求人(Y)の剖検における病理標本について行われている．最初の鑑定依頼は，平成3年1月21日付けで，環境庁長官愛知和男から新潟大学脳研究所(所属)(氏名)ならびに東北大学(所属)(氏名)の両名に対して行われたもので，鑑定物件の内容は被処分者である(Y)の死亡後，剖検時に作成した病理標本80枚であり，その内訳は中枢神経系23枚，末梢神経系および筋41枚，神経系以外の臓器16枚である．依頼された鑑定の内容は,「病理診断および有機水銀中毒の所見について」となっている．次に同年4月19日付けで，この両名の鑑定人に対し，特殊疾病審査室長(氏名)名による「鑑定についての照会」がなされ，病理標本の各所見の形成時期について問い合わせている．また，法27条に基づく鑑定ではないが，同日付けで国立予防衛生研究所(所属)(氏名)に対し，当該病理標本についての専門家意見を依頼している．依頼の内容は「1)病理診断および有機水銀中毒の所見の有無について，2)その所見の発生時期はいつごろか」というものであり，依頼者は環境庁環境保健部長(氏名)である．この専門家意見聴取における病理標本は標本の総枚数，内容毎の枚数が(氏名)(氏名)両鑑定人に提出された標本の枚数と一致していることから，全く同一の物件であったと考えられる．

次いで平成4年1月13日に，環境庁長官中村正三郎から京都脳神経研究所(氏名)宛てに当該病理標本についての鑑定依頼がなされた．この時の鑑定依頼の内容は「1)病理診断及び有機水銀中毒の所見の有無について，2)病理所見の形成時期が棄却処分時(昭和54年8月30日)より前か後かについて」となっている．鑑定物件は被処分者(Y)の死亡後，剖検時に作成した病理標本87枚であり，中枢神経系37枚，末梢神経系30枚，筋4枚，その他の臓器16枚という内容であり，前年の(氏名)(氏名)両鑑定人に依頼した標本の内容と異なっている．また，専門家意見を聴取した(氏名)，鑑定人(氏名)両者の病理所見報告には水銀染色の結果についての記述があり，(氏名)，(氏名)の報告には水銀染色の所見に関する記述がない．鑑定結果の詳細を別にすれば，鑑定に関わる事実は以上である．

そこで実際に鑑定依頼事務を行っていた当時の審査室担当者である(氏名)，(氏名)の両名から聴取した内容によって事実を補足すると，まず(氏名)(氏名)両鑑定人に依頼した当時は原処分時主義の問題に対する審査室の認識が希薄であり，後に指摘されて室長名による照会を行ったといういきさつがある．次に最初の２名の鑑定人に対しては，実際の剖検資料の所有者である順天堂大学(氏名)医師から借り受けたスライド標本をそのまま渡してあり，この時点で水銀染色がなされていないこと，物件提出要求によって提出されたスライドの詳細な作成部位，及び染色法の確認等，審査庁としてその資料の採用の可否を判断する上で必要な審議を行ってから鑑定依頼をしたわけではない．その後専門家意見聴取をする際，(氏名)室長が水銀染色がなくては適切な判断ができない旨主張[6]し，(氏名)医師より標本の切片を譲り受けて水銀染色を施したものを自らの意見陳述の基礎となる標本鑑定のプレパラートに加えて判断したものである．翌年，さらに(氏名)鑑定を依頼した際には，一旦(氏名)医師に返却したプレパラートを再び借り出してきて(氏名)鑑定人に手渡しているが，この時には前２名の鑑定人に渡った標本と同じものであるか否かの確認が行われていない．実際は，この時の鑑定標本には(氏名)室長が(氏名)医師より切片を譲り受けて追加作成した水銀染色標本と，末梢神経のトリクローム染色が含まれていた．但し，これとても(氏名)医師より標本ブロックを譲り受けて作成したものではないので，厳密に言うならばその標本の作成部位について詳細な情報を得た上で判断に加えたものとはみなしがたいが，(氏名)意見の記述によれば，視床後部を通る大脳半球前頭断大切片，歯状核を含む小脳半球大切片とのことであるから，この点については結果的にある程度担保されたものと考えられよう．

以上の事実と関係者に確認した鑑定依頼の経過から考えると，この３名の鑑定人による鑑定については，手続き的に若干の瑕疵を認めるが鑑定そのものの有効性を覆す程重大な瑕疵であるとは認められない．また，鑑定の依頼内容，結果の内容からすれば，法第27条の趣旨である「学識経験のある者から専門にわたる点について客観的な判断を聞く」[7]という目的は十分に達せられたものと認識すべきである．

(氏名)室長に依頼した専門家意見聴取の取り扱いについては，「専門家意見聴取」という制度が行政不服審査法にない以上，法に言う「参考人」にもなり得ないので，基本的に当該不服審査における審査庁の判断に資するものとしてはその比重において鑑定とは比較にもならず，判断の資料としては前記鑑定よりもはるかに下位に位置づけられるべきものである．

最後に，当該鑑定については，前記３名の結果を審査庁が証拠として採用するか否かという判断が残る．鑑定を行った３名は法上は参考人であり，その陳述(鑑定の場合はその鑑定内容)が正しいかどうかは審査庁において形成される心証によって判断されることとなり，さらにその心証によって証拠採用の可否を判断することになるのであるが，社会通念上，依頼した３名の参考人にはその鑑定内容について疑義を差し挟む合理的根拠がないのであるから，鑑定結果を証拠採用しないという合理的説明は不可能である．また参考人は，審査庁においてその陳述もしくは鑑定を判断資料として採用しうるように選任されることが期待されているのであるから，このような点からしても，審査庁としてはこの鑑定結果を証拠として採用しなければならない．

以上の諸点を勘案すると，審査庁は，当該案件にかかる病理標本について前記３名の専門家に鑑定を行い，その鑑定は法的に有効であり，また証拠として採用しなければならないものである．

３　判断について

水俣病の公害健康被害者認定処分に係る行政不服審査においては，従来審査会に供された行政検査の項目のみによって，52年環境保健部長通知の認定基準に合致するか否かという観点から判断がなされてきた．当該不服審査案件においては，同通知によって必要とされ要求されている検査はすべてなされており，平衡機能障害，眼球運動異常が認められるものの，判断条件のすべてに必須である感覚障害が認められないので，病理組織学的所見を除外するならば明らかに棄却処分となるべき案件である．

一方52年環境保健部長通知は，病理組織学的所見の位置づけを明らかにしていないし，そもそも剖検病理標本は原処分時には審査資料として入手不可能な資料であるから，当不当の判断を別とすれば処分庁が行った原処分にも瑕疵があるとは言えない．

しかし，法体系上公健法には「不服申立て」の規定が定められ，この規定に基づいてなされる審査請求の目的からすれば，処分庁の原処分に瑕疵はなくとも，審査庁が法的に許された裁量によって得た証拠をもとに判断したのであれば，その判断に基づいて取消裁決を行うことはむしろ当然である．行政不服審査法は，「簡易迅速な手続きによる国民の権利利益の救済」をその立法趣旨として制定された法律だからである．

次に証拠採用された３鑑定人の鑑定結果を，いかなる重みづけにおいて判断の資料として用いるかという問題が生ずる．この部分は全く審査庁の裁量権に属する部分であるが，この部分に関して前例を求めるとすれば，59年４月25日の参議院環境特別委員会における(氏名)政府委員の答弁を考慮せねばならない．以下にそれを示す．

「第二の解剖所見のお話でございますが，解剖所見につきましても，臨床所見を裏付ける資料という形で私ども取り扱っておるわけでございまして，この解剖所見あるいは臨床所見等を総合的に判断した上で個々のケースについての認定棄却を行うわけでございます．」

この答弁は，①解剖所見は臨床所見を裏付ける資料，②個々のケースについては臨床所見，解剖所見等を総合的に判断して行う，という２点の審査庁判断の原則を述べたものである．しかし，解剖所見と臨床所見が乖離した場合の判断のあり方については触れられていない．実は本件審査請求についてはこの点が最も問題になるのであり，①の「裏付ける資料」の意味を明らかにすることこそが重要である．

この点に関して，環境庁は臨床診断と病理解剖について，東京訴訟準備書面(七)においてきわめて重要な主張をしている[8]．ここでその主張を要約すれば，「52年環境保健部長通知における水俣病認定基準は医学的に正当である．病理解剖によって確認したところによれば若干の誤診がみられるが，現在の医学水準からすれば，きわめてすぐれた基準と考えられる」ということになる．そして，このような主張の基礎をなしているのは，「……医師の診断が正しかったか，否かは，厳密な学問的批判によってはじめてなされるべきで，それには究極は剖検によって冷厳に研究されることが必要である(冲中重雄「医師と患者」)」との認識である．すなわち，臨床所見の誤りは剖検における病理所見の結果を吟味することにより正されるべきであると言い換えることが可能な見解である．そうであるならば，本件のごとき審査請求案件における剖検病理所見の判断は，まさに臨床所見の正誤を確認する最終的手段と言うべく，水俣病であるか否かの判断にあたっては臨床所見による判断に誤りがある場合は，それを確認し，正すべき役割を持つものである．

これが「臨床所見を裏付けるもの」の意味である．

それゆえ，「個々のケースにおける解剖所見あるいは臨床所見等を総合的に判断」するとは，臨床所見によって診断を行い，さらに解剖所見がある場合にはそれによってその診断を確認するという医学的判断のプロセスを述べたものと解される．したがって，解剖所見による判断が臨床所見による判断と乖離する場合には，通常，解剖所見の判断をもって最終判断を行うべきであり，その結果が本件審査請求の場合のように審査請求人に有利と見做される事例においては，前述した行政不服審査法の立法趣旨からしてなおさらこのプロセスが守られなければならないと考える．

以上の考案により，本件審査請求事例においては，解剖によって得られた資料の鑑定結果をもって最終判断の根拠とすべきことが結論される．

以上によって，上記結論に達する．

影響：(Y)に係る原処分について，「水俣病認定相当である」として取消裁決をした場合，以下のような影響が考えられる．

1 以後の審査請求事例について，剖検によって得られた資料を審査庁における判断資料として証拠採用すべきことを請求人側から求められること

2 鑑定対象が増加し，剖検資料によって取消裁決がなされる事例が増加すれば，52年通知に示された判断条件の正当性が問われる危険性が増大すること

の2点である．以下にその詳細とそれに対する方針案を示す．

1 いわゆる狭義の原処分時主義が，今後，維持しえないものであることは先に述べた．審査庁は，行政不服審査法における原処分時主義について総務庁が示した見解に従い，本件審査請求案件において，原処分以後に発生した事実について原処分時の状態が推認できるか否かを確認した上で証拠として採用し，判断の根拠としたのであるから，行政の公平性を保つ上からも同様の事例においては同様の手続きを踏まねばならないと考える．それゆえ，今後同様の事案において，剖検によって得られた資料を判断の材料として証拠採用することを請求人側から求められた場合，そのすべての事案について審査庁は採用の可否を検討しなければならないということである．ここでなお確認しておくのは，このことは証拠採用の要求に対して，審査庁が必ずしも応ずる義務はないが，応ずるか否かについて検討を加え，その上で次の措置を確実にとらなければならないということである．審査庁には，その裁量権が保証されているからである．

しかし，その裁量権が今後個々の審査請求事案において全く別々に行使されることがあれば，審査の公平性を担保できない事態になることが予想されるので，当該案件に係る審査庁の裁量権行使の過程を標準化することにより，以後の審査における公平性の担保を確実にする必要性が生じる．それゆえ今後の方針として，剖検資料の証拠採用については，関連諸法規を考慮すると概略次のようなルール化を行うべきものである．

1) 審査請求人側から，剖検によって得られた資料を審査庁における判断材料として証拠採用するよう求められた場合は，審査庁は続く手続きによって必ず証拠採用の可否の検討を始めなければならない．

2) さらに審査請求人側から上記1)のような求めがなかった場合においても，審査庁が該当被処分者について解剖の事実を知り得た時は，その剖検によって得られる資料が判断の材料として採用できるか否かを検討すべきである．これは行政不服審査法の立法趣旨，及び職権探知主義に基づく裁量行為であり，病理所見の位置づけからして当然行われるべき措置である．

3) 剖検資料の証拠採用の可否を検討するにあたっては，該当する剖検の内容(日時，剖検を行った施設，剖検報告作成者，剖検の部位，標本作製の部位及び方法(染色法など)，剖検報告書等)について確認を行い，これによってその剖検資料が，審査庁の行う判断に用いるための鑑定に適するか否かの審査を行う．これは剖検資料を，審査庁が行う水俣病であるか否かの判断について用いることができるかどうかという点についての最初の審査内容である．

4) 前述の審査を終えて後，それが水俣病であるか否かを判定するに足る資料であるか否かについて鑑定を行う．鑑定者である参考人の選任については，人数を含め法の定めるところに従い審査庁の裁量によって行うことができるので，その詳細については別途考慮が必要である．(Y)の事例においては，この点に関する鑑定が欠如しているのであり，もしも(氏名)室長が鑑定人であり，このような鑑定依頼を行った場合には「水俣病を判定するに足る資料とは言えない」という結果が帰ったに相違ないのである．

5) 次に該当する資料が原処分時主義に合致するか否かの鑑定を行う．本件事案については，専門家意見聴取を依頼した(氏名)室長が，「過去の病理所見形成時期として確実に言えるのはおおよそ6カ月以前までである」という内容の発言をしているが，これは医学的，病理学的定説とはみなされていないので，審査庁においてその時期を明確に区切ることは不可能であるし，もしも設定した場合には，医学的合理性を踏まえた根拠として説

明することができないので，この点に関しては原処分時主義の内容を鑑定者に十分説明した上で鑑定内容に加えることが最上である．

6)　鑑定の結果により原処分時の状態を推認できるとされた場合には，さらに水俣病であるかどうかの鑑定を依頼し，審査庁においてその結果を証拠採用するか否かの審査を行うことになるが，臨床所見，疫学調査，自覚症状等にその病理所見に該当する事実が全くない場合を除いて，証拠採用すべきことになると考えられる．

この場合，裁決文において，判断の項に臨床所見と病理所見両者の内容を記述する必要はないものと考えられる．病理所見は「臨床所見を裏付ける資料」であるから，証拠としての病理所見に関する判断の内容のみで十分である．

2　病理解剖の実施により，その所見を証拠採用する可能性を開くと，当然病理鑑定を行うべき事案が増加することが予想されるし，現在も数例の要求が請求人側からなされている．しかし鑑定事案が増加することは，審査庁における鑑定実施を阻害する要因とはならないし，増加するという事態に審査庁が何らかの配慮を加える理由は全く存在しない．

次に病理所見の証拠採用によって取消事案が増加した場合，52年通知に示された判断基準の正当性に疑義が生ずる危険性についてであるが，そもそも環境庁及び処分庁は裁判において認定検診の限界を認め，さらに病理所見と臨床所見の関係について先に述べたごとき主張を行っているのであるから，基本的に病理所見の証拠採用による複数の処分取消事例が出現しても，52年部長通知に示された判断基準の比較優位性については何ら影響を及ぼさないものと考えるべきである．また，処分庁が，臨床所見が判断基準に該当しない事例を実質的に病理所見によって認定していることは周知の事実であり，審査庁が全くその事実を採用しないとなれば，行政不服審査法に基づく審査そのものが法の趣旨に背く茶番と化すものであることを明記しておく．

具体的事例について：以前，処分後死亡者の剖検資料について，請求人側から資料の鑑定，物件要求を求められた事例は5件である．審査庁はこのうちの4件についてその申立を拒否しているが，本来ならば，法の趣旨に照らして物件要求をなすべきものであったと考えられる．但し，今後の対応としては，<u>証拠として採用するための条件として病理所見については鑑定が必須であり，鑑定の正当性を担保するためには標本そのものと，当該剖検に係る剖検資料の一式が必要であるとの観点</u>から，請求人側の前記要求を拒否した上で改めて審査庁の裁量により該当物件の全てを一括要求し，先に述べたルールに従って審査を進めるのが最良である．このような審査の指揮は，法の定める裁量権の範囲内であり，法の趣旨と何ら矛盾する点が見あたらないからである．

また，現在病理所見の鑑定要求が出ている1例については，<u>(Y)</u>例に準拠したルールに則り審査を進めなければならないことは言うまでもない．

以上

1)～8)は原注，原資料に記載がなく不明．

(1)「むしろすべての解剖は「公的」なものと解釈することが自然であり」の後に傍線．

146　on the Case Y　1994.3.18

on the Case Y

<u>(Y)</u>方針案

結論：水俣病認定相当して原処分を取り消す

理由：病理解剖所見について鑑定を行い，2名が「水俣病の所見がある」，1名が「水俣病の所見は明らかではないが否定できない」との結果を寄せたからである．

考案

本件では再申請[(1)]がなされず，不服審査請求中に死亡し，解剖が行われた．

解剖所見の採用については，国会で(狭義の)原処分時主義である旨の答弁がなされている

・この趣旨に基づくならば鑑定に出したことはこの答弁に反することになる

・鑑定に出したことは第一の間違いである

・しかし鑑定を行ったという事実を消すことはできない

・それゆえ，本例においては鑑定を行った事実と原処分時主義との整合性をとらなければならない

・総務庁見解をもって原処分時主義の解釈を転換したと言う

・そうすると過去に病理所見の採用を拒否して棄却裁決を行った例，鑑定要求を却下した例と整合しなくなる

・これは国会，あるいは申請人側からあらゆる手段で責められると耐えられない

・それゆえ<u>(Y)</u>例に特異的でかつ過去の不服審査にはなかった点を用いて論理構成しなければならない．

・<u>(Y)</u>例にのみ特異的な事実は，この例においては再申請がなされていなかった点である

・そうすると再申請がなされていないことにより，従来の原処分時主義を例外的に踏みださざるを得なかった理由をつけることになる

・同様の事例は平成4年のイ病不服審査に見いだされる

・イ病裁決では，再申請がなされていないものは，本不服審査以外に行政における救済措置がないから，病理所見を判断に使ってよいと言っている

・さらに当該病理所見が，原処分時の状態を推認できるかどうかで原処分時主義をかろうじて担保している

・だから，<u>(Y)</u>例においても同様の説明をするのがよい

・そうするとこの例に限って鑑定に出すことができ理由をかろうじて説明できる
・さらに鑑定では，病理所見から原処分時の状態を推認できるとしているので，この点でもイ病裁決を越えるものではない
・どうせ審査請求人[(2)]側からは病理所見を例外なく採用せよと圧力がかかるのだから，国会で責められるのを覚悟するか，マスコミと申請人側から責められるのを覚悟するかの違いである
・狭義の原処分時主義を堅持しつつ，あくまでこれは例外的な措置だと強弁するほうが耐えられる
・これ以外に国会での追求を逃れる術はないのではないか
・そのほうが後の影響も少なく，熊本県を説得しやすい
・次に症候組み合わせでは水俣病と認定できないのに，病理所見で水俣病と認定することについてであるが
・熊本県では病理のみで認定している
・裁判においても病理絶対と言ってよいほどの主張をしている
・それゆえ病理所見で認定することについては何の問題もない
・このような裁決をすると，しばらくは病理鑑定にかけなければならないような事例はない
・取り消し事例が増加するという気遣いはとりあえずは不要である
・52年通知の判断条件および裁判の病像論に影響を及ばすこともない

以上によって上記結論に達する[(3)].

(1) もと「再審査請求」とあるのをすべて「再申請」と手書き修正．

(2)「申請人」を「審査請求人」と訂正．

(3) この後書込みあり．

「(問題点)

1. 上記のような狭義の処分時主義を貫けば，国会等で追求された場合，狭義の処分時主義を採用することに非難が集まり，訴訟を提起された場合にも立場が悪くなる．(県はOK)

2. (氏名)先生－3回目の鑑定を批判

→裁決により直接認定すればよいが，通常の取消裁決のみでは県の上層部は了承しかねる――仮に通常の取消裁決をすれば、県は認定しないかも？

(解剖研究会に(氏名)先生がいる)」

147　(Y)方針案*　1994[(1)]

(Y)方針案

結論：(Y)は水俣病認定相当として，原処分を取り消す．

理由：(Y)の剖検病理標本の鑑定によって，2名が「有機水銀中毒の所見がある」，1名が「有機水銀中毒の所見は見られないが否定できない」との結果が得られたからである．

1　剖検病理標本を判断の資料として採用することについて

従来，行政不服審査法による水俣病認定に係る不服審査は，実質的には処分庁の原処分時の審査資料，すなわち当該認定審査会に供された検査結果のみを用いて行われてきた．このような不服審査の方法を踏襲するならば，従来のように審査会に供された検査成績のみによって棄却裁決が行われたはずである[1)]．しかるに申請人側から病理標本を判断の参考資料として採用せよとの請求がなされた際，審査庁はその裁量権において当該標本について物件請求をなし，あまつさえそれを鑑定にかけたという事実によって，その時点で従来から処分庁及び審査庁側に認識されていた狭義の原処分時主義[2)]から一歩踏み出したものとみるべきである．昨年の処分庁との話し合いにおいては[3)]，処分庁側は未だに狭義の原処分時主義に固執していることが明らかとなっているが，このような処分庁の主張は，審査庁が病理標本を判断の材料として採用するか否かを判断するにあたって総務庁に問い合わせた結果[4)]，ならびに一昨年のイ病不服審査にあたって公害健康被害補償不服審査会が示した判断[5)]からすれば，当該案件に関して言えば，現時点ではむしろ合理的説明が困難であると言わざるを得ない[(2)]．まずこの点で請求人側の主張は本審査案件については正しく，審査庁がすでに行った資料採用に関する一連の事実を認識することが必要である．さらに，審査庁が求めた鑑定には，後に照会としてではあるが当該病理標本から処分時の状態が推認できるか否かの判断が含まれているので，当時，このような資料の採用が可能であるかどうかを十分議論した上で行ったことであったと考えられる．また，環境庁長官名での鑑定依頼の決裁状況からみて，このことは環境保健部において了解済みの問題であったはずであるし，当時の審査室における担当者からの聴取によれば，環境保健部長室での討議，了解を得て行われたものであり，鑑定結果の次第によっては取消裁決があり得るとの判断の上でなされたことであった．

しかし，それにしても剖検病理標本を証拠採用するという処分庁(ママ)の裁量は，少なくとも旧法審査においては初めてであり，狭義の原処分時主義から一歩踏み出したことにおいて，過去の説明，あるいは事例との整合性が保たれるのかという問題が残る．実際，過去においては，全て狭義の原処分時主義で対外的にも説明しており，かつ裁決もなされているので，当該案件のみが初めて病理所見を証拠採用してそれを判断の資料に加えられるという特別の条件付けが必要になる．

まず，その狭義の原処分時主義についての環境庁としての解釈を見ると，昭和59年4月25日の参議院環境特別委員会における質疑答弁の内容が挙げられる．概略は以下の如くである．

近藤忠孝委員：「(氏名)さん，48年に申請し，51年棄却．これも新法で再申請しまして，死亡，病理解剖した結果56年に認定になっていますが，やはり不服申し立てをしてから8年近く経過してもなお未処理．(中略)そこで，今度は少し専門的になりますが，保健部長にお伺いしたいんですが，今申し上げた5件，これはいずれも新法で再申請して認定されておるんですね．ということは，

一つには，やはりずっと前の旧法による棄却が誤りだった．しかも，(氏名)さん，(氏名)さんについては，今申し上げたとおり，死んで解剖してそれでやっと認められたということですね．それが明らかになったんではないか．要するに旧法による棄却の誤りが明らかになったんではないか……」

(氏名)部長：「(中略)ただいま問題になっております行政不服に基づきます裁決につきましては，いわゆる原処分(ママ)主義ということでございます．申請がございました時点におきます検診のデータを踏まえながら県においてはその時点における判断をされる．私どもはそのデータを県から提出いただき，審査請求人のご意見も聞きながらも，その時点におけるデータに基づきまして判断をすることになるわけでございますので，そういう面で確かに審査請求がございましてから判断に時間を要します．(中略)そのようなことで，第1回目におきます県の処分あるいはその同時点におけるデータをもとに踏まえまして，環境庁における裁決処分といいますのはそういうことで判断されるわけでございますが，その後に患者さんの方では病状の変化等を踏まえて再申請なされ，新しい時点におきますデータを踏まえてのまた判断が行われるわけでございますので，そういう面におきましては，環境庁の裁決のときのデータと，それから再審査請求におきますデータといいますのはおのずから異なるものでございますから，そういう面におきましては判断が異なることもあり得るだろうというぐあいに思うわけでございます.」

論点は2つあった．すなわち審査の長期化，不作為の違法と，旧法における棄却の誤りを認めよというものである．不作為の違法は直接関係がないのでここでは触れない．旧法における棄却の誤りについては,「原処分主義」だから，判断が(病理を用いた最終判断と)異なっても仕方がないのだという答弁になっている．

これに従えば，当該案件について，狭義の原処分時主義を踏み出した措置をとったことに説明がつかなくなるのである．また，近藤議員が例示した不服審査例のうち，(氏名)[6]は59年7月，すでに棄却処分がなされているのでこれとの区分を明確に説明できる論理が求められることになる．(氏名)例のように，旧法処分で棄却され，新法で病理認定された後さらに旧法不服審査で棄却されたものは当室の記録では5例である．さらに未裁決のもので，病理所見を鑑定せよとの要求が申請人側からありながらこの鑑定要求を棄却した例が4件である．しかるにこの事実から，当該案件のみが原処分時主義をある程度拡大した解釈によって原処分時以後の剖検病理所見を判断に用いることができるとする説明は，「本件のみが，再申請なしに死亡して剖検がなされた例であり，行政による救済は本不服審査以外にその途が閉ざされているからである」[3]という点に求める以外にない．実際，本例を他の病理該当案件と区別すべき点はこの部分をおいて他にない．またこのような説明は，直接の関係がないとはいえ，一昨年のイ病不服審査における処分後病理所見の採用理由とも合致するもの[7]であり，法の趣旨を体した救済という目的によるきわめて例外的措置として審査庁の裁量権の範囲内として認められるものと考える．

このような理由による剖検資料の採用の影響については後述する．

2　鑑定結果の有効性について

当該案件に係る病理組織標本についての鑑定は，行政不服審査法第27条「参考人の陳述及び鑑定の要求」に基づいて行われたものである．注釈に従えば，「……その必要性の有無について判断したうえで，その必要性があると認められる場合に，陳述または鑑定を求めるべきことになると解される．しかし本来正当な理由がない限り，これを拒否することはできない性質のものと解すべきであろう．行政実例においては，正当な理由があってこれらの申立を拒否する場合でも，理由を付してその旨を審査請求人または参加人に通知するなどの措置が必要であると解されている」とされているので，本件においては，法の定めるところに従って忠実に執行されたものである．

鑑定の要求については，審査庁が抱える他の案件についてこれを拒否した事例が存在し，その例との整合性が問題となるが，これについては後段で考案する．

まず当該審査請求案件に係る剖検資料が，審査庁が行う鑑定の資料となりうるか否かについて考案する．

処分庁(熊本県)においては，公害健康被害の補償等に関する法律(以下公健法という)に基づいて行われる認定審査会に供される解剖とその資料標本の作成は，熊本大学もしくは京都府立医科大学において行うものと定めている．しかし，剖検が死体解剖保存法に基づいて行われ，同法の定めからそれが遺族の承諾により許可されるものであるかぎり，このような処分庁の規定は何ら法的に根拠を有するものではなく，ましてその規定に定められた通りの剖検でなければ審査に供することができないということはありえない．さらに，処分庁は臨床所見について，公健法に基づいた検診を行政検診と呼びならわし，この検診によって得られた資料を「公的資料」と称して「民間資料」と区別しているが，このような区別を解剖によって得られた資料にも汎用することに法的根拠が与えられるものであろうか．死体の解剖はすべて法的許諾のもとに行われるのであるから，むしろすべての解剖は「公的」なものと解釈することが自然であり，処分庁が指定した施設によって行われた解剖のみを特別視する理由はない．事実，処分庁は前記2施設以外の医療施設で行われた解剖所見について実質的に認定審査会に供して検討を行った前例があるので，審査庁としても当該審査請求案件に係る解剖資料を，いわゆる「民間資料」として「公的資料」と区別する必要はないと結論される．

次に実際になされた鑑定の方法についての論考を行う．

事実の確認を行うと，鑑定は審査請求人(Y)の剖検における病理標本について行われている．最初の鑑定依頼は，平成3年1月21日付けで，環境庁長官愛知和男から新潟大学脳研究所(所属)教授(氏名)ならびに東北大学医学部(所属)教授(氏名)の両名に対して行われたもので，鑑定物件の内容は被処分者である(Y)の死亡後，剖検時に作成した病理標本 80 枚であり，その内訳は中枢神経系 23 枚，末梢神経系および筋 41 枚，神経系以外の臓器 16 枚である．依頼された鑑定の内容は，「病理診断および有機水銀中毒の所見について」となっている．次に同年 4 月 19 日付けで，この両名の鑑定人に対し，特殊疾病審査室長 (氏名) 名による「鑑定についての照会」がなされ，病理標本の各所見の形成時期について問い合わせている．また，法 27 条に基づく鑑定ではないが，同日付けで国立予防衛生研究所 (所属) 室長 (氏名) に対し，当該病理標本についての専門家意見を依頼している．依頼の内容は「1) 病理診断および有機水銀中毒の所見の有無について，2) その所見の発生時期はいつごろか」というものであり，依頼者は環境庁環境保健部長 (氏名) である．この専門家意見聴取における病理標本は標本の総枚数，内容毎の枚数が (氏名)，(氏名) 両鑑定人に提出された標本の枚数と一致していることから，全く同一の物件であったと考えられる．

次いで平成 4 年 1 月 13 日に，環境庁長官中村正三郎から京都脳神経研究所長 (氏名) 宛てに当該病理標本についての鑑定依頼がなされた．この時の鑑定依頼の内容は「1) 病理診断及び有機水銀中毒の所見の有無について，2) 病理所見の形成時期が棄却処分時 (昭和 54 年 8 月 30 日) より前か後かについて」となっている．鑑定物件は被処分者 (Y) の死亡後，剖検時に作成した病理標本 87 枚であり，中枢神経系 37 枚，末梢神経系 30 枚，筋 4 枚，その他の臓器 16 枚という内容であり，前年の (氏名)，(氏名) 両鑑定人に依頼した標本の内容と異なっている．また，専門家意見を聴取した (氏名)，鑑定人 (氏名) 両者の病理所見報告には水銀染色の結果についての記述があり，(氏名)，(氏名) の報告には水銀染色の所見に関する記述がない．鑑定結果の詳細を別にすれば，鑑定に関わる事実は以上である．

そこで実際に鑑定依頼事務を行っていた当時の審査室担当者である (氏名)，(氏名) の両名から聴取した内容によって事実を補足すると，まず (氏名)，(氏名) 両鑑定人に依頼した当時は原処分時主義の問題に対する審査室の認識が希薄[4]であり，後に指摘されて室長名による照会を行ったといういきさつがある．次に最初の 2 名の鑑定人に対しては，実際の剖検資料の所有者である順天堂大学 (氏名) 医師から借り受けたスライド標本をそのまま渡してあり，この時点で水銀染色がなされていないこと，物件提出要求によって提出されたスライドの詳細な作成部位，及び染色法の確認等，審査庁としてその資料の採用の可否を判断する上で必要な審議を行ってから鑑定依頼をしたわけではない．その後専門家意見聴取をする際，(氏名) 室長が水銀染色がなくては適切な判断ができない旨主張[6]し，(氏名) 医師より標本の切片を譲り受けて水銀染色を施したものを自らの意見陳述の基礎となる標本鑑定のプレパラートに加えて判断したものである．翌年，さらに (氏名) 鑑定を依頼した際には，一旦 (氏名) 医師に返却したプレパラートを再び借り出してきて (氏名) 鑑定人に手渡しているが，この時には前 2 名の鑑定人に渡った標本と同じものであるか否かの確認が行われていない．実際は，この時の鑑定標本には (氏名) 室長が (氏名) 医師より切片を譲り受けて追加作成した水銀染色標本と，末梢神経のトリクローム染色が含まれていた．但し，これとても (氏名) 医師より標本ブロックを譲り受けて作成したものではないので，厳密に言うならばその標本の作成部位について詳細な情報を得た上で判断に(ママ)加えたものとはみなしがたいが，(氏名) 意見の記述によれば，視床後部を通る大脳半球前頭断大切片，歯状核を含む小脳半球大切片とのことであるから，この点については結果的にある程度担保されたものと考えられよう．

以上の事実と関係者に確認した鑑定依頼の経過から考えると，この 3 名の鑑定人による鑑定については，手続き的に若干の瑕疵を認めるが鑑定そのものの有効性を覆す程重大な瑕疵であるとは認められない．また，鑑定の依頼内容，結果の内容からすれば，法第 27 条の趣旨である「学識経験のある者から専門にわたる点について客観的な判断を聞く」[7]という目的は十分に達せられたものと認識すべきである．

(氏名) 室長に依頼した専門家意見聴取の取り扱いについては，「専門家意見聴取」という制度が行政不服審査法にない以上，法に言う「参考人」にもなり得ないので，基本的に当該不服審査における審査庁の判断に資するものとしてはその比重において鑑定とは比較にもならず，判断の資料としては前記鑑定よりもはるかに下位に位置づけられるべきものである．

最後に，当該鑑定については，前記 3 名の結果を審査庁が証拠として採用するか否かという判断が残る．鑑定を行った 3 名は法上は参考人であり，その陳述 (鑑定の場合はその鑑定内容) が正しいかどうかは審査庁において形成される心証によって判断されることとなり，さらにその心証によって証拠採用の可否を判断することになるのであるが，社会通念上，依頼した 3 名の参考人にはその鑑定内容について疑義を差し挟む合理的根拠がないのであるから，鑑定結果を証拠採用しないという合理的説明は不可能である[5]．また参考人は，審査庁においてその陳述もしくは鑑定を判断資料として採用しうるように選任されることが期待されているのであるから，このような点からしても，審査庁としてはこの鑑定結果を証拠として採用しなければならない．

以上の諸点を勘案すると，審査庁は，当該案件にかかる病理標本について前記 3 名の専門家に鑑定を行い，その鑑定は法的に有効であり，また証拠として採用しなければならないものである．

3　判断について

水俣病の公害健康被害者認定処分に係る行政不服審査においては，従来審査会に供された行政検査の項目のみによって，52 年環境保健部長通知の認定基準に合致するか否かという観点から判断がなされてきた．当該不服審査案件においては，同通知によって必要とされ要求されている検査はすべてなされており，平衡機能障害，眼球運動異常が認められるものの，判断条件のすべてに必須である感覚障害が認められないので，病理組織学的所見を除外するならば明らかに棄却処分となるべき案件である．

一方 52 年環境保健部長通知は，病理組織学的所見の位置づけを明らかにしていないし，そもそも剖検病理標本は原処分時には審査資料として入手不可能な資料であるから，当不当の判断を別とすれば処分庁が行った原処分にも瑕疵があるとは言えない．

しかし，法体系上公健法には「不服申立て」の規定が定められ，この規定に基づいてなされる審査請求の目的からすれば，処分庁の原処分に瑕疵はなくとも，審査庁が法的に許された裁量によって得た証拠をもとに判断したのであれば，その判断に基づいて取消裁決を行うことはむしろ当然である．行政不服審査法は，「簡易迅速な手続きによる国民の権利利益の救済」をその立法趣旨として制定された法律だからである．

次に証拠採用された3鑑定人の鑑定結果を，いかなる重みづけにおいて判断の資料として用いるかという問題が生ずる．この部分は全く審査庁の裁量権に属する部分であるが，この部分に関して前例を求めるとすれば，59年4月25日の参議院環境特別委員会における(氏名)政府委員の答弁を考慮せねばならない．以下にそれを示す．

「第二の解剖所見のお話でございますが，解剖所見につきましても，臨床所見を裏付ける資料という形で私ども取り扱っておるわけでございまして，この解剖所見あるいは臨床所見等を総合的に判断した上で個々のケースについての認定棄却を行うわけでございます」

この答弁は，①解剖所見は臨床所見を裏付ける資料，②個々のケースについては臨床所見，解剖所見等を総合的に判断して行う，という2点の審査庁判断の原則を述べたものである．しかし，解剖所見と臨床所見が乖離した場合の判断のあり方については触れられていない．実は本件審査請求についてはこの点が最も問題になるのであり，①の「裏付ける資料」の意味を明らかにすることこそが重要である．

この点に関して，環境庁は臨床診断と病理解剖について，東京訴訟準備書面(七)においてきわめて重要な主張をしている[8]．ここでその主張を要約すれば，「52年環境保健部長通知における水俣病認定基準は医学的に正当である．病理解剖によって確認したところによれば若干の誤診がみられるが，現在の医学水準からすれば，きわめてすぐれた基準と考えられる」ということになる．そして，このような主張の基礎をなしているのは，「……医師の診断が正しかったか，否かは，厳密な学問的批判によってはじめてなされるべきで，それには究極は剖検によって冷厳に研究されることが必要である(冲中重雄「医師と患者」)」との認識である．すなわち，臨床所見の誤りは剖検における病理所見の結果を吟味することにより正されるべきであると言い換えることが可能な見解である．そうであるならば，本件のごとき審査請求案件における剖検病理所見の判断は，まさに臨床所見の正誤を確認する最終的手段と言うべく，水俣病であるか否かの判断にあたっては臨床所見による判断に誤りがある場合は，それを確認し，正すべき役割を持つものである．

これが「臨床所見を裏付けるもの」の意味である．

それゆえ，「個々のケースにおける解剖所見あるいは臨床所見等を総合的に判断」するとは，臨床所見によって診断を行い，さらに解剖所見がある場合にはそれによってその診断を確認するという医学的判断のプロセスを述べたものと解される．したがって，解剖所見による判断が臨床所見による判断と乖離する場合には，通常，解剖所見の判断をもって最終判断を行うべきであり，その結果が本件審査請求の場合のように審査請求人に有利と見做される事例においては，前述した行政不服審査法の立法趣旨からして，原処分時主義を堅持しつつ，例外的扱いであっても解剖所見を証拠として採用し得る場合は，なおさらこのプロセスが守られなければならないと考える[6]．

以上の考案により，本件審査請求事例においては，解剖によって得られた資料の鑑定結果をもって最終判断の根拠とすべきことが結論される．

なお，昨年処分庁と本審査案件について協議を行った際，「感覚障害がない事例では病理がいかに水俣病相当所見であっても，審査会では認められていない」と反論しているが，再審査請求による病理認定で，感覚障害が全くなかった事例が複数存在するので，全く意味のない反論であることをつけ加えておく．

以上によって，上記結論に達する．

影響：(氏名)に係る原処分について，「水俣病認定相当である」として取消裁決をした場合，以下のような影響が考えられる．

1　以後の審査請求事例について，剖検によって得られた資料を審査庁における判断資料として証拠採用すべきことを請求人側から求められること

2　鑑定対象が増加し，剖検資料によって取消裁決がなされる事例が増加すれば，52年通知に示された判断条件の正当性が問われる危険性が増大すること

の2点である．以下にその詳細とそれに対する方針案を示す．

1　いわゆる狭義の原処分時主義が，今後，従来通りに維持しえないものであることは先に述べた．しかし本審査案件の場合はあくまで例外的措置であると主張する．審査庁は，行政不服審査法における原処分時主義について総務庁が示した見解に従い，本件審査請求案件において，原処分時以後に発生した事実について原処分時の状態が推認できるか否かを確認した上で証拠として採用し，判断の根拠としたのであるから，行政の公平性を保つ上からも同様の事例においては同様の手読きを踏まねばならないと考える．それゆえ，今後同様の事案において，剖検によって得られた資料を判断の材料として証拠採用することを請求人側から求められた場合，あるいはそうした事実を審査庁が知り得た場合にはそのすべての事案について審査庁は採用の可否を検討をしなければならないということである．ここでなお確認しておくのは，このことは証拠採用の要求に対して，審査庁が必ずしも応ずる義務はないが，応ずるか否かについて検討を加え，その上で次の措置を確実にとらなければならないということである．審査庁には，その裁量権が保証されているからである．

しかし，その裁量権が今後個々の審査請求事案において全く別々

に行使されることがあれば，審査の公平性を担保できない事態になること，すなわち個々の事例を持ち出されてその矛盾を明らかにされ原処分時主義の無節操な拡大解釈を強要されることが予想されるので，当該案件に係る審査庁の裁量権行使の過程を標準化することにより，以後の審査における公平性の担保を確実にする必要性が生じる．それゆえ今後の方針として，剖検資料の証拠採用については，関連諸法規を考慮すると概略次のようなルール化を行うべきものである．

1)　審査請求人側から，剖検によって得られた資料を審査庁における判断材料として証拠採用するよう求められた場合は，審査庁は続く手続きによって必ず証拠採用の可否の検討を始めなければならない．

2)　さらに審査請求人側から上記 1) のような求めがなかった場合においても，審査庁が該当被処分者について解剖の事実を知り得た時は，その剖検によって得られる資料が判断の材料として採用できるか否かを検討すべきである．これは行政不服審査法の立法趣旨，及び職権探知主義に基づく裁量行為であり，病理所見の位置づけからして行われることが望ましい措置である．

3)　剖検資料の証拠採用の可否を検討するにあたっては，まず原処分時主義の原則を満たすか否かが重要である．そこで原処分時主義の解釈について前期国会答弁を遵守するならば，これは狭義の原処分時主義であることに他ならないのであるから，剖検における病理所見が原処分時主義に該当する場合とは，当該認定審査申請人が，認定検査を終えて処分される以前に死亡してその病理所見が審査に供された場合しか該当するケースはないのである．しかるに本審査案件はこれに該当せず，しかも本件でこの原則を踏み越えることになるなら，「他の審査請求事案では再審査請求がなされ，しかもそれは病理を含めた判断で救済されるべきものは救済されており，本件は他に行政手段として救済の道がないので例外的なものとして審査庁の裁量により病理所見を採用した」と強弁する以外にない．

すなわち，再審査請求がなされず，行政行為としての救済方法が不服審査しかない場合に限って原処分時主義を踏み越えて剖検病理所見を採用することもあり得る，とのルール化をしておく必要がある．

4)　さて上記 3) のような事例が審査請求に上がってきた場合には，当該剖検資料について検査の内容 (日時，剖検を行った施設，剖検報告作成者，剖検の部位，標本作製の部位及び方法〈染色法など〉，剖検報告書等) について確認を行い，これによってその剖検資料が，審査庁の行う判断に用いるための鑑定に適するか否かの審査を行う．

これは剖検資料を，審査庁が行う水俣病であるか否かの判断について用いることができるかどうかという点についての最初の審査内容である．

5)　前述の審査を終えて後，それが水俣病であるか否かを判定するに足る資料であるか否かについて鑑定を行う．鑑定者である参考人の選任については，人数を含め法の定めるところに従い審査庁の裁量によって行うことができるので，その詳細については別途考慮が必要である．(Y) の事例においては，この点に関する鑑定が欠如しているのであり，もしも (氏名) 室長が鑑定人であり，このような鑑定依頼を行った場合には「水俣病を判定するに足る資料とは言えない」という結果が帰ったに相違ないのである．

6)　次に該当する資料について，その病理所見の内容が原処分時主義に合致するか否かの鑑定を行う．本件事案については，専門家意見聴取を依頼した (氏名) 室長が，「過去の病理所見形成時期として確実に言えるのはおおよそ 1 年程度までである」という内容の発言をしているが，これは医学的，病理学的定説とはみなされていないので，審査庁においてその時期を明確に区切ることは不可能であるし，もしも設定した場合には，医学的合理性を踏まえた根拠として説明することができないので，この点に関しては原処分時主義の内容を鑑定者に十分説明した上で鑑定内容に加えることが最上である．

7)　鑑定の結果により原処分時の状態を推認できるとされた場合には，さらに水俣病であるかどうかの鑑定を依頼し，審査庁においてその結果を証拠採用するか否かの審査を行うことになるが，臨床所見，疫学調査，自覚症状等にその病理所見に該当する事実が全くない場合を除いて，証拠採用すべきことになると考えられる．

この場合，裁決文において，判断の項に臨床所見と病理所見両者の内容を記述する必要はないものと考えられる．病理所見は「臨床所見を裏付ける資料」であるから，証拠としての病理所見に関する判断の内容のみで十分である．

2　病理解剖の実施により，その所見を証拠採用する可能性を開くと，当然病理鑑定を行うべき事案が増加することが予想されるし，現在も数例の要求が請求人側からなされている．しかし証拠採用の原則を狭義の原処分時主義で貫き，（Y）例は他に行政として救済の道がないために行った例外的な措置であると説明することにより，病理所見を鑑定にかけて判断材料とすべき事例は激減するものと思われる．少なくとも，現在審査室で抱えている事案では病理鑑定に出すべきものはこれ以外にない．それ故にこそ本例は例外的だと説明ができ，またこの説明は同じく例外的に行われたイ病裁決の病理所見採用の趣旨と一致するので，強弁としてもまだ耐えられるものと考えられ，鑑定要求があってそれを却下した事例と区別することが可能となり鑑定事案は増加せず，処分庁の説得も行いやすいのではないかと思われる．

次に病理所見の証拠採用によって取消事案が増加した場合，52 年通知に示された判断基準の正当性に疑義が生ずる危険性についてであるが，そもそも環境庁及び処分庁は裁判において認定検診の限界を認め，さらに病理所見と臨床所見の関係について先に述べたごとき主張を行っているのであるから，基本的に病理所見の証拠採用による複数の処分取消事例が出現しても，52 年部長通知に示された判断基準の比較優位性については何ら影響を及ぼさないものと考えるべきである．また，処分庁が，臨床所見が判断基準に該当しない事例を実質的に病理所見によって認定していることは周知の事実であり，審査庁が全くその事実を採用しないとなれば，行政不服審査法に基づく審査そのものが法の趣旨に背く茶番と化すものであることを明記しておく．

具体的事例について：

1　以前，処分後死亡者の剖検資料について，請求人側から資料の鑑定，物件要求を求められた事例は５件である．審査庁はこのうちの４件についてその申立を拒否しているが．これは国会答弁に準拠する狭義の原処分時主義からすれば致し方のないことであり，再審請求もされていることから当該案件とは異なると説明する．

2　さらに，旧法の処分においては棄却されたが，新法の処分において認定され，現地審尋時(7)それが病理認定であった旨発言があったケースが３例ある．これらのケースについても原処分時主義を盾に正当な行政判断であったと強弁することはもちろんである．

以上

〔添付〕

(参考１)環境保健部特殊疾病審査室における処分以降の病理所見の採用に関係する症例について<略>(8)

(参考２)処分以降の病理所見の採用に関係する例についての臨床所見(未裁決分，審査室見解)<略>(9)

(1) 3.18 から 6.2 までの間に作成と考えられる．

(2)「病理標本～言わざるを得ない．」の４行に強調の縦傍線．

(3) 下線傍線部に「？」の書込み．

(4)「原処分時主義の問題に対する審査室の認識が希薄」に下線の書込み．

(5)「３名の参考人には～不可能である．」に「？」の書込み．

(6)「解剖所見による～と考える．」に縦傍線をして次のように書込み．「解剖の所見にもよるのではないか．」

(7)「現地審尋時」に丸で囲み，「？　病理認定された上になぜ現地審尋が必要か．」と書込み．

(8) 132 の(参考１)と同じ．

(9) 132 の(参考２)と同じ．

＊ 145 の修正．1)～8) は原注で不明．

148　ＮＨＫ(5月6日19時ニュース)の報道について　1994.5.7 頃

(参考)(1)

ＮＨＫ(5月6日19時ニュース)の報道について

1　報道概要

水俣病認定申請を54年に棄却された男性が，死後解剖により水俣病の疑いとの判断が示されたため，環境庁では，平成３年に鑑定を３人の学者に依頼した，うち２人が水俣病の疑いが強いとの判断を示したため，不服審査で棄却処分を取り消すかどうか検討し，夏までに結論をだすこととしている．

2　事実

報道された男性についての経緯は，次のとおり．

昭和49年３月	水俣病認定申請
昭和54年８月	熊本県知事認定申請棄却
10月	環境庁長官に不服審査請求
昭和55年１月	解剖検査
平成３年１月	解剖検査資料について鑑定依頼(２名の学者)
平成４年１月	同上(１名の学者)

(1)「平成６年」と書込み．

149　(Ｙ妻)(Ｙ)裁決書文案(２)〔第３の取消裁決書〕＊　1994.6 頃

461(Ｙ妻)(Ｙ)裁決書文案(２)

環保企第　　　　号

裁　決　書

審査請求人
東京都(住所)
(Ｙ妻)
処分庁
熊本県知事

(Ｙ)(昭和55年1月28日死亡，以下「被処分者」という．)から昭和54年10月23日付けで提起された旧公害に係る健康被害の救済に関する特別措置法(昭和44年法律第90号)第３条第１項の規定に基づく被処分者に関する水俣病認定申請棄却処分(以下「原処分」という．)に係る審査請求については，次のとおり裁決する．

主　文

本件審査請求に係る熊本県知事(以下「処分庁」という．)の行った水俣病認定申請棄却処分は，これを取り消す．

理　由

1　審査請求の趣旨

本件の審査請求の趣旨は，処分庁が昭和54年8月30日付けをもって被処分者に対して行った原処分を取り消す旨の裁決を求めるというものである．なお，本件は，(Ｙ)(以下被処分者という．)が昭和55年1月28日に死亡し，(Ｙ妻)(以下「請求人」という．)が審査請求人の地位を承継しているものである．

2　請求人の主張

請求人の主張の要旨は，次のとおりである．

(1) 被処分者の生活について

ア 居住歴

大正11年9月21日 熊本県水俣市(地名)にて出生

大正11年から昭和12年ころまで熊本県水俣市にて居住

昭和20年から昭和53年ころまで熊本県水俣市にて居住

(昭和43年中の3ヵ月間を除く)

イ 職業歴

昭和20年から昭和53年ころまで会社員

ウ 魚介類の摂取状況

(地名)の魚介類を多食

(2) 症状について

ア 昭和32，33年から，手足の痺れ，震えがあった．

イ 昭和37年，硫酸工場で意識を失って倒れ，市立病院にかつぎ込まれた．倒れてから，手足の痺れ，震えがひどくなった．

ウ 昭和37, 38年ころから，目が見えにくかった．横が見えなかった．

エ 昭和38年ころ，服のボタンがうまくかけられなかった．つまずき易かった．言葉がもつれた．

オ 昭和42，43年ころ，動作が緩慢で，ヨタヨタして敏捷性はなかった．屋根から落ち，肋骨を3本折った．

カ 昭和46年ころ，急にしゃべれなくなった．

キ 昭和52年，トイレで眩暈がして気分が悪くなり10分間位意識消失した．

ク 昭和54年，片麻痺が出て歩行困難になり，杖をついて歩くようになった．

(3) 被処分者が居住していた(地名)の人々の水俣病の認定状況を見ると地域ぐるみで健康の偏りがあるのは明らかである．被処分者は昭和22年に請求人と結婚し，(地名)にある請求人の実家の隣に居住した．請求人の実家は漁業を営み，被処分者は仕事のひまを見つけては，それを手伝い，採った魚をもらい食べていた．昭和26年に初めて自分の船を持ち，タチウオ，アジ，ガラカブ，タコ，ボラ，イカ，アサリ，カキ，ビナなどを採って食べていた．

ところで，処分庁の弁明については，請求人が物件として提出した昭和54年(名称)病院に入院した時の記録，死亡後の昭和55年順天堂大学病院に依頼して剖検を行った時の診断書が原処分の誤りを語って余りあると信ずるので，あえて反論はしない．特に剖検をされた順天堂大学の(氏名)先生が被処分者はかわいそうだが水俣病は絶対間違いないと言われた．

(4) 以上の理由から，処分庁が行った水俣病とは認定しないという原処分には不服であり，審査請求を行い，原処分の取消しを求めるものである．

3 処分庁の主張

処分庁の主張の要旨は，次のとおりである．

(1) 昭和49年3月23日，被処分者の認定申請時に添付された診断書には，病名は「水俣病の疑い」とあり，「現在，痺れ感，周囲が見えにくい，構音障害，知覚障害，固有反射亢進，筋緊張亢進，視野狭窄(疑い)がみられるので精査の必要を認める」旨記載されている．

そこで，水俣湾周辺地区住民健康調査の第三次検診及び処分庁が実施した被処分者に係る検診所見によると，精神医学的には特記すべき所見なく，神経学的には，昭和47年12月の第三次検診において軽度のジスジアドコキネーシス，脛叩き試験障害及び継ぎ足歩行障害が認められたが運動失調は明確でなく，感覚障害もないと判断された．昭和53年2月4日の所見では，軽度構音障害，上下肢の筋硬直，軽度の継ぎ足歩行障害，腱反射の亢進などが認められたが感覚障害はなく，つづく同15日の所見では構音障害，極めて軽度の共同運動障害が認められたが有意の四肢感覚障害は認められなかった．神経眼科学的には，2回の検診を通して，視野に異常所見は認められず，また，眼球運動においては右向きのみに滑動性追従運動障害が見られたが有意とはいえなかった．神経耳科学的には，視運動性眼振検査(OKP)において抑制がみられたが聴覚疲労(TTS)，語音聴力とも異常所見はみられなかった．

そして，この検診所見及び疫学等を考慮して総合的に判断した結果，被処分者の症状が有機水銀の影響によるものとは認め難いという結論を得たものであり，原処分は医学的根拠に基づいたもので正当である．

(2) 以上で示したとおり本件原処分は正当であり，本件審査請求は行政不服審査法第40条第2項の規定により棄却されるべきものと思われる．

4 審査庁の判断

原処分に際して用いられた公害被害者認定審査会資料，請求人及び処分庁等から提出された資料，その他本件審査請求の審理に当たり収集した資料を併せ検討した．

被処分者は，大正11年ころから昭和12年ころまで，及び昭和20年ころから昭和53年ころまで(昭和43年中の3ヵ月間を除く)水俣市に居住し，(地名)の魚介類を多食したと訴えており，被処分者は魚介類に蓄積された有機水銀に対する曝露歴を有するものと認められる．

次に被処分者は 手足が痺れる，手足が震える，躓き易い，ボタンがうまくかけられない，言葉がしゃべれない等，水俣病に見られることがある自覚症状を訴えている．一方，被処分者の原処分時の症候については，平衡機能障害及び中枢性眼科障害が疑われるものの，感覚障害，運動失調，求心性視野狭窄，聴力障害といった主要症候はいずれも認められない．

また，被処分者の病理所見について鑑定を行ったところ，有機水銀中毒の影響を否定できないとの判断が得られた．

これらの所見を総合的に検討した結果，被処分者は水俣病認定相当と認められる．

よって主文のとおり裁決する．

なお，本件の裁決に当たっては原処分後に得られた資料を判断の資料として用いているが，従来行政不服審査に当たっては処分庁の違法性，不当性について判断を行うことから，処分時に入手不可能な資料を用いることはなかった，今後ともこの原則は維持されるものであるが，本件においては，被処分者が死亡して公健法上の再認定申請が不可能であり，本不服審査以外に救済の道がないことから，運用上の特例として上記資料を用いたものである．

平成６年　　月　　日

環境庁長官

桜井　新

＊ 139 の修正．

150　（Ｙ）事案の取扱い（部長発言骨子）＊　1994.6.3

（Ｙ）事案の取扱い（部長[1]発言骨子）

Ｈ６.６.３

（Ｙ）の旧法に基づく審査請求に関して，審査庁は処分後に得られた剖検資料によって，知事の行った処分を取り消す方向で検討しているとのことであるが，従来言ってきたとおり，本件処理には，法律的にも医学的にも問題点が多々あるのみならず，認定業務，裁判等に与える影響が大きいのではないかと懸念している．

１　認定業務等への影響と新たな紛争の可能性

従来，剖検認定者の生前の臨床症状については，公表していない[1)]ため，公になっていない．今回，初めて生前の臨床所見が公になっている者について，剖検資料で認定相当の判断が示されることになるが，始（ママ）めて，臨床所見では感覚障害のない者でも認定相当の場合がありうるということを公にする[2)]ことになる．

過去，重症例や胎児性等の症状の把握できない者についての例はあるが，始（ママ）めてのことである．

現在，医学的見解をはじめ，行政施策，司法判断等水俣病を示唆する所見としては，四肢末梢の感覚障害を基本としている．

しかし，本例の公表により，従来からの患者団体の主張に根拠を与えることになり，昭和52年の判断基準の見直し，あるいは，（Ｙ）のような所見を有する者の洗い出しの要請が，患者団体等から強まってくるのみならず，訴訟，行服においても新たな紛争の種をまくことになりかねず，多大な影響がでるのではないかと思っている．

２　病理の判断基準についての影響

水俣病病理解剖検討会における剖検資料においては①大脳②小脳③肝臓④腎臓における水銀値（T-Hg，Me-Hg）[2]を必要としている．

今回の剖検資料では，これらの資料がなく，明らかに資料不足といえる状態である．また，Me-Hg によって本例のような症度の所見が得られているとすれば，脳内においても Hg が明らかに検出されないのも不合理である．

この剖検資料で，認定相当の判断が示されるならば，県の行っている病理の判断基準[3)]との齟齬が生じることになり，行政的のみならず，司法の場で批判されることになる．

３　水俣病病理解剖検討会の内部に与える影響

この剖検資料で，認定相当の判断が示されるならば，２で述べたように，県の解剖基準と異なるため，水俣病病理解剖検討会内部に新たな問題を持ち込むことになり，また，委員同志間に確執が生まれることも予想され，今後の運営に支障を来すのではないかと思っている．

４　認定検診体制等における影響

その他，県の通常依頼する施設以外の資料によって判断されたということで，県の検診体制についての批判とともに主治医の診断書による水俣病り患の有無の判断の要請が強まることが懸念されるとともに[3]，待ち料訴訟等での主張（抗告訴訟の間違い）がくずれる可能性[4)]までもでてくる．

また，剖検所見からみて，神経内科医の検診では，所見の見落とし等があったということにでもなれば，今後，検診医の協力を得るのがより困難になるであろうし，また，訴訟等では，審査会資料の信用性をくずす証拠として活用されることになると思われる．

〔添付〕Ｙ例裁決の影響について熊本県への回答

１）＆２）　剖検認定例の臨床所見は公表されていること

剖検認定例の臨床所見が公表されていないというのは，（氏名）部長の事実誤認である．不服審査事例においても，（氏名）（氏名）や（氏名）例においては，初回申請時の検査所見が審査会資料として熊本県から提出され審査請求人に送付されているので，実質的には生前の臨床所見が公表されているものと考えられる．

また，臨床所見で認定相当でない例が解剖所見によって認められていることは国会の質疑からも明らかとなっており，感覚障害がない例でも病理認定がありうるということは実質的に周知の事実である．それゆえ感覚障害のないＹ例が病理所見で認められたとしても，病像論や他の裁判に影響を与えることはないと考える．

この問題については，対策室も「病理認定は臨床所見の組み合わせとは完全に独立した制度」としており，そもそも病理と臨床所見をリンクさせるのがおかしいと考えている．

３）　病理の判断基準について

病理研究会の先生に伺ったところ，「病理学的判断基準」というようなものはないとの回答だった．ただ，長年研究会を続けてきているので，水俣病の病理をやる者なら当然知っている学識をさしているのかも知れないとのコメントを得ている．そこで熊本県が言う「病理の診断基準」とは何かをまず明らかにして欲しい．

病理研究会の主だった先生方には，環境庁が病理を含めた総合判断で認定相当として取り消しを行うなら，「その裁決についてとやかく言うことはない」との意志表示を得ていることをつけ加える．

(1)　魚住汎輝環境公害部長．

(2)　Me-Hg はメチル水銀，T-Hg は総水銀をさす．

(3)　「主治医の…とともに」は公表された異本には記載なし．

＊ 県の主張を環境庁で文書化したもの．1）～ 4）の原注は不明．

151 〔メモ・民間資料について〕 1994.6

「民間資料」であるか→公的なものか
相対的なもの. 審査庁についてはどちらともいえる.
民か公かはしんらい性の問題. しんらい性があるという
プレパラートの信らい性
内容の信らい性

しょうことしてさいようすること
↓↑別
判断

152 (Y) 事案の取扱い(部長発言骨子)・環境庁特殊疾病審査室・対策室対応案* 1994.6.8

(Y) 事案の取扱い(部長発言骨子) 熊本県より H 6.6.3	環境庁特殊疾病審査室・対策室対応案
(Y)の旧法に基づく審査請求に関して，審査庁は，処分後に得られた剖検資料によって，知事の行った処分を取り消す方向で検討しているとのことであるが，従来言ってきたとおり，本件処理には，法律的にも医学的にも問題点が多々あるのみならず，認定業務，裁判等に与える影響が大きいのではないかと懸念している.	
1 認定業務等への影響と新たな紛争の可能性 従来剖検認定者の生前の臨床症状については，公表していない 1) ため，公になっていない. 今回，初めて生前の臨床所見が公になっている者について，剖検資料で認定相当の判断が示されることになるが，始めて，臨床所見では感覚障害のない者でも認定相当の場合がありうることを公にする 2) ことになる. 過去，重症例や胎児性等の症状の把握できない者についての例はあるが，始めてのことである. 現在，医学的見解をはじめ，行政施策，司法判断等水俣病を示唆する所見としては，四肢末梢の感覚障害を基本としている. しかし，本例の公表により，従来からの患者団体の主張に根拠を与えることになり，昭和52年の判断基準の見直し 3)，あるいは，(Y)のような所見を有するものの洗い出しの要請が，患者団体等から強まってくるのみならず，訴訟，行服においても新たな紛争の種をまくことになりかねず，多大な影響がでるのではないかと思っている.	1) 再申請後，剖検認定(1)になった例については，それ以前の申請における臨床症状が公になっている. すなわち，生前の臨床症状(検査所見のことか?)は申請者側の知るところである. 2) 解剖所見による認定が，臨床所見の如何にかかわらず行われていることは周知の事実である. 裁判でも病理が最終診断であるとの主張をしている. それゆえ，解剖による認定では感覚障害の有無は問題にならない. なお，感覚障害は水俣病の判断にあたっては重要な症候ではあるが，あくまでも水俣病であるか否かの判断は，得られる全ての資料を用いた総合判断でなされるものである. 従来より検診ではFalse negativeがあり得るのだから，剖検があるものについては剖検所見を加えて判断していると主張しており，この点についての影響はないものと考える. 3) 熊本県において，過去棄却歴があるもので剖検結果を加えて再申請により認定された者は20名であり(剖検総数153名)，再申請認定の47.5%を占めている. それゆえ(Y) 1例のみで判断基準の見直しにつながるとは考えられない(2).
2 病理の判断基準についての影響 水俣病病理解剖検討会における剖検資料においては①大脳 ②小脳 ③肝臓 ④腎臓の水銀値(T-Hg，Me-Hg)を必要をしている. 今回の剖検資料では，これらの資料がなく，明らかに資料不足といえる状態である. また，Me-Hgによって本例のような症度の所見が得られているとすれば，脳内においてもHgが明らかに検出されないのも不合理である 4). この剖検資料で，認定相当の判断が示されるならば，県の行っている病理の判断条件基準 5) との齟齬が生じることになり，行政的のみならず，司法の場で批判されることになる.	4) 専門家は水銀顆粒の情報は重要な所見であるが，決定的なものではないと言っている. (逆に水銀が沈着しても水俣病でないというケースもありうる.) また，水銀沈着が認められたとする鑑定も出ている. 5) 病理の判断条件基準などというものはない. 県が「基準」と呼んでいるものは，水俣病における病変の発生部位などの，少なくとも水銀中毒の脳病理を見る者ならば誰でも知っているベーシックな知識のことと思われる.
3 水俣病病理解剖検討会の内部に与える影響 この剖検資料で，認定相当の判断が示されるならば，2 で述べたように，県の解剖基準 5) と異なるため，水俣病病理解剖検討会内部に新たな問題を持ち込むことになり 6)，また，委員同志間に確執が生まれることも予想され，今後の運営に支障を来たすのではないかと思っている.	6) 病理検討会内部の問題については，承知している. 今後も県と充分連絡を取り合うことは勿論であるが，必要ならば環境庁としても，この問題の解決のために病理検討会の先生方と協議を重ねていく.
4 認定検診体制等における影響 その他，県の通常依頼する施設以外の資料によって判断されたということで，県の検診体制についての批判とともに，待ち料訴訟等(3)での主張がくずれる可能性 7) までもでてくる. また，剖検所見から見て，神経内科医の検診では，所見の見落とし等があったということにでもなれば 8)，今後，検診医の協力を得るのがより困難になるであろうし，また，訴訟等では，審査会資料の信用性をくずす証拠として活用されることになると思われる.	7) 意味不明. どのような主張が，どのような理由によりくずれるのか，具体的な説明を求める. 8) 裁判でも，検診での所見の見落としが絶対ないとは主張していないのであるから，この仮定はありえない(4).

＊ 原注1)～8)が，「環境庁特殊疾病審査室・対策室対応案」の 1)～8）に対応する．アンダーラインは環境庁が付したもの．

(1) 「不服審査」と書込み．

(2) 「(Y) → 福岡高裁判決後－1～2カ月後，ほとぼりがさめてから?」
「裁決－認定相当として審査会にかけないもの．認定相当という裁決を出す際の理屈付けを一想定 (国－県用) を作っておくこと」と書込み．

(3) 「6／9 (氏名) 審査課長によれば，感覚障害が公的検診で認められなかったＭＤが明らかになることにより，①抗告訴訟における(氏名)事例への悪影響，②総合対策全般への悪影響，が懸念されるとのこと」と書込み．

(4) 「(氏名) 先生の件―これも説得する
(氏) 先生 (Ｎｏと言っている) に渡す―『認定相当』として通させない (中でもめないように)
県 (氏) 先生に見てもらいたい→断わる (混乱する)」と書込み．

153　平成６年６月９日メモ＊　1994.6.9

平成６年６月９日メモ

熊本県 (氏名) 部長発言要旨
6/8 午後６時熊本県 (氏名) 課長より連絡

(氏名) 部長は，「Ｙ例の裁決において，病理による取り消しがなされるならば，臨床的に感覚障害のないケースが認定になり[1]，しかもそれが (マスコミによって) 公表されることになるため，以後の認定審査にきわめて大きな影響が及び，52 年の認定条件の見直しにつながるのではないか[2]」との懸念を抱いている旨発言する予定．

対応

1） 感覚障害がないケースの病理認定は，正確に言えば今回が初めてではない．そのような例は 20 例前後に及んでいる (熊本県では 22 例，対策室では 20 例と言っている)．
　また，裁判では臨床的検査ではどうしても False negative があり，病理が最終診断である旨主張しているのであるから，このことによって従来の国・県の主張が崩れる懸念はない．ただ，県のご心配はもっともであるから，裁決に臨んでその点を事務レベルで充分に詰めてもらいたい．

2） 先の理由により，52 年通知の見直しを要求されても，裁判等で主張している国・県の病理と臨床所見の関係についての見解が影響を受けるとは思われない．

＊ 6.9 部長会談前のメモ．1)，2) の原注は不明．

154　Ｙ例裁決問題について＊　1994.6.9

Ｙ例裁決問題について

(氏名)・(氏名) 部長会談

平成６年６月９日 13：00～
於：部長室

出席者：
(氏名) 環境保健部長，(氏名) 保健企画課長，(氏名) 審査室長，(氏名) 対策室長，(氏名) 補佐，(氏名) 補佐，(氏名) 専門官，(氏名) 係長，(氏名) 主査，
(氏名) 環境公害部長，(氏名) 公害審査課長，(氏名) 公害保健課長，(氏名) 参事

(氏名) 部長：Ｙ氏の例について，従前から説明を受けている方針では，我々のやっていることに影響が大きく，深刻に捉えている．
　訴訟の現場により近い県としては，早期解決に向かって進んでいる．高裁，患者団体等への支障が出てくる．知事も感(ママ)心がある．
　国の方には鑑定があるということは事実として受けとめている．事実があることはどうこう言わないが，時期を伸ばして欲しい．２～３年後ではどうか．

(氏名) 部長：県が心配されるのはわかるが，県の心配は我々の心配でもある．一から検討した結果でもあるので，対外的に説明のつく範囲で，他への影響を及ぼさないように考えている．これからも，県の心配について事務ベースですりあわせて，時期については福岡高裁後に再度調整したい．

(氏名) 部長：無理を承知でお願いする．３年後にして欲しい．

この後，Ｍさん問題について (対策室)

同日　14：30～
於：環境第１会議室

出席者：(氏名) 保健企画課長，(氏名) 審査室長，(氏名) 対策室長，(氏名) 補佐，(氏名) 補佐，(氏名) 専門官，(氏名) 係長，(氏名)
(氏名) 公害審査課長，(氏名) 公害保健課長，(氏名) 参事

(氏名) 審査室長　Ｙ氏については，対策室・審査室ともに部内一体で対処していく．
　――別紙資料を配付し (氏名) 室長及び (氏名) 専門官より説明をする――

(氏名) 課長　ここに書いてあることは心配していることではない．一番心配なのは，感覚障害がなく病理所見のあるものを認めること[1)(1)]である．これで，収束に向かっている状態が崩れる[2)]．総合対策に対する影響[3)]．

抗告訴訟も怖い[4]. これは, 感覚障害のない人がいる. これが崩れると何もかもがだめになる. 新たな補償協定を結ぶ動きにも悪影響がある[5].

(氏名) 専門官　感覚障害のないといわれるのは, 精神科, 神経内科とも全く無いものを言っているのか.

(氏名) 課長　そうだ, 精神科にあればある可能性がある. 感覚障害の無い例が出ることが問題である. 処分時主義については, 旧法 (審査室) で責任を持つということであるのでそれについてはいい.

——以下 (氏名) 課長発言要点のみ——

感覚障害が無い人が, 病理で認められることが公表されれば以下の2点のような影響が考えられる.

1　同様の例が他にあるかと請求人・マスコミから追及され, それ以外のケースにおける判断条件の妥当性批判が起きる.

2　抗告訴訟, 総合医療対策, 補償協定への影響がある.

その他, 裁決文へ各臨床症候判断を記載することは問題ではないか[6], (氏名) 先生の意見を聞きたい[7].

時期を高裁後とした場合, 高裁判断内容に影響される. 判断条件にまで及んだ場合, すぐに出すことには問題があるのではないか[8].

(1)　1)～8). アンダーラインは原注. 原注は不明.

＊部長会談内容のまとめ.

155 取り消し裁決にかかる基本的考え方とその影響 (案)

1994.6.24

取り消し裁決にかかる基本的考え方とその影響 (案)[(1)]

論点	趣旨 (審査庁見解)	影響	対応
処分後資料の採用	処分時主義を堅持しており採用できる.	(処分庁) 「処分後資料まで責任を持てない」と審査会委員の抵抗が予想される.	無制限に処分後資料を使うわけではないと審査会委員に説明.
		(請求人) 処分後資料の無制限の採用を要求することが予想される.	無制限に処分後資料を使うわけではないと請求人に説明.
病理所見の判断	3鑑定人ともに有機水銀の関与を否定していない.	(処分庁) 有機水銀の影響は無いという (氏名) 氏の見解をもって反論することが予想される.	解剖検討会において検討をお願いする.
		(請求人) 病理認定基準の曖昧さを指摘する可能性がある.	病理は専門家による判断に基づいていると説明.
臨床所見の判断 (文面では触れていない.)	臨床所見は審査したものの最終判断はしていない.		
総合的判断 (有していた症状が有機水銀の影響を受けたものである可能性が考えられる)	水俣病の可能性が考えられる.	(請求人) 感覚障害のない水俣病を国が認めたと考え, 判断条件は狭いというだろう.	(対策室)
		(処分庁) 審査会委員の抵抗が予想される.	裁決文で対応

想定問答 (案)

(1)　処分後資料の採用について

問1　旧法審査室における, 原処分後に出現した資料の取り扱い如何.

答　行政不服審査法に基づく審査の対象となるのは, 処分の時点における当該処分の妥当性であり, 当庁においてはこのようないわゆる処分時主義の考え方に立って審理を行っているところである. したがって, 原則として, 処分時までに得られた資料を用いて審理を行っているが, 処分後に成立した資料についても, 処分時までの状況を示すと考えられる一定の資料については, 審理の必要性に応じて採用することとしている.

(注意)

「一定の資料」とは利用可能な資料という意味である.

「審理の必要性」とは, たとえば, 臨床所見のみで判断が可能である場合は審理に必要が無いといったことである.

問2　処分後に成立した資料が審理に使われることは, 行政不服審査法の解釈上の「処分時主義」とは矛盾しないのか.

答　「処分時主義」に矛盾するものとは考えていない.

処分後に成立した資料であっても, 処分時までの状況を示すと考えられる一定の資料を審理に用いることは処分時主義の考え方に反するものではなく, 審査庁の裁量により行えるものと考えている. (なお, このような考え方については行政不服審査法を所管する総務庁の見解と同一のものである)

(参考)

総務庁見解

「処分庁の棄却処分後に, 原処分以前に形成されていた新たな事実が明らかになり, 審査庁の裁量でその事実を用いて採用するとしたときには, 審査庁はその事実を用いて裁決を行うことができる. また採用を拒否する場合には, 審査庁はその理由を開示する必要がある.」

更問　資料の取り扱い方法については，平成４年10月の公害健康被害補償不服審査会のイ病裁決の影響があったのか．

答　全く別の案件であり関係はない．

平成４年10月に公害健康被害補償不服審査会が行った裁決についてはコメントする立場にない．当庁では処分時主義に立って審理を実施しており，原則として，処分時までの資料を用いて審理を実施し，審理の必要性に応じて，処分時主義を逸脱しない範囲の資料を使用している．

(参考)

平成４年10月30日付けの公害健康被害補償不服審査会裁決の要旨

イ病の７件の裁決：４件が取消し，３件が棄却

(取消しのうち２件は処分後の剖検所見を採用した裁決，以下原処分時年月日と剖検時年月日)

処分時	剖検時
昭和62年12月23日	平成3年2月15日
昭和62年12月23日	平成2年2月1日

更問　平成４年10月の公害健康被害補償不服審査会のイ病裁決においては，「医学的価値が極めて高く，重要な資料である」ということで，処分後に成立した資料を利用して裁決を実施しているが，どうして審査室では資料の選別を行うのか．

答　公害健康被害補償不服審査会は環境庁内に独立した機関として置かれており，その審理の方法についてはコメントする立場にないが，当室では処分時主義に基づき，適切な資料を使用することによって裁決を実施しており，そのような観点からの資料の選別はやむを得ないものと考えている．

更問　資料の取り扱いは審査庁の裁量で行いうるものであるのか．

答　行政不服審査における資料の採用については，資料の信頼性や公平性等を考慮して審査庁の裁量により行われるべきものと考えている．

更問　処分庁が入手不可能であった資料を用いて，裁決を行なうことは不服審査の範囲を逸脱しているのではないか．

答　処分時主義の考え方に立ちながら，利用可能な範囲の資料を用いることにより，公正な審査を行うことは，行政不服審査の制度上妥当なものと考えている．

問３　過去の剖検記録の物件提出要求にはどのように対処しているのか．

答　過去には，剖検記録の物件提出要求が４件提出されていたが，これまでに審理に用いる必要性を認めた例はない．

(部外秘)

剖検記録の物件提出要求があった４件について

被処分者氏名	旧法申請	新法申請	旧法不服審査	旧法処分から死亡までの期間	病理所見に関する要求申立に対する回答
(氏名)	×	病理認定	未裁決	3年6ヵ月	拒否 (平成元年6月14日通知)
(氏名)	×	病理認定	未裁決	1年9ヵ月	拒否 (　〃　)
(氏名)	×	病理棄却	未裁決	2年6ヵ月	拒否 (　〃　)
(氏名)	×	病理棄却	未裁決	4年1ヵ月	拒否 (　〃　)
(参考) (Y)	×		裁決	5ヵ月	受理

(×は臨床所見による棄却)

	感覚障害	運動失調	平衡機能障害	求心性視野狭窄	眼球運動障害	聴力障害	その他の症候	その他の疾患
(氏名)	×	×	△	×	×	×	無し	無し
(氏名)	×	×	△	不明	不明	△	振戦	脳梗塞
(氏名)	○	×	×	×	×	△	無し	高血圧
(氏名)	○	×	×	×	×	×	無し	無し
(参考) (Y)	判断せず							

(2)　判断について

問４　水俣病の診断基準については，これまでに昭和52年の環境保健部長通知等によりその臨床所見について示されているが，水俣病の病理についての認定基準は示されていない．イ病のように病理についての診断基準を示すべきではないか．

答　病理所見により水俣病と診断するためには，様々な要素を総合的に判断した上で行う必要があるが，これは個々の要素について基準を満たせば水俣病と診断できるというものではなく，専門家により総合的に判断することが必要である．したがって診断基準として一般化することは困難である．

更問　認定業務における病理所見の取り扱い如何．

答　公健法に基づく水俣病の認定は，基本的には臨床医学的に健康被害が存在したか否かという観点から行われるものであるが，剖検で病理所見が得られている場合は臨床症状に加えて総合的に判断することとされている．

問５　被処分者の臨床所見について審査庁の考え方如何．

答　今回の裁決は処分庁に対して当該剖検資料も利用して再検討を

求めたものであり，臨床所見についての判断は今回の裁決に必要なものではないことから行っていない．

更問　処分庁の判断では，被処分者は感覚障害が無いとされているが，裁決で「症状が有機水銀の影響を受けたものである可能性が考えられる」としているということは，感覚障害などの臨床所見も認めたということか．

答　本例については臨床所見の判断をしていない．

問６　臨床所見からは水俣病とは認められない例の中に，病理所見からは水俣病と認められる例が存在するのではないか．（臨床所見と病理所見の乖離はないのか）

答１．一般に水俣病患者には感覚障害等の臨床所見が認められる．
２．ただし，臨床症状のみからは水俣病であるか否かの判断が困難な事例についても，病理所見が得られている場合には，病理所見，臨床所見，メチル水銀の曝露状況を総合的に検討し，その結果，水俣病であると判断されれば，これを認定することとしている．
３．その結果として御指摘のような例もわずかながら見られるが，それは臨床所見と病理所見に乖離があるということではなく，臨床所見については合併症等の問題により症状を把握することが難しい場合もあるためと考えている．

問７　イ病のように職権による認定審査の見直しをしないといけないのではないか．

答　今回の裁決は処分における判定方法を変更するものでは無いことから，今回の裁決を受けて過去に行われた処分の見直しは考えていない．
（参考）
行政不服審査においては，職権による裁決の見直しという制度はない．

問８　症状が有機水銀の影響を受けたものである可能性が考えられるとは水俣病ということであるか．

答　水俣病の可能性が考えられるということである．処分庁において剖検資料も判断資料として用いることにより，再度水俣病か否かについての慎重な医学的検討を行っていただくことになる．

更問　水俣病か否かの判断を記載しなかったのはなぜか．

答　今回の裁決は，処分庁において臨床所見に加え当該剖検資料も判断資料として用いることにより，再度水俣病か否かについての慎重な検討を行うよう求めたものである．

(3)　手続きについて

問９　本請求人は新法等で再申請ができるのか．

答　公健法では，遺族が新たに決定申請を行うという制度を設けておらず，再申請はできない．

問10　環境庁の委託研究である「水俣病に関する総合的研究」の報告書には，（Ｙ）が水俣病であることを前提にした研究論文が記載されているが，本例ではそれを参照したのか．

答　本件においては請求人の主張の中に当該論文についての記載があるのは事実であるが，本件の審理においては双方の主張の他，提出された資料や鑑定結果に基づいて判断を行ったものである．

(4)　取り消し一般

問11　旧法審査室における過去の取り消し例はどうなっているのか．

答　旧法審査室では13例目（４回目）である．昭和59年８月27日の鹿児島県知事に対して行って以来である．（公害健康被害補償不服審査会における水俣病関係では６例）
（参考）これまでの取り消し裁決（旧法分12例）

No.	裁決年月日	審査請求人	処分庁	内容
1	昭和46年8月7日	(氏　名)	熊本県	再検討指示
2	昭和46年8月7日	(氏　名)	熊本県	再検討指示
3	昭和46年8月7日	(氏　名)	熊本県	再検討指示
4	昭和46年8月7日	(氏　名)	熊本県	再検討指示
5	昭和46年8月7日	(氏　名)	熊本県	再検討指示
6	昭和46年8月7日	(氏　名)	熊本県	再検討指示
7	昭和46年8月7日	(氏　名)	熊本県	再検討指示
8	昭和46年8月7日	(氏　名)	鹿児島県	再検討指示
9	昭和46年8月7日	(氏　名) ((氏　名))	鹿児島県	再検討指示
10	昭和50年7月24日	(氏　名)	熊本県	再検討指示
11	昭和50年7月24日	(氏　名)	熊本県	再検討指示
12	昭和59年8月27日	(氏　名)	鹿児島県	認定指示

(5)　その他

問12　旧法に係る審査請求の裁決に長時間を要していると聞くが，これに対しての環境庁の考え如何．

答　(1)　旧法に係る審査請求の裁決に相当な時間を要している例があることは認識している．
(2)　裁決は準司法的性格を有する処分であることから，審査庁として審査請求人，処分庁の意見を公平に聞いていること，また，判断には高度な専門性を有することから裁決までの

期間については，ある一定の時間を要している．

(3)　今後とも，国民の権利利益を迅速に救済するという行政不服審査法の趣旨に即し，審理の迅速化に努めてまいりたい．

(参考1) これまでの裁決の中で最も長時間を要した例 (不服審査請求時から裁決時まで)

1　(氏名)　(16年6月)

2　(氏名)　(15年11月)

3　(氏名)　(14年5月)

(参考2) 今回の裁決に要した時間 (平成5年6月末現在)

(氏名) (不服審査請求時：昭和52年3月10日) 16年3ヵ月

(Ｙ)　(不服審査請求時：昭和54年10月23日) 13年8ヵ月

問13　新法認定申請において病理認定されている例で，旧法不服審査において棄却されている例があると聞くが，これに対する環境庁の考え方如何．

答　当庁では処分時主義に立って審理を実施しており，原則として，原処分時までの資料を用いて審理を実施している．(ただし，審理の必要性に応じて，処分時主義を逸脱しない範囲の資料を利用することもありうる．) このため，処分後に成立した資料については原則として利用していない．一方，公健法の再申請においては，従前の処分とは別に検診を実施し，その結果に基づいて処分を行うので，従前の処分に対する不服審査と異なる判断がなされることはありえることと考える．

(部外秘)

新法認定申請において病理認定されている例で，旧法不服審査請求されている例

被処分者氏名	旧法申請	新法申請	新法再申請	旧法不服審査	病理所見に関する要求申立	旧法処分から死亡までの期間
(氏名)	×	◎		×	無	7年8ヵ月
(氏名)	×	◎		×	無	9年2ヵ月
(氏名)	×	×	◎	×	無	4年2ヵ月
(氏名)	×	◎		×	無	10ヵ月
(氏名)	×	◎		×	無	1年6ヵ月
(氏名)	×	◎		取り下げ	無	4年4ヵ月
(氏名)	×	◎		未裁決	有 (拒否)	3年6ヵ月
(氏名)	×	◎		未裁決	有 (拒否)	1年9ヵ月
(氏名)	×	◎		未裁決	無	5年

(×は臨床所見による棄却，Vは病理所見も含めた所見による棄却，◎は病理認定を示す．)

(1) 書類トップに「6/24　部長室」と書込み．

156　Ｙ例の裁決による抗告訴訟への影響について (メモ)

1994.7.5

Ｙ例の裁決による抗告訴訟への影響について (メモ)(1)

1　Ｙ例裁決による抗告訴訟への影響として，熊本県が指摘しているのは，感覚障害のない例について棄却処分の取消が公になることにより，感覚障害がないとして棄却処分とした原告(氏名)について，感覚障害がないことが認められても他の所見が認められることによって，棄却処分の取消を命ずる判決が出るのではないかということである．

2　しかし，本事例については，原判決では，感覚障害があると認められ，さらに運動失調，視野沈下，感音性難聴等の所見も認められることから，棄却処分の取消を命ずるとの判決が出ており，一方県はそのすべての所見について認められないから棄却処分には違法はないと主張している．

したがって，本事例について感覚障害がなく他の所見が認められることが審理の上でほぼ動かし難くなっているならともかく，現状ではＹ例裁決によって抗告訴訟そのものに大きな影響を与えるとは言い難い．

3　また，過去に病理所見を採用することにより，臨床所見では水俣病と認められない事例でも認定された事例があることは，既に国会での質疑でも明らかになっており，感覚障害がなくとも病理所見を採用することにより水俣病と認めるケースがあることは事実上明らかになっていると言って良いのだから，そもそも熊本県が懸念しているような影響はないと考える．

4　なお，Ｙ例裁決のもう一つの特徴として，従来の「処分時主義」を踏み出した証拠採用であることがあげられるが，この点については抗告訴訟に直接の影響はないと思われる．

〔添付〕　抗告訴訟の概要等＜略＞(2)

(1)「H 6.7.5 作成」の書込みあり．

(2)　90

157　口頭意見陳述について (通知)＊

1994.7.11

口頭意見陳述について (通知)

上記のことについて次案のとおり施行してよろしいか伺います．

(起案理由)

下記審査請求人から申立てのあった旧公害に係る健康被害の救済に関する特別措置法第3条第1項の規定に基づく水俣病認定申請棄却処分に係る審査請求に関し，別添の通り平成6年6月30日付け

で審査請求人代理人より口頭意見陳述の申立てがあったので，行政不服審査法第25条第1項の規定に基づき，下記の通り実施する旨通知するものである．

記

審査請求人氏名 (Y妻)(被処分者 亡(Y))

(参考)

行政不服審査法第25条第1項ただし書きについては，昭和37年8月21日衆議院内閣委員会における野木政府委員発言により，審理は原則として非公開と考えられる．職員による聴取については，行政不服審査法第31条に基づく．

行政不服審査法

(審理の方式)

第25条 審査請求の審理は，書面による．ただし，審査請求人又は参加人の申立てがあったときは，審査庁は，申立人に口頭で意見を述べる機会を与えなければならない．

2 前項ただし書きの場合には，審査請求人又は参加人は，審査庁の許可を得て，補佐人とともに出頭することができる．

(職員による審理手続)

第31条 審査庁は，必要があると認めるときは，その庁の職員に，第25条第1項ただし書きの規定による審査請求人若しくは参加人の意見の陳述を聞かせ，第27条の規定による参考人の陳述を聞かせ，第29条第1項の規定による検証をさせ，又は前条の規定による審査請求人若しくは参加人の審尋をさせることができる．

〔添付〕 口頭意見陳述について(通知)<略>[(1)]
口頭意見陳述の申し立て<略>[(2)]
口頭意見陳述要旨<略>[(3)]

(1) 78
(2) 6
(3) 6

＊ 文書番号 環境庁企画調整局環境保健部 平成6.7.12，環保業第342号，起案6年7月4日，決裁6年7月11日，施行6年7月11日，起案者 環境保健部特殊疾病審査室 審査係 電話6342(氏名)㊞
局(部) 環境保健部長 ㊞，保健企画課長 ㊞ ㊞㊞㊞㊞，保健業務課長 ㊞ ㊞㊞㊞㊞㊞㊞，特殊疾病対策室長 ㊞ ㊞㊞㊞㊞㊞㊞㊞，特殊疾病審査室長 ㊞ ㊞㊞

158 口頭意見陳述要旨の供覧＊ 1994.7.20

口頭意見陳述要旨の供覧

上記のことについて [(1)]のとおり [(1)]してよろしいか伺います．

(起案理由)

平成6年7月19日に下記の審査請求人の代理人から別紙のとおり口頭意見陳述があったので供覧します．

〔別紙〕 口頭意見陳述要旨

1 日 時：平成6年7月19日10時半より11時半
2 場 所：共用第2会議室
3 陳述者：審査請求人(Y妻)代理人
(氏名)(氏名)(氏名)
4 対応者：(氏名)室長，(氏名)補佐，(氏名)専門官，(氏名)主査

<要旨>

1 行政審査不服審査請求以来，15年も経っているのに審査が進んでいない．
2 審査状況について教えてほしい．
3 熊本日日新聞に(氏名)室長の談話として，「審査には，処分時の資料のみを採用する．」という記事が報道されていたが，真実であるか．
4 公害不服審査会ではイタイイタイ病の審査において，死亡後の解剖所見を採用している．また，熊本県は，原処分の正当性を示す証拠として裁判に死亡後の解剖所見を提出している．当行政不服審査のみが解剖所見を採用しないのはおかしい．

対応：意見陳述であるから，聞き取りのみ．

(1) 原文空欄．

＊ 起案6年7月20日，起案者 環境保健部特殊疾病審査室，電話6341，(氏名)㊞ 局(部) 特殊疾病審査室長 ㊞ ㊞㊞㊞㊞

159 Y例についての協議議題＊ 1994.7.22

平成6年7月22日

Y例についての協議議題

1 前回の協議の確認
2 県の懸念している事項について
1) & 4) 対策室と協議検討した結果について説明を行う．
2)「収束に向かっている状態が崩れる」とはいかなることか，具体的な説明を求める．
3)「総合対策への影響」とは具体的にいかなることか，総合対策のどの部分に，どのような影響を与えるのか，具体的説明を求める．ただし，この点については対策室と協議した審査室の見解を伝えて協議したい．

5) 「新たな補償協定を結ぶ動き」とは具体的にいかなることか，説明をいただきたい．また，それに対して，いかなる悪影響が及ぶのか，納得のいく説明を求める．

6) 裁決文の内容については，議題の3で協議する．

7) 何故「(氏名)先生の意見を聞く」必要があるのか，説明を求める．

8) 裁決の時期については協議する．

3　裁決文案の検討について

4　想定問答の内容について

＊　2)～8)を8月1日に熊本県に質問．168を参照．62がその返答．

160　Y例想定(熊本県協議分)　1994.7.22

平成6年7月22日

Y例想定(熊本県協議分)

問1　処分後の病理所見を用いて裁決したことは，環境庁が従来主張していた処分時主義に反することではないのか．

答　処分時主義は堅持している．しかし本例は原処分後ほどなく死亡したものであり，再申請もなされず，救済の道が本不服審査以外にないこと，当該病理所見によって原処分時の状態が推認できること等により，病理所見を判断材料に加えたものであり，審査庁の裁量として許される範囲であると考える．

問2　今まで病理所見の証拠採用を求められて受け入れられず，棄却された例もある．このような扱いは行政の恣意性であり，不公平ではないのか．

答　本例は他に救済の道がないため，審査庁のぎりぎりの裁量範囲で病理所見を判断材料に加えたものである．恣意的行政とは考えていない．

問3　本例のように，他の病理解剖例があるものまでその所見を採用するよう処分時主義を広げる考えはないか．

答　本例は他に救済の道はないという特殊事情を考慮して審査庁の裁量権を行使したものであり，原則はあくまで処分時主義であるから，無原則にその範囲を拡大する考えはない．

問4　臨床的には感覚障害がない例のようだが，そのような例を認定相当とすることは52年通知の判断基準に反するのではないか．

答　臨床所見による水俣病判断基準に False negative があることは裁判でも認めている事実である．病理所見はそのような症例の最終的判断の材料になりうる．病理学的所見と臨床所見は必ずしも一致するものではないので，臨床的に判断基準に満たないものでも病理所見によって認定されることはあり得ることである．

問5　特殊疾病審査室，公害健康被害補償不服審査会という同じ不服審査を扱う機関において片や処分時主義，片や処分時主義でないということが許されるのか．

答　公害健康被害補償不服審査会は環境庁内に独立した機関として置かれており，その審理の方法についてはコメントする立場にはない．

問6　鑑定結果如何

答　病理所見とその形成時期についての鑑定を，複数の専門家に依頼した．その結果，「原処分以前に形成されたと判断できる病理所見がある」ことが認められ，「有機水銀中毒の所見がある，或いは有機水銀の影響があることを否定できない」との結果が得られた．

問7　昭和61年から，裁決まで行服法上の手続きが行われていない理由如何．

答　昭和61年に提出された反論書により，原処分後に行われた病理解剖で「慢性有機水銀中毒症」と診断されていることが明らかになり，その検討に時間を要したものである．

161　復命書　1994.7.22

復　命　書

平成6年7月22日(熊本県庁)

Y例に関する熊本県との協議について

1　先回の協議内容の確認

(氏名)部長，(氏名)部長の会談と発言要旨，その後の(氏名)課長と審査室との協議内容ならびに(氏名)課長の発言内容について確認を行う．

(氏名)課長，(氏名)補佐ともに前回の協議内容には縛られないとの態度で応じている印象を受ける．

2　Y例の裁決に関する問題点について

(氏名)：感覚障害がない事例を認定すると病像論が崩れて，収束に向かいかけている現在の体制全般に悪い影響を与える．

(氏名)：国会答弁でも明らかになっているとおり，感覚障害がなくても病理で認定され得ることは周知の事実である．一体，どんな影響があるのか，具体的に示していただきたい．

(7月18日の患者連合，患者連盟との団交の状況を書類で示す．特に目新しいものはない)

(氏名)：鑑定内容が正しいのか．一度我々に標本を見せて欲しい．或いは鑑定書を見せてもらいたい．それを(氏名)先生あたりの専門家に見て貰って，納得できれば仕方がない．今までの内容では，(氏名)先生が学会で反論したりしているのだから信用できない．

(氏名)：そもそも鑑定に出すということがおかしい．前々室長が取り消しにしてやるという考えをまず最初に持って，そのために鑑定に出した．いつだったかその鑑定書を持ってきて得意気になって言っていたが，鑑定書の内容を詳しく検討させてもらえなかった．環境庁が旧法の不服審査をやるというのもおかしい．そんなものは新しい制度を作ってやるべきだ．

(氏名)：いまさらそもそも論をやるつもりはない．鑑定を行ったこと，またその内容について，いまさら是非を言っても始まらないし，まして制度上の問題を云々しても無駄なことである．さらに，その鑑定内容について，熊本県にいちいち了承をもらう必要はない．我々にとっての重要な事実は，環境庁長官名の鑑定依頼に現在の判断のもとになる鑑定結果が帰ってきているということである．環境庁長官が依頼した専門家の鑑定結果をさらに熊本県が鑑定するつもりか，あなたがたにそんな権限はない．

(氏名)：鑑定結果が医学的に正しくないから言っている．

(氏名)：熊本県が医学的に正しいか，正しくないかを見るのか．

(氏名)：病変部位のこととか，水銀の沈着がないとか，いろいろ疑問がある．

(氏名)：あなた方は医学の専門家ではないのだから，そんなことまで詰めて考える必要はない．そんなことは専門家が学問上のこととしてやることだ．鑑定の結果と，それを受けて行う判断に直接的には関係がない．

(氏名)：(氏名)先生や(氏名)先生が違うと言っている．感覚障害もないし．

(氏名)：鑑定を行った先生には水俣病だと言っている人もある．ここで学者の見解の相違など議論すべきではない．それに感覚障害もないと言っているが，熊本県としても感覚障害のない例を病理で認定しているではないか．

(氏名)：だから，そういう認定例が増えると病像論に影響を及ぼして困る．不服審査でそんなことをしてもらっては大変なことになる．

(氏名)：今まで病理認定と称して感覚障害のないものを認定しておいて，どうしてこの例だけが都合悪いのか．どういう悪い影響が出るのか具体的に説明して欲しいと言っている．

(氏名)：感覚障害がないのに認定することに問題があるのだ．

(氏名)：そんなことは今まで熊本県でもしてきたことではないか．

(氏名)：病理で認定するのがおかしい．だから感覚障害がないものも認定になったりする．

(氏名)：だったらどうして病理解剖所見で認定してきたのか．それで，認定になって，感覚障害がなかったことなど，国会でも明らかになっているではないか．

(氏名)：……

(氏名)：病理解剖もおかしい．だいたいどうして順天堂で解剖したものを使っているのか．熊本では全部熊大か京都府立と決まっている．

(氏名)：それもおかしな話である．病理解剖は行政検査として強制できないはずだ．解剖するかしないか，どこで解剖するのかは遺族の意志による．死体解剖保存法で，法律は別なのだからどこどこで解剖しなければならないと県が決めることはできない．このことはイ病で富山県が熊本県に問い合わせた際に，熊本でもきちんと知っていて，解剖する施設を特定できないと答えていることを知っているぞ．

(氏名)：感覚障害がないというのだから，こんなものを認定相当にされては総合対策に影響が出る．感覚障害がなくても，総合対策に乗せろと騒がれる．

(氏名)：病理解剖による認定は別だと，今までも裁判で主張しているはずだ．病理と臨床を関連させる必要はないと言って今までどおり頑張ればよいではないか．どうせ判断基準ではFalse negativeがでることは仕方がないと言っているではないか．

ここで頑張らないでどうするか．それに，今まで20例もこんなことをしているのだから，1例ぐらい増えても大勢に影響ないのではないか．不服審査でもこれ1例だけだと言っている．

(氏名)：不服審査で1例でも出ると，また患者団体が騒ぎだす．

(氏名)：そんなことで困るのなら，熊本県用の想定問答を作りましょうか．

(氏名)：作ってくれるならお願いしてあとで検討してみよう．

(氏名)：裁決時期が福岡高裁後だということだが，福岡高裁の判決はずっと延びているので，簡単に裁決はできないだろう．

(氏名)：いつ頃の予定とみているか．

(氏名)：判決は早くても11月頃になるはずだから，何もそう急ぐことはない．

(氏名)：失礼ながら，そういうことだから我々の移動(ママ)が入って結局振り出しに戻ることを期待しているのであれば無駄である．必ずこの方針で裁決が行われる．それにもし，本当に感覚障害のみが大問題というのであれば，これから裁決書の内容を見て貰うが感覚障害を「疑い～ある」の範囲で考えてもよいのだ．なぜなら，精神科では(＋－)の記録になっているのだから，ゼロではないという判断もあり得る．

(氏名)：(また(氏名)室長のやったことからそもそも論を始める．審査室が不服審査をすべきではないとしているが，内容はよく理解できない．時間稼ぎか)

(氏名)：(氏名補佐に)あまり訳のわからない話をするものではない．

(氏名)：裁決書をみて欲しい．感覚障害が問題になっているので，この案では感覚障害の有無については判断していない．何か意見があれば言って欲しい．

(氏名)：精神科の検査所見など……．

(氏名)：そんなことを言っていると，どうして精神科の検診をやっているのかという話になる．このような裁決書の書き方をすることにより，県も何とか対応できるのではないか．そして，次の書類が想定問答である．環境庁としてはこのように対応していきたいということだ．

(氏名)：これらの内容についてはまたこちらで検討しておきたい．病理所見の鑑定書を見せてくれるのか．

(氏名)：鑑定書の内容を県に見てもらって，それに専門的は(ママ)判定をしていただく必要はないのだから，僕自身はお見せできないと思うが一応室で検討してみる．

(氏名)：(また訳のわからないことを言う)

(氏名)：もう時間がないので，少し整理したい．我々は熊本県の想定を作ってみる．また，鑑定書の内容を県に見せるか見せないかにつき，一応検討してみる．県はこの裁決書の内容と想定の内容につき検討して我々に意見を寄せて欲しい．これでよいか．

(氏名)：まあ，鑑定書の内容が医学的に正しくないとできないでしょう．

(氏名)：もう時間がないので今日はこのぐらいにしたい．先にお願いしてある影響の具体的内容についても知らせて欲しい．

3　感想及び意見

熊本県側は極めて不誠実である印象を受ける．会議の議題を示しているのに，また(氏名)室長時代からのそもそも論を始め，真剣にこの問題を解決しようという姿勢がみられない．これは僕の私見であるが，福岡高裁の判決が延びていることをいいことに，審査庁の人事異動を見越してまた振り出しに戻そうと考えているとの疑いを持つ．鑑定書の内容を見せて欲しいということについても，見せてしまえば別の熊本派の先生にこれはおかしいと言わせて新たな問題を引き起こすような気がする．見せるべきではないし，見せる必要もないと考える．

次までに県用の想定を作ってあらかじめ投げておき，それからはもう裁決時期について議論を行うという方針を提案する．ただし，個人的意見では，県審査課の幹部は「何がなんでも取り消しを阻止したい」という考えで固まっており，これは殆ど狂信的感情論のようにも見え，論理的議論が通ずる状態ではない．交渉当事者としての能力を失っていると考えるので，一切の交渉を断って裁決を進めるという選択も考えるべきである．

報告者(氏名)

162　Y例について　1994.7

Y例について

整理番号　461	審査請求人(Y妻)(被処分者Y)
処分庁	熊本県
原処分年月日	昭和54年8月30日
審査請求年月日	昭和54年10月23日
代理人	(氏名)ら

(患者連合の分派)[1]

1　被処分者の概要

(職歴，居住歴)

大正11年9月21日水俣市(地名)にて出生

昭和20年チッソに入社，昭和22年から水俣市(地名)に居住

昭和52年研磨業に従事し，(地名)に居住

昭和53年(地名)に居住

昭和55年1月28日順天堂病院にて死亡

(症状)

昭和32, 33年から，手足の痺れ，震えがあった．

昭和37年，硫酸工場で意識を失って倒れ，市立病院にかつぎ込まれた．倒れてから，手足の痺れ，震えがひどくなった．

昭和37, 38年ころから，目が見えにくかった．横が見えなかった．

昭和38年ころ，服のボタンがうまくかけられなかった．つまずき易かった．言葉がもつれた．

昭和42, 43年ころ，動作が緩慢で，ヨタヨタして敏捷性はなかった．屋根から落ち，肋骨を3本折った．

昭和46年ころ，急にしゃべれなくなった．

昭和52年，トイレで眩暈がして気分が悪くなり10分間位意識消失した．

昭和54年，片麻痺が出て歩行困難になり，杖をついて歩くようになった．

2　行政不服審査経緯概要

(昭和54年8月30日	原処分)
昭和54年10月23日	行政不服審査請求
昭和55年1月28日	死亡
昭和55年4月1日	審査請求人地位承継届出(妻，Y)
昭和55年11月1日	弁明書提出
昭和56年4月4日	反論書提出延期願い提出 以下61年まで計12回の延期願い
昭和61年9月10日	現地審尋
昭和61年10月31日	反論書提出(診断書，病理診断書，文献)[2]
平成3年1月21日	鑑定依頼(東北大(氏名)教授，新潟大(氏名)教授)
平成3年4月19日	専門家意見聴取(国立予研(氏名)室長)
平成4年1月13日	鑑定依頼(京都脳神経研究所(氏名)所長)
平成5年 3月30日	物件提出要求
平成5年 5月24日	物件提出
平成6年 7月19日	口頭意見陳述

3　被処分者の臨床所見

以下の表のとおり，症候組合せに合致しない．

	第三次検診（昭和47年）	認定検診（昭和51〜54年）	判断
感覚障害	正常	正常	×
運動失調	ジアドコ(3) 右± 膝叩き ±	正常	×
平衡機能障害	つぎ足 ±	つぎ足 ± OKP 抑制	○
求心性視野狭窄	正常	正常	×
中枢性眼科障害	SPM 右行き ±	SPM 右行き ＋	×
中枢性耳科障害	未実施	正常	×
その他		構音障害 ±	

4 病理所見概要

		診 断	剖検所見の形成時期
新潟大 (氏名) 教授	鑑定	有機水銀中毒症 急性視床出血 多発性新旧梗塞 脊髄２次変性	処分前の所見有り
東北大 (氏名) 教授	鑑定	急性脳出血 急性○(ママ)慢性脳虚血 急性多巣性脳梗塞 脊髄２次変性	処分前の所見有り
京都脳神経 研究所 (氏名) 所長	鑑定	多発性脳梗塞 （新鮮及び陳旧性） 脳室内出血 有機水銀中毒症 両側錐体路の２次性索変性	
国立予研 (氏名) 室長	専門家 意見 聴取	脳出血（左視床新鮮大出血） 脳梗塞（新鮮及び多発性陳旧性）	

5 Ｙ例の取り扱いに関する最終案

○鑑定結果を採用し，取消しとする．

○原処分時以降に明らかになった事実を採用することについては，狭義の原処分時主義を堅持しつつ，あくまでこれは例外的な措置だと強弁する．処分後すぐの剖検であるため，処分以前の所見が推定できるものであり，再審査請求がなされていないものは，本不服審査以外に行政における救済措置がないための例外的な措置という．

○裁決は，福岡高裁の判決後に行う．

(1)「独立派」と書込み．

(2)「S62 専門家意見聴取（氏名，氏名）」と一行挿入．

(3) ジアドコキネーシスの略．

163 Ｙ例について＊ 1994.8

Ｙ例について

審査請求人　（Ｙ妻）（被処分者Ｙ）

処分庁　熊本県

原処分年月日　昭和54年8月30日

審査請求年月日　昭和54年10月23日

代理人　（氏名）ら（患者連合の分派）

1 被処分者の概要

（職歴，居住歴）

大正11年9月21日水俣市（地名）にて出生

昭和20年チッソに入社，昭和22年から（地名）に居住

昭和52年研磨業に従事し，（地名）に居住

昭和53年（地名）に居住

昭和55年1月28日順天堂病院にて死亡

（症状）

昭和32年ころから，手足の痺れ，震えがあった．

昭和37年，硫酸工場で意識を失って倒れ，市立病院にかつぎ込まれた．倒れてから，手足の痺れ，震えがひどくなった．

昭和37年ころから，目が見えにくくなった．横が見えなくなった．

昭和38年ころから，服のボタンがうまくかけられなかった．つまずきやすくなった．言葉がもつれた．

昭和42年ころから，動作が緩慢で，ヨタヨタして敏捷性はなかった．屋根から落ちて，肋骨を３本折った．

昭和46年ころから，急にしゃべれなくなった．

昭和52年，トイレでめまいがして気分が悪くなり，10分間くらい意識を消失した．

昭和54年，片麻痺が出て歩行困難になり，杖をついて歩くようになった．

2 行政不服審査経緯概要

（昭和54年8月30日　[1] 原処分）

昭和54年10月23日　行政不服審査請求

昭和55年1月28日　死亡，順天堂大学（氏名）助教授により解剖，※1

昭和55年4月1日　審査請求人地位承継届出（妻，Ｙ妻）

昭和55年11月1日　弁明書提出

昭和56年4月4日　反論書提出延期願い提出
以下61年まで計12回の延期願い

昭和61年9月10日　現地審尋

昭和61年10月31日　反論書提出（診断書，病理診断書，文献※2）
（順天堂大学（氏名）助教授に標本提出依頼）

平成3年1月21日　鑑定依頼[2]（東北大（氏名）教授[3]，新潟大（氏名）教授[4]）

平成4年1月13日　鑑定依頼（京都脳神経研究所（氏名）所長[5]）

平成5年3月30日　物件提出要求

平成5年5月24日　物件提出

平成6年7月19日　口頭意見陳述

※1 生前に，被処分者は，被処分者の掘り起こし検診を担当した順天堂大学（氏名）助教授に解剖を依頼していた．

※2　昭和55年度環境庁公害防止等調査研究委託費による報告書(水俣病に関する総合的研究)に，順天堂大学(氏名)助教授によるY例の剖検結果が報告されている．

3　被処分者[6]の臨床所見

以下の表のとおり，症候組合せに合致しない．

＜略＞[7]

4　鑑定結果の概要

	有機水銀中毒の所見
新潟大(氏名)教授	ある
東北大(氏名)教授	ない
京都脳神経 研究所(氏名)所長	ある

(1)「熊本県知事により棄却」と注記

(2)「審査委員会委員外を□□」と書込み．

(3)「水俣病×」

(4)「水俣病◯」

(5)「大御所　水俣病◯」

(6)「(県)」と挿入

(7) 162の表1に同じ．

＊前文書162の修正．一頁目上の余白に以下のような書込み．

「11/18（庁） 11:00:13:00　審査室　(氏名)（氏名）

8年7月部内検討結果　取消裁決やむなしの方針」続いて「被処分者(Y)」に矢印で「8年7月チッソへ一時金申請(県判定委員会) 12/2　予定　熊日(男性記者)，NHKが察知」と書込み．

164　461(Y)　1994

461(Y)

資料1　審査の経緯

※　被処分者の年齢について

(大正11年9月21日生)

認定申請時：52歳

原処分時　：56歳

審査請求時：57歳

死亡時　　：57歳

昭和47年12月16日　水俣周辺地区住民健康調査の第三次検診を受診・内科

昭和49年1月23日　水俣周辺地区住民健康調査の第三次検診を受診・眼科

3月17日　申請時診断書作成

3月22日　水俣周辺地区住民健康調査の第三次検診を受診・眼科

3月23日　水俣病認定申請

昭和51年9月2日　検診(X線検査(頸椎，腰椎))

同日　検診(臨床検査(尿，血清))

昭和52年6月8日　疫学調査

昭和53年2月4日　検診(内科)

2月15日　検診(精神科)

昭和54年5月14日　検診(耳鼻科)

5月15日　検診(耳鼻科)

5月16日　検診(眼科)

5月17日　検診(眼科)

8月23～24日　第71回水俣病認定審査会

8月30日　原処分

同年10月23日　原処分について請求人側から行政不服審査請求

11月20日　弁明書提出要求

昭和55年1月28日　請求人が死亡

同日　剖検

11月1日　弁明書

昭和61年9月10日　現地審尋

10月31日　反論書

※順天堂大学病理診断報告書，(氏名)論文2通添付

平成3年1月21日　鑑定依頼

・新潟大学(氏名)教授

・東北大学(氏名)教授

2月22日　鑑定報告書

・(氏名)教授

4月19日　病理標本について専門家意見依頼

・国立予防衛生研究所(氏名)安全発熱室長

同日　鑑定について照会

・病理所見の形成時期が棄却処分時より前か後かについて

5月2日　鑑定報告書

・(氏名)教授

平成4年1月13日　鑑定依頼

・京都脳神経研究所(氏名)所長

2月3日　鑑定報告書

・(氏名)所長

平成5年3月30日　物件提出要求

平成5年5月24日　物件提出

〔資料2〕[1]

資料3　生活歴，職業歴について

出典：反論書(61.10.31)，現地審尋(61.9.10)，疫学調査記録(52.6.8)

被処分者について

氏名：(Y)
生年月日：大正11年9月21日
　昭和55年1月28日死亡(当時57歳)
出生地：熊本県(住所)

1　生活歴，職業歴

大正11年　出生
　両親は石屋
昭和12年頃　小学校卒業(校名)小学校
　～(工場名)勤務
昭和17年～参戦
　(地名)，(地名)
昭和20年　復員
　～チッソ入社
　旋盤工
昭和22年　結婚
　～(住所)
昭和25年～　チッソ硫酸工場に勤務
昭和43年　3カ月間(勤務先)にて研修
昭和44年　(会社名)に入社
昭和46年　チッソ保安係となる
昭和52年　退職
昭和53年～　神奈川県(住所)
　研磨業
昭和54年　入院(病院名)11月28日～12月5日
昭和55年　1月4日に倒れ，近医に入院(病院名)
　1月7日，順天堂病院に転院
　1月28日，死亡

2　魚介類喫食状況

(1) 昭和24年から35～36年頃まで，自分で舟を持ち，(地名)，(地名)，(地名)で一本釣りをした．
(2) 昭和36年から41年頃まで，隣家で漁業をしている妻の実家から魚をもらって食べた．
(3) 昭和41年からは行商人から買って食べた．
(4) タチを主に釣っていたが，アジ，ガラカブ，ハコブ，タコ等も釣った．
(5) 自分で市場に出すほど釣った．
(6) 生が好きでよく刺身にした．
(7) タコが好きであった．頭のミソも全部食べた．
(8) 毎日3度食事は魚であった．
(9) 月のうち半分は貝であった．

3　家族の認定状況(現地審尋には記載なし．疫学調査記録より)

家族内の申請者なし．
家庭内，親類，近隣の認定者なし．

461(Y)　資料4　自覚症状(資料：反論書(61.10.31)，現地審尋記録(61.9.10)，疫学調査記録(52.6.8)

時期	現地審尋	反論書	疫学調査
昭和32，33年頃～	手足のしびれ，ふるえがあった．	体の異常に気がついた．主として手足のしびれ，ふるえが起こった．	
昭和37年頃	硫酸工場で意識を失って倒れ，市立病院へ担ぎ込まれた。以後半年ほど自宅療養をした。倒れてから手足のしびれ，ふるえがひどくなった．	工場で勤務中に倒れ，それ以降症状が悪化していった．家で3回，外で1回ほど倒れた．	
昭和37，8年頃～	目が見えにくかった．横が見えず，単車の運転ができなかった．(名称) 眼科で申請を勧められた．よだれが出た．	長くて切れないよだれを流し始めた．一時目が見えなくなり，自動二輪の運転を止めた．眼科 ((名称) 眼科) に通い出した．(名称) 眼科で申請を勧められたが，チッソに勤務していることもあって断った．	
昭和38年頃～	服のボタンがかけられなかった．つまづき易かった．頭がボーッとした．物忘れしやすかった．言葉がもつれた．		
昭和42年	軽免許から普通免許に何とか切り替えられた．しかし，自分で運転はしなかった．		
昭和42，3年頃～	動作が緩慢でヨタヨタした．はしごがちゃんとなっているかどうか分からずにのぼって屋根から落ち，肋骨を3本折った．		
昭和44年頃	(社名) で2回倒れた．	(社名) に勤めだしてから，体がきついとさかんにもらしていた．	
昭和45，6年頃	チッソの保安係になる前後から足がうまくいかなかった．ヨタヨタしていた．		寄り合いでトイレで意識を消失して倒れ，市立病院に担ぎこまれた．その後は自宅療養．回復後はどうもなし．このころから舌がもつれ，つまづきやすい，ボタンかけに時間がかかる，頭がボーッとなり，自分が自分でなくなるようになった．物忘れしやすく，記憶力が低下した．
昭和46年頃	急に口が戻らなくなって喋れなくなり，救急車で(名称) 病院へ運ばれた．徐々に回復したが，言葉がスムーズに出なかった．	保安係に配属されたころには，言葉がもつれ，はっきりしなくなり，手足のしびれがひどくなり，よくつまづくようになった．熊本県が昭和46年に水俣湾周辺地区に対して行った健康調査で第三次検診まで受けている．検診を一緒に受けに行った人が (Y) の歩き方がおかしかったために腹を抱えて笑ったという．	

昭和46，47年	働いていて急に口がかなわなくなり，救急車で(名称) 病院を受診．しばらく安静にしていたらよくなった．		
昭和47年頃	第三次検診のとき，本人の歩き方がおかしかったので隣人が腹をつかんで笑った．		
昭和48年頃	就業中倒れて入院することもあった．		
昭和52年頃	トイレで気分が悪くなって10分位意識消失した．自宅のトイレで3回位倒れた．自転車に乗れなかった．		5月頃トイレにたって眩暈がし，10分位意識を消失した．回復後はどうということもなかった．症状は年々悪化している．口がもつれて思うように喋れないのが苦痛であった．
昭和53年	(地名) に移ったときは口のもつれがひどくなってほとんど喋らなかった。研磨の仕事も外回りは止めた．	上京後は，歩行障害，言語障害，手足のしびれなどがより一層顕著になっていった．	
昭和54年	しびれがひどく手足が思うように動かなかった．寝ていて横のものがとれないほど視野が狭かった．7月、片麻痺が出て歩行困難になり，杖をついて歩くようになった．11月28日 (名称) 病院 ((地名)) に入院した．		
原処分以降	昭和55年1月4日新年の集まりで倒れた．(名称) 病院で2～3日手当を受け，1月7日順天堂大学病院に転院した．1月28日死亡．	1月28日，脳血管障害に脳出血を併発して死亡した．	

461(Y)

資料5　症候の組み合わせ

症候	第三次検診 内科 (47.12.16) 眼科 (49.1.23及び49.3.22)	第71回審査会 内科，精神科，耳鼻科，眼科	審査庁判断	症候組み合わせ	総合判断
感覚障害	表在感覚障害なし (振動覚下腿6秒4秒)	表在感覚障害なし (振動覚12秒～14秒)	第三次検診で下腿の振動覚低下がみられるものの，2回の検診を通じて表在感覚の障害はみられず，水俣病にみられる感覚障害は認められない．	×	
運動失調	ジアドコ:右±，左－ すね叩き試験右± (「ジアドコs-t±，atxsic(ママ)でない」との所見) 指鼻試験:(－)	ジアドコ:異常なし 指鼻試験:異常なし	第三次検診においてはジアドコキネーシス及びすね叩き試験が右側に疑われたもののataxicでないとの所見があり，53.2.4の検診では異常が認められないことから，運動失調は認められない。	×	
平衡機能障害	耳科:実施せず 神経科:継足歩行障害±	耳科:OKP　H,V抑制 神経科:継足歩行障害±	耳科においてはOKPの抑制がみられ，神経内科においても継足歩行障害が疑われることから，平衡機能障害が認められる．	○	
求心性視野狭窄	V4 (－)	V4 (－) I4 (－)	なし	×	
中枢性障害 (眼科)	SPM± (右行のみ)	SPM＋ (右行のみ)	SPM右行の障害がみられ，中枢性眼球運動障害が認められる．	○	
中枢性障害 (耳科)	検査せず	正常範囲 TTS (－) speech正	中枢性聴力障害は認められない．	×	
その他の症候	視野沈下:(V4以外実施せず) 振戦:異常所見なし 筋力低下:異常所見なし 言語障害:(－) 味覚障害: 嗅覚障害: 精神障害:(神経内科所見) dementia, character, emotional lability (脳波) Basic:8-9Hzの波 (α波混入多し) spike (－) sleep pattern (＋) 判定 abnomal minor 筋トーヌス　正	視野沈下:なし 振戦:なし 筋力低下:なし 言語障害:dysarthria (±) 味覚障害: 嗅覚障害: 精神障害:(神経内科) 筋トーヌス上肢　硬＋痺－ 下肢　硬＋痺 (マイプラ) 記銘，計算 (↓) 情動失禁 (＋＋)	精神障害有り．軽度の言語障害．	○	
備考	過去の既往に頻回なる失神発作 (眼球の気質変化) KW Ⅱb 下肢ケン反射　コウ進	HT (眼科) 両眼老視，右眼近視性老視 両眼白内障，右眼翼状片及び陳旧性ブドウ膜炎 osteoporosis	脳の器質的変化が疑われる．		

(1) 資料2は不明．

165 鑑定について 1994

鑑定について

1 鑑定とは

(行政不服審査法第27条)

審査庁は，審査請求人若しくは参加人の申立てにより又は職権で，適当と認める者に，参考人としてその知っている事実を陳述させ，又は鑑定を求めることができる．

鑑定とは,「特別の学識経験者によってのみ知り得る法則についての供述，あるいは，事実にこの法則を当てはめて得た結論の供述」(行政不服審査法の解説)であり，鑑定人とは，「自己の学識経験を基として事物の性状や因果の法則に関する知見を述べる第三者」である．

2 当室の鑑定に係る基本的考え方

(1) 鑑定を行うかどうかについては，審査庁の裁量によるものとする．

(2) 審査庁の裁量における原則は以下のとおりである．

・鑑定を行う資料の採用は原則的に処分時主義に基づくものとする．

従って，再審査の認定検討会等で検討を行っている資料については，鑑定を行わない．

(3) 以上のような考え方に従って審査を進めている．

3 当室における鑑定の状況について

(1) 特殊疾病審査室においては，過去，鑑定要求申立若しくは職権により必要と認められる場合に鑑定を行ってきた．

(2) これまでに5例(うち，3例は再申請で病理認定，残り2例は，再申請で病理棄却)について，審査請求人または代理人からその解剖所見を証拠採用すること，または鑑定に出すことを求められ，上記の原則に基づき拒否している．

(3) 原処分後5カ月で死亡し，剖検されているが再申請されていない事例について，その剖検資料が処分時の事情を明らかにする可能性があるため，職権で鑑定を行った．

4 Y例における鑑定結果について

Y例について，以下のような鑑定結果を得られた．

(1) 有機水銀中毒の所見がみられること．

(2) 病理所見にみられる病変が原処分時以前に形成されたものであると判断できるものであること．

この鑑定結果から，Y例の剖検資料が処分時の事情を明らかにする間接事実であることが確認されたため，証拠として採用することとなった．

〔添付〕 (Y)例について<略>[1]

(1) 163

166 原処分後の事実の採用について 1994

原処分後の事実の採用について

<違法判断の基準時について>

最高裁昭和27年1月25日第二小法廷判決における「裁判所が行政処分を取り消すのは，行政処分が違法であることを確認してその効力を失わせるのであって，弁論終結時において，裁判所が行政庁の立場に立って，いかなる処分が正当であるかを判断するのではない.」とする判例により，行政処分の取消訴訟においては，法状態および事実状態の双方について，処分時を基準とすることが，判例上ほぼ確立されている．

しかし，この判例の採用する処分時主義の具体的な適用にあたっては，最高裁昭和35年12月20日第三小法廷判決で示された，処分時の事情を認定するため，処分後の事実を間接事実として裁判上採用することは，処分時主義に反しないとする判例等を考慮しなくてはならない．

<昭和35年12月20日最高裁判決について>

－商標登録無効審判抗告審判審決取消事件－

【上告人】被告 合資会社大石天狗堂本店(以下,「A社」という.)

【被上告人】原告 任天堂骨牌株式会社(以下,「B社」という.)

【第1審】東京高等裁判所

－事件概要－

○A社は，昭和25年5月30日に，鞠，碁，押絵，将棋，骨牌，野球具等を指定商品として,「アブラハムリンカーン大統領等々」と書かれたものを商標登録された．

○B社は，A社の登録された商標は，B社の昭和6年1月7日に骨牌一切，押絵玩具等を指定商品として登録された商標(「大統領」の文字で構成されている商標)と類似し，指定商品が抵触するので，昭和28年11月9日に，無効とすべきであるとの審判を特許庁に請求した．しかし，昭和29年4月15日に棄却されたので，さらに，昭和29年5月28日に抗告審判の請求を行ったが，昭和31年6月5日に棄却された．

○B社は，昭和31年8月25日に特許庁の審決に対する取消訴訟を起こした．

○東京高等裁判所は，特許庁抗告審判の審決当時においては不存在であった事実※1)を採用して,「(B社の)登録商標は単に「大統領」の呼称を以て指誦され，表示されていることを認めることができる」と判断し，また，特許庁における審判，抗告審判においては全く主張されなかった事実※2)を採用して,「原告会社(A社)は，わが国における花札，骨牌等の総製造高の約60%を占める製造販売会社であってその製造販売にかかる花札「大統領」は，同会社の製品のうち最も良質な代表的商品であり，業界及び世間においても最も有名で信用ある商品として広く知られていることを認めることができる」と判断し，特許庁の審決を違法として，特許庁の審決を取り消した．

○A社は，原判決は審決の違法性判断の時点を誤り，ひいて審決後に生じた新たな証拠をもって審決の違法を判断しており違法であるとして，最高裁に対して上告した．

○最高裁においては，審決後の事実であっても，違反の有無判断の資料となり得るものは，これを判断の資料として採用できないものではなく，これらの証拠によって審決後において，混同誤認のおそれがあると認められる以上，特段の事情がない限り，本件商標出願登録当時においても，出願商標が法２条１項９号に該当していたものと推定でき，原判決がこれらの証拠に基づいて事実を認定し審決を違法としたからといって違法ということはできないとして，上告を棄却した．

※1)　不存在であった事実とは，
　東京高等裁判所に訴訟を起こした後に，作成された仕切り書，納品書，領収書，値段表にＢ社の登録商標のレッテルを使用した商品花札が単に「大統領」として記載され，表示されていた事実

※2)　特許庁における審判及び抗告審判において主張されなかった事実とは，
　特許審判・抗告審判においては引用商標「大統領」は，商品「骨牌」について周知を主張し，花札について使用された旨の主張を全くなしていなかったものである．

－最高裁における判示事項と判決要旨－

(判示事項)

1　商標登録無効審判抗告審判の審決後の事実を右審決に対する訴訟の裁判で判断の資料とすることの当否

2　商標法による審決に対する訴訟で審判に際して主張されなかった新たな事実の主張の当否

3　商標法(旧)第２条第１項第９号と第11号との関係

(判決要旨)

1　商標無効審判抗告審判の審決後の事実であっても，商標の無効かどうかの判断の資料になり得るものは，審決に対する訴訟の裁判で判断の資料にならないものではない．

2　商標法による審決に対する訴訟で，当事者は審判における争点について，審判に際し主張しなかった新たな事実を主張することができる．

3　商標法(昭和34年４月法律第127号による改正前)第２条第１項の第９号と第11号とは排他的に解しなければならないことはない．

＜水俣病認定申請棄却処分に係る行政不服審査における類似の事件についての考察＞

－事件の概要－

審査請求人　X(被処分者Y)
処分庁　　　K県
原処分年月日　　昭和54年８月30日
審査請求年月日　昭和54年10月23日

○昭和49年３月23日，Yは，K県に対して水俣病認定申請を行い，昭和54年８月30日棄却された．

○昭和54年10月23日，Yは，環境庁へK県から水俣病認定申請を棄却されたことについて行政不服審査請求を行った．

○昭和55年１月28日，Yは死亡．順天堂大学にて剖検された．

○昭和55年４月１日，Xから審査請求人地位承継届出がなされた．

○昭和61年10月31日，Xは提出した反論書により，昭和55年１月28日に行われた剖検により，Yが水俣病と診断されていると主張した．

○環境庁は水俣病に係る病理専門家(計３名)に対し剖検資料の鑑定を依頼し，２名から，Yの剖検資料には有機水銀中毒の所見があるという回答を，１名から有機水銀中毒の所見がないという回答を得た．

－本事件と商標登録無効審判抗告審判審決取消請求事件(最高裁第三小法廷昭和35年12月20日判決)との類似点－

1　水俣病認定申請棄却処分に対する行政不服審査は，商標登録無効審判の抗告審判と同じく，事実の有無について争うものであること．

2　Yが剖検資料により水俣病であると診断された事案は，「『大統領』なる文字商標が商品花札について永年使用されて来て著名となっているということ」又「この文字商標が著名であること」を証明する事実と同様に，問題となった提起された処分後に明らかになった事実であること．

3　Yの剖検資料は，商標登録無効審判抗告審判審決取消請求事件で原判決において採用された事実と同様に，専門家により原処分時には形成されていたと推定できるものであると証言されたものであること．

－考察－

　Xによる水俣病認定申請棄却処分に係る行政不服審査請求事件は，水俣病の有無を争う事実審についての行政不服審査であり，また，原処分後に生じた事実であるが，原処分時当時の状態を推定しうる資料が存在する．

　以上により，昭和35年12月20日最高裁第三小法廷判決の判例に基づいて原処分後に得られた剖検資料の鑑定結果(有機水銀中毒の所見有りという結論)を採用し，原処分を違法としこれを取り消すことが適当であると考える．なお，これは，処分時主義に反するものではないと考える．

167　Y例について*　　1994.8

Y例について

整理番号　461　　審査請求人(Ｙ妻)(被処分者 Ｙ)
処分庁　　熊本県
原処分年月日　　昭和 54 年 8 月 30 日
審査請求年月日　　昭和 54 年 10 月 23 日
代理人　　(氏名)
(患者連合の分派)

1　被処分者の概要
＜略＞[1]

2　行政不服審査経緯概要
＜略＞[2]

3　被処分者の臨床所見
＜略＞[3]

4　病理所見概要
＜略＞[4]

5　Ｙ例の取り扱いに関する最終案
○Ｙ例については，処分時主義に基づいて，鑑定結果を採用し取り消す.
○裁決に時期については，未定.

〔添付文書〕
病理所見概要
＜略＞[5]
病理所見概要
＜略＞[6]
病理所見概要
＜略＞[7]
意見書
＜略＞[8]

資料 1　経緯について

No.461(Ｙ)(大正 11 年 9 月 21 日生)(代理人は(氏名)派)
47.12.16　内科(第三次検診)
49.01.23　眼科(第三次検診)
03.17　認定申請時診断書(診断名：水俣病の疑い，診断医：(氏名)
03.22　眼科(第三次検診)
03.23　認定申請
51.09.02　Ｘ線検査.(頸椎，腰椎)及び臨床検査(尿．血清)
52.06.08　疫学調査
53.02.04　内科
02.15　精神科
54.05.14　耳鼻科
05.15　耳鼻科
05.16　眼科
05.17　眼科
08.23 及び 08.24　第 71 回審査会「棄却」
08.30　原処分
10.23　審査請求
11.20　当初弁明要求
55.01.28　死亡
04.01　地位承継届け
11.01　当初弁明書
12.04　当初弁明書の送付及び反論書提出要求
56.04.04　反論書提出期限延期願い(1 回目)
07.01　反論書提出期限延期願い(2 回目)
57.02.22　反論書提出期限延期願い(3 回目)
06.28　反論書提出期限延期願い(4 回目)
10.26　反論書提出期限延期願い(5 回目)
58.04.23　反論書提出期限延期願い(6 回目)
10.24　反論書提出期限延期願い(7 回目)
59.04.24　反論書提出期限延期願い(8 回目)
09.27　反論書提出期限延期願い(9 回目)
60.04.24　反論書提出期限延期願い(10 回目)
10.21　反論書提出期限延期願い(11 回目)
61.04.26　反論書提出期限延期願い(12 回目)
09.10　現地審尋
10.31　当初反論書
11.05　当初反論書の送付
03.01.21　鑑定依頼
03.04.25　鑑定人から鑑定結果の送付
04.01.13　第 3 の鑑定依頼
04.02.13　第 3 の鑑定結果

資料 2　弁明書及び反論書の概要について

弁明書(処分庁)	反論書(請求人)
精神医学所見には特記すべき事項なし. 神経学的には，47.12軽度のジスジアドコキネーシス，脛叩き試験障害及びつぎ足歩行障害が認められたが運動失調は明確でなく，感覚障害もないと判断された．53.2.4の所見では，軽度構音障害，上下肢の筋硬直，軽度のつぎ足歩行障害，腱反射の亢進などが認められたが，感覚障害はなかった．2.15の所見では，構音障害，極めて軽度の共同運動障害が認められたが有意の四肢感覚障害は認められなかった．神経眼科的には，2回の検診を通して視野に異常所見は認められなかったが，眼球運動においては右行きのみに滑動性追従運動障害がみられたが有意とはいえなかった．神経耳科学的には，視運動性眼振検査(OKP)において抑制が見られたが聴覚疲労(TTS)，語音聴力とも異常所見は見られなかった. 検診所見及び疫学等を考慮して総合的に判断した結果，有機水銀による影響は認めがたく，原処分は正当である.	剖検に関わる資料が整備されたのを機に反論書を提出することにした旨の記載がある．弁明書に対する反論はしない. 1　経歴の概略(長男による) (Y)の職業歴，魚介類の摂取歴，現病歴の概要 2　生活歴・病歴 摂取状況(資料3)，職業歴(資料3)，病歴(資料4) 3　診断書((名称)病院の入院記録) 4　病理診断報告書(資料6) 順天堂大学(所属)(氏名) 5　水俣病に関する総合的研究報告書(昭和54・55年度)(Y)に関する記載のある部分

資料３　生活歴・職業歴等

１　生活歴

大正 11.9.21　水俣市 (地名) にて出生

昭和 20 年　チッソに入社

22 年　結婚し，(地名) に居住

52 年　研磨業に従事，埼玉県に居住

53 年　(地名) に居住

２　魚介類喫食状況

昭和 24 年～ 35 年　仕事の合間に一本釣り.

41 年ころまで妻の実家から貰った.

41 年以降行商人から買って食した.

48 年までカキ，ビナを採っていた.

３　家族の状況

家族内申請者，認定者はいない.

資料４　請求人の自覚症状

時期 (年)	現地審尋	審査会資料	反論書	判断
32-33 から	手足の痺れ，震え.		手足の痺れ，震え.	感覚障害?
37	硫酸工場で意識を失って倒れ，市立病院にかつぎ込まれた. 倒れてから，手足の痺れ，震えがひどくなった.		工場で勤務中に倒れた.	感覚障害?
37-38 から	目が見えにくい. 横が見えない. 一時単車の運転が出来なかった. よだれが出る.		目が見えにくい. よだれが出る.	中枢性眼科障害?
38	服のボタンがうまくかけられない. つまずき易い. 頭がボーッとする. 物忘れしやすい. 言葉がもつれる.	意識消失，舌がもつれる. ボタンがかけにくい. 頭がボーッとする. 物忘れ，記憶力低下. つまずきやすい.		運動失調?
42-43	動作が緩慢，ヨタヨタして敏捷性はなかった. 屋根から落ち，肋骨を3本折った.			運動失調?
44	(名称) 合坂で2回倒れた.			?
45-46	足がヨタヨタしていた.			運動失調?
46	急に喋られなくなった.	働いていて，口がきけなくなった. しばらく安静にしていたらよくなった.	言葉のもつれ，手足の痺れがひどくなり，つまずくようになった. 就業中倒れて入院することがあった.	構音障害?
52	トイレで眩暈がして気分が悪くなって10分間位意識消失した. 自宅のトイレで3回倒れた.	トイレに立って，眩暈がし，気分が悪くなり，意識消失 (10分位)		平衡機能障害?
53			上京後，歩行障害，言語障害，手足の痺れ等が，一層顕著になった.	運動失調，構音障害，感覚障害?

資料５　症候の組み合わせ (昭和 52 年部長通知による)

症候	症候	判断	症候組合せ	総合判断
感覚障害	(47.12.16) 三次 なし (53. 2. 4) 内科 なし	正常	×	×
運動失調	(47.12.16) 三次 ジアドコキネーシス 右± 左－，脛叩き試験 ± (53. 2. 4) 内科 なし	正常	×	
平衡機能障害	(47.12.16) 三次 つぎ足歩行 ± (53. 2. 4) つぎ足歩行 ± (54. 5.15) 耳科 OKP HV抑制	定型的	○	
求心性視野狭窄	(49. 1.23) 三次 なし (54. 5.16) なし	正常	×	
中枢性眼科障害	(49. 1.23) 三次 SPM 右行きのみ ± (54. 5.16) SPM 右行きのみ ＋	定型的	○	
中枢性耳科障害	(54. 5.15) なし	正常	×	
その他の水俣病に見られる所見	(53. 2.15) 心身故障の訴え，情意障害，失神 ＋ 知的機能障害 ＋，構音障害 ±	疑われる	△	
その他の所見	(51. 9. 2) 頚椎，腰椎にosteoporosis			

資料６　鑑定及び専門家意見の結果

	診断	根拠
(氏名)	有機水銀中毒症 急性視床出血 多発性新旧梗塞 脊髄二次変性	剖検例における有機水銀中毒症としての確かな特異性は，中心前回，中心後回，鳥距野等に他の部に比較して多少とも強調される神経細胞脱落やアストロサイトーシス等を認めることであり，本例には疑う余地のない局在性が認められた. 循環障害も認められるが，老化に伴う変化は指摘できず，この特異な局在性を示す病変は有機水銀中毒症以外考えようがない.
(氏名)	急性脳出血 急性瀰漫性脳虚血 急性多巣性脳梗塞 陳旧性多巣性脳梗塞 脊髄二次変性	有機水銀中毒に特有な慢性病変の分布が認められず，本症例の病変は，新旧の脳循環障害の結果と推測される. しかし，大脳皮質に広範にみられる軽度な神経細胞の慢性変性の成因への有機水銀の関与を完全に否定することはできない.
(氏名)	多発性脳梗塞 (新鮮及び陳旧性) 脳室内出血 有機水銀中毒症 両側錐体路の二次性索変性	広範な動脈硬化症とそれによる梗塞病層が大脳，小脳，延髄，脾などに見られ，さらに二次的に末梢側にワレル変性を伴っている. これらの所見とは別に大脳後頭葉視覚領野，小脳皮質の神経細胞の変性とその部の瘢痕形成があり，ここに水銀の沈着が組織学的に証明されることは前述の動脈硬化症とは別に独立した病変と考えられ，有機水銀中毒の所見と見做しうる.
(氏名)	脳出血 (左視床新鮮大出血) 脳梗塞 (新鮮及び多発性陳旧性)	①慢性水俣病に類似するグリオーシスがみられるが，大脳皮質内及び髄質内に広範性に虚血性病変があり，必ずしも水俣病に特徴的な選択的障害といえない. ②小脳に尖頭瘢痕形成類似所見が在(ママ)が，分子層のグリア細胞に乏しく，

		プルキンエ細胞配列不整は認めない． ③末梢神経病変は知覚神経よりも運動神経により強い． ④水銀組織化学反応で大脳，小脳に無機水銀が証明されなかった．
参考 （氏名） （順天堂）	慢性有機水銀中毒症 脳出血（左視床出血）	①後頭葉，鳥距野，前頭葉の上前頭回，前・後中心回に選択的に神経細胞の脱落と星状膠細胞が増加．鳥距野に小梗塞が散在．新鮮，限局性変化で，鳥距野皮質の神経細胞の変化が原因とは考え難い． ②小脳顆粒細胞の間引き脱落があり，星状膠細胞が増加． ③脊髄後根では前根に比して脊髄神経線維の減少 ④腓腹神経では高度の有髄線維の変性，脱落とシュワン細胞，結合織増加

資料７　鑑定及び専門家意見の部位別所見

部位	（氏名）鑑定	（氏名）鑑定	（氏名）鑑定	（氏名）鑑定（専門家意見）
大脳	中心前回と中心後回さらに鳥距野においては，他の部に比較して明らかに強い神経細胞脱落があり，そこでは反応性アストロサイトの増多が明瞭に認められる． 新旧の循環障害による病巣，即ち脳梗塞が基底核，視床並びに新鮮なものは右後頭葉外側，さらに顕微鏡レベルの微小なものが白質内を含めて散在性に認められる．しかし特にくも膜下腔の血管壁の肥厚は著しくない．左視床の新鮮脳内出血．大脳皮質に老化に伴う形態的変化は特に認められない．	左視床外側核，左内包後脚から左被殻の相当する部位に形成された血腫． びまん性にみられる神経細胞の急性虚血性変化． 皮質，白質に散在する急性梗塞巣． 視床，脳幹部に散在する，一部空洞化した古い梗塞巣． 大脳皮質に広汎にみられる軽度な慢性の神経細胞の萎縮変性と脱落．	後頭葉神経細胞の減少，消失．ゲンナリ線消失． 新鮮及び陳旧性多発性梗塞及び脳実質破綻による脳室内への出血．	鳥距野を含む大脳皮質広範囲に亘って，限局性血行障害性病変が多発性に見られる他，髄質内にも存在する．グリア細胞増加が著明であるが，反復性血行不全によるものを考慮する必要がある． 視床後部を通る大脳半球前頭断，大切片の水銀組織化学反応で陰性．
小脳	明らかに顆粒細胞の間引き状脱落がびまん性に認められ，そこではグリア細胞の反応がみられる．それは小葉の頂部でも強い．プルキンエ細胞の脱落も顆粒細胞脱落と同じ機序によると思われる． 微細な散在性脳梗塞があり，それは循環障害によると思われる．	びまん性にみられる神経細胞の急性虚血性変化． 皮質，白質に散在する急性梗塞巣．	バーグマングリア増生と顆粒細胞層頭頂部の瘢痕形成並びに水銀顆粒の沈着． 多発性脳梗塞． プルキンエ細胞減少消失．	プルキンエ細胞の著しい脱落とベルグマングリアの増加及び歯状核神経細胞の脱落とグリオーシスは，動脈硬化に伴う血行不全が考えられる．水銀中毒に特徴的な尖頭瘢痕形成とは異なる． 小脳半球（歯状核を含む）大切片の水銀組織化学反応で陰性．
脳幹	有機水銀中毒症の病理所見は特にこの部に指摘できない． 但し，延髄前庭神経核に変性がみられる． 中脳，脳橋底部等に比較的古い梗塞が散在している．	急性多発性梗塞 陳旧性多巣性梗塞	脳梗塞による嚢胞形成と，錐体路のワレル型索変性．	両側錐体路の二次変性性変化がみられる．中枢の黒質外側部および脳橋の基底部に陳旧性脳梗塞がみられる．
脊髄	特に認められないが，後索の上行性変性は末梢知覚性神経の病変に基づく変性である可能性がある． 大脳と脳幹部における多発性脳梗塞に基づくワーラー変性が両側の皮質脊髄路に認められ，また後索の変性が軽度に認められる．	両側錐体路の二次変性	両側錐体路の二次変性	系統的に錐体路の二次変性性変化がみられる． 仙髄の水銀組織化学反応で陰性．
末梢神経	脊髄の後根に軽度ながら変性が明らかに認められる．知覚性の腓腹神経には明らかな慢性期の変性像が明瞭に認められる．	軽微な脊髄後根神経の慢性変性	後根神経節細胞の変性	トリクローム染色を仙髄横断切片に行ってみると，神経内膜結合織増加は前根神経の方が強くみられる．

〔病理解剖による組織の標本写真１～26＜略＞[9]〕

写真１　小脳歯状核（矢印）．血管障害によるびまん性の神経細胞脱落．HE 染色　×９

写真２　小脳歯状核，上図の一部拡大．小動脈の硬化像があり，血管壁の肥厚と内腔狭小化（矢印）．歯状核神経細胞の脱落とグリオーシス．HE 染色　×56.

写真３　小脳．プルキンエ細胞の広範性脱落とベルグマングリアの増加、尖頭瘢痕形成類似病変（矢印）．HE 染色　×35.

写真４　小脳．上図と別の部位．上記所見に同じ．HE 染色　×35.

写真５　鳥距野（視中枢）後位部．１～３層に限局性の血行障害性病変（矢印）．HE 染色　×35.

写真６　上図の一部拡大．血管の拡張充盈と２～３層の空胞化．HE 染色　×70.

写真７　血行障害性病変の無い鳥距野（視中枢）後位部．全層に亘る

グリア細胞の増加．HE 染色，×35.

写真８　上図の１～６層の一部拡大．神経細胞の萎縮硬化及び脱落減数とグリア細胞の増加．HE 染色，×175.

写真９　帯状回の１～４層．神経細胞の配列は整っている．グリア細胞は目立たない．HE 染色，×70.

写真10　前中心回（運動中枢）の１～６層．全層に亘る神経細胞の萎縮及び脱落減数とグリア細胞の増加．HE 染色，×70.

写真11　後中心回（視覚中枢）の１～４層．全層に亘る神経細胞の萎縮及び脱落減数とグリア細胞の増加．HE 染色，×70.

写真12　左図３層の拡大．神経細胞の間引き脱落とグリア細胞の増加．HE 染色，×175.

写真13　横側頭回（聴中枢）の１～５層．神経細胞の萎縮硬化グリア細胞の増加．HE 染色、×70.

写真14　左図の３層の拡大．神経細胞の間引き脱落とグリア細胞の増加．HE 染色，×175.

写真15　腰髄の両側側索錐体路の二次変性性変化（矢印）．KB 染色，×9.

写真16　仙髄の両側側索錐体路の二次変性性変化（矢印）．KB 染色，×9.

写真17　仙髄レベル前根神経の神経内膜肥厚増生（緑）と有髄神経（赤）の脱落減数中等度．トリクローム染色，×12.

写真18　仙髄レベル後根神経の有髄神経の脱落減数軽度．トリクローム染色，×12.

写真19　仙髄レベル前根神経の一部拡大．トリクローム染色，×48.

写真20　仙髄レベル後根神経の一部拡大．トリクローム染色，×48.

写真21　小脳．水銀組織化学反応，陰性．×144.

写真22　小脳歯状核．水銀組織化学反応，陰性．×58.

写真23　後中心回．水銀組織化学反応，陰性．×144.

写真24　視床．水銀組織化学反応，陰性．×144.

写真25　脈絡叢．水銀組織化学反応，陰性．×144.

写真26　脳室上衣．水銀組織化学反応，陰性．×144.

写真説明文(10)

(氏名)　㊞

以下の写真はすべて(Y)殿（T11・9・21 生）の神経系標本から撮影したもの.

①：鳥距野の弱拡写真．※の部は一つの脳溝をはさんだ鳥距野皮質で以下②～⑤の写真はこの皮質から撮影．HE 染色、×27.

②：鳥距野皮質の弱拡大．神経細胞（⇨）は殆んど脱落し，代って正常では認められない反応性アストロサイト（→）が多数出現している．HE 染色、×350.

③④⑤：いずれも鳥距野皮質の一部分で同様に神経細胞（⇨）は殆んど脱落消失し，反応性アストロサイト（→）が多数散在している．HE 染色、×530.

⑥：前頭葉皮質で多数の神経細胞（⇨）が認められる。正常アストロサイトは散在（→）しているが，エオジンに濃染する明らかな胞体や突起をもつ大型の反応性アストロサイトはまずここには認められない．HE 染色．いずれも③④⑤と同一の拡大，×530.

鳥距野等の皮質が明らかに，選択的に障害されていることが極めて明瞭と思う.

⑦：小脳皮質．小さく黒くみえる顆粒細胞がびまん性に広く間引き状に脱落し明るくなり，まだら模様を示し、その中に明るい核をもつ反応性アストロサイトが少数散見される（→）．これらの所見は小葉の頂部分（※）でも明瞭で，循環不全によるものとやや異なっている．またプルキンエ細胞（⇨）も明瞭に脱落消失している．HE 染色，×350.

⑧：腓腹神経の髄鞘（→）はかなり高度に脱落，消失し明るく見える部（※）が多い．結合織の増生も認められる．エポン包埋のトルイジンブルー染色標本，×530.

(1)　162と同じ.
(2)　162と同じ.
(3)　162と同じ.
(4)　162と同じ.
(5)　33
(6)　30
(7)　38
(8)　41
(9) 写真は略しキャプションのみを記載.
(10)　写真①～⑧は＜略＞.
＊162の 5. を修正し資料等を整理したもの.

168　Ｙ例の解決について　1994.8 下

Ｙ例の解決について

８月１日に熊本県に対する質問として提出した６問についての県の回答は以下の通りである.

＜質問＞

1)「収束に向かっている状態が崩れる」とはいかなることか，具体的な説明を求める.
2)「総合対策への影響」とは具体的にいかなることか，総合対策のどの部分に，どのような影響を与えるのか，具体的説明を求める.
3)「新たな補償協定を結ぶ動き」とは具体的にいかなることか，説明をいただきたい．また，それに対して，いかなる悪影響が及ぶのか，納得のいく説明を求める.
4)　裁決文の内容について，熊本県の意見をいただきたい.
5)　何故「(氏名)先生の意見を聞く」必要があるのか，説明を求める.
6)　裁決の時期について，熊本県としてはいつ頃がよろしいか.

＜回答＞　＜略＞[1]

(1) 熊本県からの回答は62.

(1) 「当該」を○でかこみ「初回」と書込み.

(2) 救済申立4人分を括って「初回から認める S54-55」と書込み.

(3) 原文ここまで.

169 (Y)例について　1994.8頃

(Y)例について

熊本県において，昭和54年に棄却処分を受け，環境庁に旧法による審査請求を行った後に死亡，剖検が行われた例である．再申請はしていない．

「水俣病に関する総合的研究班」報告書(環境庁研究委託費による)に昭和54年度，昭和55年度「関東地方在住水俣病の一剖検例」として順天堂大(所属)(氏名)助教授等により報告されている．

平成3，4年に行政不服審査法による本剖検例の鑑定を行っており，その事実を，NHK，熊本日々(ママ)新聞に知られるところとなっている．

鑑定結果が水俣病を否定していないものなので，過去に取り消しの方向で検討された．

第1回は，平成4年6月，部長まで決裁するも，局長でストップ．
((氏名)部長，(氏名)対策室長，(氏名)審査室長)

第2回は，平成5年6月，前年の決裁をもって，(氏名)局長，(氏名)官房長に根回しするも，「公表のタイミング再考すべし，異動寸前の決裁は無責任体制の非難の可能性あり，熊本県と審査会の対立懸念」とのコメントあり．部長から県部長に連絡，「県は不満，和解など事態が収拾するまで待って欲しい」との要望あり．

第3回は，平成6年5月，NHK 19時ニュースでY例が報道された．6月に部長，県部長((氏名))がY例裁決問題について会談し，福岡高裁判決後に再度調整することとなった．

※平成6年3月，4名の行政不服審査における代理人である(氏名)，(氏名)から，日弁連人権擁護委員会に対して人権救済の申立がなされた．その趣旨は，1)審査の長期化に関わる問題，2) 4名とも再申請認定例(3例は剖検認定，1例は再検査認定)であることから，審査請求人側は，原処分後の剖検資料，再申請時の検査結果を当該[1]不服審査に用いることを求めている．

対応状況は，1)に対しては審査の迅速化に努めている，2)に対しては，旧法における行政不服審査においては，いわゆる原処分時主義によって審査を行っていることから，原則として原処分時の資料によって審査を行っているとしており，その審査の状況は，人権救済申立の事例[2]

故(氏名)剖検認定　　H6年9月棄却裁決
故(氏名)剖検認定　　H6年8月棄却裁決
故(氏名)剖検認定　　裁決準備
故(氏名)再検査認定　裁決準備[3]

170 Y例の裁決方針について内部検討録　1996.2.28

Y例の裁決方針について内部検討録

平成8年2月28日(水)
環境保健部保健企画課にて
出席者　(氏名)課長，(氏名)課長補佐，(氏名)
　　　　(氏名)室長，(氏名)，(氏名)

(氏名)課長　行政不服審査と行政訴訟が同じ考えに基づいているのかどうかが問題となる．同じであれば，(おそらく同じであると思うが)，訴訟がどうなっているのか，判例等を探して検討する必要がある．「原処分は正しい．しかし，救済が必要であるので，法を逸脱して取り消す」ということが論理的にやれるのか．

(氏名)室長　その論理で19階の不服審査会は，イタイイタイ病の行政不服審査で取消しを行っている．

(氏名)課長　その取消し裁決は間違いである．誤った例を先例とするのはおかしいだろう．

(氏名)室長　本来，当然棄却の例である．しかし，職権で鑑定にかけたことをどう説明するのか．もともと鑑定に出したこと自体が処分時主義を逸脱していないか．さらに，そのことを，審査請求人もマスコミも知っている．

(氏名)課長　行政不服審査で，「違法であるが，取り消すことによって影響が大きい又は第三者の利益を大きく侵害するので，取り消さない」という事情裁決はある．これと逆の「適法であるが，救済のため取り消す」ということは論理的にあるのか．ほとんどないだろうが，判例を探すことも必要だろう．

行政訴訟においては，このような場合は，救済には民事の損害賠償訴訟があるので，棄却する．行政不服審査においても，「救済がない」と言っても，「民事での訴訟があるから救済方法がないわけではない」と言われることがないか．どの範囲での「救済がない」のかが問題だろう．手続きがしっかりしていれば，認定されて補償協定にのったものであるのであるから，原処分は維持(審査は棄却)して，どうにか補償協定にのせてはどうか．こういった方向もあり得るのではないか．裁判の判決でよく使われる方法であるが，裁決文の傍論に「原処分は正しい．しかし，手続きがちゃんと行われていれば認定されるものである」という内容を入れて，民事において，補償協定にのせてはどうか．しかし，これは他に及ぼす影響が大きいかもしれない．「通常の認定の手続きにのらなくても，第三者機関によって，病理所見を３人の鑑定人にみてもらうと，補償協定にのって1800万をもらえる」といって，騒ぎにならないか．その影響をよく検討しなくてはならないだろう．

まず，制度の趣旨からいって，「行政の中では他の救済がない．そこで，事情裁決の逆のことをすることは論理的にあり得るのか」を行政法学者に聞くべきだろう．また，あり得るのであれば，その要件を聞く必要がある．ようするに，行政不服審査を救済に転用することが可能かどうかである．(氏名)先生(氏名)先生に聞くのがよいだろう．傍論に認定相当と記載することによって，補償協定にのせるという案を採る場合には，波及はどこまで及ぶのかをよく見極める必要がある．本来に戻って，棄却するとするならば，職権で鑑定を行った理由が必要であるし，どの程度騒ぎが起きるのかを検討してみる必要がある．

(以上で散会)

171　(氏名)課長のＹ例裁決方針案のまとめ　〔1996.2.28〕

(氏名)課長のＹ例裁決方針案のまとめ

Ｙ例の裁決の方向として，次の３つが考えられる．

1　原処分は適法であるが，救済のために取消しを行う．

2　原処分は適法であるので棄却するが，傍論に，認定相当であると記載して，補償協定にのせる．

3　原処分は適法であるので棄却する．

それぞれの案の検討ポイントは次のとおりである．

案１について

○「適法であるが，救済のため取り消す」ということは論理的にできるのか．事情裁決の逆が可能かどうか．

→行政法学者に聞く．((氏名)氏，(氏名)氏)

案２について

○行政から認定処分を受けない例を補償協定にのせることで，他に大きく波及する可能性はないか．

→整理検討する．

案３について

○棄却した場合の，マスコミ等の反響はどう予想されるか．

○鑑定に出したことをどう説明するのか．

→整理検討する．

案１が可能であれば，案１を採ることが良いと考えられる．

((氏名)課長)

172　Ｙ例について鑑定結果を採用しないとした場合の影響　1996.2頃

Ｙ例について鑑定結果を採用しないとした場合の影響

1　鑑定結果を採用しない理由

総務庁見解によれば，鑑定結果を採用しない場合には，その理由を開示しなくてはならない．そこで，鑑定結果を採用しない理由としては次の４つが考えられる．

(1)　処分時以降の資料であるため採用しない．

(2)　臨床所見により判断が可能であったため採用しない．

(3)　公的資料により判断が可能であったため採用しない．

(4)　病理標本が判断に値する資料とは考えられなかったため採用しない．

2　それぞれの理由を採用した場合の矛盾等

しかし，上記のそれぞれの理由を採った場合には，以下のような矛盾が考えられる．

(1)を採った場合

任天堂事件の最高裁判例では，「処分時の事情を認定するため，処分後の事実を間接事実として裁判上採用することは，処分時主義に反しない」とされている．さらに，Ｙ例の剖検資料は，処分時以降に明らかになった資料であるが，その病理所見の形成時期についての鑑定も行っており，処分時以前に形成された所見であると結論されている．このことから，(1)の理由を採ることは出来ない．

(2)を採った場合

臨床所見により判断が可能であっても，合法的に採用可能な資料(それも，審査請求人にとって有利な資料)を採用せずに，裁決を行えば，マスコミの批判が激しいものになると予想される．処分庁に都合のよい資料だけを採用して裁決を行っている，そもそも臨床所見だけ(ママ)判断が可能であれば，なぜ鑑定に出したのか等の批判について答えられない．

また，特対室の病理所見を含めた認定方法についての見解を踏まえた場合，病理所見を採用しないとすることは困難である．

(3)，(4)を採った場合

Ｙ例の病理標本は，民間資料であるが，複数の専門家により判断可能であったことから，十分な信頼性が認められると考えられ，これを行政裁量により採用しないとすることは困難である．

173　Ｙ例と同様のケースが生じる可能性について　1996.6.19

96.6.19

Ｙ例と同様のケースが生じる可能性について

Y例と同様のケースとは，①水俣病認定申請棄却時に生存しており，行政不服申請を行い再申請を行わない例で，②行政不服審査が行われている間に死亡し，③解剖されて，④水俣病と診断されるケース，である．

1 水俣病認定申請の棄却後に行政不服審査請求を行い，再申請を行わない例が生じる可能性

現在，旧法分の行政不服審査のうち，生存しているものは7名．

認定申請の未処分者は，旧法分では，熊本県25名(うち生存者20名)であり，同様のケースとなる可能性のある者は，生存者の20名．

新法分では，熊本県364名(うち生存者312名)，鹿児島県101名(うち生存者75名)であり，同様のケースとなる可能性のある者は387名．

2 行政不服審査が行われている間に死亡する可能性

これまでの水俣病にかかる行政不服審査の審査期間の平均は，約8年．現在，申請件数が激減していることから，審査期間を更に短縮できるものと考えられる．

3 解剖される可能性

行政不服審査の審理は，書面によることが原則である(行政不服審査法第25条)ため，審査庁が自ら解剖を行うことはない．解剖に関する資料がある場合に，これを鑑定するか否か，判断を行うものである．

熊本県は，認定申請中の者が死亡した場合には，遺族の希望があれば遺体を熊本大学，鹿児島大学及び京都府立医科大学に移送し，解剖を行うシステムがある．しかし，認定申請にかかる解剖であるので，棄却され再申請せずに死亡した人は，このシステムにより解剖が行われることはない．

解剖は，目的により司法解剖，行政解剖，病理解剖に分類される．司法解剖は，犯罪性が疑われる場合に行われ，行政解剖は，異状死体の死因の確定のために行われ，病理解剖は，医学の研究上必要な場合に行われる．それぞれ，司法解剖と行政解剖は行政で費用を負担し，病理解剖は医療機関が負担している．

死亡した者の死因となった疾患が，脳神経系に関するものでない場合については，医療機関側の負担により脳神経系を含む病理解剖が行われる可能性は高くないと考えられる．

また，解剖のできない施設や自宅で死亡した場合には，解剖のできる施設まで直ちに移送しなくてはならないが，解剖を行う施設で死亡した以外の者について，解剖を行うことは一般には行われておらず，生存中に当該施設まで移送すること等を行わない限り，困難であると考えられる．

以上の通り，認定申請に係るシステム以外で，脳神経系を含む解剖が行われることは考えにくい．

※水俣市周辺で解剖のできる施設には，水俣市立総合医療センターがある．

4 水俣病と診断される可能性

認定申請者について解剖が行われ，水俣病と認定される率は，最近10年間では6.8％(118例中8例)，最近5年間では5％(20例中1例)，最近3年間では0％(8例中0例)．

行政不服審査については，可能な限り速やかに行うよう努めており，審査中に，審査請求人が死亡し，Y例と同様のケースになる可能性は少ないと考えられる．

174 Y例の裁決について＊ 1996.6頃

Y例の裁決について

1 裁決方針(案)

本件については，再申請がなされておらず，行政上，他に救済の道がないため，審査庁の裁量で原処分以降に行われた剖検資料を職権で採用し，鑑定を行ったものである．行政不服審査法では，処分時主義に基づくことが要請されるが，救済の観点から例外的にこの鑑定結果を採用し，認定相当として原処分を取り消す旨の裁決を行うこととしたい．

2 裁決の時期

裁決の時期については未定．

＊文書配列から推定して最後の裁決方針案と思われる．

175 Y例判定検討会結果発表後の対応について＊ 1996.11.29

Y例判定検討会結果発表後の対応について

96.11.29
特殊疾病審査室

1 背景

・裁決に係る方針については，本年6月に，部長を含む部内の検討にて，裁決を行う場合は認定相当の取消しを行うこととし(1)，局長，官房長，次官まで了承を得た．ただし，裁決の時期については検討課題とされた．

・本年7月末，請求人側は一時金の申請を申し立てた．一時金申請の手続きの動向についてはフォローを行い，随時報告を(2)行ってきたところである．

・12月2日に判定委員会に掛けられる予定となっており，これ(3)にどう対応するか検討を行う必要がある．

2 本件についての現況

・行政不服審査における本件の状況については，本年6月に裁決方針を決めた際と変化はない．

・一時金の申立ての状況等からみて，少なくとも申立て時において

は，請求人側の紛争を継続させる意志は弱いと思われる．判定結果が一時金の対象に該当するとされた場合には，取下手続きを行わないという選択をとる可能性は少ない[4]と考えられる．
・マスコミからの問い合わせは[5]ない．今のところ請求人とマスコミの連絡はないと思われる．
・裁決を行う際には最終解決策の施行への影響を検討する必要がある．
3　判定結果が一時金の対象となる場合．
〈対応案1〉　請求人の取下げを待つ．裁決は行わない．
・判定結果を待つという方針を決めた段階で，この対応を採るという前提ができていると考えられる．
(利点)
・熊本県との対立，裁決を行うことによる処分時主義に[6]例外を認める等の問題を回避できる．
(問題点)
・外部において，請求人を取下げに追い込んだという印象が残る可能性がある．
〈対応案2〉　請求人が取下げる前に取消し裁決を行う．
(利点)
・外部において，請求人を救済したとする印象が伝わる可能性がある．
(問題点)
・熊本県の反発，処分時主義の問題等裁決に伴う問題が生じる．
・裁判原告については取下げを求めており，外部からは類似の状況と考えられる可能性がある．本例について取り扱いが異なることに不公平感を励起させる可能性がある．
・内部的にこの時期に裁決を行うことの理由の説明が困難．それ以前に速やかに裁決を行うべきではなかったかという議論が起きる可能性がある．
4　判定結果が一時金の対象とならない場合
〈対応案3〉　取消し裁決を行う．
・本年6月に裁決方針を決めた際と行政不服審査における状況に変化はない．熊本県の反発や不公平感が生じるなどの問題点があると予想されるが，取り消し裁決を行う．
・部の改変までに裁決を行うことが望ましい．

(1)「認定相当の取消しを行うこととし」を「認定相当の原処分を取り消す旨の裁決を行うことを方針として決定」と訂正．
(2)「行い，随時報告を」を抹消．
(3)「これ」を「判定結果」に書替え．
(4)「取下手続きを行わないという選択をとる可能性は少ない」を「審査請求の取下を行う可能性は高い」と書替え．
(5)「問い合わせはない」を「問い合わせは本年7月以降はない」と書替え．
(6)「処分時主義に」を「処分時主義の」に書替え．
＊この文書は書込み修正があるが，内容変更に関わる箇所のみ注記した．

176　Y例判定結果発表に関する想定問答　1996.11.29

Y例判定結果発表に関する想定問答

平成8年11月29日
特殊疾病審査室

問1　今回の判定結果についてどのように受けとめているか．

(答)　最終解決策による救済対象者の判定は，熊本県□□□□[1]その解決策に従って判定検討会，及び判定委員会が責任を持って行っているものと理解している．

更問1　判定結果についてのコメント如何．

(答)　コメントを述べる立場にない．

更問2　今回の判定結果は，Y例に係る審査と無関係とはいえないのではないのか．

(答)　当室における審査は，行政不服審査法に従って行うものであり，最終解決策に基づく判定とはそれぞれ独立したものと考えている．

問2　審査の状況如何．

(答)　個々の審査の状況についてはお答えしないこととしている．

更問　鑑定を行った理由如何．処分時主義の原則に反するのではないか．

(答)　個々の審査の状況についてはお答えしないこととしている．

問3　審査の長期化の理由如何．

(答)　当室における行政不服審査が長期に及んでいるのは，弁明，反論，あるいは再弁明要求等，処分庁と審査請求人側が十分な議論を尽くしたうえで，慎重に審査を進めてきたためである．

更問1　審査庁は裁決を故意に遅らせているのではないか．

(答)　行政不服審査法に基づき，十分な審理を尽くすよう誠実に対応してきた結果である．

更問２ 一時金の申請が締め切られるまでの今後３か月間に裁決は行われないのか.

(答) (重ねて申し上げるが,) 個々の審査の状況についてお話ししないこととしている.

〔添付〕原処分後の事実の採用について＜略＞[2]

(1) 抹消されており判読不能. 伏せ字ではない.

(2) 166

177 審査請求の取下げについて 1997.2.18

審査請求の取下げについて

上記のことについて案のとおり施行してよろしいか伺います.

(起案理由)
別紙のとおり

〔別紙〕
(起案理由)
下記請求人より提出された審査請求取下書を受理した旨を通知するものである.

記

整理番号	審査請求人	審査請求年月日
461	(Y妻) (被処分者 亡(Y))	昭和54年10月23日

＊文書番号 環境庁企画調整局環境保健部 平成9.2.18 環保企第72号, 起案9年2月18日, 起案者 環境保健部特殊疾病審査室 審査係 電話6342(氏名)㊞
局(部)特殊疾病審査室長 ㊞㊞

178 審査請求の取下げについて 1997.2.18

環保企第72号
平成9年2月18日

審査請求人
(Y妻) 殿
(被処分者 亡(Y))

環境庁企画調整局
環境保健部特殊疾病審査室長 公印

(氏名)

審査請求の取下げについて

昭和54年10月23日付けで提起された, 旧公害に係る健康被害の救済に関する特別措置法(昭和44年法律第90号)第3条第1項の規定に基づく水俣病認定申請棄却処分に係る審査請求について, 審査請求取下書を受理したことをお知らせします.

179 審査請求の取下げについて(通知)＊ 1997.2.25

審査請求の取下げについて(通知)

上記のことについて案のとおり施行してよろしいか伺います.

局(部)環境保健部長 ㊞
保健企画課長 ㊞ ㊞㊞㊞
特殊疾病対策室長 ㊞ ㊞㊞㊞㊞㊞㊞㊞
特殊疾病審査室長 ㊞ ㊞

(起案理由)
別紙のとおり

〔別紙〕
(起案理由)
下記審査請求人から行政不服審査法第39条の規定に基づき, 別添のとおり審査請求取下書の提出があったので, 次案によりその旨を熊本県知事あてに通知するものである.

記

整理番号	審査請求人	審査請求年月日
461	(Y妻) (被処分者 亡(Y))	昭和54年10月23日

(参考)

<行政不服審査請求事件処理状況>

処分庁	審査請求件数	処理状況					未処理件数
		取下げ件数	裁決件数				
			却下	取消し	棄却	計	
新潟県	54	2	0	0	52	52	0
新潟市	8	1	0	0	7	7	0
熊本県	513	112	1	10	382	393	8
鹿児島県	60	6	1	3	50	54	0
合 計	635	121	2	13	491	506	8

(参考) 件数は今回の取下げを含む (平成9年2月18日現在)

〔添付〕 審査請求取下書＜略＞[1]
審査請求の取下げについて (通知) ＜略＞[2]
Y例の裁決による抗告訴訟への影響について(メモ)＜略＞[3]

(1) 9

(2) 79

(3) 156

＊文書番号　環境庁企画調整局環境保健部　平成 9.2.25　環保企第 79 号，起案 9 年 2 月 18 日，決裁 9 年 2 月 25 日，施行 9 年 2 月 25 日，起案者　環境保健部特殊疾病審査室　審査係　電話 6342　(氏名)㊞

180　Y例について　1997.2

Y例について

・裁決に係る方針については，本年[1] 6 月に，部長を含む部内の検討にて，裁決を行う場合は認定相当の取消を行うこととし，局長，官房長，次官まで了承を得た．ただし，裁決の時期については検討課題とされた．

・本年 6 月，代理人 (氏名) 氏が審査室を訪れ，一時金の手続きについて問い合わせがあった．その後，請求人は一時金の申請を申し立てたところ，12 月の判定委員会において一時金の対象とされ，平成 9 年 2 月，取下書が提出された．

・熊本日々(ママ)新聞の記者から問い合わせがときどきあるものの，動向については了知していない様子である．ＮＨＫからの問い合わせはない．

(1) 「本年」の文字を○で囲み「Ｈ８」と書込み．

181　真鍋大臣と森元事務次官との面談要旨　1999.3.23

真鍋大臣と森元事務次官との面談要旨
平成 11 年 3 月 23 日

1　当時の水俣病問題について

平成 2 年から 7 年まで，官房長，企画調整局長，事務次官の任にあったが，水俣病問題には環境行政の中の最重要課題として取り組んだ．

平成 2 年 9 月には水俣病東京訴訟について東京地裁から和解勧告が出され，関係省庁と「水俣病訴訟に関する国の見解について」をまとめた．また，当時は，チッソ金融支援に係る県債問題について熊本県と厳しい関係にあり，県側から公健法の機関委任事務の返上も含む強い主張がなされ，環境庁としては大変厳しい状況下におかれていた．

このような状況を経て，中央公害対策審議会の検討結果をもとに，棄却された者などでも，四肢末梢優位の感覚障害を有すると認められた者に療養費等の支給を行う水俣病総合対策事業を実施することになった．当時の環境保健部は，多くの訴訟への対応や水俣病総合対策事業への取組で忙殺されていた．

与党 3 党合意による解決策の方向が固まってきたのが事務次官になってからで，環境行政の最大の課題であった水俣病問題が政治的に解決されるよう，大臣の指示を得ながら最大限の努力をした．平成 7 年 6 月 30 日に「調整案」を策定した後の 7 月 4 日に退官した．

2　Yさんの不服審査について

この件については，不服審査の中でも難しいケースとして報告，相談は受けた記憶がある．私自身がつけている案件，会見等の記録には残っていない．平成 3 ～ 4 年に鑑定に出していたことは，今回明らかになってはじめて知った．当時，県とは和解問題やチッソ金融支援に係る県債問題等をめぐって困難な調整を行っていた．

Yさんの不服審査の問題は重要であり，十分な検討の上に対応が決められるものと思う．当時の環境行政全体や水俣病問題の全体像を把握された上で，遺族の立場に配慮しつつ，結果が出されることが大事である．

〔添付〕

参考資料　Y氏の行政不服審査請求について・水俣病問題の経緯<略>[1]

水俣病訴訟に関する国の見解について<略>[2]

(1) 91

(2) 189

182　報告書・松田 朗　1999.3

報　告　書

松田　朗

1　前任部長からの引継について

・引継事項は簡単なメモ (1 枚) によるものであった．

・このメモは 10 項目前後を箇条書きにしたものであり，本件については，最後の方に記載されていたと記憶している．

・本件については，口頭にて説明があり，前部長がどのような表現をされたか定かでないが，「本件については部長レベルでは解決済み (部長決裁済み) である」という認識を得た記憶がある．

2　本件との係わりについて

・平成 5 年 2 月～ 3 月頃，前部長の決裁書が上部組織 (局長か官房長かは定かでない) をクリアーしていないという報告を，特殊疾病審査室から受けた．

3　その後の本件への対応について

・本件の第 1 のポイントは「Y氏の剖検所見 (病理所見) を用いて水俣病の有無を判断することが，原処分時主義に反することになるのではないか」ということであり，第 2 のポイントは「Y氏のような事例の続発によって，熊本県における認定審査業務に重大なる支障を来すのではないか」ということであると考えた．

・解剖所見による鑑定事例の「旧法処分から死亡までの期間」における分布状況を調査するよう指示し，本件が他の鑑定事例の分布とは異なって著しく短期間であれば，原処分主義に準ずるものとして判断・処理して差し支えなく，また，熊本県が心配している他事例への波及による混乱も避けられるのではないかと考えた．

4　在任中に裁決が行われなかった点について

・前部長の決裁文書が有効と考えて決裁をしなかったのか，新たな決裁文書が必要であるため自分が再決裁をしたのかどうか確信を持てないが，「部」としての結論は出していた．

・しかし，環境庁が公表した資料における文書 17(前部長時の決裁書案)[(1)]，文書 21(松田部長時決裁書案)[(2)] および文書 22(官房長による修正案)[(3)] に基づいて推察すると，私が再決裁をした可能性が極めて高い．なぜならば，部長の決裁を得ていない文章が官房長によって修正されるということは，行政官の一般常識としては考えられないからである．

注) 官房長による決裁書の修正個所 (4 審査庁の判断 − (2) 医学的所見)

・いずれにしても，環境庁としての裁決は環境保健部の上部組織が行うものであるが，当時，水俣裁判の和解，チッソに対する財政支援の方策等々困難な課題があり，「部」の結論が直ちに「庁」の結論とはならなかったものと思う．これに関しては，公表資料の文書 23(123 頁)[(4)] からも推察できる．

・環境保健部としては，上部組織をクリアーするためには，熊本県を説得する必要があると考え，平成 5 年 6 月 29 日，部長自らが熊本県の公害部長に直接電話をし，当方の方針を伝え，その結果を特殊疾病審査室に報告した．これに関しては，公表資料の文書 23(123 頁)[(4)] に記載されている．

5　後任部長への申し送りについて

・申し送りのために特別のメモは作成せず，関係書類を用いて，口頭にて説明した．

・本件は重要案件ではあったが，部長としての対応はしておいたので，緊急の懸案事項としては申し送らなかったように思う．

(1)　117

(2)　139

(3)　140

(4)　141

2　総務庁

183　行政不服審査事例の取扱について（回答）　1991.6.3

事務連絡
平成３年６月３日

環境庁環境保健部保健業務課
特殊疾病審査室　(氏名) 専門官　殿

総務庁行政管理局
副管理官 (氏名)

行政不服審査事例の取扱について (回答)

標記について下記のとおり回答します．

記

(質問事項)

熊本県知事の行った公害に係る健康被害の救済に係る特別措置法第３条第１項の規定に基づく水俣病認定申請棄却処分に係る行政不服審査において，請求人が処分庁の棄却処分後に死亡し，その後，病理解剖によって処分以前に形成されていたと推定される所見が新たに明らかになった場合，その所見を用いて裁決を行うことができるか．

(答)

処分庁の棄却処分後に，原処分以前に形成されていた新たな事実が明らかになり，審査庁の裁量でその事実を採用するとしたときには，審査庁はその事実を用いて裁決を行うことができる．

また，採用を拒否する場合には，審査庁はその理由を開示する必要がある．

〔添付〕近藤昭三「違法判断の基準時」＜略＞[(1)]
環境特別委員会会議録第６号〔抄〕＜略＞[(2)]

(1)　雄川一郎編 (1979),『行政判例百選 II』別冊「ジュリスト」No.62.15(2), pp.408-409.

(2)　187

184　〔鑑定報告書の開示に関する回答書〕　1994.8.1

審査庁の行った職権鑑定について，報告書の開示を求めることができるか．

結論

処分庁としては，審査庁が職権で行った鑑定報告書の開示請求権[(1)]はないけれども，審査庁は，職権で収集した証拠資料について，それが裁決の基礎をなすものであれば閲覧請求の対象に加えるのが適当である．

理由

審査庁は，職権で、参考人の陳述および鑑定を求めることができ（27条），関係物件の提出を求め（28条，33条），検証を行い（29条），さらに審査請求人または参加人を審尋することができる（30条）．

このように不服申立ての審理においては，審査庁が職権により証拠資料を収集し，その採否を決定するたてまえがとられている．

しかし，この審査庁の職権による証拠資料に関して，証拠開示についての規定が行政不服審査法には全く存在しない．したがって，証拠開示請求権を審査法が行政争訟の一種であるということで導き出すことは困難であると，一般には解されている．

しかし，審査庁が職権による証拠資料を収集し，これに基づいて裁決を行う場合に，処分庁や審査請求人にとって，裁決理由及びそれを支える証拠が明らかでないならば，両者は効果的な主張をすることができないであろう．

したがって，審査庁は，職権で収集した証拠資料について，それが裁決の基礎をなすものであれば，進んで閲覧請求の対象に加えるのが適当である．

ところで，「公平委員会があらかじめ当事者に通知することなく行った職権証拠調べであっても，その結果得られた証拠資料が審理記録に編纂された以上，当事者に公開され，これにつき弁解，反論の機会が与えられたものとして，公開口頭審理の要請を充足している．」（札幌高判昭43.3.27）との判例の趣旨を尊重すべきであろう．

また，「審査庁自身が調査・収集した資料であっても，それが裁決の基礎をなすものであれば，閲覧請求の対象に加えるのが適当である．」との見解や「立法論的にみた場合，…問題のあるところである．…その意味で，事前および事後の行政手続を総合的に把握した，相手方私人の防御権の行使の充実の方向がとられなければならない．」といった見解を尊重して，審査庁は，職権による鑑定についても，報告書の閲覧請求に応じるべきであろう．

参考文献
1「行政不服審査事務提要」行政管理庁行政管理局監修
2「地方行政不服審査ハンドブック」　ぎょうせい刊
3「全訂注釈行政不服審査法」　第一法規刊
4「行政法２」　塩野宏　著　有斐閣刊
5「行政法要論」　原田尚彦　著　学陽書房刊

(1)「開示請求権」を公表時，線で消してある．

V　その他

185　行政不服審査法〔抄〕*　1962

第１章　総則

第１条　（この法律の趣旨）

この法律は，行政庁の違法又は不当な処分その他公権力の行使に当たる行為に関し，国民に対して広く行政庁に対する不服申立てのみちを開くことによつて，簡易迅速な手続による国民の権利利益の救済を図るとともに，行政の適正な運営を確保することを目的とする．

２　行政庁の処分その他公権力の行使に当たる行為に関する不服申立てについては，他の法律に特別の定めがある場合を除くほか，この法律の定めるところによる．

<略>

第22条　（弁明書の提出）

審査庁は，審査請求を受理したときは，審査請求書の副本又は審査請求録取書の写しを処分庁に送付し，相当の期間を定めて，弁明書の提出を求めること

２　弁明書は，正副２通を提出しなければならない．

３　処分庁から弁明書の提出があつたときは，審査庁は，その副本を審査請求人に送付しなければならない．ただし，審査請求の全部を容認すべきときは，この限りでない．

第23条　（反論書の提出）

審査請求人は，弁明書の副本の送付を受けたときは，これに対する反論書を提出することができる．この場合において，審査庁が，反論書を提出すべき相当の期間を定めたときは，その期間内にこれを提出しなければならない．

<略>

第25条　（審理の方式）

審査請求の審理は，書面による．ただし，審査請求人又は参加人の申立てがあつたときは，審査庁は，申立人に口頭で意見を述べる機会を与えなければならない．

２　前項ただし書の場合には，審査請求人又は参加人は，審査庁の許可を得て，補佐人とともに出頭することができる．

＜略＞

第 27 条（参考人の陳述及び鑑定の要求）
審査庁は，審査請求人若しくは参加人の申立てにより又は職権で，適当と認める者に，参考人としてその知つている事実を陳述させ，又は鑑定を求めることができる．

第 28 条（物件の提出要求）
審査庁は，審査請求人若しくは参加人の申立てにより又は職権で，書類その他の物件の所持人に対し，その物件の提出を求め，かつ，その提出された物件を留め置くことができる．

第 29 条（検証）
審査庁は，審査請求人若しくは参加人の申立てにより又は職権で，必要な場所につき，検証をすることができる．
2　審査庁は，審査請求人又は参加人の申立てにより前項の検証をしようとするときは，あらかじめ，その日時及び場所を申立人に通知し，これに立ち会う機会を与えなければならない．

第 30 条（審査請求人又は参加人の審尋）
審査庁は，審査請求人若しくは参加人の申立てにより又は職権で，審査請求人又は参加人を審尋することができる．

第 31 条（職員による審理手続）
審査庁は，必要があると認めるときは，その庁の職員に，第 25 条第 1 項ただし書の規定による審査請求人若しくは参加人の意見の陳述を聞かせ，第 27 条の規定による参考人の陳述を聞かせ，第 29 条第 1 項の規定による検証をさせ，又は前条の規定による審査請求人若しくは参加人の審尋をさせることができる．

＜略＞

第 33 条（処分庁からの物件の提出及び閲覧）
処分庁は，当該処分の理由となつた事実を証する書類その他の物件を審査庁に提出することができる．
2　審査請求人又は参加人は，審査庁に対し，処分庁から提出された書類その他の物件の閲覧を求めることができる．この場合において，審査庁は，第三者の利益を害するおそれがあると認めるとき，その他正当な理由があるときでなければ，その閲覧を拒むことができない．
3　審査庁は，前項の規定による閲覧について，日時及び場所を指定することができる．

＜略＞

第 39 条（審査請求の取下げ）
審査請求人は，裁決があるまでは，いつでも審査請求を取り下げることができる．
2　審査請求の取下げは，書面でしなければならない．

第 40 条（裁決）
審査請求が法定の期間経過後にされたものであるとき，その他不適法であるときは，審査庁は，裁決で，当該審査請求を却下する．
2　審査請求が理由がないときは，審査庁は，裁決で，当該審査請求を棄却する．
3　処分（事実行為を除く）についての審査請求が理由があるときは，審査庁は，裁決で，当該処分の全部又は一部を取り消す．
4　事実行為についての審査請求が理由があるときは，審査庁は，処分庁に対し当該事実行為の全部又は一部を撤廃すべきことを命ずるとともに，裁決で，その旨を宣言する．
5　前 2 項の場合において，審査庁が処分庁の上級行政庁であるときは，審査庁は，裁決で当該処分を変更し，又は処分庁に対し当該事実行為を変更すべきことを命ずるとともに裁決でその旨を宣言することもできる．ただし，審査請求人の不利益に当該処分を変更し，又は当該事実行為を変更すべきことを命ずることはできない．
6　処分が違法又は不当ではあるが，これを取り消し又は撤廃することにより公の利益に著しい障害を生ずる場合において，審査請求人の受ける損害の程度，その損害の賠償又は防止の程度及び方法その他一切の事情を考慮したうえ，処分を取り消し又は撤廃することが公共の福祉に適合しないと認めるときは，審査庁は，裁決で，当該審査請求を棄却することができる．この場合には，審査庁は，裁決で，当該処分が違法又は不当であることを宣言しなければならない．

＜略＞

＊資料に引用された条文のみ採録した．

186　熊本県公害健康被害認定審査会条例　1974.8.28

（昭和 49 年 8 月 28 日　条例第 47 号）
改正　昭和 50 年 7 月 10 日条例第 38 号，62 年 12 月 23 日条例第 32 号，平成 2 年 3 月 30 日条例第 5 号，9 年 3 月 25 日条例第 1 号改正

熊本県公害健康被害認定審査会条例をここに公布する．

熊本県公害健康被害認定審査会条例

（趣旨）
第 1 条　この条例は，公害健康被害の補償等に関する法律（昭和 48 年法律第 111 号）第 45 条第 4 項の規定に基づき、熊本県公害健康被害認定審査会（以下「審査会」という）の組織、運営その他

審査会に関し必要な事項を定めるものとする．

一部改正(昭和62年条例32号)

(委員)

第2条　委員の定数は，10人以内とする．

2　委員の任期は，2年とする．ただし，補欠の委員の任期は，前任者の残任期間とする．

3　委員は，再任されることができる．

(会長及び副会長)

第3条　審査会に，会長及び副会長1人を置き，委員の互選によって定める．

2　会長は，審査会を代表し，会務を総理する．

3　副会長は，会長を補佐し，会長に事故があるときは，その職務を代理する．

(会議)

第4条　審査会は，会長が招集する．

2　審査会は，委員の2分の1以上が出席しなければ，会議を開くことができない．

3　審査会の議事は，出席委員の過半数で決し，可否同数のときは，会長の決するところによる．

(専門委員)

第5条　審査会に，専門の事項を調査させるため，専門委員若干名を置くことができる．

2　専門委員は，会長の要請により審査会に出席し，意見を述べることができる．

3　専門委員は，医学に関し学識経験を有する者のうちから知事が任命する．

4　専門委員の任期は，2年とする．ただし，補欠の専門委員の任期は，前任者の残任期間とする．

5　専門委員は，再任されることができる．

(意見の聴取等)

第6条　審査会は，調査審議にあたり，必要があるときは，関係人から意見を聴くことができる．

2　審査会は，調査審議にあたり，必要があるときは，あらかじめ，委員に必要な事項の調査を行わせることができる．

(庶務)

第7条　審査会の庶務は，環境生活部において処理する．

一部改正(昭和50年条例38号・平成2年5号・9年1号)

(雑則)

第8条　この条例に定めるもののほか，審査会の運営に関し必要な事項は，会長が審査会に諮って定める．

附則

1　この条例は，昭和49年9月1日から施行する．

2　熊本県公害被害者認定審査会条例(昭和44年熊本県条例第67号．以下「旧条例」という)は，廃止する。

3　旧条例の規定による熊本県公害被害者認定審査会は，この条例の施行の際現に公害に係る健康被害の救済に関する特別措置法(昭和44年法律第90号)第3条第1項の認定の申請をしている者については，この条例施行の日以後においても当該認定に関し調査審議することができるものとし，その組織，運営等については，なお従前の例による．ただし，同審査会の庶務は，環境生活部において処理する．

附則(昭和50年7月10日条例第38号)この条例は，公布の日から施行する．

附則（昭和62年12月23日条例第32号）

この条例は，昭和63年3月1日から施行する．

附則（平成2年3月30日条例第5号抄)

(施行期日)

1　この条例は，平成2年4月1日から施行する．

附則(平成9年3月25日条例第1号抄)

(施行期日)

1　この条例は，平成9年4月1日から施行する．

187　参議院環境特別委員会会議録第6号〔抄〕*　1984.4.25

参議院環境特別委員会会議録第6号

昭和59年4月25日

委員長(稲山篤君)　ただいまから環境特別委員会を開会いたします．

委員の移動についてご報告いたします．

昨24日，中村鋭一君が委員を辞任され，その補欠として伊藤郁男君が選任されました．

委員長（稲山篤君）　前回に引き続き，水俣病の認定業務の促進に関する臨時措置法の一部を改正する法律案を議題とし，質疑を行います．

<略>

飯田忠雄君　今長官のお話で，最近食べておるかどうかということも調査しておるというようなふうにお聞きしたんですが，最近新しく発病した患者というものはおるかどうか，年月日．例えば，43年に政府見解が出ましたが，その後の発病状況で50年以降に発病したものがおるかどうか，そういう点いかがでございますか．それがなければ安心なんですが，

政府委員（長谷川慧重君）お答え申し上げます．

手元に今正確な資料がないので数字的なことは申し上げられませんが，先生お話のございましたように，50年以降に新たに発病した人がいるかいないかというお話でございます．

水俣病につきましては，神経症状といいますか，末梢神経の知覚障害を主症状とした症状でございますので，そういう面では，症状の軽い方におかれましては，若い世代におきましては症状が発現しないというか，他の機能で代償されておって症状がなかな

か見えなかったというような方もおられるわけでございますが，年齢が高まってくるにつれましてそういう面での症状が顕在化するといいますか，見えやすくなってくるというような方もいらっしゃるわけでございますので，そういう面で，多角的にといいますか，そういう症状が出たのをとらえる時点が人によっては早い時期の方あるいは遅い時期の方もいらっしゃいます．また一方におきましては，症状の発現の仕方が非常に遅い方もいらっしゃるわけでございますので，そういう面におきましては，症状が50年以降に新しくいわゆる発現したという方もいらっしゃるだろうというぐあいに思っております．

飯田忠雄君　時間が来ましたので終わります．

近藤忠孝君　この水俣病につきましては，県知事認定業務についてその体制と内容の改善をしていくことが大変重要だと思うんですが．問題はそれ以前のところにあると思うんです．前回私は，棄却が多い，死んで解剖しなければ認定されない，その解剖自体も危機的状況にあるということを指摘したんですが，きょうは，認定業務，またはこれに対する不服申立の審理の基本にある問題について質問をしたいと思うんです．これからの質問は，時間が余りありませんので端的に質問しますので，抽象的な答弁は要りません．具体的な答弁をお願いしたいと思うんです．

そこでまず，これは環境庁からいただいた資料によりますと，水俣病認定申請棄却処分にかかる不服申立の問題ですね．旧法に基づく請求件数は599件，これに対して取り消し，要するに棄却処分が誤りだと認めたものが11件，棄却あるいは却下，これが156件，取り下げ23件，未処理が409件，それから新法になりまして，請求件数365件，取り消し4件，棄却127件，取り下げ41件，未処理193件，いずれも大変未処理が多いわけであります．これは全部環境庁の問題ですね．

これを前提にしてさらに次の問題．これもそちらの資料ですが，旧法に基づく不服申立の処理状況は，今申し上げた409件中，申請後5年以上経過したものが126件，6年以上128件，7年以上37件，8年以上27件，9年以上3件，10年以上2件．要するに，5年以上経過したものが，未処理409件中323件もあるんです．まず伺いたいのは，どうしてこんなにおくれているのかということであります．

政府委員（長谷川慧重君）　お答え申し上げます．

この水俣病につきましては，非常に高度の医学的判断をもととして，非常に難しい病気でございますので，その判断といいますか診断が非常に専門的な知識を必要とするわけでございますが，このようなことで，先生ご案内のように，第1審といいますか，県におきます審査会におきまして水俣病ではないというような判断を下された方々が，その判断は不満であるということで環境庁の方に審査請求が参るわけでございます．

環境庁といたしましては，そういう方々につきましては，その第1処分庁であります県におきまして，そういう処分をした考え方あるいはその資料といいますものにつきまして資料の提出を求めまして，その資料を審査請求委員（ママ）〔「請求人」の間違い〕の方にまたお渡しいたしまして，審査請求委員（ママ）の方から意見といいますか反論書というふうなものも取り寄せる．そのようなことで，処分庁の御意見あるいは審査請求人の御意見といいますものを相互に取り寄せまして，そこでの意見の調整といいますか，意見をそれぞれ突き合わせるといいますか，十分吟味するというような作業をやっておりますし，またあわせまして，必要に応じては現地審尋という形で，現地に赴きまして審査請求人の意見陳述を承るというようなことをいろいろやっているわけでございますので，そういう面でこの環境庁におきます裁決の処分には非常に時間を要しておるという現状にあるわけでございます．

近藤忠孝君　それは時間を要しているという現況の説明であって，なぜおくれたのかということの説明にならぬと思うんですね．

そこで，私は具体的に5人の方について伺いたいと思うんです．

一人は森枝鎮松さん．47年に旧法で申請し，48年棄却，そして旧法に基づく不服申立をしたんです．その後新法で再申請しましたが，56年にこれは認定になっています．ところがその前の48年の段階で，その棄却したものに対する環境庁への不服申し立て，ですからこれは申し立て後すでに11年たっていますが，まだ出されていませんですね．

それから坂本武喜さん．この方は，最近死亡後病理解剖で認定になった人ですが，47年に旧法で申請し，これも棄却に対する不服申立後10年以上たっております．

川淵末太郎さん．48年に申請し，51年棄却．これも新法で再申請しまして，死亡，病理解剖した結果56年に認定になっておりますが，やはり不服申し立てしてから8年近く経過してもなお未処理．

これは，最近上田長官のもとで裁決があった2件の中の鈴木イチさんですが，これは49年に旧法に基づく不服申し立てをして，やっと10年たって最近裁決．

村上福松さんも，49年に棄却，すぐ不服申し立てしてこれも最近，原処分の棄却は妥当だという裁決ですが，棄却妥当だというのにこの2件はいずれも10年かかっておるんですね．

これはかかった事情は先ほど説明があったので繰り返して求めませんが，長官に伺いたいのは，既にこれはいずれも新法で認定になっている人ですね．だから明らかに前のは間違っておったんですよ．それを棄却という，前の段階のやつ棄却というんだけれども，それは後でまた保健部長には答弁求めますけれども，長官，こういう事態です．県の段階の問題については不作為の違法という判決がありましたけれども，環境庁みずからがやはり不作為の違法をやっているんじゃないかという，そのことに関しての端的な反省がおありでしょうか．長官のお考えを聞きたいと思います．

国務大臣（上田稔君）　お答え申し上げます．

不作為の判決を県が受けられたのでございますが，これは委任業務で国がお願いをしてやっていただいておるということでございます．したがいまして，国の方もこれはそういうことのないようにということで，今懸命にその対策を立てさせていただいて認定を促進をいたしておるところでございます．

近藤忠孝君　今提案されている本法はまだ国自身の認定の問題ですが，これは国に対する不服申し立ての処理状況，それがこんなにおくれているんですね．やはり国自身も不作為の違法という，こういうことを既に犯しているんじゃないかと思うんです．

そこで，今度は少し専門的になりますが，保健部長にお伺いしたいんですが．今申し上げた５件，これはいずれも新法で再申請し認定されておるんですね．ということは，１つには，やはりずっと前の旧法による棄却が誤りだった．しかも，坂本さん，川淵さんについては，今申し上げたとおり，死んで解剖してそれでやっと認められたいうことですね．それが明らかになったんではないか．要するに，旧法による棄却の誤りが明らかになったんじゃないか．

それからもう１つは，この間，慎重になんて言いながら放置してきた環境庁自身の不作為状況が，新法による認定ということでその誤りが認められたんじゃないか，こう思うんですが，どうですか．

政府委員（長谷川慧重君）　お答え申し上げます．

まず先生のお尋ねの第１点でございますが，旧法時代において棄却になって新法になって認定されたということでございますが，私ども，県におきます審査，これは，ただいま問題になっております行政不服に基づきます裁決につきましては，いわゆる原処分主義ということでございます．申請がございました時点におきます検診のデータを踏まえながら県においてはその時点における判断をされる．私どもは，そのデータを県から提出いただき，審査請求人の御意見等も聞きながらも，その時点におけるデータに基づきまして判断をすることになるわけでございますので，そういう面で確かに審査請求がございましてから判断に時間を要します，非常に前といいますか，かなり古い時点における状況のデータを見ながら判断をすることになるわけでございます．

そのようなことで，第１回目におきます県の処分あるいはそれの同時点におけるデータをもとに踏まえまして，環境庁における裁決処分といいますのはそういうことで判断されるわけでございますが，その後に患者さんの方では病状の変化等を踏まえて再申請なされ，新しい時点におきますデータを踏まえてのまた判断が行われるわけでございますので，そういう面におきましては，環境庁の裁決の時のデータと，それから再審査請求におきますデータといいますものはおのずから異なるものでございますから，そういう面におきましては判断が異なることもあり得るだろうというぐあいに思うわけでございます．これは御案内のとおり，水俣病が，先ほどもお尋ねもございましたけれども，年齢あるいは経過に従いまして症状が発現してくることもあり得るわけでございますので，そういう事態も起こり得るということで御理解をいただきたいというように思っております．

それから，第２点の解剖所見のお話でございますが，解剖所見につきましても，臨床所見を裏づけする資料という形で私ども取り扱っておるわけでございまして，この解剖所見あるいは臨床所見等を総合的に判断した上で個々のケースについての認定棄却を行うわけでございます．このようなことで，先生から御指摘ございました個々の方々につきましても，時間的なずれといいますか，時間的な経過に従いまして判断をすべき資料が異なるということによります結果の違いであろうというぐあいに理解いたしておるところでございます．

近藤忠孝君　要するに，新法で認定になったのは，その後の症状の変化ということが今の説明だったわけですね．

そこでちょっと確認しますが，我々は新次官通知というのは後退だということでずっと議論をしてきて，それに対して環境庁側は同じなんだというんですが，きょうはその問題は別にしまして，この新次官通知について，その前提となってきた，その少し前の企画調整局環境保健部長の「後天性水俣病の判断条件について」という通知がありますね．それによりますと，感覚障害，運動失調等々幾つかの症状を挙げて，それが全部出なくてもいいんで，幾つかの症状の組合せがあればいいということで，第２項の（２）のアからエまでそれが列記されていますね．だからこれはそれに当たればいいんじゃないか．だから，水俣病と認定されるためには一つは曝露，それから本人の水俣病と見られる訴えが存在する，そしてあとは幾つかの症候の組合せということでいいんだと思うんですが，まずそれだけ簡単に確認しておきます．

政府委員（長谷川慧重君）　先生から御指摘ございました52年７月の環境保健部長通知でございますが，先生からお話ございましたように，「有機水銀に対する曝露歴」，それから「次のいずれかに該当する症候の組合せ」ということで部長通知で示しているところでございますが，これらの症候あるいは曝露歴といいますものを総合的に，高度な学識と豊富な経験に基づく先生方のお集まりの場で総合的に判断をして，個々の申請者につきまして水俣病であるかないかの判断をしておるということでございます．

近藤忠孝君　そこで，先ほど私が名前を挙げた５人のうち，村上福松さんと鈴木イチさんについて，今年の１月31日に，上田長官のおそらく初仕事かもしれませんが，裁決がありましたね，要するに原処分は違法だったというんですが，これを見てみますと，最後の「判断」のところで，いずれも曝露歴があること，それから水俣病に見られることのある自覚症状を訴えているということを認め，その後こう言っています，「一方，同人の処分時の症候については，感覚障害，視野狭窄，眼球運動異常及び静止時振戦が認められ聴力障害が疑われる．」そして村上さんの場合には運動失調が疑われる，こう言っているんですね．となれば，私たちは後退したと思っている新次官通知によっても，先ほど申し上げた運動失調が疑われても，平衡機能障害あるいは求心性視野狭窄が認められればいいんだというんですよ．これは現に認められているんです．ところがこれを棄却ですね．

だから，先ほど部長は，その後新たな症状の変化で最近認定されたんだと言うんだけれども，大体我々後退したと思っている新次官通知の基準に合致しているやつ，それを最近棄却したじゃないですか．一体これはどういうことなんですか．

それから鈴木イチさんについては，これはハッキリと運動失調は認められているんです．こういう場合，これは明らかにアからエのうちに完全に合致するんですよ．それをその後また典型的な感覚障害じゃないとか，余計な条件つけちゃったんですね．新次官通知さえ守っていないじゃないですか．一体これはどういうことなんですか．先ほどの部長の答弁は，その後の症状の進行によって認められたと．とんでもないことです．もともと患者だったんだ，これは．

政府委員（長谷川慧重君）　お答え申し上げます．

感覚障害に関する御意見の違いではなかろうかなというように思うわけでございますが．私ども，有機水銀によります水俣病に見られます感覚障害と申しますのは，先ほどの52年7月の部長通知にも書いてございますけれども，「四肢末端ほど強い両側性感覚障害」，これが水俣病に見られます感覚障害でございます．こういう感覚障害でありますればそれは感覚障害が認められるということになろうかと思うわけでございますが，先生が例示されましたお2人の方々につきましては，そういう面での感覚障害ではなかったというようなことから，この方々につきましては水俣病ではないという県の処分が妥当であるといいますか，同じ判断で棄却処分をしたということでございます．

近藤忠孝君　最近この人々が患者と認定されたというのは，今部長がいった典型的な症状があったから認めたんでしょう．なければ認めるはずないんですよね．となれば，当時はそいつを十分認識し得なかったんじゃないですか．それがほかの症状が全部ありながら感覚障害だけがその後発展したと，そんなばかな話はないんですよ．水俣病は全身病なんだからね．水銀の影響があるから既に他の症状が全部あらわれておったんです．たまたまその当時感覚障害で今言ったような問題があったとしましても，しかしそれは全体から見れば水俣病だったんですよ．それがその後感覚障害だけがあなたが言ったような発展するはずないんですから，全身病なんだから．そういう意味では，大体あなた方が出したこの次官通知すら守っていないんですよ．

それで，私は，この水俣病の患者の皆さん――時間がないからこちらで言ってしまいますけれども，本当に人間として扱われているんだろうか，こういうちゃんと後退したと思われているような通知がある．それで今まで棄却されている．多くなった．しかし考えてみたら，これさえ守っていないんだから棄却されるのは当たり前なんです．だから棄却が確実な検診を拒否するんですよ．受ければ棄却されて，わずか1年間でも医療費もらえないんだから．しかもそのことが極貧の状況にある人々にとっては耐えられない．だから，東京におったんじゃなぜ検診拒否するのかわからない．これが現状なんですね．

まさに私は，こういう本当に後退した次官通知すら守っていないという環境庁が，延長をして促進なんて言っているけれども，促進なんかできるどころか棄却が余計ふえるだけだと私は思うんです．こういう批判に対してどうお答えになりますか．

政府委員（長谷川慧重君）お答え申し上げます．

先ほども申し上げましたように原処分主義ということでございますので，申請のありました時点におきます症状におきまして判断をそれぞれ行うわけでございますから，先生のお話のお2人の方々につきましては，当初の申請時点におきましては，そういう面での感覚障害がはっきりしなかった，明らかでなかったということから棄却処分されたわけでございますが，その後病状がはっきりしてまいりまして，そういう四肢末端ほど強い感覚障害があらわれたというようなことから，再申請の結果，審査会におきましての認定というぐあいに処分されたというぐあいに思うわけでございます．

そのような面で，私どもできるだけ申請のありました申請者の方々につきましては，その症状を，患者の状態を配慮しながら的確にとらえるべく努力いたしておるところでございますが，今後ともそういうような形に努めまして，できるだけ申請者の方々の病状を的確にとらえるように努めてまいりたい．そういうデータに基づきまして審査会におきましてはそれぞれ専門の方々によります判断をしていただく．また，その結果におきまして申請者の方々の意に沿わなかった場合におきましても，症状が加わる，あるいは明らかになった場合におきましてはさらに再申請をしていただきまして，もう一度きちっとした検診，審査を行って，患者さんにつきましては1人でも見落としのないような形の救済といいますか，そういうものについて心がけてまいりたいというぐあいに思っておるところでございます．

近藤忠孝君　問題たくさんありますけれども，時間来ましたのでやめます．

委員長（穐山篤君）　他に御発言もなければ，本案に対する質疑は終局したものと認めて御異議ございませんか．

（「異議なし」と呼ぶものあり）

委員長（穐山篤君）　御異議ないと認めます．

それでは，これより本案の討論に入ります．

御意見のある方は賛否を明らかにしてお述べ願います．

近藤忠孝君　私は，日本共産党を代表して，自民党提出，衆議院送付の水俣病の認定業務の促進に関する臨時措置法の一部を改正する法律案に対する反対討論を行います．

改正案は，昭和44年から49年の間に県などに認定申請した者で未処分のものが，本年9月30日を限度として環境庁長官に対して認定申請ができるとしたものを，さらに3年間延長し昭和62年9月30日までできることとするものであります．

臨時措置法施行後の4年間の経過を見ますと，本法の認定率は72名中20名となっていますが，県を含む水俣病認定業務全体としてみれば，この法律とセットで出された新事務次官通知発効後の患者認定率は，それ以前の半分以下に大きく落ち込んでおります．このことからも，本法律制定を含む当時の水俣病関係閣僚協の決定の本質が患者切り捨てにあったことは事実によって証明されているのであります．

今回の延長は，第1に，対象者が既に約430名と現在の申請者全体の1割以下にまで減少しており，改めて延長することは形だけのものにすぎないこと，第2に，これが依然として悪名高い新事務次官通知とセットである点に変わりはなく，さらにこの新事務次官通知で確認されている基準にすら従わない環境庁のもとでは，今後この臨時措置法により事実に反した棄却がふえこそすれ，認定の促進が期待できる根拠は全くないこと．第3に，認定業務は自治体の事務であるという公害健康被害補償制度の大原則を崩したものであること．第4に，棄却された場合，環境庁長官への異議申し立てが却下された後は行政不服審査の道が閉ざされていること．第5に，今回の延長措置は，国や県の怠慢による認定業務のおくれを不作為の違法とした判決及びこの判決に基づき国，県に対し認定待ちの待たせ賃を払えという判決など，一連の裁判対策と，県や患者に対し国も努力しているとの体裁を繕うためのものであります．

国や自民党が本当に認定業務を促進するというのであれば，まず何よりも環境庁が，環境庁に対してなされた旧法に基づく不服申し立てに対して根拠もなく棄却している事態を強く反省し，旧事務次官通知から大幅後退した現行の新次官通知を撤回し，旧通知の精神に沿って進めること．熊本県などの認定審査会に患者を日常的に診療している主治医を大幅に加えて，その機能を拡充強化すること，多くの患者から事実上棄却のための資料作りと批判されている検診業務の実態や，患者に対する偏見に満ちた検診の姿勢を根本的に改め，患者に十分信頼されるような方法に改善すること，認定申請者への治療研究費支給事業を1年経過のものに限定せず，申請即医療費支給の制度に改めることなどの措置を講ずるべきなのであります．このことをせずに本法律の3年間延長の措置によっては水俣病認定業務の真の促進とはなり得ないと思われます．

環境庁がこれらのことを直ちに実施するよう強く要請いたしまして，自民党提出，衆議院送付の改正案に反対の討論といたします．

委員長（稲山篤君）　他に御意見もなければ，討論は終局したものと認めて御異議ございませんか．

（「異議なし」と呼ぶ者あり）

委員長（稲山篤君）　御異議ないと認めます．

それでは，これより採決に入ります．

水俣病の認定業務の促進に関する臨時措置法の一部を改正する法律案を問題に供します．

本案に賛成の方の挙手を願います．

（賛成者挙手）

委員長（稲山篤君）　多数と認めます．よって，本案は多数をもって原案どおり可決すべきものと決定いたしました．

この際，山東君から発言を求められておりますので，これを許します．山東君．

山東昭子君　私は，ただいま可決されました水俣病の認定業務の促進に関する臨時措置法の一部を改正する法律案に対し，自由民主党・自由国民会議，日本社会党，公明党・国民会議，民社党・国民連合及び参議院の会，各派共同提案による附帯決議案を提出いたします．

案文を朗読いたします．

水俣病の認定業務の促進に関する臨時措置法の一部を改正する法律案に対する付帯決議（案）

政府は，水俣病患者が1人でも見落とされることのないように，全部が正しく救われるような精神にのっとり，左に事項について適切な措置を講ずべきである．

一．昭和51年12月の熊本地裁の確定判決の趣旨を踏まえ，認定業務の不作為違法状態を速やかに解消する措置を講ずるとともに，認定業務に関し法の救済の精神を尊重して，患者との信頼回復に努めること．

右決議する．

以上であります．

委員各位の御賛同をお願いいたします．

委員長（稲山篤君）　ただいま山東君から提出されました附帯決議案を議題とし，採決を行います．

本附帯決議案に賛成の方の挙手を願います．

（賛成者挙手）

委員長（稲山篤君）　全会一致と認めます．よって，山東君提出の附帯決議案は全会一致をもって本委員会の決議とすることに決定いたしました．

ただいまの決議に対し，上田環境庁長官から発言を求められておりますので，この際，これを許します．上田環境庁長官．

国務大臣（上田稔君）　ただいまの御決議につきましては，その趣旨を体しまして努力いたします．

委員長（稲山篤君）　なお，審査報告書の作成につきましては，これを委員長に御一任願いたいと存じますが，御異議ございませんか．

（「異議なし」と呼ぶ者あり）

委員長（稲山篤君）　御異議ないと認め，さよう決定いたします．

本日はこれにて散会いたします．

午前11時57分散会

＊Y氏の事件に関連する部分のみを抄録．

188　和解勧告について　1990.9.28

2.9.28　東京地裁和解勧告

和解勧告について

1　現在当庁に係属している水俣病訴訟の原告数は約400名に及んでおり，当庁以外にも福岡高等裁判所，熊本，大阪，京都，福岡の各地方裁判所に同種の訴訟が係属しており，当庁係属原告を含めた原告数の合計は約2000名に達しようとしている．当裁判所は，昨年12月8日，原告75名(水俣病患者と主張する者本人61名，死亡者4名が水俣病患者であったと主張するその相続人15名(内1名は水俣病患者と主張する本人でもある))についてその審理を遂げ，弁論を分離終結し，判決言渡しに向けて鋭意その作業を継続中である．もとより当裁判所が審理を遂げた一部の原告について弁論を分離した上で先に判決を言い渡そうとしたのは，原告数が約400名という多数に及び，その全員について審理を遂げた上で判決を言い渡そうとすれば更に数年に及ぶ年月を要するという状況においては，先に審理を遂げた一部の原告を対象として現時点において当裁判所の法的判断を示すことが，判決対象原告のみならず，当裁判所に係属している水俣病訴訟全体の解決にとって意味があるものと考え，さらには，混迷を極めている水俣病紛争全体の解決にとっても何らかの意義を持ち得ることを期待してのことにほかならない．

しかしながら，紛争全体の一方式としての判決については，いずれの当事者にも，これに対する不服の申立てが権利として法律上保証されており，当裁判所が予定している第一次判決がどのように法的判断を示そうとも，それが本件水俣病紛争の全面的な解決にとってどの程度貢献できるものなのかは予測の限りではない．そして，もし本件のような膨大な規模の事件については最上級審の判断まで求められるとするならば，それが示されるまでには相当の年月を要するものと推測される．

2　本件においては，原告らが水俣病に罹患していると認めることができるのかというそもそもの出発点において既に当事者間の見解の対立が顕著である．どのような症状があればどの程度水俣病の蓋然性があるものと判断ができるかという問題は，現在の医学的知見に照らし冷静かつ科学的に判断されるべき問題であり，対象者の症状が比較的軽度になっていくにつれ，最終的に正常人又は類似症候をもつ他の疾患との鑑別が困難になっていることは理解できる．そして，未解明の領域については今後も医学的研究対象として研究が継続されていくことが期待されるのであるが，このような問題に関する医学的議論は永久に終わらないとも思われるのであって，水俣病紛争の全体的な解決のためには，どこかの時点でその時点における医学的，科学的知見を冷静にみつめつつ，話し合いによる解決を図るほかにはないように思われる．当裁判所としては，この時点において，水俣病研究に携わってきた科学者が紛争の解決のために英知を示すことを期待するものである．

3　現在の水俣病被害者の補償のシステムは，昭和48年に被告チッソ株式会社と水俣病被害者団体との間で締結された補償協定に基づき，公害健康被害補償法による認定を受けた場合には被告チッソ株式会社から補償を受けることができるという形になっていて，同法に基づく認定が被告チッソ株式会社から補償を受けることができる者とそうでない者を選別する機能を営んでおり，棄却処分を受けた場合には昭和61年6月に発足したいわゆる特別医療事業による助成を受けることのできる場合があるにすぎないこととなっている．しかし，右のような既存の制度だけで現在の水俣病紛争の解決を図ることには限界があるとも思われるところである．

4　本件のような多数の被害者を生んだ歴史上類例のない規模の公害事件が公式発見後34年以上が経過してなお未解決であることは誠に悲しむべきことであり，その早期解決のためには訴訟関係者がある時点で何らかの決断をするほかはないものと思われる．当裁判所としては，この時点において，すべての当事者と共に水俣病紛争解決の認められる道を模索することが妥当と判断し，ここに和解の勧告をすることとする．

189　水俣病訴訟に関する国の見解について　1990.10.26

平成2年10月26日

水俣病訴訟に関する国の見解について

環　境　庁
厚　生　省
農林水産省
通商産業省

水俣病問題は，我が国において発生した公害問題の中でも甚大な被害をもたらしたものであり，国としてもその早期解決に向けて努力すべきものと認識している．

水俣病に関しては，原因企業に加え国及び熊本県を被告とする損害賠償請求訴訟が多数提起されており，そのうちのいくつかにつき裁判所から和解の勧告がなされているところである．

これらの訴訟の主な争点は，①国及び県に水俣病の発生，拡大の防止に関する賠償責任があるか否か(責任論)，②原告らが水俣病の患者であるか否か(病像論)であるが，これらはいずれも，国の行政の在り方に深くかかわる問題を含んでおり，これらに関する当事者双方の主張には大きな隔たりがあって，以下に述べるように，これらの訴訟について当事者双方が容認し得る和解の合意が得られるとは到底考えられないところである．

(責任論)

本件訴訟においては，水俣病の原因物質を排出したチッソ㈱に賠償責任があるのみならず，国及び県についても規制権限不行使等による国家賠償法に基づく賠償責任が存在するか否かが争点となっている．特に，この場合の国の責任とは，水俣病の発生，拡大の防止に関し法的責任があり，国費をもって賠償を行う義務があるか否かということであって，国民の福祉の向上に努めるという国の行政上の責務とは性格を異にするものである点に留意する必要がある.

原告側は，水俣病の発生，拡大の防止に関し，食品衛生法，漁業法，水産資源保護法，(旧)公共用水域の水質の保全に関する法律，(旧)工場排水等の規制に関する法律等を根拠にして，所管の行政庁が適切かつ時宜を得た規制権限の行使等を怠ったことによる国家賠償法上の賠償責任があると主張するが，国としては，原告側が主張するような規制権限の法的根拠はなく，水俣病の原因物質も明らかになっていなかった当時の状況のもとで，行政指導を中心にできる限りの対応をしたものであり，水俣病の発生，拡大の防止に関し賠償責任はないと考えている.

具体的には，

① 食品衛生法による規制については，上記のように原因物質が判明しておらず，かつ，有害な魚種，その漁獲場所等も特定されていなかったので，販売禁止等の強制的な処分は不可能であったこと，また，水俣湾産の魚介類の摂取を避けるよう行政指導を行う等できる限りの措置をとっていたこと

② 漁業規制については，漁業法による漁業権の取消し等の権限が行使できるのは，漁業調整等に必要な場合に限られており，また，水産資源保護法及び県漁業調整規則に基づいては，チッソ㈱の工場排水の停止を命ずる権限はなかったこと

③ (旧)公共用水域の水質の保全に関する法律及び(旧)工場排水等の規制に関する法律による規制については，水質保全に関する我が国で初めての法律の施行(昭和34年4月)の直後であり，新たに規制すべき水域の指定と水質基準の設定につき全国的な調査研究を進めている状況にあったため，現実にこれらの法規に基づく権限を行使し得る前提条件が存しなかったこと

④ このほか，国は昭和34年，チッソ㈱に対し，排水処理施設の早期完備の要請等可能な限りの行政指導を行ったが，相手方の協力を前提とする行政指導によっては，それ以上の措置を講じさせることは困難であったこと

等から，水俣病の発生，拡大の防止に関し賠償責任はないことを各訴訟において主張しているところである.

そもそも，本件のような場合に国の賠償責任を認めるかどうかは，本件訴訟における問題にとどまらず，国は国民の活動にどの段階で，あるいは，どこまで介入すべきかという国の行政の在り方の根幹にかかわる問題であり，国が責任を持つべき分野を過大に広く認めるならば，過剰な規制を行わざるを得なくなるおそれすらある．加えて，この問題は，究極的には，何らかの損失が生じた場合にどこまで国民全体の負担によりそれを補填すべきかという問題でもあり行政としてゆるがせにできない重要な問題であって，国の責任の有無については，原告側との間で妥協を図ることのできる性質の問題ではないものと考える.

(病像論)

損害賠償が認められるには，原告らが水俣病による被害を受けていることが前提となるが，本件訴訟においては，原告が訴えている症状が水俣病によるものであるかどうかが，もう一つの大きな争点である.

水俣病被害者の救済に関しては，昭和44年から(旧)公害に係る健康被害の救済に関する特別措置法，その後は公害健康被害の補償等に関する法律による救済が制度化されており，自らが水俣病であると考える者は，認定申請を行い，審査を受ける道が開かれている．国においては，法に基づき関係地方公共団体と一体となって水俣病被害者の救済に努め，これまでに2900名余の者を認定しているところである.

この認定制度は，医学を基礎として公正な救済を進めることを旨として実施してきており，初期の水俣病患者にみられた急性劇症型や典型的な水俣病患者はもちろんのこと，症状の揃わない不全型や軽症例を含め，高齢化や合併症の影響がみられる場合であっても，医学的に水俣病と診断し得るものは広く水俣病と認め救済を図っているものである.

この判断条件は医学界の定説を踏まえた適切なものであり，昭和60年の「水俣病の判断条件に関する医学専門家会議」においても，改めてこれが妥当なものであるとの見解が示されているところである．原告側はより緩やかな基準によるべきものと主張しているが，これは医学的根拠に乏しいものというべきものである．いずれにせよ，水俣病であるか否かの判断については，医学的根拠を離れて，当事者間の交渉等により中間的な基準を設け得るといった性質のものではなく，このような対応は採り得ない.

これらの訴訟で争われているような，法に基づく国の行政の在り方の根幹にかかわる紛争の究極的な解決は，判決というかたちでなされるべきものと考えており，各地の水俣病訴訟のなかには，昨年12月に結審したものもあることから，裁判所の公正な判断ができるだけ速やかに出されることを期待しているところである．したがって，現時点において和解勧告に応じることは困難である.

190 「今後の水俣病対策のあり方について」の概要　1991.11.26

「今後の水俣病対策のあり方について」の概要
(平成3年11月26日，中央公害対策審議会答申)

(問題の現状)

・認定申請が続き，相当数の未処分者が存在．損害賠償を求める訴訟が多数提起，

・その要因として，水俣病発生地域において健康に関する特別の問題が存在.

① 過去に水俣病発症に至らなくとも様々な程度でメチル水銀を摂取している可能性が考えられ，これが何らかの健康上のリスクとなっているのではないかと受け止められている

② 公健法等の認定の範囲に含まれない者の中にも水俣病にもみられる神経症候の訴えがみられ，これが水俣病によるものではないかと考えられている

(水俣病発生地域住民に係る環境保健上の留意点)
・様々な程度でメチル水銀を摂取，周辺に水俣病が発生
→ 自らの健康状態について不安を抱いている者が少なくない状況
(水俣病に関する医学的知見)
・判断条件は医学的知見を基に取りまとめられたもので，これに変更が必要となるような新たな知見は示されていない
・四肢末端の感覚障害のみで水俣病とすることには無理がある．
・水俣湾周辺では昭和44年以降，阿賀野川流域では41年以降，水俣病が発生する可能性のあるメチル水銀曝露はない
(今後の対策のあり方)
① 健康管理事業[1]
(趣旨)メチル水銀の曝露を受けた可能性がある住民に健康管理を行うことにより，健康上の不安の解消を図るとともに，このような者の長期的な健康状態の解明に資する
(事業内容)健康状態の検診・事後指導，相談事業・普及啓発事業，知見の収集解析
② 医療事業[1]
(趣旨)水俣病とは認定されないが四肢末端の感覚障害を有する者の医療を確保することにより原因解明及び健康管理を行い，もって地域における健康上の問題の軽減，解消を図る
(事業内容)療養費(医療費の自己負担分)及び療養手当(医療に係る諸雑費としての定額)の支給
(対策の考え方)
・水俣病と判断することが医学的には無理がある以上，行政として汚染原因者の損害賠償責任を踏まえた対策を行うことは不適当
・自ら水俣病であると考えることには無理からぬ理由があり，健康に関し特別の問題を有しており，対象者の年齢層が高いことからも，その解決が強い社会的要請
→ 現段階において適切な対応を行う必要性
③ その他[1]
・認定業務の一層の推進，水俣病に関する調査研究の推進，水俣病認定患者に係る対策の検討

(1) タイトルをマーカーで強調.

191 水俣病総合対策実施要領の概要* 1993

水俣病総合対策実施要領の概要

1 目的

水俣病発生地域において，過去に通常のレベルを超えるメチル水銀の曝露を受けた可能性がある者に対し健康診断等を実施するとともに，水俣病とは認定されないものの水俣病にもみられる四肢末端の感覚障害を有する者に対して，医療費及び療養手当を支給することにより，これらの者の健康管理及び症候の原因解明を行い，もって当該地域における社会問題ともなっている健康上の問題の軽減・解消を図る．

2 実施主体 熊本県，鹿児島県及び新潟県

3 健康管理事業

(1) 健康診査

・対象者…昭和43年12月31日以前(新潟県においては40年12月31日以前)に対象地域(通常のレベルを超えるメチル水銀の曝露の可能性があったと認められる地域として関係県知事が定める地域)に居住し，現在も対象地域に居住している者

・既存の健康診査制度を活用して実施する場合，既存の健康診査結果を活用する．

・必要がある場合は，健康診査後の指導を行う．

(2) 健康相談，普及啓発

対象地域に居住している者に対し，健康相談，普及啓発を実施する．

(3) 実施体制の準備・運営

健康診査データの分析等を行うため，コンピューターオンラインシステムを樹立する．

(4) 評価・管理

・健康管理事業の評価，管理のため，重点実施地区事業，特定地域健康管理評議会及び特定地域健康管理従事者研修会を実施する．

(備考)平成4年度は，主として重点実施地区事業，特定地域健康管理評議会及び研修会を実施し，健康診査等の健康管理事業の本格的な実施は5年度以降となる．

4. 医療事業

(1) 対象者

・昭和43年12月31日以前(新潟県においては40年12月31日以前)に対象地域(通常のレベルを超えるメチル水銀の曝露の可能性があり，水俣病患者が多発した地域として関係県知事が定める地域)に相当期間居住しており，かつ，水俣湾又はその周辺水域(新潟県においては阿賀野川)の魚介類を多食したと認められる者

・昭和43年12月31日以前(新潟県においては40年12月31日以前)に水俣湾又はその周辺水域(新潟県においては阿賀野川)の魚介類を多食したと認められる者であって関係県知事が適当と認める者

・公健法等の認定者及び認定申請者は対象としない．

(2) 申請等

・療養手帳の交付を受けようとする者は，次の資料を添えて，関係県知事に申請する．

① 通常のレベルを超えるメチル水銀の曝露を受けた可能性があることを証する次のいずれかの資料

・昭和43年12月31日以前(新潟県においては40年12月31日以前)に対象地域に居住していたことを証する資料及び水俣湾又はその周辺水域(新潟県においては阿賀野川)の魚介類を多食したことを証する資料

・その他関係県知事が定める資料

② 特定症候についての関係県知事が指定する医療機関の医師の診断書(審査会資料で代えることができる)

・関係県知事は，申請を受理したときは，審査し，要件に該当すると認めた場合は，療養手帳を交付する．

・関係県知事は，療養手帳を交付するに当たっては，あらかじめ，学識経験者からなる判定検討会の意見を聴くとができる．

・療養手帳は，３年の経過により，更新を要する．

・申請は，１回に限る，

・申請は，平成７年３月31日までにしなければならない．

(3) 療養費，療養手当の支給等

・関係県知事は，療養手帳の交付を受けた者が特定症候に関連して社会保険各法の規定による療養を受けたときは，療養費(社会保険の医療費の自己負担分)及び療養手当(医療に要する諸雑費として定める額)を支給する．

(療養手当の額)

・入院による療養を受けた者…１月につき22000円

・通院による療養を受けた日数が２日以上の70歳以上の者…１月につき20000円

・通院による療養を受けた日数が２日以上の70歳未満の者…１月につき16000円

・関係県知事は，療養費の支給について，医療機関に直接支払うことができる．

・療養手当は，療養手帳の交付を受けた者又はその配偶者若しくは生計を維持する扶養義務者の前年分の所得税額が295万円を超えるときは，その年の６月から翌年の５月までは支給しない．

・関係県知事は，療養手帳の交付を受けた者が特定症候に関連して，はり･きゅうを受けたときは，はり･きゅう施術費を支給する．

5 国の補助

国は，予算の範囲内において，関係県がこの事業のために支出した費用に対し，その２分の１を補助する．

6 要綱の適用時期

この補助事業の交付要綱は，平成４年５月１日から適用する．ただし，療養費，はり・きゅう施術費及び療養手当の支給に関する規定は，同年６月１日以降に受けた療養又ははり・きゅうの施術について適用する．

(備考)

・従来，水俣病総合対策としていた処分困難者対策の経費については，公健法の認定業務の一環として，認定事務費交付金に統合して実施する．

・この補助事業の実施により，特別医療事業に係る公害医療研究費補助金は廃止する．

1 [1] 水俣病総合対策実施の経緯

・H3.11.26　中央公害対策審議会が「今後の水俣病対策のあり方について」を答申

・H4. 4.30　環境庁が水俣病総合対策補助金交付要綱(次官通知)及び実施要領(環境保健部長通知)を通知

・H4. 6.26　熊本県が医療事業実施要項及び健康管理事業実施要項を施行

・H4. 6.29　鹿児島県が水俣病総合対策医療事業実施要綱を施行

○ H4. 6.30　新潟県が水俣病総合対策医療事業実施要綱を施行

・H5. 4. 1　鹿児島県が水俣病総合対策健康管理事業実施要綱を施行

○ H5.10.29　新潟県が水俣病総合対策健康管理事業実施要綱を施行

(1) ２以下は公開文書中になし．

＊要領，要項，要綱と使い分けてあるが，原資料のまま．

192 チッソ株式会社の申立書　1996

申 立 書

平成８年　月　日

チッソ株式会社　御中

申立人　住　所

氏　名　　　　印

裏面記載の平成７年９月28日与党三党合意「水俣病問題の解決について」の内容を了承し，次のとおり一時金の支払に関して申立てをします．

申立人	住　所	〒　- 電話(　　)　-			
	ふりがな		申請者の区分	・医療事業対象者本人 ・相続人	
	氏　名 (旧姓)	(　　　　)			
	生年月日	明・大・昭　年　月　日	性別	男・女	
申立区分	(該当する記号に○印をつけ，必要事項をご記入下さい．)				
	A	現に総合対策医療事業の対象である方 (「療養手帳」をお持ちの方のことです．)			
	B	Aの総合対策医療事業の対象者で既に亡くなられている場合			
	C	申請受付再開後の総合対策医療事業で新たに対象となられた方 (「医療手帳」の対象となられた方のことです．)			
	D	B以外のお亡くなりになった方で，県に設置される判定委員会にCの申請受付再開後の総合対策医療事業の対象者と同等であるとの判断を委ねる場合 ・支払い対象者の判定に関しては，熊本県または鹿児島県に設置される判定委員会に委託することに同意します．			
対象者・判定対象者(故人)	(申立人が相続人の場合には本欄にもご記入下さい．)				
	ふりがな		性別	男・女	申立人との続柄
	氏　名 (旧姓)	(　　　　)			
	生年月日	明・大・昭　年　月　日			
	死亡年月日	昭・平　年　月　日			
	死亡時住所				

＜添付書類＞

(A)　現に総合対策医療事業の対象である方の場合

・医療手帳の写し(又は療養手帳の写し)

(B)　Aの総合対策医療事業の対象者で既に亡くなられている場合

・総合対策医療事業の対象者であったことの県の証明書

・相続人代表者の戸籍謄本

(C)　申請受付再開後の総合対策医療事業で新たに対象となられた方の場合

・医療手帳の写し又は判定結果の通知の写し

(D)　B以外のお亡くなりになった方で，県に設置される判定委員会に，Cの申請受付再開後の総合対策医療事業の対象者と同等であるとの 判断を委ねる場合.

・相続人代表者の戸籍謄本

＜提出先＞　チッソ株式会社　水俣本部

〒867　熊本県水俣市野口町 1-1

TEL　0966-63-5514

チッソ株式会社　本社総務部

〒100　東京都千代田区丸の内 2-7-3

TEL　03-3284-8405

チッソ株式会社　大阪支社

〒530　大阪市北区中之島 3-6-32

TEL　06-441-3251(代)

193　朝日新聞東京本社朝刊 1 面　29 面　　1999.1.19

〔朝日新聞記事　1面〕

環境庁、遺族に交付せず

水俣病認定の裁決書

熊本県の抵抗受け　照会に虚偽説明

熊本県に水俣病の認定申請をして棄却され、環境庁に不服の申し立てをしていた男性（故人、当時五七）とその遺族に対し、環境庁が解剖所見を基に水俣病であると認める裁決書を作成しながら遺族に交付せず、放置していたことが明らかになった。遺族側は知らされないまま一九九七年夏に申し立てを取り下げていた。同庁は解剖した脳の標本を基に、三人の専門家に判定を仰ぎ、水俣病と判断する根拠にしたが、熊本県と遺族に通知しなかったという。遺族側の問い合わせに、環境庁はそのつど、「審査中」と虚偽の説明をしていたとされる。

（29面に関係記事）

環境庁の内部報告書と複数の関係者の話によると、水俣市に在住していた元チッソ社員の男性は六二年ごろから下半身のしびれ、言語障害、視野狭さく、ふらつき歩行などの自覚症状が出始め、七四年三月に熊本県認定審査会に申請したが、複数の症状の組み合わせがないことを理由に棄却処分になった。

男性はこれを不服として、七九年十月、環境庁に不服の申し立てをしたが、三カ月後の八〇年一月、関東地方の病院で脳いっ血で亡くなった。遺族が大学で解剖してもらったところ、脳に有機水銀による病変が認められ、水俣病と診断された。解剖した大学の研究者が環境庁の水俣病総合研究班の検討会に症例を報告した。遺族側は八六年十月、その論文を同庁に提出、解剖所見に基づき審査を求めていた。

環境庁は、臨床で判断する認定審査会で棄却された後、病理解剖で水俣病の病変が認められた場合、どうするか検討。九一年に男性を解剖した大学から標本の提出を求め、三人の専門家に鑑定を依頼、二人が水俣病と鑑定した。小脳、延髄など脳や末しょう神経に水俣病特有の変化が確認されたことなどから、同庁は水俣病と判定した。

同庁は、従来、県が棄却した時に使った資料だけで判断する「原処分主義」を採用してきた。男性の場合は解剖所見で、県に申請する以前から脳に病変があったことがはっきりしたことや、不服申請してから亡くなるまでの期間が三カ月と短いことから、解剖所見を採用したという。

環境庁は九二年三月ごろ、男性を水俣病と認めて県の棄却処分を取り消す内容の裁決書を作成、当時の環境保健部長の決裁を受けた。長官の決裁を得た上、遺族と県に通知、認定されるはずだった。

だが、環境庁の動きを知った熊本県が「解剖所見の採用は原処分主義に反する」と抵抗したため、裁決書は部長決裁を得ながら棚上げ状態が続いたという。

九五年、未認定患者を救済する政治決着が図られ、男性の遺族側も「このまま待っても認められる可能性は薄い」（長男）と判断、九七年七月ごろ申請を取り下げ、二百六十万円の解決金を受けた。

男性の長男(50)は「環境庁は隠していた事実を説明し謝罪し、認定作業をやり直すべきだ」と話している。

環境庁によると、裁決書が県の処分を覆した場合、ほぼ裁決書に沿って水俣病と認定される、という。

決裁したといわれる当時の環境保健部長は「裁決書を決裁したかどうかについては記憶がない」と話している。

環境庁の緒方剛特殊疾病対策室長の話　過去のことについてはわからないのでコメントできない。

水俣病認定制度　認定は熊本、鹿児島、新潟の三県で行われ、県の認定審査会が審査。認定されると一千万－一千八百万円の補償金や年金をチッソ（熊本水俣病）や昭和電工（新潟水俣病）から受け取る。男性が認定された場合は金利などが加味され、約四千万円になる。

〔朝日新聞記事　29 面〕

水俣病認定裁決書隠し

いったんは部長決裁

環境庁　通知寸前に中止

環境庁による水俣病裁決書隠しに、関東地方に住む遺族や支援者たちは怒りの声をあらわにした。男性患者の遺族側は膨大な資料を同庁に提出、審査を急ぐよう求めたが、同庁はその都度、「審査の最中なので、待ってほしい」の一点張りだったという。環境庁の内部資料と関係者の話などから、過去の経緯を再現してみた。

（1面参照）

●血が出ても無感覚

関東地方に住む男性の長男(50)は、今も熊本県水俣市から上京してきた父と一緒に働いたところのことが忘れられない。

一九七八年、定年退職した男性は上京して、研磨業の仕事に就いた。「よだれがひどく、足元をふらつかせて転ぶことも多かった。包丁を研いで指を切っても痛みを感じない。『おれは水俣病なのに』というのが口癖だった」と長男は語る。

男性は八〇年一月に倒れ、意識不明のまま、約一カ月後に亡くなった。

●症状悪化して申請

水俣市生まれの男性は戦後チッソに入社、酢酸工場、硫酸工場などを転々とした。その間、親族の漁業の仕事を手伝い、タチウオ、タコ、イカ、ボラなどをとっていた。

自覚症状が顕著になったのは六二年ごろだ。手足のしびれ、ふるえなどが起き、よだれを流し始めた。やがて症状がひどくなり、七四年、認定申請に踏み切った。県の審査会で棄却され、七九年、支援者たちの助言で環境庁に不服の申し立てをした。

●ひそかに鑑定依頼

八六年十月、環境庁に男性の遺族から、論文が提出された。男性を診察した大学の医師が解剖所見を基に水俣病と判断していた。環境庁は、職権でこの医師から標本の提出を求め、水俣病研究で知られる三人の専門家に鑑定を依頼した。

特殊疾病審査室が「有機水銀中毒症」と判定した裁決書案は、当時の環境保健部長の決裁を得た。その後、企画調整局長、長官の決裁を得て、遺族と県に通知するはずだった。

通知を出す寸前、担当の特殊疾病審査室長が代わり、新室長は「県の理解が得られていない」として、執行を中止した。

裁決書作成、知らず

熊本県水俣病対策課の話　県の棄却処分を取り消す裁決書が作られていたことは知らなかった。県の審査は当然のことながら臨床所見で行うしかない。解剖所見を基に「認定は間違っていた」とされても受け入れられず、当時、原処分主義に反すると意見を言った。また、男性が亡くなった病院は県が解剖を委託していた病院でないうえ、その所見からは水俣病と判断できないと考えた。環境庁も最後まで判断をつけかねていたのではないか。

＊掲載している新聞記事は朝日新聞社記事の 14 版である．印刷される「版」の番号は数字が大きい記事の方が締め切りが遅いため最新の紙面となっている．現在，資料保存されている現物の多くは 13 版であり，確認できる紙面とは見出しや記事内容が異なる部分がある．以下 13 版に記載されている点で 14 版と大きく異なる部分のみ記す．

29 面中見出し「環境庁　トラブル恐れ？未通知」

記事内容

●ひそかに鑑定依頼　八六年十月，環境庁に男性の遺族から，ある論文が提出された．その五年前に，環境庁の「水俣病に関する総合的研究班」の報告書に収録された論文「関東地方在住水俣病の一部検例」，男性を診察した大学の医師が解剖所見を基に水俣病と判断していた．九一年中に鑑定結果が出そろった．二人は「慢性有機水銀中毒症」とし，一人は否定．先の論文と合わせて三対一になった．九一年暮れから九二年春にかけ，特殊疾病審査室が鑑定書をよりどころに裁決書を書いた．「有機水銀中毒症」と断定した裁決書案は，当時の環境保健部長の決裁を得た．その後，企画調整局長，長官の決裁を得て，遺族と県に通知するはずだった．

●「理解が得られぬ」　九一年ごろ同庁の動きを察知した熊本県は「病理標本から判断するのはおかしい．あくまでも県の審査会の使った資料で判断する原処分主義を守ってほしい」との声を寄せたという．同庁は「標本にある水俣病と示す病変は県が本人を診断する前からできていた」と反論していた．／通知を出す寸前，担当の特殊疾病審査室長が代わり，新室長は「県の理解が得られていない」として，執行を中止した．／九五年，未認定者の救済問題が政治決着した．遺族もその話を聞いた．「何回，環境庁を訪ねても審査の最中だというばかりだ．母も老いた」．長男は不服の申し立てを取り下げ，解決金を得ることを決心，九七年夏，二百六十万円を得た．

Ⅵ 参考資料

新聞報道リスト

新聞社名	年	月	日	新聞記事見出し
朝日	1999	1	19	環境庁，遺族に交付怠る／熊本県の抵抗受け 照会に虚偽説明／水俣病認定の裁決書
朝日	1999	1	19	いったんは部長決裁／環境庁 トラブル恐れ？未通知／水俣病認定裁決書隠し
朝日	〔1999〕	1	19	環境庁長官が調査指示／水俣病裁決書隠し
読売	〔1999〕	1	19	熊本県反対で翻す／水俣病認定の裁決書案／環境庁
西日本	〔1999〕	1	20	水俣病の認定留保／不服審査中，解剖で判明分／環境庁
毎日	〔1999〕	1	20	熊本県が抵抗，棚上げ／環境庁交付の水俣病認定裁決書／解剖所見採用に反論
日経	〔1999〕	1	20	水俣病認定を放置／環境庁，関係者聴取へ
熊日	〔1999〕	1	23	水俣病認定 再審査を／裁決書放置 環境庁に要望／遺族側
毎日	〔1999〕	1	23	審査のやり直し 遺族が申し入れ／水俣病認定棚上げ
朝日	1999	2	2	環境庁，遺族救済へ／手続きの不備，認める／「水俣病」未通知
東京	1999	2	5	救済へ審査再開／環境庁 認定放置で異例決定／水俣病死亡男性
日経	1999	2	5	不服審査を再開／環境庁「遺族説明に問題」／水俣病認定放置
毎日	1999	2	5	環境庁が審査再開／元チッソ社員の認定留保／水俣病
産経	1999	2	5	救済へ審査再開決定／水俣病裁決の長期放置問題／環境庁
朝日	1999	2	5	環境庁，認定手続きへ／水俣病裁決通知不履行／姿勢評価 疑問残る／「交付を中止」だれが判断／水俣病裁決書
産経	1999	3	31	20年ぶり「水俣病」と認定へ／昭和55年死亡の男性 県の棄却処分取り消し／環境庁
毎日	〔1999〕	3	31	元チッソ社員を水俣病と認定／環境庁
京都	1999	3	31	20年ぶり水俣病認定／元チッソ社員 環境庁，遺族に謝罪／熊本県反対で裁決棚上げ
東京	1999	3	31	申請20年，水俣病認定／環境庁，男性の遺族に謝罪
毎日	1999	3	31	環境庁，水俣病と認定／「処分棚上げ」の元チッソ社員／熊本県の棄却 取り消す裁決
朝日	1999	3	31	発病認める裁決書／環境庁 「ご遺族におわび」／「水俣病」未通知
日経	1999	3	31	環境庁が認定裁決／水俣病不服審査放置／長官「遺族に陳謝」
西日本	1999	3	31	水俣病と逆転認定／不服審査手続きに不備，再審査の男性／80年に死亡 遺族に長官が謝罪／環境庁
朝日	1999	4	6	20年ぶり逆転認定／環境庁の男性水俣病裁決で／熊本県
毎日	1999	4	6	元チッソ社員を水俣病逆転認定／熊本県が20年目に
日経	1999	4	6	熊本県も水俣病認定／25年ぶり 80年に死亡の男性
東京	1999	4	6	水俣病患者に熊本県が認定／申請から25年の故人
〔記載なし〕	〔1999〕	-	-	審査再開，逆転認定へ／水俣病，裁定書案長期放置／環境庁，不備認める／80年死亡の男性分
〔記載なし〕	〔1999〕	-	-	放置許した「密室裁決」／長期化の実態浮き彫り／水俣病不服審査不備

〔 〕は編者が追記した部分

*印刷される「版」の番号は数字が大きい記事の方が締め切りが遅いため最新の紙面となっている．資料保存されている現物の多くは最新版ではない．本資料内ではオリジナルを掲載するため，見出しは現在確認できる紙面とは異なる．

参考文献リスト

花田 昌宣

2006「水俣病事件研究の新展開に向けて：水俣学の課題ノート」『社会関係研究』11(1・2)：143-167

山口 紀洋

2006「Y 氏水俣病裁決阻止事件にみる認定行政の構造 (特集 水俣病とは何か -- 水俣病 " 公式確認 " 五十年 !)」『環』25：239-245

水俣病研究会

2000「資料 2 Y 氏裁決放置事件資料・資料 1 ～ 28」『水俣病研究』2：101-131

奥村 国彦

2000「Y 氏裁決放置事件事件経過 」『水俣病研究 』2：98-100

平郡 真也

2000「水俣病認定申請棄却処分に関する行政不服審査請求裁決放置事件 --Y 氏裁決放置事件 」『水俣病研究 』2：90-97

水俣病を告発する会

1999「闇に葬られかけた Y さん 20 年ぶりの認定―環境庁の裁決放置事件」機関紙「水俣」214：4

Y 氏裁決放置事件・年表

松永由佳・有馬澄雄

凡例

本年表は,『〈水俣病〉Y 氏裁決放置事件資料集』を利用する人たちの便を考えて作成したものである.

Y 氏が生まれた 1922 年を起点として,朝日のスクープで問題化した 1999 年までの Y 氏に関連する事項,および〈水俣病〉事件の進行を並列する形で構成した.

4 項目に分類し,1.Y 氏と遺族,2. 政府・環境庁,3. 県・市行政,4.その他に分けた.またその年のイメージを喚起できるように,主な出来事を列記し各年の仕切りとした.

「水俣病研究」第 2 号 2000 に掲載された,奥村国彦による「Y 氏裁決放置事件・事件経過」は,作成にあたって参考とさせていただいた.記して感謝したい.

記述の方法は,有馬編『水俣病－20 年の研究と今日の課題』1979 収録の年表,および「水俣病研究」第 2 号 2000 収録の「政治決着ドキュメント・年表」に準じたので,詳しくはこれらの文献を参照していただきたい.水俣病事件の経過は,西村幹夫による「現在からたどる水俣病事件の年表」が最も詳しいので参照にされたい.

また,組版上の制約があったため,月日のズレなどが多少生じたが,ご容赦願いたい.

Y氏・遺族	政府・環境庁
1922（大正11）年	1月;大隈重信国民葬 2月;ワシントン会議 3月;ヒンターカイフェック事件 4月;「サンデー毎日」創刊／帝国ホテル全焼 5月;刑事訴訟法公布 6月;加藤友三郎内閣
9.21 Y氏，水俣市に生まれる	
1946（昭和21）年	1月;国際連合安全保障理事会第1回開催 2月;公職追放令公布 3月;労働組合法施行 4月;ひめゆりの塔建立 5月;第1次吉田茂内閣 7月;日本新聞協会設立
8.- Y氏，復員後，旋盤工として新日本窒素肥料株式会社に入社	
1956（昭和31）年	1月;スーダン，イギリスから独立 3月;モロッコ，フランスから独立／フルシチョフ，スターリン批判 6月;グランドキャニオン空中衝突事故 7月;エジプト，スエズ運河を国
1957（昭和32）年	1月;南極に昭和基地建設 2月;ジラード事件 5月;そごう東京店開店 7月;岸改造内閣 9月;日本原子力研究所実験用1号原子炉完成 10月;ネルー首相来日／三原
Y氏に，手足の痺れ，震えなどの異常に気付く（※「水俣病に関する総合的研究」で佐藤猛らは，自覚症状は「1962年頃から」と記載.「現地審尋実施結果」では「1957～1958年頃から」とある）	
	9.11 厚生省，県の紹介に対し「湾内魚介類がすべて有毒化した根拠はなく，食品衛生法の適用は不可」と回答
1958（昭和33）年	1月;第2次南極観測隊 2月;ロカビリー時代 3月;東富士演習場使用反対デモ 4月;ミリ波電子管 6月;第2次岸内閣 9月;狩野川台風による伊豆水害 11月;浅間山噴火
	7.7 厚生省公衆衛生局長，厚生科学研究班の報告に基づき「水俣工場廃水が水俣湾を汚染し，魚介類が有毒化．その多量摂食で人が発症」と関連省庁や県・市町村に通達
1959（昭和34）年	1月;米ソ外相会談 2月;ディアトロフ峠事件 6月;シンガポール独立 7月;安保粉砕総決起大会 9月;伊勢湾台風 ／フルシチョフ・アイゼンハワー会談 10月;日本シリーズ
	11.12 厚生省食品衛生調査会，「水俣病はある種の有機水銀化合物が原因」と大臣に答申．水俣食中毒特別部会は解散
	12.25 厚生省，水俣病患者診査協議会を設置－患者認定制度はじまる
1960（昭和35）年	1月;安保新条約調印式 4月;三池争議／セネガル独立 5月;チリ地震津波被害／トランジスタテレビ 6月;ハガチー事件／安保批准書交換 7月;岸首相殺傷事件／池田

県・市行政	その他
7月;日本共産党結成　8月;日本経済連盟会設立　10月;シベリア出兵　11月;トルコ革命／チリ地震　12月;ソビエト連邦成立　この年:芥川龍之介「トロッコ」	
8月;経済団体連合会創立　9月;生活保護法公布　11月;日本商工会議所設立　この年:フランス銀行国有化／イタリア共和国成立／インドネシア共和国独立宣言	
有化　10月;日ソ共同宣言　11月;ハンガリー動乱　12月;国連加盟／石橋内閣成立　この年:都電が10円から13円に／比叡山延暦寺消失／メルボルンオリンピック	
	5.1　新日窒水俣工場附属病院(細川一院長), 水俣保健所(伊藤蓮雄所長)に「類例のない疾患発生」と報告－水俣病の公式確認 11.3　熊本大学水俣病研究班, 第一回報告会. ある種の重金属が原因, 人体への侵入は魚介類による. 汚染源として水俣工場廃水が疑われる, と結論
山噴火　11月;宇宙犬「ライカ」　この年:戦後最大の株式暴落／たばこ自動販売機登場／100円硬貨発行／NHK, FM放送開始／セルフサービス店急増	
3.4　熊本県, 第一回水俣奇病対策委員会 3.26　水俣市議会奇病対策特別協議会, 初会合 伊藤水俣保健所長, 湾産魚介類の投与ネコ実験開始－すべて発症	1.17　水俣漁協, 水俣工場に対し①汚悪水の海面放流禁止, ②放流する場合は無害を証明せよと申し入れ 8.1　水俣奇病罹災者互助会(のちの水俣病患者互助会)結成
12月;皇太子さま, 美智子さまとご婚約／東京タワー竣工　この年:関門国道トンネル開通／阿蘇山爆発死者12名／1万円札発行／フラフープ／映画＜わたしは貝になりたい＞	
	7.14　新日窒,「水俣奇病に関する当社の見解」で反論 9.-　″水俣工場, アセトアルデヒド工程の排水路を変更し, 八幡プールから水俣川河口に放流 －汚染が水俣地域から不知火海全域へと拡大″
MVPに杉浦忠　11 月; 60年安保闘争　この年 : メートル法施行／キューバ革命／NHK教育テレビ, 日本テレビ, フジテレビ開局／東海道新幹線起工式／ミッチーブーム	
	7.22　熊本大学研究班,「水銀が注目される」と病因として有機水銀説を公式発表 8. 6~29　水俣漁協, 水俣工場と漁業補償交渉. 交渉は紛糾し斡旋委の斡旋で3500万円で妥結－－第一次漁民闘争 10.6　水俣工場付属病院の細川医師によるアセトアルデヒド廃水投与ネコ実験で400号ネコ発症－汚染源を内部で明らかにするが, 工場幹部は実験禁止し秘匿した 10.17~12.17　不知火海沿岸漁協, 漁業補償をめぐり水俣工場と交渉. 工場内に乱入し警察官と衝突するなど紛糾. 漁業紛争調停委の調停により漁業補償1億円で妥結 12.30　新日窒・患者互助会, 調停案を受諾し見舞金契約を締結
内閣成立　8月;ローマ五輪　9月;OPEC結成　10月;カラーテレビ発売　この年:ローマオリンピック／森永インスタントコーヒー発売／だっこちゃんブーム	
5.-　鹿児島県衛生研, 出水市などの住民を対象に毛髪中の水銀量調査. 3カ年にわたり1257件実施－データは生かされず 10.-　熊本県衛生研, 不知火海沿岸住民を対象に毛髪中の水銀量調査. 3カ年にわたり約3000件実施－データは生かされず	

Y氏・遺族	政府・環境庁
1961（昭和36）年	1月；ケネディ大統領就任式　3月；日光薬師堂全焼　4月；世界初の有人宇宙飛行船ボストーク打ち上げ　5月；道路交通法改正　6月；米ソ首脳会談　7月；チャップリン
1963（昭和38）年	2月；吉田石松，無罪判決　3月；ベトナム戦争　6月；黒四ダム落成式　7月；池田改造内閣発足　8月；第9回日本母親大会　9月；草加次郎事件／松川事件被告全員無罪
1964（昭和39）年	1月；ケネディ米司法長官，来日　3月；ライシャワー大使刺傷事件　6月；日米海底ケーブル開通　7月；新潟地震　8月；国立劇場起工式／青函トンネル調査坑くわ入れ式
1965（昭和40）年	1月；伊豆大島元町大火　4月；日ソ漁業交渉調印　5月；歩け歩け運動／ILO87号条約承認／F原田，2階級制覇／日銀総裁，山一融資で会見　6月；第1次佐藤改造内閣
1966（昭和41）年	2月；ベトナム戦争，ホノルル会談　3月；BOAC機富士山に墜落　4月；日産，プリンス合併調印　5月；銀座の新名所ソニービル　6月；米原潜スヌーク横須賀寄港，海上デモ／
1967（昭和42）年	2月；第3次中東戦争／初の建国記念の日／第2次佐藤内閣組閣　4月；美濃部東京都知事誕生　5月ナセル－ウ・タント会談　6月；山陽電鉄爆破事件　7月；ブリュッセル
1968（昭和43）年	2月；金嬉老事件　4月；霞が関ビル完成／東名高速道路・東京－厚木間開通式　5月；イタイイタイ病，公害病と認定／十勝沖地震　6月；米軍機，九大構内に墜落／ロバ
	9.26　政府，<水俣病>原因について正式見解．熊本はチッソ水俣工場排水中のメチル水銀が原因．新潟は昭電鹿瀬工場のメチル水銀を含む廃水が基盤となって発生，とした
1969（昭和44）年	2月；東大紛争　3月；八幡，富士両製鉄合併調印　4月；教科書無償配布／沖縄返還要求デモ　5月；東名高速開通式　6月；東京国立近代美術館　7月；アポロ11号月面
	2.3　経企庁，水質保全法に基づく指定水域にはじめて水俣海域を指定
	12.15　公害に係る健康被害に関する特別措置法，公布(70.2.1施行)
1970（昭和45）年	1月；第3次佐藤内閣組閣　2月；初の国産衛星打ち上げ　3月；日本万国博／新日鉄発足　4月；大阪天六ガス爆発　6月；日米安保条約自動延長　7月；光化学スモッグ発生

県・市行政	その他
来日 9月；室戸台風 12月；ベルリンの壁建設　この年：池田・ケネディ共同声明／中学一斉学力テスト実施／愛知用水完成／シームレスストッキング／歌<上を向いて歩こう>	
8.7　患者診査協議会，病理解剖所見で胎児性水俣病患児を認定(公式確認)	
／海老原博幸，世界チャンピオンに 10月；初の電子力発電成功 11月；鶴見事故／三池三川鉱で炭じん爆発／JFK暗殺　この年：北九州市発足／能力開発研究所設立／新千円札	
	1.20　熊本大学水俣病研究班，水俣病は水俣湾産魚介類摂食で発症，毒物はメチル水銀化合物と正式発表－事件史では無視される
9月；東京モノレール開通／常陸宮さま、ご結婚 10月；東京五輪 11月；第1次佐藤内閣発足／米原潜，佐世保入港　この年：マッカーサー元帥歿／公明党正式発足／<シェー>流行	
	5.-　水俣漁協，水俣湾内漁獲の禁止を全面解除
8月；ツタンカーメン展 10月；吉展ちゃん誘拐事件 11月；礼宮（現在の秋篠宮文仁親王）誕生 12月；国会，日韓条約承認　この年：朝永振一郎，ノーベル物理学賞／江戸川乱歩歿	
6.12　新潟県衛生部・新潟大椿忠雄教授ら，阿賀野川流域に有機水銀中毒患者発生と公式発表	
ベトナム戦争 8月；山谷騒動 9月；敬老の日制定記念式典 10月；ベトナム反戦統一スト　この年：日本万博のシンボルマーク発表／祝日法改正／百円札廃止／ビートルズ来日	
	6.-　チッソ，水俣工場アセトアルデヒド工程廃水を完全循環方式に改める
条約発効 8月；公害対策基本法公布／ユニバーシアード東京大会開幕 10月；チェ・ゲバラ処刑／ツイギー来日 11月：日米首脳会談　この年：吉田茂歿／都電9系統廃止／3C時代	
4.7　厚生省新潟水銀中毒事件特別研究班，阿賀野川流域に発生した患者は，昭和電工鹿瀬工場アセトアルデヒド排水中のメチル水銀が原因で発生した第2<水俣病>と結論	6.12　新潟有機水銀中毒患者家族，昭電を相手取って損害賠償請求訴訟を提起－4大公害裁判の最初
ート・ケネディ上院議員暗殺／文化庁発足／小笠原諸島，本土復帰 9月；日大紛争で大衆団交 10月；日本初の心臓移植手術　この年：オールトランジスタカラーテレビ／川端康成，ノーベル文学賞	
	1.12　水俣病市民会議(日吉フミ子代表)結成
	5.18　チッソ水俣工場，アセチレン法アセトアルデヒド生産設備を稼働停止－メチル水銀を副生した日本の設備すべてスクラップ化
	10.8　患者互助会，チッソと第一回補償交渉．のちに厚生省が示した確約書をめぐり訴訟派と確約書派に分裂 この頃から，川本輝夫，潜在患者発掘をはじめる
着陸 8月；大学法案成立／アイガー北壁登頂成功 10月；10・21国際反戦デー 11月；アポロ飛行士来日／日米首脳会談　この年：ぼりばあショック／漫画ブーム<巨人の星><あしたのジョー>	
	6.14　患者互助会訴訟派，チッソを相手取り損害賠償請求訴訟を提起－いわゆる第一次訴訟
8月；ウーマンリブ大集会 9月；大阪万博閉幕 10月；D51さよなら運転 11月；技能五輪大会／三島事件／公害メーデー 12月；コザ事件　この年：ジャンボジェット機／超大型輸送機<ギャラクシー>	
	5.25~27　水俣病補償処理委員会，患者互助会確約書派(いわゆる一任派)に斡旋案を提示．難航の末一部修正して患者家族受諾 －告発する会を中心に抗議行動．以後支援運動が全国化
	8.18　川本ら，熊本・鹿児島県の認定申請棄却処分を不服とし，厚生省に行政不服審査請求(のちに環境庁に移管)
	11.28　チッソ株主総会に患者・支援者ら多数参加し抗議行動－いわゆる一株運動

Y氏・遺族	政府・環境庁
1971（昭和46）年	1月；世界経済フォーラム設立　6月；沖縄返還協定調印　7月；環境庁発足／輪島功一世界ジュニアミドル級タイトル獲得　8月；ドルショック・東証大暴落　9月；カップヌー
	8.7　環境庁，川本らの行政不服審査請求で，県の処分を取り消す裁決．同時に，認定審査に関し事務次官通知
	10.5~11.1　熊本県，はじめて不知火海沿岸住民の一斉検診を実施
1972（昭和47）年	2月；札幌五輪／浅間山荘事件　3月；山陽新幹線開通式／沖縄返還協定批准書交換式　4月；外務省機密文書漏えい事件　5月；日本赤軍ロッド空港襲撃事件　6月；第1回
12.16　Y氏，熊本県の第３次検診の内科検査を受ける	
1973（昭和48）年	2月；在日中国大使館開設　7月；日航機ハイジャック事件　9月；チリ軍事クーデター　10月；第4次中東戦争　11月；第1次オイルショック／関門橋開通　12月；江崎玲於奈,
	6.24　厚生省・魚介類に関する水銀専門家会議，魚介類中水銀量の暫定基準を決定．摂食規制を見直さないまま，2020年現在も通用（総水銀0.4ppm，メチル水銀0.3ppm）
	8.17　環境庁水銀汚染対策調査検討委・健康調査分科会（椿会長），第3水俣病問題で<水俣病>と疑われた有明町の10人のうち2人を否定
	11.9　環境庁水銀汚染調査検討委・環境調査分科会，全国9水域の調査で水俣湾・徳山湾を除き水銀汚染なしと判定
1974（昭和49）年	1月；田中首相アジア歴訪　3月；小野田元少尉，帰国会見　5月；伊豆半島沖地震　8月；原子力船「むつ」，放射能漏れ事故／ニクソン大統領辞任／三菱重工ビル爆破
1.23　Y氏，熊本県の第3次検診の眼科検査を受ける	
3.17　熊本大学医学部付属病院医師（原田正純）が，Y氏の症状は「水俣病の疑い」と診断	
3.22　Y氏，沢田一精熊本県知事に水俣病の認定申請（県は23日に受付） Y氏，熊本県の第3次検診の眼科検査を受ける	8.20　公害健康被害補償法（1973年公布）施行．環境庁に公害被害補償不服審査会設置
	9.1　公害健康被害補償法施行規則、同法施行規定公布．環境庁に公害被害補償不服審査会発足し全面的に施行
1975（昭和50）年	3月；新幹線・博多開業／野尻湖発掘調査　4月；サイゴン陥落／ベトナム戦争　5月；臨時革命政府軍サイゴン解放　7月；沖縄海洋博　8月；日本赤軍，米大使館・スウェー

県・市行政	その他
ドル発売　12月;10カ国蔵相会議／土田邸爆破事件／ツリー爆弾事件(新宿交番爆破事件)　この年:日本マクドナルド1号店開店／仮面ライダー／映画＜屋根の上のバイオリン弾き＞	
	3.25　チッソ水俣工場，アセチレン法塩化ビニール設備を稼働停止－メチル水銀・水銀の汚染源がなくなる
	9.29　新潟〈水俣病〉訴訟で判決．昭電の責任を認め原告患者勝訴
11.5~　鹿児島県，不知火海沿岸住民の一斉検診	10.11　川本ら新認定患者家族，チッソと補償交渉－以後1年有半にわたる自主交渉闘争が始まる
国連人間環境会議　7月;第1次田中内閣成立／四日市ぜんそく訴訟　8月;ミュンヘン五輪／イタイイタイ病訴訟　9月;日中国交正常化　11月;東北自動車道開通　この年:アポロ16号月面着陸	
	6.5~16　国連人間環境会議，浜元二徳・坂本しのぶら参加し，水俣病の現状を世界にアピール
	7.24　四日市公害訴訟判決．被告6社の因果関係ありとし共同不法行為責任を認め，原告患者勝訴
	8.9　富山イタイイタイ病判決．三井金属神岡鉱山の責任を認め，原告患者勝訴
ノーベル物理学賞　この年:70歳以上の老人医療無償化／プロ野球パリーグ2シーズン制導入／慢性砒素中毒症，公害病指定／ピカソ死去／映画＜仁義なき戦い＞／漫画＜エースをねらえ＞	
	3.20　＜水俣病＞第一次訴訟判決．見舞い金契約は公序良俗違反，チッソの安全確保義務違反で過失ありとし原告患者勝訴－以後認定申請者が激増し徐々に審査体制が破綻
	5.5　水俣病被害者の会(隅本栄一会長)，発足
	5.22　熊本大学医学部10年後の水俣病研究班，熊本県に第2年度報告書を提出．朝日がセンセーショナルに報道し，第3水俣病事件へと発展し，日本全国水銀汚染パニックとなる
	7.9　患者各派，チッソと補償協定書を締結．将来にわたって患者補償最低1600万円や生涯補償年金などが骨子
9月;多摩川堤防決壊　10月;長嶋茂雄現役引退　11月;フォード米大統領来日　この年:佐藤栄作ノーベル平和賞／史上最年少横綱北の湖／映画＜華麗なる一族＞＜砂の器＞	
	8.1　水俣病認定申請者協議会，結成．熊本県に対し集中検診のズサンさを抗議．以降検診が1年間以上ストップ
	9.7　新潟「未認定患者の会」結成
デン大使館襲撃事件　8月；六価クロム汚染　10月；天皇，皇后両陛下訪米　11月；ランブイエサミット　この年:根室沖地震／瀬戸内海大三島橋起工／歌＜およげ！たいやきくん＞	
8.7　県議会公害特別委，認定問題で環境庁に陳情．席上，杉村国夫・斉所一郎議員「申請者はニセ患者が多い」と発言，のちに問題化	

Y氏・遺族		政府・環境庁	
1976（昭和51）年		1月；平安神宮放火事件　2月；ロッキード事件発覚　4月；アップルコンピュータ設立　5月；植村直己，北極圏犬ゾリ横断達成　7月；ベトナム社会主義共和国成立	
9.2~	Y氏，認定審査会の検診．X線(頚椎・腰椎)，尿，血清検査		
1977（昭和52）年		1月；TVドラマ＜ルーツ＞大ヒット　4月；高速増殖炉＜常陽＞完成　5月；雑誌「クロワッサン」創刊／漁業水域暫定措置法，200カイリ時代　8月；有珠山が大噴火　9月；日本	
		3.-	環境庁，熊本県に認定業務直接処理要求に否定的回答
6.8	Y氏，認定審査会の疫学調査	7.1	環境庁，「水俣病対策の推進について」を発表．環境保健部長名で「後天性水俣病の判断条件について」を関係県市に通知－感覚障害を主症状とした症状の組み合わせによるとの内容．患者各団体，「患者切り捨て」と反発
9.-	Y氏，定年のためチッソ株式会社を退職		
1978（昭和53）年		3月；仏海域でタンカー座礁，史上最大の海洋汚染／伊極左集団＜赤い旅団＞モーロ元首相を誘拐　7月；英で試験管ベビー誕生　8月；日中平和友好条約　9月；中東	
2.4	Y氏，認定審査会の内科の検診		
2.15	Y氏，認定審査会の精神科の検診		
		6.20	閣議，チッソ支援の県債発行，環境庁患者認定審査会の設置など<水俣病>対策を了解
8.-	Y氏，子供の住む神奈川県川崎市に転居．佐藤猛順天堂大学医学部神経内科助教授の診察と経過観察を受けることになる	7.3	環境庁，「水俣病の認定に係る業務の促進について」を関係県市に通知(新事務次官通知)－以後認定申請者の棄却処分激増
		10.-	国立水俣病研究センター設立－熊本大学の非協力でスタッフが集まらず
1979（昭和54）年		1月；大学入試改革＜共通一次＞実施　3月；米スリーマイル島原発事故　4月；ホメイニー師イラン帰国．イスラム革命　5月；PC-8001発売．パソコン・ブーム／英初の女性	
5.14~17	Y氏，認定審査会の耳鼻科，眼科の検査		
6.-	佐藤医師ら，Y氏を自宅検診．両下肢に靴下状全知覚低下など神経学所見を認める		
10.23	Y氏，上村千一郎環境庁長官に対し，県の棄却処分を不服とし行政不服審査請求．代理人に石川直美・荒谷徹・平郡真也・高橋龍二を選任	11.20	環境庁，Y氏の行政不服審査請求に対し熊本県に弁明書の提出要求
1980（昭和55）年		1月；クライスラー社に政府援助．米自動車産業急落　5月；韓国市民と軍隊が銃撃戦＜光州事件＞　8月；ポーランド労働者＜連帯＞誕生　9月；イラン・イラク戦争勃発	
1.4	Y氏倒れ，近医(川崎幸病院)に入院		
1.7	Y氏，順天堂大学付属病院に転院		

県・市行政	その他
9月;ミグ25戦闘機，亡命 12月;福田内閣組閣 この年:モハメド・アリとアントニオ猪木格闘技世界一戦／インスブルック五輪／新自由クラブ結成／ピンク・レディーデビュー	
	12.15 熊本地裁，水俣病認定の遅れ・行政不作為違法確認行政訴訟で原告勝訴の判決
赤軍ハイジャック／王選手，ホームラン世界一 10月;超音速旅客機コンコルド就航 11月;サダト大統領，イスラエルを承認 この年:サンガー(英)，ウィルスDNAの全塩基配列決定／インドシナ・ボートピープル激増／映画スター・ウォーズ大成功／ピンク・レディー大ブーム／ガルブレイス「不確実性の時代」	
2.- 熊本県議会，不作為違法状態解消の要望書を環境庁に提出	
3.- 熊本県議会，環境庁の回答に反発し認定業務返上を決議	
3.- 熊本県議会，環境庁委託の水俣病認定業務返上を決議し,経費削減策を可決	
和平，キャンプ・デーヴィット合意 11月;カルト教団＜人民寺院＞集団自殺 この年:カンボジア，クメール・ルージュ大量虐殺発覚／成田新国際空港開港／日本が世界の最長寿国へ／米で初のエイズ患者／世界的ディスコブーム／窓際族・サラ金・家庭内暴力が流行／竹の子族登場／家庭用カラオケ発売	
1.19 沢田熊本県知事，条件付きで補償金肩代わりの県債発行を受け入れると表明	
	11.8 御手洗鯛右ら，熊本・鹿児島県知事を相手取り認定申請棄却処分取消を求めて提訴
12.12 熊本県議会，チッソに対し県債発行を可決	12.15 申請協に属する認定申請患者，県知事を相手取り不作為違法確認を求め提訴．いわゆる待たせ賃訴訟
首相サッチャー政権 6月;東京サミット．アジア初／戦略兵器制限交渉SALT II 米ソ調印 10月;韓国朴大統領暗殺 12月;アフガニスタン内戦にソ連軍事介入／この年:米中関係正常化／＜ドラえもん＞爆発的人気／＜ウォークマン＞大ヒット	
	3.28 二次訴訟判決．原告中12人を水俣病と認めチッソに慰謝料を命ず．慰謝料が大幅に減額され，原被告双方とも控訴
8.21 沢田知事，Y氏について熊本県公害被害者認定審査会に諮問	
8.23~24 第71回水俣病認定審査会．Y氏は棄却相当と結論	
8.29 県審査会，沢田知事に対しY氏を「棄却相当の者」と答申	
8.30 沢田知事，Y氏の認定申請を棄却処分	
11月;テヘランの米大使館襲撃．52人人質／11月;米レーガン大統領誕生 この年:ルービック・キューブ大流行／ビニ本大ブーム／中国，江青裁かれる／黒澤明監督＜影武者＞カンヌ映画祭グランプリ／WHO，天然痘絶滅宣言／ATLの原因レトロウィルス発見	

Y氏・遺族		政府・環境庁	
1.28	Y氏死去，57歳．同日，順天堂大学付属病院で剖検．診断は「慢性有機水銀中毒症」	3.-	水俣病に関する総合的研究（昭和54年度環境庁公害防止等調査研究委託費による報告書）の中で，佐藤猛医師ら，Y氏の診察所見を報告（「関東地方在住水俣病患者の臨床症状＝予報＝」）．椿忠雄班員が「有髄線維，特に大径線維の減少は，昭和37年頃から発病の水俣病のため」とコメント
4.1	Y氏妻，土屋義彦環境庁長官に審査請求人の地位承継届	5.14	環境庁，審査請求人Y氏の地位を遺族が継承したことを熊本県に通知
		12.4	環境庁，Y氏遺族に熊本県の弁明書を送付し反論書提出を要求

1981（昭和56）年

3月；中国残留日本人孤児，初来日　4月；敦賀原発で放射能漏れ　5月；仏社会党ミッテラン政権　6月；米でエイズを公式報告　7月；英チャールズ王子とダイアナ嬢結婚

Y氏・遺族		政府・環境庁	
4.4	Y氏遺族代理人，行政不服審査に係る反論書の提出期限を延期願い（第1回目）	3.-	水俣病に関する総合的研究＝昭和55年度報告書＝で，佐藤医師，Y氏について「大脳や小脳，延髄に水俣病と考えられる変化を認めた」（「関東地方在住水俣病の一剖検例」）と報告
7.1	Y氏遺族代理人，反論書の提出期限を延期願い（2回目）	7.1	環境庁，環境保健部長名で「小児水俣病の判断条件について」を関係県市に通知

1982（昭和57）年

4月；アルゼンチンと英，フォークランド武力衝突　6月；イスラエル，レバノン侵攻／教科書検定〈侵略〉の記述検定強化．外交問題化　7月；IWC商業捕鯨全面禁止　11月；ソ

Y氏・遺族		政府・環境庁	
2.22	Y氏遺族代理人，反論書の提出期限を延期願い（3回目）		この頃　環境庁，「水俣病病理解剖例の判断について」という内部文書を作成－病変は神経系の中枢神経と末梢神経に病変．大脳では後頭葉・前後中心回・上側頭回および小脳を選択的に侵し，末梢神経では知覚神経優位の障害．鑑別の上，臓器水銀や水銀組織化学的所見を参考に診断とまとめる－後に末梢神経系には傷害がないことが判明
6.28	Y氏遺族代理人，反論書の提出期限を延期願い（4回目）		
10.26	Y氏遺族代理人，反論書の提出期限を延期願い（5回目）		

1983（昭和58）年

3月；西独連邦議会＜緑の党＞進出　4月；イスラム過激派，米大使館爆破／NHKドラマ＜おしん＞／東京ディズニーランド　5月；日本海中部地震　8月；アキノ元フィリピン

Y氏・遺族		政府・環境庁	
4.23	Y氏遺族代理人，反論書の提出期限を延期願い（6回目）		
10.24	Y氏遺族代理人，反論書の提出期限を延期願い（7回目）		

1984（昭和59）年

3月；＜かい人20面相＞事件，グリコ社長誘拐／財田川事件，再審無罪判決　4月；ニカラグアで機雷封鎖CIA工作発覚／米エイズウィルス発見と発表．仏研究者と論争

Y氏・遺族		政府・環境庁	
4.24	Y氏遺族代理人，反論書の提出期限を延期願い（8回目）		
9.27	Y氏遺族代理人，反論書の提出期限を延期願い（9回目）		

1985（昭和60）年

2月；新風俗営業法　3月；ソ連大統領にゴルバチョフ．ペレストロイカ推進／日本初エイズ患者発生と発表　5月；男女雇用機会均等法　8月；日航ジャンボ機墜落

県・市行政	その他
	5.21 被害者の会，国・件・チッソを相手取り損害賠償請求を提訴－はじめての国家賠償請求．第3次訴訟
11.1 沢田知事，鯨岡兵輔環境庁長官に「原処分は医学的根拠に基づき正当」と，棄却裁決を求め弁明書	9.18 申請協ら6 団体，患者切り捨て検診体制を拒否し，検診拒否運動を始める
	12.17 川本裁判上告審．最高裁，検察側の上告棄却を決定．東京高裁の公訴棄却判決確定

10月；エジプト，サダト大統領暗殺　11月；ヤンバルクイナ発見　　この年：癌が死因トップ／黒柳徹子＜窓際のトットちゃん＞／IBM社PC発売，本格的パソコン時代／福井謙一，ノーベル化学賞／サンガー(英)ら，ミトコンドリアDNA塩基配列解読

連ブレジネフ書記長死去　　この年：カナダ，酸性雨による湖汚染を警告／大規模〈エルニーニョ現象〉／スピルバーグ監督〈E.T.〉公開／国際連合，ペルー外交官デ・クエヤルを第5代事務総長(南米初)

県・市行政	その他
	3.20 申請協など4団体，開業医のカルテ使用や医療費補助などの検診拒否運動停止の条件を熊本県に提示
	6.21 新潟の未認定患者，昭電・国を相手取って損害賠償請求訴訟－新潟第2次訴訟
	10.28 関西在住の未認定患者・遺族，国県・チッソを相手取って損害賠償請求を提訴－県外初の国賠訴訟

上院議員暗殺／米主要コンピューターにハッカー／世界自転車選手権，中野浩一史上初V7　9月；ソ領空で大韓航空機撃墜　10月；元首相田中角栄，ロッキード事件実刑判決　12月；米ユネスコ脱退　　この年：愛人バンク＜夕ぐれ族＞摘発

県・市行政	その他
	4.29~30 第4回日本環境会議，「水俣宣言」を採択，即時全面救済を求める
	7.20 待たせ賃訴訟判決．熊本地裁，認定業務の遅れは知事の不作為違法と認め原告勝訴

6月；外国人指紋押捺拒否に有罪　9月；全斗煥韓国大統領来日　12月；インド・ボパールで工場毒ガス漏出／中英，香港返還合意　　この年：飢えるアフリカ問題化／南アフリカ共和国ツツ主教にノーベル平和賞／冒険家植村直己死す／ルイス，ロス五輪で陸上4種目金メダル

県・市行政	その他
	5.2 鹿児島県出水市の患者を中心に，チッソ・子会社，国・県を相手取り東京水俣病訴訟を提起
	8.19 被害者の会・弁護団など被害者の早期完全救済を目的に「水俣病被害者・弁護団全国連絡会議(全国連)」を結成

9月；スーパー・マリオ・ブラザーズでファミコン人気　10月；阪神タイガース日本一　　この年：南極オゾンホール．フロン全廃へ／仏情報機関、グリーン・ピース＜虹の戦士＞号爆破／世界各地でテロ横行／米でスパイ事件多発／アフリカ飢餓救援歌＜ウイ・ア・ザ・ワールド＞

県・市行政	その他
	1.- 永木譲治ら「慢性発症水俣病患者における腓腹神経の電気生理学的および組織定量的研究」－感覚障害は末梢神経の障害ではなく，中枢神経系の障害に由来と指摘

Y氏・遺族	政府・環境庁
4.24　Y氏遺族代理人，反論書の提出期限を延期願い(10回目)	
10.21　Y氏遺族代理人，反論書の提出期限を延期願い(11回目)	10.15　環境庁「水俣病の判断条件に関する専門家会議」，庁の原案どおり現行の判断基準は妥当と全会一致で結論
1986（昭和61）年	1月；米チャレンジャー1号爆発　2月；フィリピン、マルコス政権倒れアキノ大統領誕生　4月；ソ連チェルノブイリ原発事故　4月；ハレー彗星大接近　5月；米チャールズ夫婦
4.26　Y氏遺族代理人，反論書の提出期限を延期願い(12回目)	
	5.27　環境庁，いわゆるボーダーライン層(一定の神経症状があり，棄却された患者)の自己負担分の医療費を補助する特別医療事業の実施方針を決定
10.31　Y氏妻，環境庁に添付した「剖検報告書が当該処分の誤りを語って余りある」と反論書提出	9.10　環境庁特殊疾病審査室，Y氏妻に対し自宅で現地審尋実施．子ども２人と代理人が立ち会い，生活歴や症状など詳しく聴取
	11.5　環境庁，Y氏遺族提出の反論書を熊本県に送付
	12.2　環境庁，現地審尋結果を審査請求人・代理人に送付
1987（昭和62）年	2月；日本，黒字世界一　4月；JR発足／韓国で民主化運動，大統領直接選挙要求　5月；東芝機械，COCOM違反で輸出1年間禁止　6月；インドとスリランカ和平協定
	時期不明　環境庁，新潟大学と鹿児島大学の専門家にY氏の所見について意見を求める
	5.18　鹿児島大学専門家(井形昭弘？)，環境庁にY氏は「むしろ水俣病の蓋然性が高い」と検討結果提出
	6.5　新潟大学専門家(？)，環境庁にY氏は「水俣病ではない」と検討結果提出
1988（昭和63）年	3月；青函トンネル・東京ドーム完成　4月；瀬戸大橋開通　5月；ソ連アフガン撤退　6月；最大の構造汚職リクルート事件　8月；イラン・イラク戦争終結　9月；ソウルオリンピック.
1989（昭和64・平成元）年	1月；昭和天皇崩御　2月；手塚治虫歿／「悪魔の詩」の著者ラシュディにホメイニ師死刑宣告　3月；伊藤みどり世界フィギュアスケート優勝　4月；ポーランド＜連帯＞再合法化
1990（平成2）年	2月；南ア，ネルソン・マンデラ解放／ニカラグワに民主政権. チャモロ女史が大統領　5月；ルーマニア，初自由選挙でイリエスク大統領／盧泰愚大統領来日　6月；米ケボ

県・市行政	その他
	3.-　椿忠雄，環境庁「総合的研究班」で「メチル水銀中毒症の基本的臨床像」を発表．ハンターらの例・新潟・熊本の初期の例を再検討し，感覚・聴覚障害の本質は中枢性障害と指摘
	8.16　第2次訴訟福岡高裁判決．一審をほぼ支持し原告5人のうち4人を〈水俣病〉と認め，判断条件は厳格に失するなど指摘．賠償額は低額に終わる
	9.5　井形昭弘，朝日論壇へ「水俣病未認定者の救済急げ／ボーダーライン層認知は現実的に」を投稿
	11.28　京都水俣病訴訟，提起
来日．ダイアナフィーバー　7月；三原山大噴火　11月；スイス化学工場火災でライン川汚染　この年：使い捨てカメラ＜写ルンです＞／財テクブーム／地上げ・プッツン・新人類が流行／英金融ビックバン（株式売買手数料自由化）／米銀行倒産，史上最高	
	3.27　認定棄却処分取消訴訟判決．熊本地裁，県の棄却処分を取消，原告勝訴．熊本・鹿児島県，控訴
6.21　熊本県，検診拒否者に対し水俣病治療研究事業による医療費支給をうち切る	
7.25　熊本県，認定棄却者に対する特別医療事業を開始．認定申請をしないことを条件に，四肢末端の感覚障害を持つ人が対象	
7月；利根川進，ノーベル生理医学賞　10月；米株価暴落，世界へ波及　11月；大韓航空爆撃破．北朝鮮工作員金賢姫ら逮捕　12月；米ソ中距離核戦力（INF）全廃　この年：瀬古利彦ボストン・マラソン優勝／衣笠祥雄，連続出場世界記録／小錦，外国人初大関	
	3.30　第3次訴訟第1陣判決．熊本地裁，行政の加害責任を認め，国・県・チッソに損害賠償を命ず
東西両陣営参加　11月；PLOアラファト議長，パレスティナ国家樹立宣言／ブッシュ米大統領誕生／ベナジル・ブット，パキスタン初の女性首相　12月；長崎市長，天皇に戦争責任発言　　この年：ファクシミリ普及／日米貿易摩擦問題化	
	2.29　チッソ刑事裁判で，最高裁，上告棄却決定．チッソの吉岡元社長らの有罪確定
	7.27　水俣病チッソ交渉団，被害者と認め救済せよとチッソ本社で交渉．斡旋不調で交渉難航し座り込み
6月；天安門事件　9月；宮﨑勤事件／ソニーが米映画会社コロンビア買収　11月；ベルリンの壁崩壊　12月；アメリカ，パナマ侵攻　この年：リクルート汚職で竹下内閣倒れる・宇野内閣，＜女性問題＞で最短退陣	
	1.13　全国連，総会で新しい司法救済システムを提案．以後和解路線で「生きているうち救済を」というスローガンで運動
9.1　細川護熙熊本県知事，全国連の申入れに実務担当者協議を提案	9.1　全国連，細川護熙熊本県知事に全面解決の協議申入れ
	11.22　患者連合（申請協とチッソ交渉団で結成），細川知事と交渉．新たな補償要求書を提出
ーキアン医師＜自殺機械＞で安楽死　8月；イラク，クウェートに侵攻　9月；米で世界初の遺伝子治療　10月；ドイツ再統一，コール首相就任　11月；雲仙普賢岳噴火　12月；秋山豊寛TBS特派員が日本人初宇宙飛行　　この年：バブル崩壊．未曾有の不況	
	4.11　WHO，IPCS環境保健クライテリア101「メチル水銀」素案を各国に通知．妊婦は毛髪水銀値10-20ppmで子どもに発達障害が出る可能性を指摘

Y氏・遺族	政府・環境庁
	10.26 環境庁・厚生・農水・通産省,「水俣病訴訟に関する国の見解について」で国は和解勧告に応じないと発表

1991（平成3）年

1月;<湾岸戦争>勃発 3月;新宿に新都庁舎1569億円 6月;ユーゴスラヴィア連邦分裂／雲仙普賢岳の火砕流・土石流で大惨事 7月;犯罪企業BCCI営業停止処分／

Y氏・遺族	政府・環境庁
	1.21 愛知和男環境庁長官,東北大学教授と新潟大学脳研究所教授にY氏病理標本の鑑定を依頼
	1.22 中央公害審議会環境保健部会,水俣病専門委員会(井形昭弘委員長)を設置
	2.12 新潟大学脳研究所教授,Y氏は「有機水銀中毒の所見がある」と鑑定
	2.22 東北大学教授,Y氏は「有機水銀中毒の所見がない」,「有機水銀の関与を完全に否定することはできない」と鑑定
	4.19 環境庁,新潟大学・東北大学教授に鑑定に係る「病理標本の形成時期について」照会
	4.19 柳澤健一郎環境庁環境保健部長,国立予防衛生研究所衞藤光明室長に,Y氏の病理標本につき,専門家意見を求む
	4.25 東北大学教授,照会回答
	5.2 新潟大学教授,照会に「有機水銀中毒に基づく病的所見は,短期間に形成されたものではない」と回答
	5.13 予研衞藤室長,環境庁に「有機水銀中毒の疑い」はあるが総合判定は「資料追加後再検討」と意見書.その後,水銀組織化学反応染色の結果,「有機水銀中毒の所見がない」と報告.
	6.3 総務庁行政管理局副管理官,環境庁に「処分庁の棄却処分後に,原処分以前に形成の事実が明らかになれば,その事実を用いて裁決可能」と見解を示す(求めた時期は不明)
	6.28 環境庁旧法診察,県を訪れ鑑定結果は水俣病の徴候なしとして棄却方針を伝える.衞藤意見を鑑定と見なしていた
	7.9 渡辺修環境庁企画調整局長,白川一郎保健企画課長が異動
	11.26 中公審,環境庁長官に「今後の水俣病対策のあり方について」を答申

1992（平成4）年

2月;エルサルヴァドルの内戦終結／スーダン内戦激化,この年世界各地で内戦勃発
4月;ボスニア紛争勃発／白人警官キング暴行事件無罪判決.ロスで大暴動

Y氏・遺族	政府・環境庁
	1.13 中村正三郎環境庁長官,京都脳神経研究所長に第3の鑑定を依頼.2鑑定人の意見が分かれたため
	2.13 (3?) 京都脳神経研究所長,Y氏は「有機水銀中毒の所見がある」と鑑定
	3.3 審査室,裁決案で柳澤部長と打ち合わせ
	3.4 審査室,「Y行政不服審査請求事件に係る裁決について」の字句訂正
	3.12 審査室係官,「衞藤先生の話」を部内報告.Yの病理所見は水俣病でないなど
	3.13 環境庁環境保健部,部長とともにうち合わせ.Y氏請求につき取消裁決の方針決定.「(病理所見も含め)総合的には水俣病であった蓋然性が高く,法の趣旨から認定が妥当」
	3.18 審査室,鑑定結果と部長決裁文書の供覧
	3.21 審査室,批判・質問の予想も含めY案件の対応についてまとめる
	3.23 審査室,熊本県に対し取消裁決の方針を非公式に説明.県は納得せず

県・市行政		その他	
10.15	熊本県，東京地裁に和解勧告を受諾と上申書．12月までに熊本地裁や福岡高裁などに上申書で勧告受諾	9.28	東京地裁，東京訴訟で原被告双方に和解を勧告．以後，熊本，福岡，京都，の各地裁及び福岡高裁から出る

＜悪魔の詩＞翻訳者五十嵐一暗殺　9月；ソ連，バルト3国の独立承認　10月；改正入管法施行　12月；ゴルバチョフ大統領辞任．ソ連邦消滅　　この年：映画＜JFK＞公開．ケネディ暗殺論争／外資系ディスコ＜ジュリアナ東京＞／無洗米の登場／芦屋市に全国初女性市長

県・市行政		その他	
7.4	熊本県，各裁判所に和解案を提出．責任は認めず，疫学条件があり四肢末梢の感覚障害のある健康障害者を対象，一時金300万円など	8.7	福岡高裁，疫学的条件と四肢末梢の感覚障害がある者を「和解救済上の水俣病」と認め救済すべきと所見

6月；PKO協力法案強行採決／＜地球サミット＞開催　9月；毛利衛，NASAエンデヴァーで宇宙飛行　10月；佐川急便事件で金丸信自民党副総裁議員辞職　この年：前頭二枚目貴花田，最年少19歳優勝／天皇・皇后訪中／バルセロナ五輪＜ドリーム・チーム＞参戦

県・市行政		その他	
		2.7	水俣病東京訴訟判決．東京地裁，国賠責任を否定しチッソに賠償を命ず
3.23	熊本県，環境庁の取消裁決の方針に，鑑定採用の是非，処分時主義，病理と臨床所見乖離などを問題にし，納得せず	3.31	新潟第2次訴訟第1陣判決．新潟地裁，国賠責任を否定し昭電に賠償を命ず

Y氏・遺族	政府・環境庁
	4.前半　審査室，Ｙ氏請求につき取消裁決決裁文書を起案．柳澤環境保健部長まで決裁（第１の取消裁決書）
	4.13　環境庁，来庁した熊本県担当者に，再度方針説明．県は納得せず
	4.14　環境庁，剖検所見の証拠能力につき総務庁に再度電話で照会
	4.15　三嶋文雄環境庁特殊疾病審査室長が異動
	4.20　環境庁，熊本県に「総務庁に再度照会」の旨を伝え，裁決時期の検討を依頼．県は拒否
	4.30　環境庁，関係各県に水俣病総合対策補助金交付要領(次官通知)及び実施要領(環境保健部長通知)通知
	5.1　環境庁，水俣病総合対策医療事業の実施要項を発表．再申請しないことを条件に，疫学条件と四肢末梢の感覚障害のある人が対象
	5.15　環境庁特殊疾病審査室内会議．病理所見の証拠能力について，大阪市立大教授（中公審環境保健部会委員），「処分時に入手できなかった資料を基に取消裁決を行うことに問題なし」と見解示す
	6.23　環境庁(特殊疾病審査室)，再びY氏請求につき取消裁決の文案作成．同時に請求人の地位承継，資料収集の範囲についての想定問答，県との検討経緯・今後の方針を作成
	6.26　柳澤健一郎環境庁環境保健部長，魚住汎輝熊本県環境公害部長が電話で協議．「判断条件に対する影響，裁決の時期について今後も話し合う」と合意
	7.1　柳澤環境庁環境保健部長が異動

1993（平成5）年

1月；クリントン米大統領誕生　2月；世界貿易センタービル爆破　3月；金丸信巨額脱税<ヤミ献金>事件　6月；<ネオ・ナチ>移民排撃活発化　7月；北海道南西沖地震

Y氏・遺族	政府・環境庁
	2.16　環境庁，内部で「鑑定結果を踏まえて裁決を行うと」方針
	3.30　環境庁，熊本県に対しY氏の熊本大学二次研究班・第3次検診時の視野図や眼球運動図などデータを物件提出要求
	5.-　環境庁特殊疾病審査室，新たな取消裁決の決裁文書を起案（第２の取消裁決書）．松田朗環境保健部長まで決裁
	5.25　特殊疾病対策室，審査室の裁決文案を検討．表現に多数コメント
	6.25　環境庁官房長室で協議．八木橋惇夫企画調整局長，「公表のタイミング再考すべし」と指示．森仁美官房長「異動寸前の裁決は無責任体制と非難の可能性，文案の再検討，県と審査会の対立，公表時期」などを懸念
	6.28　松田部長，官房長の納得できる文に修正，「原処分時以前の資料と同視しうる可能性」と裁決文案を修正．また「時期は県の考えを飲めない」とした
	6.29　松田部長，魚住熊本県環境公害部長に「裁決は延ばすわけにはいかない」と電話．また局長に対し「県との関係悪化はない」と言えるよう調整せよと指示
	6.29　八木橋局長は事務次官に，森仁美官房長は企画調整局長に異動

	県・市行政		その他
4.13	熊本県担当者，環境庁の方針説明に納得せず		
4.20	熊本県，環境庁の裁決時期検討依頼を「裁決理由を公害審査課が納得できない」と拒否		
6.12	熊本県，環境庁に「2，3年後まで検討を待ってほしい」と要請		
6.26	熊本県，水俣病総合対策医療事業実施要項および健康管理事業実施要項を施行		
6.29	鹿児島県，水俣病総合対策医療事業実施要項を施行		
6.30	新潟県，水俣病総合対策医療事業実施要項を施行		
		12.07	関西訴訟で大阪地裁，職権で和解勧告．原告患者及び国応じないと表明

8月；細川連立政権＜55年体制＞崩壊／土井たか子衆議院議長　9月；イスラエルとPLO平和協定　10月；エリツィン，最高会議を武力制圧　11月；EU発足　12月；米輸入自由化．全国で反対運動　　この年：インターネットで情報伝達新時代／曙，初の外国人横綱

	県・市行政		その他
		1.7	福岡高裁，三次訴訟の和解協議．一時金の基準と200-800万円の11段階案を示す
4.1	鹿児島県，水俣病総合対策健康管理事業実施要項を施行	3.25	3次訴訟第2陣判決．熊本地裁，国・県・チッソの賠償責任を認める．原被告双方，控訴
5.24	熊本県，環境庁にY氏に関する物件を提出		

Y氏・遺族	政府・環境庁
	6.30 環境庁，熊本県とY氏の裁決について打ち合わせ
	7.1 審査室，Y氏裁決を実行した場合の影響を検討
	7.2 松田部長と打ち合わせ
	7.6 審査室，県公害保健課長に電話照会．また衞藤専門委員と打ち合わせ．委員「正確には資料不備．庁が取り消すというのであれば，とくに異論なし」と回答
	7.7 審査室，県公害保健課長に衞藤委員の話を伝える．県公害審査課長に決裁文案の是非を電話照会
	7.9 審査室，裁決案の内部検討．文案の変更は考えない，公表時期は部の決断，企調局長の説得が問題など今後の対応を検討
	7.13 松田部長が異動．16日，野村瞭環境保健部長，新任
	7.16 中村信也特殊疾病審査室長が異動
	8.- 野村部長にY氏の取消裁決の方針など説明
	9.3 閣議，チッソの金融支援を決定．県債106億円発行，不測の事態は国が万全の措置
	12.10 対策室，「抗告訴訟の概要等」を作成．御手洗鯛右ら4人が1978年に提起した棄却処分取消訴訟の簡単なまとめ
	12.28 政府与党に水俣病プロジェクトチーム結成－未認定患者救済に関し細川政権与党内の意見調整はじまる
1994（平成6）年	1月；北米自由貿易協定．メキシコ人反乱　3月；北朝鮮，核疑惑査察拒否　4月；新生南ア，マンデラ大統領　5月；パレスティナ自治開始　6月；村山富市（社会党）内閣発足／
	3.15 審査室，「Y氏は水俣病認定相当とし，原処分取消」と内部方針案をまとめる
	6.~7 審査室，Y氏につき取消裁決書文案を作成（第３の取消裁決書）
	6.3 審査室，Y事案の取り扱いで熊本県永野義之環境公害部長の発言骨子と回答を作成
6.24 Y氏妻，浜四津敏子環境庁長官に口頭意見陳述を申立 6.30 Y氏妻，浜四津敏子環境庁長官に口頭意見陳述を申立	6.9 野村部長，永野県部長と裁決時期で協議．庁「福岡高裁判決後に再度調整を」と要請．県は「3年後に」と強硬に要望
	7.12 環境庁，Y氏代理人から請求の口頭意見陳述を非公開で実施すると通知
	7.15 環境庁の組織改正で，特殊疾病審査室が保健企画課へ．森局長は事務次官，奥村知一課長異動．石坂匡身企画調整局長，小島敏郎保健企画課長に新任
7.19 Y氏妻代理人，環境庁に「解剖所見を採用しないのは疑問」など口頭意見陳述	7.19 環境庁，Y氏代理人から口頭意見陳述を聴取
	7.20 審査室，Y氏代理人の口頭意見陳述要旨を部内で供覧
	7.22 環境庁と熊本県，取消裁決で協議．議論かみ合わず
	9.2 藤崎清道環境庁特殊疾病審査室長が異動
	9.13 閣議，「水俣病の対策について」を了解．チッソに対し患者県債を繰り上げ償還し，新規貸付・設備資金貸与決定

県・市行政	その他
6.30　隈田亮平熊本県公害審査課長らと環境庁特殊疾病審査室が協議．「原処分主義に反する」など主張し議論は平行線	
7.6　県公害保健課長，環境庁の照会に「裁決文に認定せよと指示し，解剖検討会にかける必要がないよう」と要望	
7.7　県公害保健課長，衞藤委員の話に「解剖検討会にかけても差し支えなし」と環境庁に返事．また公害審査課長，決裁文案の照会に「部内検討ご回答」と返事	
7.8　県公害審査課長，「取消を前提にした回答はできぬ」と環境庁に返答	
10.29　新潟県，水俣病総合対策健康管理事業実施要項を施行	
	11.26　京都訴訟判決．京都地裁，国・県・チッソの責任を認める．原被告双方，控訴

松本サリン事件　7月；北朝鮮金正日歿　8月；アイルランドIRA停戦宣言　9月；イチロー1シーズン安打200本　10月；＜太陽寺院教団＞集団自殺事件　11月；大河内清輝君（中2）いじめ自殺／関西国際空港開港　この年：ハッブル望遠鏡，銀河M87ブラックホール確認

県・市行政	その他
5.1　吉井正澄水俣市長，水俣病犠牲者慰霊祭で市長としてはじめて陳謝	
	5.6　NHK，Y氏について報道．3人の解剖所見鑑定の結果，2人が水俣病の疑いが強いと判断
6.3　熊本県，庁と打ち合わせ．法律的・医学的に問題，認定業務・裁判等に影響が大きいと懸念を表明	
6.9　永野部長，環境庁野村部長に「3年後に」と強硬に要望	
	7.11　関西訴訟判決．大阪地裁，国・県の責任は認めず．原告，控訴
7.22　熊本県，環境庁と協議．鑑定書を見せて欲しい，感覚障害がないのに認定はおかしいなど主張	
12.13　熊本県議会，国のチッソ支援策は止む得ぬ措置と議決	

	Y氏・遺族		政府・環境庁
	1995（平成7）年		1月；阪神淡路大震災　3月；オウム真理教地下鉄サリン事件　4月；東京青島幸男知事，大阪横山ノック知事／超円高1ドル＝79.75円　7月；ミャンマーのアウンサン・スーチー
		1.26~2.23	連立与党環境調整会議，被害者団体の意向聴取．以後，関係者に意見聴取を実施
		6.21	連立与党３党，未認定患者の救済策「水俣病問題の解決について」合意
		7.4	石坂局長は事務次官へ，大西孝夫官房長が企画調整局長へ異動
		8.21	環境庁，一時金は一律とする未認定患者救済策調整案を被害者団体に提示
		9.29	与党3党，最終解決策「水俣病問題の解決について」を発表
		12.15	政府，水俣病に関する閣僚会議．チッソ支援策を含む最終解決策を正式決定．一人一律260万円，5団体に加算金6千万～38億円など．村山首相「結果として長期間要したことを率直に反省」と談話
	1996（平成8）年		2月；米通信改革法．マルチメディア世界戦略　2月；モンゴル森林大火災／北海道国道トンネル崩落事故　3月；薬害エイズ訴訟和解　4月；日米，普天間基地返還合意
		2.28	審査室，小島敏郎保健企画課長と検討．Y氏の原処分は適法であるが，救済のため取消裁決を行うなど
		時期不明	審査室，Y例に関し鑑定結果を採用しないとした場合の影響を検討
		6月頃(6.9)	環境庁(特殊疾病審査室)，「処分時主義を要請されるが，救済のため例外的に鑑定を採用し，認定相当として取消裁決」と方針確認．「時期については未定」とする．大西孝夫企画調整局長，田中健次官房長，石坂匡身事務次官まで了承
6.末	Y氏妻，政府解決策に基づく一時金にき環境庁に問い合わせ	6.-	審査室，Y例と同様なケースが生じる可能性について検討
		7.5	大西局長は事務次官へ，田中官房長は企画調整局長へ，環境保健部長は野村が異動し，広瀬省が新任
7.末	Y氏妻，行政不服審査請求の継続を断念し，政府与党の最終解決策による総合対策医療事業に申請	7.15	田中義枝環境庁特殊疾病審査室長が異動
		11.29	審査室，Y氏の判定結果発表後の対応で協議．「①一時金対象の場合，対応1；裁決せず審査請求の取下げを待つか，対応2；取下げる前に取消裁決するか．利点と問題点検討．②一時金対象とならない場合；取消裁決する」
	1997（平成9）年		1月；<ナホトカ号>日本海重油汚染　2月；英でクローン羊<ドリー>誕生／鄧小平死去　3月；インドネシアなど大規模森林火災　6月；臓器移植法　7月；パーツ暴落
2.17	Y氏妻，石井道子環境庁長官に行政不服審査請求取下げ書を提出	2.18	石井長官，Y氏妻に審査請求取り下げ書受理を通知
		2.25	石井長官，福島譲二熊本県知事にY氏妻の審査請求取下げを通知

県・市行政	その他
解放自宅軟禁 8月；ベトナム米国交回復 9月；仏核実験再開．中国も実験 10月；<沖縄県民総決起大会> 11月；韓国・盧泰愚前大統領逮捕 12月；ボスニア和平協定／韓国・全斗煥元大統領逮捕 この年：PHSサービス開始／<官官接待>問題化／ウィンドウズ95発売	
6.15 熊本県，与党３党政策調整会議に未認定患者救済策を提出	5.- 二宮正・浴野成生ら「メチル水銀中毒の水俣外への拡大」を，Envionmental research－厳密な対照研究で不知火海沿岸住民の四肢末端優位の感覚障害はメチル水銀中毒症と実証
	9.29~10-30 未認定被害者5団体，政府による最終解決策を受け入れ
5月；岡山でO157患者発生．各地で蔓延 6月；住専処理法，バブル期のツケ税金投入 9月；国連，包括的核実験禁止条約締結 9月；北朝鮮潜水艦，韓国へ侵入 12月；ペルー日本大使公邸を左翼ゲリラ占拠 この年：広島原爆ドーム・厳島神社，世界遺産	
	2.23 東京高裁で新潟〈水俣病〉訴訟原告と被告昭電の和解成立
	5.22~23 福岡高裁他各地の裁判所で，全国連に属する原告とチッソ和解．国・県に対する訴えを取り下げ－関西訴訟を除く全国各地の訴訟終結
	9.27 福岡高裁，待たせ賃訴訟で認定制度を追認し，原告の請求を却下．原告，上告
12.2 熊本県判定検討委員会，Y氏を医療手帳該当(一時金対象者)と判定	
アジア通貨危機 8月；ダイアナ元妃交通事故死 9月；日米新ガイドライン 11月；山一証券廃業／中国三峡ダム着工 12月；地球温暖化防止京都会議 この年：北朝鮮食糧危機／映画<HANA-BI>の北野武ら日本の監督，各映画祭で受賞／消費税5%	
	3.11 棄却取消訴訟判決．福岡高裁，原告御手洗鯛右を50％以上の可能性で水俣病としチッソに賠償を命ず
3.17 熊本県，政府の未認定患者救済策に基づく総合対策医療事業の判定結果を発表－熊本・鹿児島両県で10350人余	3.12 患者連合・被害者の会・平和会，初会合．今後共同歩調で運動を進めることを確認
7.29 福島譲二熊本県知事，湾内水銀値が基準を下回ったと氏「水俣湾の安全宣言」	9.24 津田敏秀，関西訴訟で「水俣病問題に関する意見書」を大阪高裁に提出－環境疫学による分析で不知火海住民に見られる四肢末端優位の感覚障害は99％の可能性でメチル水銀中毒症と実証

Y氏・遺族	政府・環境庁
1998（平成10）年	1月;ロシア、デノミ実施　2月;長野冬季オリンピック　3月;米ファイバー社，バイアグラ発売　5月;独ダイムラー・米クライスラー合併／スハルト大統領退陣　7月;和歌山毒入り
1999（平成11）年	1月;EU通貨ユーロ発足 ／日韓新漁業協定　2月;法成立後初の心臓移植　3月;NATOコソボ空爆　4月;米スーパー301条復活　5月;瀬戸内しまなみ海道開通
	1.19　朝日新聞スクープに，真鍋賢二環境庁長官，担当部局に調査を指示
	1.19~2.1　特殊疾病対策室，Y氏の審査請求に関する文書を探索．重要文書を公開，それ以外も縦覧の方針
	2.5　環境庁，Y氏の行政不服審査請求取下げを無効とし，審査を再開．「Y氏の行政不服審査に関する幹部職員の聞き取り調査書について」など資料を公開
	2.15~22　環境保健部，Y氏の行政不服審査に関し追加調査
	2.18~3.23　真鍋長官，野村元環境保健部長とY氏の行政不服審査について面会．以後，当時の4人の責任者と面会
	2.23　広瀬省元環境保健部長，Y氏の行政不服審査について「追加資料」を提出
	3.9　柳澤健一郎元環境保健部長，「Y例について」を提出
	3.-　松田朗元環境保健部長，Y氏の行政不服審査について「報告書」提出
	3.30　環境庁，Y氏の棄却処分を取消し「水俣病認定が妥当」と裁決．真鍋長官，「反省すべき点があり，遺族にお詫びしたい」と謝罪の記者会見
4.2　Y氏遺族，熊本県に「すべての経過を明らかに」と文書申入れ	
4.13　Y氏遺族，チッソ取締役らの「お金を払うだけ」との態度に協定書調印を見送る	
5.17　Y氏遺族，チッソと補償協定書を調印	
6.7　Y氏遺族，熊本県に「認定まで要した時間の長さは納得できぬ」と検診録の開示申入れ．県は遺族への閲覧検討を約束	
9.10　Y氏遺族，熊本県水本二環境生活部水俣病対策課長，代理人立会いで検診録などを閲覧(東京事務所)．第3次検診における視野図・眼球運動図，1978年2月4日神経内科検診録，1978年2月15日精神科検診録・視野図(未公表)	

県・市行政	その他
10.16　水俣湾の仕切り網撤去工事終了	10.11　全国連，水俣市で総会し正式解散
	11.4　鹿児島県水俣病出水の会，チッソや自民党など3党・政府を相手取り解決策に基づく団体加算金を支払えと提訴

カレー事件　8月；北朝鮮テポドン発射／米，マイクロソフト社を独禁法違反で告発　10月；住宅金融公庫，最低年利2.0%　　この年：中高年の自殺急増／インド・パキスタン核実験／M. グリーン，100m記録9秒79／M. マグワイア，70本塁打

県・市行政	その他
10.2　熊本県水本二水俣病対策課長，精神神経学会見解に基づく患者互助会・市民会議の申入れに，判断基準の見直しはしないと回答	9.19　日本精神神経学会，77年判断条件は医学的に誤り，政府解決策で感覚障害ありとされた1万人以上の未認定患者は水俣病と診断できると見解

7月；ダイオキシン対策法　8月；国旗国歌法，通信傍受法成立　8月；玄倉川キャンプ遭難事件　9月；低用量ピル発売／甲山事件無罪判決／東海村JOC国内初臨界事故　12月；パナマ運河返還　　この年：すばる望遠鏡完成／ヒトゲノム解読競争激化／新幹線トンネル内壁崩落

県・市行政	その他
	1.19　朝日新聞，「水俣病認定の裁決書／環境庁，遺族に交付せず」とY氏事件をスクープ
4.6　福島知事，Y氏を水俣病と逆転認定。田中力男環境生活部長は，棄却処分は「現段階でも誤りはなかった。今回の認定は拘束力に従っただけ」と述べる	4.13　チッソ取締役ら，遺族を訪れ協定書調印の書類を持参．チッソは被害に対して詫びず，検診等の問題は「県の問題」とし，「お金を払うだけ」との態度に遺族は調印を見送る
4.15　田中部長，Y氏妻に「お詫びと説明」を送付。「認定まで長期間を要した原因の一端が県の対応ではとの印象は当然」とするが「認定制度の見直しは必要ない」，「裁決を妨害したことはない」と説明	
9.10　熊本県水本二環境生活部水俣病対策課長，代理人立会いで遺族に検診録など閲覧させる(東京事務所)．第3次検診における視野図・眼球運動図，1978年2月4日神経内科検診録，1978年2月15日精神科検診録・視野図(未公表)	
9.16　ランク付け委員会，遺族のもとを訪れ事情聴取	

編集後記

資料を蒐集して，それを編集して後世に残す作業は，苦労が多く時間もかかる地道な作業である．今回の作業も，そのことを痛切に感じながらようやく完成となった．若い人たちとの共同作業がなかったら，とうていできなかったと思う．改めて，出版の便を図ってくださった慶田勝彦教授と若い人たち，文書館の香室結美，慶田研究室の松永由佳，佐藤睦，中山智尋にお礼を言うとともに，さまざまな問題を解決するのに本当にご苦労さんでしたと言いたい．

振り返ると私は，1969年以来「水俣病研究会」の会員として，〈水俣病〉事件に関する資料を蒐集・編纂する仕事に携わってきた．研究会には，私などとても及ばない人たち，石牟礼道子，宇井純，富樫貞夫，岡本達明，原田正純，丸山定巳，宮澤信雄ほか多くのすぐれた人たちが参集して飛び交った議論は刺激的で，今日の私を形作っている．このような研究会に参加することができ私は幸運であった．

以下，私がかかわった主たる活動を示しておく．

1970年，『水俣病に対する企業の責任－チッソの不法行為』で精力的でスリリングな議論に参加．

1971年～，宇井の導きで，細川一(1956年，最初に「類例のない疾患」と判断したチッソ附属病院医師)の資料蒐集と論文化の試み．

1972年，『認定制度への挑戦－水俣病に対するチッソ・行政・医学の責任』の編集．川本輝夫の認定制度に対する問題提起の反論書などの資料集成．

1974～75年，土本典昭監督のドキュメンタリー「医学としての水俣病－三部作」「不知火海」にスタッフとして参加．〈水俣病〉に関する映像記録を集成．

1979年，医学書『水俣病－20年の研究と今後の課題』の編集．当時の〈水俣病〉に関する医学認識の総合的集成．

1996年，『水俣病事件資料集・上下巻』の編集に参加(1973年から着手)．水俣病研究会が収集した数万点の資料から重要な原資料を，チッソの発足から1968年までの約850点を収録．

1999～2006年，「水俣病研究」第1～4号の編集．第1号，水俣病問題の政治解決，第2号，水俣病医学の再検討，第3号，水俣病論争のすすめ，第4号，水俣病関西訴訟最高裁判決をめぐって，を特集し論文を掲載．その他重要資料を収録．

2019年，今回の『〈水俣病〉Y氏裁決放置事件資料集』の編集である．

元になった水俣病研究会の資料と資料集成立に関して述べると，以下のようになる．

1999年，当時の熊本大学附属図書館長であった平山忠一工学部教授の提案から，図書館内に学術資料調査研究推進室が設置された．〈水俣病〉事件は大事なテーマで熊本大学の研究者が関わってきており，この事件の資料を集め整備して研究者に供したい，という趣旨であった．水俣病研究会が所蔵していた数万点の資料を図書館の一室に集め，事務局長に阿南満昭を据え，資料蒐集とともに資料のデジタル化を進めてきた．

推進室発足前後に，シンポジウムが2回開催された．1998年，熊本大学生命倫理研究会と水俣病研究会の主催で，シンポジウム「水俣病問題－過去・現在・未来」というテーマで2回開催し，2005年，推進室の主催でシンポジウム「問い続ける水俣・水俣病－水俣病50年を前にして」を開催し，私もシンポジストとして参加した．

2012年からは，内外の研究者を対象に推進室セミナーを開催した．私は最初に話すチャンスを与えられ，その後富樫貞夫，牛島佳代，成元哲，向井良人，丸山定巳，入口紀男，下田健太郎，慶田勝彦，高峰武，関礼子が講演した．富樫による連続講義「今まで語られてこなかった水俣病研究史」は，弦書房から著書『〈水俣病〉事件61年－未解明の現実を見すえて』(2017)にまとめられ，続いて高峰編『8のテーマで読む水俣病』(2018)として出版された．

しかし推進室での試みは，人事など複雑な問題があり，組織をどうするか，どのような方針で進めるかなど紆余曲折を経て，頓挫した形となった．詳細は省くが水俣病研究会の所蔵資料は，現在熊本学園大学に半分残され，残りは熊本大学推進室で整理し文書館へ移す作業を進めている途中であり，分散しているため利用に不便な状況になっている．早い機会に資料を統合し，研究会が作成した目録をもとに文書館で現物と照合を行い，同館ウェブサイトで目録を公開し利用に供していく予定である．一部資料はすでに公開されている．

もともとこの資料集は，推進室が発足したとき，最初にまとめようとしたテーマである．しかし，先に述べた事情も絡んで20年の時間が経過し心の重荷になっていたが，今回このような形で上梓できてほっとしている．

先に述べた共同作業者であった若手の研究者たちは優秀で，この仕事を通じて私の能力のなさを改めて感じた次第である．

資料は，集めたままでは死蔵することになる．とくに民衆が関わる事件資料は，有志が意識的に蒐集し整理し活字化・目録化して，保存することが必要であろう．まさに水俣におけるメチル水銀中毒事件資料は精力的な蒐集が必要だろう．幸い現在，新潟ではもちろん，水俣関係も水俣病相思社，熊本学園大学水俣学研究センターをはじめ関与した人たちによって資料の保存・整理が進められており，この事件に関する資料の相互利用が，可能となることを期待したい．

この水俣のメチル水銀中毒事件に関しては，収集してまとめるべきテーマがまだまだたくさん遺されている．たとえば，チッソの内部資料，細川一の資料集成，川上敏行の闘いの軌跡，特措法の関連資料，日本におけるメチル水銀中毒研究の集成などたくさんあり，興味を抱く人たちを巻き込み共同作業を組みながら，少しずつ形にできればと夢見ている．

(有馬澄雄)

本書編集では有馬氏と共に資料を実際に見ながら原稿の修正や追加などの作業に携わりました．資料を扱う当初は，漠然と水俣病の裁決に関わる事件という印象しか持ち合わせていませんでした．しかし半年以上これらの資料と関わることで，Ｙ氏事件はＹ氏の辿った人生の一部であると同時に，自分の身近に関かわる大きな問題の一つなのだと感じるようになりました．一部公文書の文面には冷たい印象があり自分を否定されるような気持ちが湧き上がります．実際の資料には何度も修正された書類や手書きの書類などが含まれており，長いやりとりの痕跡からこの問題の複雑さが伺えます．私はＹ氏に直接お会いしたことはありませんが，資料を通して様々な想いをめぐらせました．原資料から資料集へと編集するにあたり，書き込みは活字化しましたが，活字化されることでその躍動感が失われてしまう部分があるかもしれません．熊大文書館に保存されている実際の資料も見てもらい，この問題について少しでも関心を持っていただけたらと思います．資料集図表と年表作成に慶田科研スタッフの高田千紗子さんにも一部ご協力をいただきました．最後に，このような貴重な機会に携わることがきたことに感謝いたします．

（慶田科研スタッフ・松永由佳）

本書の編集において，資料のリスト化や文書及び図表のデジタル化等の作業を一部させていただきました．環境問題や人権教育の中で「水俣病の教訓を後世に伝える」と述べられる時，どんな立場の方に起こったどんな出来事であるのかといった個々の事例が曖昧で，場合によっては漠然とした印象を受けることがありました．しかし同時に，個々の具体性を十分に理解しながら，諸問題の全体像を整理し提示することの難しさも私は感じています．本書では，Ｙ氏と「Ｙ氏事件」に関わった様々な立場の方々が残した資料が有馬氏によって整理されているため，個々の詳細を知るとともに，多面的な水俣病に関わる問題を有馬氏の視点を通して知ることができると思います．私が行った作業は僅かですが，これをきっかけに改めて自分なりに整理していきたいと思います．このような貴重な機会をいただき，関係者の皆様に心より感謝申し上げます．

（慶田研究室受託研究・佐藤睦）

本書の制作にわずかながら携わらせていただく中で，患者さんの置かれた状況と行政の対応との間の大きな隔たりを改めて感じさせられました．県の態度には唖然とし，理解し難く，考えれば考えるほどどう受け止めたらいいのか分からなくなります．そして資料にあった「自分が自分でなくなるような感覚」という言葉が今も頭を離れません．今まで「感覚障害」や「手足のふるえ」「視野狭窄」などの言葉には触れてきましたが，初めて患者さんが感じる感覚を自分の感覚として感じられたように思いました．もちろんご本人とご家族の感じた苦しみをそのまま想像することはできません．しかしこのような方々が今でも何人もいると思うと目を背けることはできません．水俣病事件に関してまだ知らないことばかりですが，一つ一つ勉強して理解したいと思います．

（慶田科研スタッフ・中山智尋）

Ｙ氏事件は，被害を受けた一人の人間が行政という加害側に「水俣病」患者として認めてもらうという手続きの歪さを強烈に示す事例です．被害者であるＹ氏と親族・遺族は議論から疎外され続けます．メチル水銀を含む排水をチッソが長年垂れ流し続けたこと，いまに続く認定・補償システムのあり方やお金の動きなど，「水俣病」に関しては自分の小さな常識においてはありえないようなことが行われており事件を知れば知るほど驚きます．本資料集にも国と県の信じがたいやりとりが収められています．とはいえ，私たちが「普通」の生活の中で見過ごしているだけで，むしろ日本社会では（他の国の社会でも）ここに収められた文書のようなやりとりによって多くのことが現実化されているのかもしれません．そういうことを痛感した一方，私たちは加害・被害の二項対立を繰り返し語る以上のことを考えていかねばならない世代であるようにも思います．課題は重いです．

本資料群は新聞社による暴露という形で公にされ，水俣病研究会が収集・保存し，編集作業が行われ，慶田科研が書籍企画化するという異なる段階を経て永遠に残る書籍となりました．責任編集の有馬さん以外，今回作業に関わったスタッフは水俣や「水俣病」に長く深く関係してきたわけではありません．しかし，いま資料は私たちの手に渡され，不備はあるとは思いますがそれぞれ精一杯仕事をしました．出来事や人々の行為から生み出される記録をその時々の人々がそれぞれの状況において引き継ぐこと，そうやって資料の意味や価値は様々な人々や場や時代において再編成され続けるのだろうし，それぞれが少しずつ引き継いでいくことが重要なように思います．故人を悼むと共にご協力いただいた関係者の皆様に厚く御礼申し上げます．

（熊大文書館・香室結美）

＜編集者紹介＞

有馬澄雄（ありま すみお）水俣病研究会
慶田勝彦（けいだ かつひこ）熊本大学大学院人文社会科学研究部（文：社会・人類学）教授
香室結美（かむろ ゆみ） 熊本大学文書館特任助教
松永由佳（まつなが ゆか）熊本大学大学院人文社会科学研究部慶田研究室（科研事務支援員）
佐藤 睦（さとう むつみ）熊本大学大学院人文社会科学研究部慶田研究室（産学官連携研究員）
中山智尋（なかやま ちひろ）熊本大学大学院人文社会科学研究部慶田研究室（科研事務支援員）

〈水俣病〉Y氏裁決放置事件資料集
――メチル水銀中毒事件における救済の再考にむけて

2020年3月25日発行

責任編集 有馬澄雄 ©
共同編集 慶田勝彦，香室結美，松永由佳，
佐藤 睦，中山智尋

発行 弦書房

〒810-0041 福岡市中央区大名2-2-43 ELKビル301
TEL 092-726-9885 FAX 092-726-9886

印刷
製本 アロー印刷株式会社

 ISBN978-4-86329-196-6 C3036